U0010034

The Narrow Edge

極境生機

A Tiny Bird,
an Ancient Crab,
and an Epic Journey

小小濱鷸&古老的鱟，貫穿億萬年的生態史詩

Deborah
Cramer
黛博拉・庫雷莫

吳建龍　譯

獻給艾比（*Abby*）、蘇珊娜（*Susannah*）和丹（*Dan*）
我愛你們，感謝你們

獻給茱迪絲·庫雷莫（*Judith Cramer*）
感謝她自始至終的長期支持

僅以本書紀念
彼得·戴維森（*Peter Davison*）
保羅·艾普斯丁（*Paul Epstein*）
凱若蘭·紐門（*Caroline Newman*）
哈麗葉·威博斯特（*Harriet Webster*）
特瑞莎·哈波·拉泉斯（*Teresa Hopper LaChance*）

目錄

Contents

推薦序 1

化身為鳥世界更廣，化身為鱟讓心更緩

楊明哲—國立臺灣大學海洋研究所博士、
國際自然保育聯盟（IUCN）鱟專家群成員

二〇二〇年起新冠肺炎疫情大爆發，世界各地知名媒體突然紛紛報導一種神祕的藍血生物「鱟」，其血萃取出的「鱟試劑」，如何檢驗新冠疫苗避免受到細菌內毒素的感染。實際上，自一九七七年起，鱟早就開始救治所有打過各種疫苗的人類性命；本書作者黛博拉·庫雷莫（Deborah Cramer）則告訴我們，鱟過去如何也救了紅腹濱鷸一族，但目前兩種生物都自身難保中。

我第一次認識紅腹濱鷸與鱟的故事，並非從書上讀來的，而是因為參與二〇〇七年在紐約長島舉辦的「第一屆國際鱟科學與保育研討會」，才得知這兩個物種命運關係糾結之深。此會是史上第一次集結當時世界八十多位鱟專家和保育代表會面，分享來自世界各地的鱟現況研究與保育進展，其中幾位美國鱟專家也有出現在本書中。會後世界各國的專家們化身為「鱟粉」，如同小學生畢業旅行一般，坐了一整天的車來到全世界鱟最多的地方——德拉瓦灣。

夜晚當我站在沙灘浪區，隨著漲潮海浪拍打，成群的鱟開始集體上岸到浪區產卵，每一隻母鱟都被六、七隻公鱟所圍繞。抱不到母鱟的一隻公鱟，竟也誤把我的鞋子當作母鱟用螯給抱住了。此時除了莞爾，也才見識何謂實質意義上的「美國鱟淹腳目」。而當晚我們沿著海岸觀察時，此一盛況竟至少綿延海岸數百公尺。

隔天，當我們前往德拉瓦灣另一處沙灘時，數千隻鷸鴴科鳥類爭相啄食沙灘上的某種小顆粒，幾隻零星的成鱟還留在沙灘。當時，美國鱟科學之父卡爾舒斯特博士（Carl N. Shuster, Jr.）站在我身邊指著沙灘說，「那些鳥兒吃的就是美洲鱟的小綠卵」，而其中一種鳥正是本書的另一個主角紅腹濱鷸。（德拉瓦灣有以卡爾舒斯特博士為名的鱟保護區，博士本人已於二〇二〇年以一百歲高齡過世。）

我們不清楚紅腹濱鷸最早是從什麼時候開始對鱟建立起依存關係的，但是本書提到「紅腹濱鷸取食鱟卵的歷史至少已有百年。查爾斯．斯佩里（Charles Sperry）在研究水鳥食性時，於一九一五年六月七日在羅曼角保護區內公牛灣的鳥島上捕獲一隻紅腹濱鷸，發現牠『幾乎完全以鱟卵為食，胃裡除了有一百一十顆完整的卵，還有更多鱟卵已經四分五裂。』」

本書作者從世界的盡頭——阿根廷火地島（Tierra del Fuego）開始，藉由追尋紅腹濱鷸帶領我們張大眼睛、跨越地球南北兩端，一站站地飛行；也藉由鱟讓我們閉上眼睛，享受數億年時光的穿越，兩個物種則交會出一段史詩般的故事。

建議讀者享用這本書的方法，至少有三種，也可以用不同心境各讀一遍。

一是當作「自然報導文學」，化身為鳥翱翔寬廣的世界，從阿根廷火地島到加拿大極區，遍覽整個美洲東岸的自然風光。許多紅腹濱鷸在成熟時僅約一百三十公克重，從阿根廷南部的火地島飛來，經歷了鳥類世界中最長的遷徙之一，牠們都變瘦了。有些會連續飛行七天，然後到德拉瓦灣，在那裡牠們通常會停留大約兩週時間以休息並覓食鱟卵，增加其三分之一的體重，再度啟航抵達加拿大北極區產卵。

也可「化身為鱟」讓心緩一點，想像生而為鱟會在爬行的路程上，遇到什麼生物？什麼樣的環境？鱟爬行時非常緩慢，演化歷程卻又非常地長，即使是生態環境變遷的過程，人類常常看不出來（或視而不見），除非把觀察的時間拉長一點，才可看出細微變化；如果讀者放慢腳步閱讀本書，也許可以思考，在整個匆忙的人生中，究竟要留下什麼，對於世界才是有意義的呢？

身為鱟的研究與保育倡議者，當然也會關心海岸棲地生態，但在閱讀本書時，仍有意想不到的收穫，例如美洲在鱟很多的海域，雙髻鯊、赤蠵龜就是以鱟作為偏好的食物等。對於生態自然愛好者，可以趁機學習作者如何進行自然觀察與寫作。

二是當作「偵探小說」。紅腹濱鷸在二〇〇〇年到二〇〇四年之間，數量少了百分之六十二，科學家開始問為什麼？才發現他們記錄的鱟在一九九七年到二〇〇〇年之間數量少了百分之八十二。讀者可以跟隨作者尋找真相，從火地島往北沿線開始追查，究竟是哪些「兇手」「殺」了紅腹濱鷸與鱟呢？作者又是如何訪談那些專家來抽絲剝繭出完整的故事呢？身為一個跨國偵探，場景有高空上的飛機、醫學實驗室、沙灘、漁船，甚至北極愛斯基摩雪橇！

本書記錄到二〇一五年，而保育人士在二〇二一年五月份對紐澤西州和德拉瓦州海灣兩側的陸域、天空和水域進行了廣泛的計數，發現了不到七千隻紅腹濱鷸。這一數字約為二〇二〇年的三分之一；不到此前兩年前的四分之一；更是自一九八〇年代初族群約九萬以來的最低水準。

這是一個大案子，「紅腹濱鷸要是消失，這並不只是失去一種鳥的問題而已；牠們的棲地被破壞之後，我們遲早會失去其他生活在海邊的鳥類。」背面還有案外案，另一個主角「鱟」，竟也離奇地與紅腹濱鷸生死存亡十足相關。

三是當作「自然科普專書」。本書訪談了許多學者與蒐集大量文獻，相當於紅腹濱鷸與鱟的生活史，及其棲地生態與調查過程的百科全書。「鱟試劑」是一種從鱟血中提取的，用於檢測疫苗、藥物和醫療設備中的細菌內毒素。而第六章「藍血」中，作者也有訪談鱟試劑工廠，了解鱟從捕抓、抽血到釋放的過程。

儘管這些鱟在抽血後會放回海洋，但保育人士估計，多達三分之一的鱟會死亡或無法繁殖（官方統計死亡率是百分之十五，多方研究介於百分之十至三十）。具有諷刺意味的是，儘管海灣海灘上有大量鱟卵可供鳥類食用，但由於鱟卵供應量的長期下降，這些鳥類的數量嚴重減少，使該物種能夠在自然災害中生存的任何緩衝都變單薄了。近年來的族群衰退使得紅腹濱鷸自二〇一四年以來被美國聯邦政府列為瀕危物種，因其更容易受到外部衝擊的影響，例如北極繁殖地的惡劣天氣，而使其更接近滅絕。近年來，鱟與紅腹濱鷸族群持續衰退的事件，也加劇了保育學者對製藥業停止使用美洲鱟試劑的呼籲。

書中作者訪談到的羅格斯大學生物學家喬安娜・伯格（Joanna Burger）呼籲立即禁止捕撈鱟作為誘餌，該行業在德拉瓦州、馬里蘭州和維吉尼亞州仍然很活躍，並且受到大西洋州海洋漁業委員會（Atlantic States Marine Fisheries Commission）的配額限制。儘管監管機構不允許捕捉雌鱟，但該規定並未得到嚴格執行，導致一些雌鱟的損耗，從而讓鳥類的食物供應減少。

本書仍有後續的故事，一種不用鱟血的合成替代品「重組因子C」（recombinant Factor C，rFC）是可行的，歐盟藥典（European Pharmacopoeia）已經在二〇二〇年七月宣布可用於代替鱟試劑以檢驗內毒素，但世界其他國家整個行業採用新技術的速度很慢，導致對鱟的需求持續增長。

在亞洲，東亞澳遷徙線（East Asian-Australasian Flyway, EAAF）覆蓋二十二個國家及地區，包括臺灣也在紅腹濱鷸的遷徙路線上。包含紅腹濱鷸等水鳥類的候鳥經常在遷徙過程中停留在河口溼地上進行覓食或休息，人為的海岸開發如填海造陸、海岸公路、海堤、消波塊、海水汙染等，都讓溼地消失或是劣化。

包含本書的美洲鱟，全世界共有四種鱟，除了鱟血的利用讓鱟遭到採捕，亞洲的三種鱟最主要都受到海岸開發的威脅。本書提到的美洲鱟（*Limulus polyphemus*），在二〇一六年被列入國際自然保育聯盟（IUCN）紅皮書中的「易危物種」（Vulnerable species, VU）。分布在東亞，同時是臺灣唯一的鱟種類，三棘鱟（*Tachypleus tridentatus*）二〇一九年被列入更危急的「瀕危物種」（Endangered species, EN），國際自然保育聯盟鱟專家群決定自二〇二〇年將每年的六月二十日訂為「國際鱟保育日」。

在臺灣，目前澎湖和金門的三棘鱟族群雖然棲地破壞較低，仍有幾個可見的族群，但本島僅有新竹、嘉義、臺南看得到極為稀少的稚鱟；其他偶爾誤捕上岸的成鱟，極少數受到收容照護。目前僅有金門縣設立「古寧頭西南三棘鱟保育區」，連江縣在二〇一六年公告全縣全年限制捕捉鱟，澎湖縣則於二〇二二年三月公告禁止捕捉。德拉瓦灣的美洲鱟捕抓政策逐年嚴格，當地有十多個社區進行社區型的鱟保育行動。在臺灣，不管政府或是民間團隊「守鱟」保育行動逐漸獲得關心，但仍需要更多民眾、企業持續支持。

鱟曾救過許多人類的生命，現在該是人類救鱟的時候了。

推薦序 2

當時間旅者與空間旅者相遇

林大利—特有生物研究保育中心助理研究員、
澳洲昆士蘭大學生物科學系博士

全球生物多樣性綱要

二〇二二年十二月的蒙特婁，如往常一樣冰天雪地，即便白雪紛飛，街道上依舊車水馬龍。在這個平凡的一天，這座冰雪城市的一角，為全球的未來發展做了重要的決定。這份決定書是「全球生物多樣性綱要（Global Biodiversity Framework, GBF）」，宣告世界各國要努力在二〇三〇年之前實現「自然正成長（Nature Positive）」，並且在二〇五〇年之前實現人與自然和諧共存的永續發展目標。

這場會議是聯合國生物多樣性公約（Convention of Biological Diversity）的第十五屆締約方大會，也是暨全球新冠肺炎疫情之後，重新啟動的全球國際會議。然而，為地球環境做出重大決議，對蒙特婁這座城市來說一點也不陌生。畢竟在一九八七年，管制全球排放破壞臭氧層氟氯碳化物的「蒙特婁議定書（Montreal Protocol on Substances that Deplete the Ozone

Layer）」，也是在這裡誕生。

老實說，我有點像個吃瓜群眾看著這群各國代表在會議廳裡面演戲，畢竟，過去幾年，我對聯合國的信心是幾乎蕩然無存。對於十年復十年、雷聲大雨點小的生物多樣性目標，最後都是全軍覆沒收場，然後再喊一個新十年目標。我很好奇我們還有多少個十年可以揮霍？另一個例子是，在二〇一八年，《科學》（*Science*）刊出一篇論文指出，全球約三分之一的保護區，總面積約六百萬平方公里的土地，正受到劇烈的人為開發影響，開路、採礦、伐木等等都有。彰顯了聯合國要求各國劃設保護區只是紙上談兵。

遠在太平洋彼岸，不屬於聯合國會員的臺灣，倒是發生了一些改變。金融監督管理委員會（金管會）自二〇二三年起，要求實收資本額達二十億元的上市櫃公司，必須編撰永續報告書。永續發展是全人類的共識，也是人類的普世價值。我們的生活也可以感受到些許變化，例如洋芋片罐和奶粉罐上面的塑膠蓋子不見了，都是實現永續發展目標的行動。可以看出來，不分個人、群體、國家、國際、全球，要不要為地球環境付出心力，只在一念之間。

時間旅者：鱟

所有和生命現象相關的議題，都是生物多樣性的範疇。然而，死亡是所有生命的終點。而生命會死亡，物種會滅絕，死亡和滅絕都是永遠的消失，這是生命現象的特色。換句話說，死亡和滅絕，都是再正常不過的事情。而且，曾經出現在地球上的物種中，百分之九十九都已經滅絕了；現在活著的，也遲早要滅絕。那麼，我們對於物種滅絕究竟在緊張什麼呢？

因為，如果短時間有大量的物種滅絕，那肯定不正常。這樣的現象，稱為「大滅絕（mass extinction）」。大滅絕通常用兩種方式來定義：一種是短時間有百分之七十五的物種消失；另一個則是物種的滅絕速率，遠高於正常狀況下的滅絕速率。無論用哪一種方式計算，我們都可以從地球四十六億年的歲月中，指認出五次大滅絕。最近的一次，就是恐龍滅絕那一次。

鱟是屬於劍尾目（Xiphosura）的海洋生物，而劍尾目的生物大約於四億四千萬年前的奧陶紀出現在海洋中。鱟這一類的生物，在地球上生存了非常久，是經驗豐富的時光旅人。不僅如此，這還暗示我們，地球歷史上的五次災難性大滅絕，鱟全部都挺過來了！這可是相當了不起的事情，地球環境的變化、周遭生物組成的改變，都不至於讓鱟永遠消失。

也許這些鱟曾經看著那些稱霸地球的大蜥蜴，一隻接著一隻不見了，取而代之的是展翅高飛的鳥類。但這些小鳥，竟然跑來吃鱟的卵！

空間旅者：鷸

在鳥類當中，有一群喜歡在水邊覓食和活動的鳥類，稱為「鷸」。鷸的生活非常忙碌，春天和夏天時，牠們在北半球的溫帶地區繁殖；到了秋天，牠們得遷徙到熱帶，甚至南半球來避開冰天雪地的冬天。牠們每年都需要進行兩次數千公里的長途旅行，稱為「遷徙」，可說是生物中的空間旅人。這些鷸大都是依賴水域的鳥類，特別喜歡海岸和河岸的泥灘地活動，用牠們各種長度、各式形狀的嘴喙，在泥巴裡面抓各式各樣的無脊椎動物來吃，當然也包括鱟的卵。

鳥類是非常特殊的生物，相較於其他蟲魚獸，不僅容易觀察、辨識，再加上華麗的外觀和囂張的行為，即便你對牠們沒興趣，也很難無視這些引人注目的角落生物。因此，鳥類也是最受眾人關注的生物類群，連科學家也不例外，許多生態學理論，是透過鳥類研究發展而來。而且全世界的公民科學資料庫，超過一半是鳥類的資料。

在臺灣也是如此，眾多的鳥類觀察愛好者，一直都是公民科學的好夥伴。從 eBird Taiwan 的平臺來看，已經有四千多人上傳過賞鳥紀錄，而且每年的賞鳥紀錄清單數量都能維持在全球前十名。甚至有許多鳥類的新紀錄種，都是由鳥友所發現，而非鳥類學家，近年有名的白鶴和斑頭雁皆是如此。

最重要的是，鳥類移動能力強，適合做為反映環境變化的指標生物。牠們的數量增加或減少，都為地球的環境代理一些訊息。有時候是喜訊，有時候是警訊。將這些數量變化經過整理，可以轉化成各種環境品質的指標，例如臺灣今年（二〇二三年）發布的森林鳥類指標和農地鳥類指標。這樣的指標，會是在二〇三〇年檢視各國是否實現「自然正成長」的重要工具。

第六次大滅絕？

時間旅者鱟和空間旅者鷸的相遇，分別扮演了掠食者與獵物，形成吃與被吃的關係。鱟與鷸都需要鬥智，透過演化改變自己的形態和行為，才能生存下來。適者生存，反之淘汰。

不幸的是，鷸鱟相遇的舞臺，是世界各地沿海潮間帶的泥灘地，正在快速消失。在一九八四年至二〇一六年間，東亞、中東與北美約有百分之十六點二的潮間帶泥灘地流失。對遷徙過程中需要泥灘地覓食和休息的鷸、繁殖期間需要泥灘地產卵的鱟，都是非常劇烈的衝擊。也就是說，根本沒有時間搞什麼鷸鱟相爭了。再這樣下去，雙方都自身難保！

鱟和鷸只是這一波生物多樣性流失衝擊的其中兩名小角色而已，地球上的許多野生動物和植物，也同樣得面臨這個問題。當然，人類也不例外，再繼續惡化下去，我們也難以倖免。

「那麼，我們現在正邁向第六次大滅絕嗎？」有篇科學論文這麼說，如果和以往的大滅絕相比，目前的滅絕完全無法和過去相提並論；但是，如果將生存受威脅的物種都算進去，那我們已經站在第六次大滅絕的門口了。

在生物多樣性這個複雜的系統內，我們也在面對龐大的未知。對於誰與誰有所牽連？誰會受到直接或間接的影響？孰正孰負？孰強孰弱？還無法給一個肯定的答案。鷸和鱟之間，關係看似遙遠，卻又如此緊密。因此，在知識有限的狀況下，我們應該盡力維持生物多樣性完整，小心翼翼的避免各種過度的衝擊。我們無法預料，水面細微的漣漪是否會在地球另一端引發海嘯；蝴蝶輕輕地揮動翅膀是否會在遙遠的國度掀起颶風。我可不敢保證，任意拉扯蓋婭的一根頭髮，她會給你什麼樣的臉色瞧瞧。

哥白尼將地球自宇宙中心請出，達爾文將人類萬物之靈的皇冠摘下。不可否認的，人類的能力有限，認知也有限。科學與科技的發展，讓我們踏上月球、泅潛深海，但是，當我們面對這個世界時，莫忘謙卑與人性。每個生命都會面臨死亡，每個物種也會有終點，黎明般的初生終究會步入瀕臨黑暗的衰頹。演化是生命尋求生路的機制，會有物種的終結，也會有新的物種誕生。人類這個以智慧為學名的物種，不應該親手逼自己滅亡，而是認清自己在生物多樣性中的定位，與芸芸眾生共存於蓋婭充滿生命力的懷抱之中。

前言 Beginnings

五月，某個溫暖的夜晚，約莫午夜時分，我驅車前往德拉瓦灣（Delaware Bay）一處空曠的沙灘。附近的度假小屋漆黑一片，空無一人，唯有明月照耀海灣，只聞浪花輕拍沙岸。就在滿潮之前，鱟開始爬出水面，有些鱟的殼大如餐盤，暗色的鱟殼帶著磨損的痕跡。這些活化石是來自大海的使者，正要前來此處的沙地產卵。我從沒見過眼前這番場景。以前我常去麻州格拉司特（Gloucester）自家附近的溪邊尋找產卵的鱟，牠們年復一年準時回到那裡，每次出現就代表寒冬將盡，春日可期，不過那兒的數量總是少少的，我最多只能找到六隻或八隻左右。世界上鱟的數量最為密集之處就在德拉瓦灣，數以千計的鱟來到這裡，牠們毫不費力游過大海，然後爬上沙灘挖洞，等到潮水轉向，便冒出沙面，滑入浪花，隨後消失無蹤。如果我早來一個小時或晚到一個小時，就會錯過跟牠們相遇的機會。

隔天，德拉瓦灣的海灘上聚集了更多野生動物——成千上萬遷徙中的水鳥，宛如鳥類世界的塞倫蓋蒂（Serengeti）動物大遷徙一般，讓這裡成為美國東部海岸線上水鳥數量數一數二多的地方。這些鳥只在德拉瓦灣停留數週：曾有很長一段時間，鳥類學家似乎不知道牠們會過境此處。牠們成群結隊覓食鱟卵，密密麻麻的，多到我看不見沙灘。在這些水鳥中，有幾千隻是羽色紅褐的紅腹濱鷸（*Calidris canutus*），牠們沿著岸邊狂奔，忙亂爭食散落的鱟卵。

這些餓到不行的紅腹濱鷸是從哪裡來的？只以針頭大小的鱟卵為食，怎麼夠讓牠們遷徙到想去的地方呢？牠們分秒必爭，毫不浪費時間：到達這裡之前，已經飛了一萬兩千多公里，接著在兩週內，會再飛行三千多公里。

而這只是年度旅程的一半罷了，紅腹濱鷸每年都會從地球的一端飛到另一端，然後再返回。在好奇心的驅使下，我跟著牠們移動，想知道牠們靠什麼來完成如此遙遠的旅程，牠們沿途選擇在何處停歇以及為何選那些地點，還有這些鱟卵有何特殊之處。這本書，就是這段旅程的故事。我的探索之旅始於南美洲麥哲倫海峽（Strait of Magellan）一處人跡罕至的海灘，那裡是北半球入冬時，許多紅腹濱鷸棲息的地方。當牠們開始飛向北方，我也跟著移動：我到過阿根廷一處擁擠的度假勝地，去過德州的一片潟湖，也待過南卡羅萊納州某個狩獵保護區。為了目睹夏季時紅腹濱鷸的營巢地，我造訪北極圈福克斯灣（Foxe Basin）南安普敦島（Southampton Island）上一處遠離塵囂的營地，那裡有眾多飢腸轆轆的北極熊。當繁殖季結束，紅腹濱鷸準備再次長途跋涉前往南美洲時，我目送牠們從加拿大詹姆斯灣（James Bay）沿岸的泥沼離開，經過多霧的明根列島（Mingan Islands），再到低窪的鱈魚角（Cape Cod）海灘（愈來愈多大白鯊在鄰近水域出沒），最後是我家後面的海灣。

這趟旅程談不上輕鬆愉快。我陪著盡責投入的生物學家和賞鳥者徒步追蹤鳥兒，每天得在冰天雪地行走十幾二十公里；端坐在傾盆大雨中好幾個小時，只為計算水鳥的數量；躲在

刮風的海灘上，希望用網具捉到牠們。紅腹濱鷸是難以捉摸的小鳥，牠們以脂肪當燃料，用羽毛來保暖，可以前往任何地方，無論多麼偏遠也不成問題。除了徒步，我們也飛上天空，從直升機觀察牠們；在配備無線電接收器的小型螺旋槳飛機上聽取牠們的訊號；也在叢林飛行員的協助下跟著牠們進到苔原區，這些飛行員只需一條狹窄的結冰礫石帶就能充當跑道。小船、火車、愛斯基摩雪橇、休旅車和全地形車，旅途中乘坐的這些交通工具有的令人興奮不已，有的讓人膽跳心驚。我學會如何裝填口徑12G的散彈槍彈藥然後射擊，還滿準的呢，出乎意料的是，我到下一個停留點時，發現我竟會想念那玩意兒。

無論是在颶風狂吹、飛機停飛的天候下，還是在蚊蟲充斥、鱷魚橫行的沼澤裡，紅腹濱鷸看起來都像待在自家一樣閒適自在。雖然我家就位於蚊子遍布的草澤地帶，但在這趟旅程之前，我從來沒被那麼多蚊蟲叮咬得那麼淒慘。這些鳥兒的食物都是四處搜尋而來，在每次長途飛行前，牠們只需吃下小小的蚌蛤和鱟卵，就能讓體重增加一倍。我嚐過牠們的食物，還搭配野味、美食、薄脆餅乾和花生醬一起吃——結果我的體重反而掉了。在與世隔絕的偏遠地區艱辛跋涉尋找鳥類時，我有羅盤、全球定位系統和無線電來確認自己身在何處，至於鳥兒，牠們有什麼？待旅程結束之際，我對牠們的嘆服更勝啟程之時。

這條路線和我原先設想的不太一樣。我去過幾處擠滿笑鷗和水鳥的沙灘，那裡是世界有名的禽流感熱點，還遇到一位經費來自美國國土安全部（Department of Homeland Security）

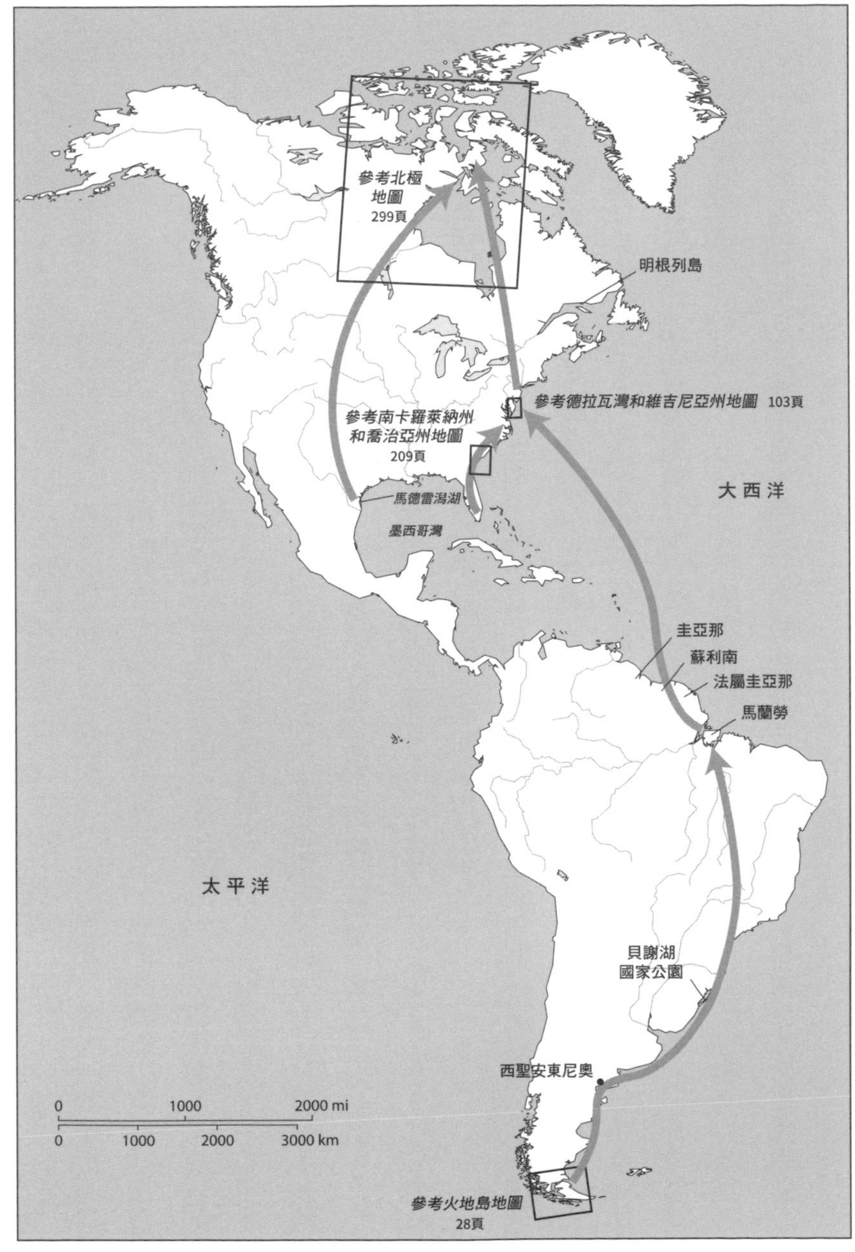

紅腹濱鷸 *rufa* 亞種遷徙路線圖

比爾・內爾森（Bill Nelson）繪製，取自美國魚類和野生動物管理局

的駐點研究人員。在另一個州，我曾經整個早上都耗在法庭裡，而不是海灘上。我也曾繞開明確的路徑，選擇探索鮮為人知的地點，後來證明這些地方相當重要，因為隨行的科學家發現了兩個前所未知的紅腹濱鷸幼鳥度冬地。在此關鍵時刻，他們的調查成果來得正是時候。美國魚類和野生動物管理局（U.S. Fish and Wildlife Service）已將紅腹濱鷸 *rufa* 亞種列為《瀕危物種法案》（Endangered Species Act）的受保護動物，而在可預見的未來，牠們甚至會瀕臨滅絕。這一路看下來，我已知問題所在。此外，我也明白鱟對人的福祉跟對水鳥的影響一樣重要。跟隨著鱟，我去了南卡羅萊納州一處熠熠生輝的牡蠣灘，造訪查爾斯頓（Charleston）一家生物醫學公司，然後前往麻州總醫院（Massachusetts General Hospital），我想知道我的生活為何以及如何仰賴於這種每年只上岸一次的動物。

紅腹濱鷸共有六個亞種，其中之一就是我循著其遷徙路徑進行踏查的 *rufa*，這是最晚分化出來、也是遷徙距離最遠的亞種。牠們的棲息地有好幾個，每一個都是重要的中途停靠站，如果從火地島（Tierra del Fuego）到北極的旅程像是要爬過一道梯子，這些停靠站就是梯子上的踏階，即便只有幾個踏階被弄壞，整段旅程還是會大受影響。事實上，有些已經壞了，其中有部分正在修復，而且復原的機會還不小；其他的則是陷於損壞的險境。這個亞種的故事跟困境，也是其他紅腹濱鷸亞種乃至其他數百萬水鳥的故事和困境。如果我們失去這些鳥兒，又將意味著什麼呢？

遷徙的水鳥會告訴我們。在其往返兩極猶如長弧般的漫長旅程中，在廣闊泥灘上眾多灰斑鴴的動人鳴叫裡，在岸邊衝刺狂奔的濱鷸群內，牠們向我們講述我們的世界——當下如何，正要變成什麼，以及未來可能是哪種模樣。無論是在潮來潮去的草澤島上，還是月光籠罩的海灘邊，或北極夏日清朗冷冽的天候下——只要是能讓我們卸下繁忙生活重擔的地方——群鳥相伴，寂靜的孤獨感油然而生，此際，我們可以傾聽牠們訴說，繼而反思：我們是誰？我們希望成為什麼樣的人？沿著一條縱貫地表的子午線，我在紅腹濱鷸的眾多家園觀察牠們，親眼見證牠們如何日復一日討生活，以及隨著愈來愈多人居住在介於海陸之間的狹窄邊緣，人類的生活是如何跟牠們的生活纏繞交織。一路走來，這個故事顛覆了我對於這些議題的既有觀點：槍枝、獵人和狩獵；人類和野生動物如何共享日益擁擠且重新打造的海岸；在人類與大自然的界限已然消融之時，「野性」在此刻意味著什麼。

「科學」能以諸多精妙之道闡釋這個世界，向來深得我心，藉由這套美麗而清晰的知識體系，我方能洞悉水鳥與鸞的生命歷程，以及我們不斷變化的海岸線。雖然科學能夠提出指引，但僅靠科學並不能修復我們這個被撕裂的世界，讓我們做出選擇的緣由，其實來自另一個層面。跟隨紅腹濱鷸移動的過程中，我遇到許多仁人志士，他們一年復一年、一季又一季地設法尋找紅腹濱鷸，力保牠們的海濱家園安然無恙：科學家、賞鳥者、愛鳥但不自稱賞鳥者的人士、高中生、研究生、生物學界的後起之秀，以及那些將時間花在水鳥身上長達

三四十年，甚至按理說都已經退休了卻仍持續投入的人。這些人在一條遷飛路線上努力已久，那條路線至少經過十二個國家，沿線居民所說的語言起碼有五種，紅腹濱鷸在這些地區有許多不同的稱呼，不過有個地方，這種鳥並沒有專屬的名字。他們共同的夢想，就是讓一種族群急劇下降的鳥類回復昔日的繁盛眾多。他們所付出的種種努力固然是以科學為本，但觸發動機與支持維繫的力量，則是因為愛。

在德拉瓦灣，我手裡握著一隻紅腹濱鷸，牠曾不只一次飛越半個地球，而是很多次。這隻小鳥有種一貫準確的本能，可以在綿延數公里的海岸線上找到食物最富饒的每片海灘；牠已演化出令人驚嘆的方式，能夠一再進行疲憊不堪的不著陸飛行；牠也可以在北極夏季的嚴酷環境中孕育出下一代。我們人類的政治立場可能相差甚遠，需求和欲望或許迭有衝突，價值觀也因人而異，但這隻鳥不分人為疆界，將我們沿著兩塊大陸的海岸線團結在一起。我放開手中的紅腹濱鷸，看著牠起飛，祈禱牠可以持續在旅途中找到安身立命之處，一季又一季，一年復一年。橫在面前的難題是，將來人類和野生動物是否能夠以及該如何共享我們日益脆弱的海岸？從一塊大陸的南端到另一塊大陸的北端，跨越近一百二十度的緯度，我在旅程中望著這些問題，開始體會到波斯詩人哈菲茲（Hafiz）所言：「所有半球都位於你心中那條赤道的邊上。」在那兒，或許我們有機會看見隱藏在眾目睽睽之下的事物。

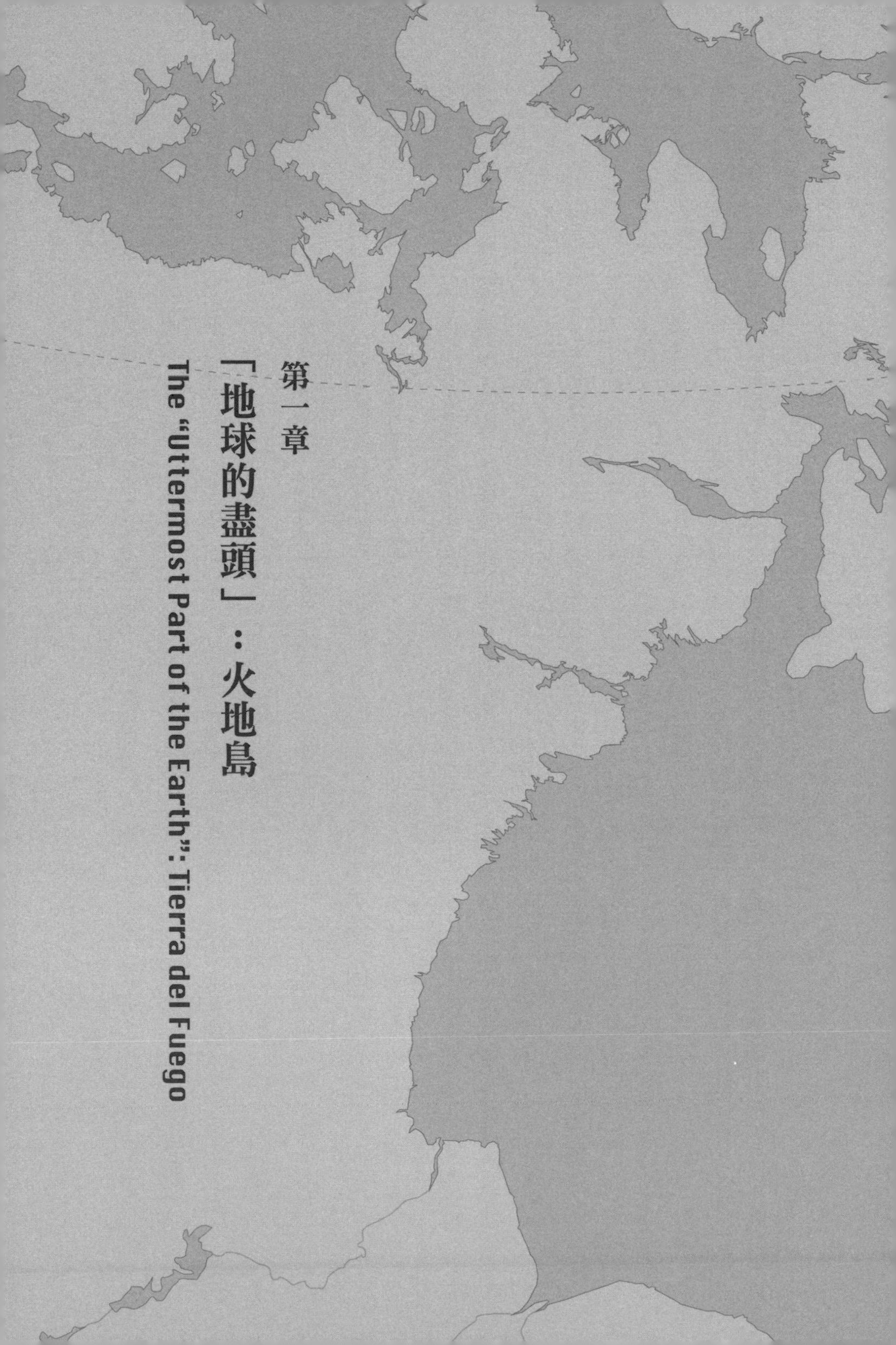

第一章 「地球的盡頭」：火地島

The "Uttermost Part of the Earth": Tierra del Fuego

卡勒門・愛絲波茲（Carmen Espoz）和里卡多・馬圖斯（Ricardo Matus）這兩位科學家的團隊成員把全地形車連同幾桶備用汽油裝上卡車，隨後我便跟著他們一起出城。新鋪柏油的公路很快變成碎石子路，路面不但愈來愈狹窄，而且滿布轍痕，塵土飛揚。我很慶幸自己出發到智利前的最後一刻聽從建議，把租車升級為換上新胎的四輪傳動車。在公路行駛了三十分鐘後，我們開往一條沒標示的路徑，越過幾座起伏的小山丘，還繞過一片池塘，池裡站著幾隻智利紅鸛。一個高卓人（譯註：南美牧民）正在修補柵欄，他的馬配著厚厚的白色羊皮鞍墊，在乾草叢中吃草。遠處，有幢房子傍山而建，坐落在僅有的幾棵樹之間，屋主是牧場主人玻里斯・茨維塔尼克（Boris Cvitanic），他開車出來跟我們碰面。我們戒慎恐懼地在狹小的車道上轉彎，深怕掘起一旁的牧草地。之後我們隨茨維塔尼克回到幹道，開下陡峭的斜坡，進入另一條沒有標示但有個柵欄擋住的車道。茨維塔尼克是個面容和善的帥氣男子，身上穿戴的時髦貝雷帽、套頭毛衣和運動夾克都是上等羊毛製品。他一邊打開柵欄上的巨大掛鎖，一邊與愛絲波茲和馬圖斯聊天，然後指了指山的那頭。

我們推開搖搖晃晃的大門，繼續行駛在路跡不明的車轍道上，在尖銳的石塊和深陷的轍痕間顛簸前行，遇到放牧的羊群在路上慢吞吞吃草時，我們只能耐心等待。這條小路繞著更加低矮的山丘蜿蜒數里，然後沿著另一道柵欄直直而去。在一個看似與其他地方沒什麼不同之處，我們停了下來，卸下全地形車後，避開柵欄，準備展開一段驚心動魄的車程，高速穿越世上數一數二寬的潮灘。我搞不清楚要去哪裡，也不清楚我們是要怎麼知道何時到達目的地。當馬圖斯總算放慢速度時，我們已經離岸邊很遠了，他把我放在泥地上，隨即駕著車呼嘯折回載其他人。空蕩蕩的泥灘一直延伸到地平線，完全不見潮水的蹤跡。我發現自己身處一個偏遠的地方，看不懂地標，也幾乎不認識我的同伴，這種情況在這趟行程以及接下來的一年中將會發生好幾次。

這些陌生人一次又一次地歡迎我，他們致力於保護紅腹濱鷸——一種體型相當於旅鶇的小型鷸，重量跟個咖啡杯差不多。紅腹濱鷸的英文名叫 Red Knot：「red」的意思不言自明，當牠們換成繁殖羽時，胸羽會變成鏽紅色；至於「knot」的由來和含義就比較晦澀難解了。十六、十七世紀時，伊莉莎白時代的英國詩人麥可・德雷頓（Michael Drayton）把紅腹濱鷸跟十一世紀的維京國王克努特（Canute）扯上關係，他說紅腹濱鷸「是昔日的克努特之鳥」。十七和十八世紀通行的英語詞典也支持這一觀點，其中有本詞典將紅腹濱鷸描述為「一種美味的小型禽鳥，在英格蘭某些地區廣為人知，牠們得名於丹麥國王克努特，也因此備受好評」。

其他說法則是粗略談論到紅腹濱鷸順應潮流而覓食的稟性。那些故事提到，克努特國王將其王座置於海邊並命令潮汐退去，但顯然事與願違，國王便藉此駁斥其追隨者認為他無所不能的信念。《牛津英語詞典》（*Oxford English Dictionary*）認為這些神話般的關聯性「不

具有歷史甚至傳統基礎」，並且斷言這種鳥的英文名字來源不明。智利人稱紅腹濱鷸為「*playero ártico*」，意思是來自北極的水鳥，在我所有聽過的名字裡，這個最能喚起我對這種鳥的印象。

紅腹濱鷸每年會在火地島的海灘住上五個月，在南半球夏季的長日照天候下覓食。隨著南半球秋天接近，牠們開始往北遷徙一萬五千公里，前往位於北極的繁殖地，這是鳥類遷徙距離紀錄的佼佼者，而且如此漫長的旅行每年都會往返一次。我來到這處偏遠的海灘

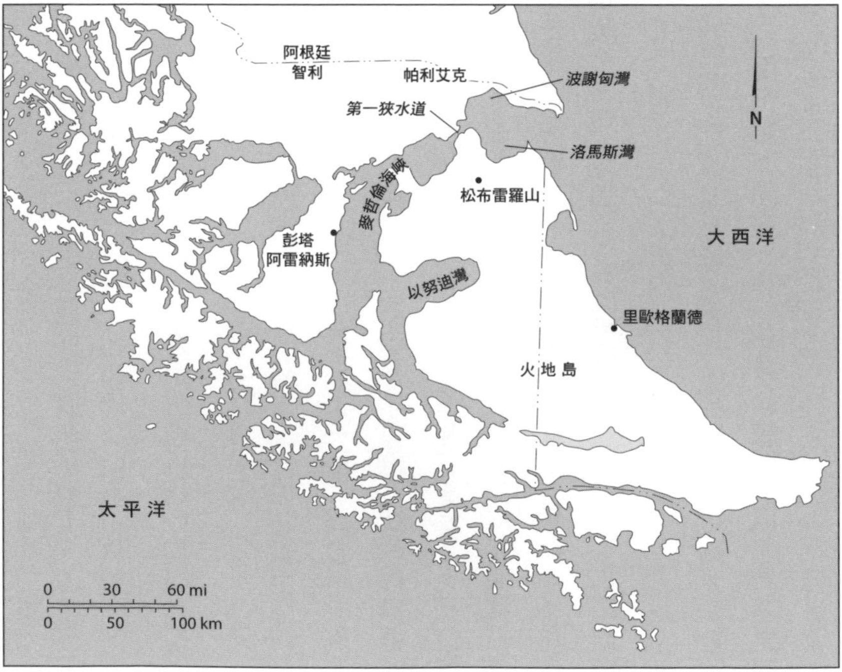

火地島

比爾・內爾森繪製

看牠們，牠們在這兒會度過一年中的大半時光，之後再跟隨牠們，沿著大海的邊緣從地球的一端前往另一端。

我正在洛馬斯灣（Bahía Lomas）的偏僻海灘上等待著，這片寬闊海灣是從大西洋進入麥哲倫海峽的入口，麥哲倫海峽沿著火地島北岸而行，火地島是智利人口最稀少的省份之一。冰冷的峽灣、陡峭的山脈，以及南巴塔哥尼亞冰原（Southern Patagonian Ice Field）這座三百多公里長的冰川，將火地島和智利其他地區分隔開來，得要搭飛機、坐船或長途駕車穿越阿根廷，才能抵達這裡。盧卡斯．布里奇斯（Lucas Bridges）出生於一八七四年，傳教士父母在火地島將他養大，他將這座熱愛的島嶼以及一同生活的當地居民寫進自己的經典回憶錄裡，取名為《地球的盡頭》（*Uttermost Part of the Earth*）。這個名稱在超過一百二十五年後，仍是極為恰當的描述。

在這個一月的午後，海灘和道路空無一人，也許這裡絕大多數的下午、早晨和夜晚也是如此：沒有汽車經過，沒有飛機飛過，海面上也看不到油輪或小艇。除了持續的風吹聲，聽不見其他聲音。有隻肉桂色的原駝躍過柵欄，沿著海灘奔馳而去。寬廣的沙灘、開闊的天空、一望無際的泥灘，放眼望去無所阻攔，此時潮水已經從岸邊退到超過六公里外了。聖地牙哥聖托馬斯大學（Universidad Santo Tomás in Santiago）理學院院長愛絲波茲、在洛馬斯灣參與研究超過十年的博物學家馬圖斯，和來自彭塔阿雷納斯（Punta Arenas）的野外助理勞拉．特

列茲（Laura Tellez）正在等待潮水回歸，屆時跟著潮位線移動覓食的水鳥也會被潮水趕回來。

我的眼睛被風吹到流淚，只好瞇著眼以減輕刺痛感，愛絲波茲和馬圖斯則是戴起了護目鏡。我大概什麼鳥都沒辦法看到，遑論聽到了。隨著潮水漲起，在這片七十公里長的私人海灘上，什麼地方都有可能看到水鳥的蹤跡。茨維塔尼克曾在昨天下午四點左右看到一群水鳥，我們先前開車穿越的牧場就是他的，他雖出生於智利，父親卻是離鄉背井遠從克羅埃西亞到此成家立業。原來，茨維塔尼克的父親在一九三〇年代漂洋過海拜訪定居在智利的克羅埃西亞同胞，結果竟愛上火地島，而且還留了下來。「這兒有工作，」茨維塔尼克告訴我，而且「平靜，很安靜」。

他的父親進入牧羊場工作，然後在較靠內陸的地方買了一塊緊鄰河川的牧場，位於現在通往阿根廷的國際公路附近。茨維塔尼克接手後，賣給他的兄弟，並於一九九四年在洛馬斯灣購買了第二座牧場。他在七萬公頃的土地上飼養五千隻羊，羊肉和羊毛都是銷售產品。茨維塔尼克回憶起他第一次看到紅腹濱鷸的時候：「牠們會突然在夏天出現——成群結隊、遮天蔽日——等到冬天就消失無蹤。牠們不好找，我從房子裡看不到牠們，而且海灘太長了。我可以看到牠們來來去去，但從未想過牠們竟是來自如此遙遠的地方，直到研究人員來找我，希望我允許他們穿越牧場時，我才知道這種鳥的特殊重要性。」

相較之下，北半球的鳥類學家雖然明白這些鳥兒來自何處，但有很長一段時間，對於牠們飛去哪裡並不太清楚。有些博物學者不遠千里來此研究記錄野生動物，卻都沒有遇上紅腹濱鷸。達爾文於一八三一年至一八三六年間跟著小獵犬號出海，那趟航程的目的是考察南美沿岸的水域，當時他是在艦長費茲羅伊（FitzRoy）的手下擔任博物學家。達爾文在火地島和巴塔哥尼亞時曾觀察並捕捉過許多鳥類，他那鉅細靡遺的紀錄中有提到鴴和其他鷸，不過據我所知，並無紅腹濱鷸。一八八六年至一八八九年間，英國海軍部委託拿騷號（HMS *Nassau*）考察麥哲倫海峽，艦上的博物學家羅伯特．奧利弗．康寧漢（Robert Oliver Cunningham）也觀察、射殺了許多鳥，但其中似乎沒有紅腹濱鷸。

一九〇四年，住在火地島的理查．克勞謝（Richard Crawshay）船長替大英博物館觀察並採集鳥類標本，他在該島西岸的卡列塔約瑟菲納（Caleta Josefina）牧場和東海岸的聖塞巴斯提安（San Sebastian）牧場工作，這是火地島開發公司（La Sociedad Explotadora de Tierra del Fuego）在島上最早設立的牧羊場。火地島開發公司是由該地區最具權勢的家族所掌握經營，日後將發展成智利規模最大、最富有的農牧企業，最終占有的土地廣達兩萬八千多平方公里。克勞謝跟康寧漢一樣，射殺了許多灘地上的鳥類並撰寫相關文章，在這些鳥類中，克勞謝記錄了三種鴴、兩種蠣鷸、棕塍鷸和白腰濱鷸，但沒有紅腹濱鷸。牠們極有可能就在那裡，只是儘管克勞謝已經仔細觀察，卻還是跟牠們擦身而過。但錯失紅腹濱鷸的並不只有他一個。

二十世紀初的觀察紀錄雖然有提到紅腹濱鷸，但內容含糊，令人沮喪。美國史密森尼學會（Smithsonian）鳥類部門主管羅伯特·里奇韋（Robert Ridgway）和副會長亞歷山大·韋特莫爾（Alexander Wetmore）曾前往南美研究鳥類，兩人都指出紅腹濱鷸的分布範圍最南延伸到火地島。韋特莫爾總結道，除了阿根廷首都布宜諾斯艾利斯的鄰近地區外，「紅腹濱鷸的度冬範圍幾乎沒有被調查過，因此對該鳥種的分布狀況所知甚少。」強森（A. W. Johnson）於一九六五年出版的《智利鳥類》（*The Birds of Chile*）提到，紅腹濱鷸是「極其稀有的遷移性水禽」；而盧道菲·麥亞·迪肖恩西（Rodolphe Meyer de Schauensee）在他一九六六年的《南美鳥類圖鑑》（*Birds of South America*）中增加了其他國家（巴西和烏拉圭）的分布狀況，但沒有具體說明在這段長長的海岸線上，到底哪裡可以找到紅腹濱鷸。在北美繁殖的水鳥有五十二種，當夏季的日照逐漸縮短，一半以上的種類都會飛往南美洲。由於不知道牠們的遷徙路線和目的地，所以要是這些鳥沒能返回或數量減少，科學家的研究就會陷入困境，因此他們覺得自己有責任解開這個謎團。

一九七九年十一月，在世界野生動物基金會（World Wildlife Fund）的贊助下，加拿大野生動物管理局（Canadian Wildlife Service）的蓋伊·莫里森（Guy Morrison）和馬諾梅特保育科學中心（Manomet Center for Conservation Sciences，剛成立時是個鳥類觀察站）的布萊恩·哈靈頓（Brian Harrington）從布宜諾斯艾利斯沿著南美洲東岸一路開車南下，前往填補這塊研究空白。當時物價飛漲，他們倆只買得起一輛雙人座雪鐵龍轎車，沒想到這臺車立刻就給他們帶來麻煩。當他們聽到一聲巨響時，車子都還沒開出布宜諾斯艾利斯呢。槍響吧，莫里森心想。此時眼前一片漆黑，平常是個冷面笑匠的莫里森，一度懷疑自己死了沒。那輛車的引擎蓋鎖扣已經折斷，導致引擎蓋整片翻起來覆在擋風玻璃上，哈靈頓還很委婉地說那引擎蓋像是錫箔做成的。兩人的視線完全被擋住，但這時他們還在路上，而且還在開車，只見哈靈頓握著方向盤，莫里森探出車窗外，瘋狂地指引哈靈頓駛離迎面而來的卡車。

他們先靠邊停車，把引擎蓋扳回去後固定好，接著繼續開車前往彭塔拉薩（Punta Rasa），那是一片泥質潮灘，拉普拉他河（Rio de la Plata）由此注入大西洋。之前有人說這一帶可能會有好幾千隻紅腹濱鷸，但他們在彭塔拉薩停車觀察了六次，只發現十隻，這顯然不是什麼好預兆。不過他們並未灰心喪志，因為比利時鳥類學家皮耶・戴維勒斯（Pierre Devillers）和特舒倫（J. Terschuren）剛發表了一篇令人心馳神往的論文，文中描述距布宜諾斯艾利斯三千兩百公里遠的火地島上，有個城鎮叫里歐格蘭德（Rio Grande），那裡有為數眾多的紅腹濱鷸。

他們對此寄予厚望，繼續開車前進，但沿途到底哪裡有紅腹濱鷸，他們毫無頭緒。在行駛一千六百公里、停車觀察十五次之後，看到的總數僅僅二十隻。有些原本令人滿懷期待的地點，去了之後卻無功而返，比如瓦爾德斯半島（Península Valdés）。今天，這個伸入大西

洋的岬角及其四百公里長的海岸線已被聯合國教科文組織列為世界遺產，每年有八萬人前來觀看在此繁殖的企鵝和瀕危的露脊鯨，以及象海豹跟海獅的聚居地，這些野生動物的數量跟遊客人數一樣多。但在一九七九年時，要到達那裡可不容易，他們開車時大半時間甚至連海灘都看不到。此外，哈靈頓告訴我，「鳥兒都會密集聚在一起，所以要麼是一舉成擒，要麼就一無所獲。」對他們倆來說，大半時間都是沒有找到。多年以後，等他們在那裡認識了更多人，就會知道哪些路徑可以通往海灘、哪些土地可以穿越過去，但此時，他們不願隨意擅闖，所以只能繼續開車前進。

再往南到布斯塔曼特灣（Bahía Bustamante）附近，道路先是沿著一片能夠俯瞰遠處大海的高地走，接著突然就一路降到海邊，真是走運了。汽車往下開了三分之二的路程時，一隻遊隼騰空而起，那是地球上速度最快的動物之一，俯衝撲擊獵物的時速可超過三百二十公里，苦主通常是一隻鳥。遊隼的視力是人類的兩到三倍，因此牠能看到哈靈頓和莫里森最初看不見的東西。目擊到遊隼之後，他們也跟著轉運了：在一片寬闊的沙質潮灘上發現了四百隻紅腹濱鷸，這是他們首次找到的大群。他們下車緩慢步行，逐漸靠近其中的百來隻，發現有十五隻的胸腹部都沾滿油汙。儘管當時的布斯塔曼特灣相當僻靜——六十年前，有個人從布宜諾斯艾利斯來此定居，採收海藻和養羊維生——但位於南邊一百六十公里左右的里瓦達維亞鎮（Comodoro Rivadavia）可是阿根廷的沿岸石油生產重鎮。看到這麼多被石油汙染的小鳥，實在令人擔憂。他們繼續往前開，在接下來將近一千公里的旅程中，停了二十次，只看到八十八隻紅腹濱鷸。鳥類觀察需要耐心和毅力，他們兩者兼具，因此他們依舊信心滿滿、精神抖擻，期待在下一個轉彎處附近或是下一片海灘就能發現一大群鳥。回首往事，哈靈頓承認，他們也許天真了點。

路況很糟，車子都開到快解體了。他們跨過麥哲倫海峽進入火地島，到達聖塞巴斯提安灣（Bahía San Sebastian）。克勞謝曾在這待過兩個月，包括十月，紅腹濱鷸在那時節應該要抵達才是，但他一隻都沒看到；然而哈靈頓和莫里森趕到這裡後，才花了一個小時，就看到兩百五十隻紅腹濱鷸和六百四十隻棕塍鷸。他們隨後匆匆趕路，第二天就到了里歐格蘭德。造訪里歐格蘭德的遊客多半是為了體驗世界級的毛鉤釣活動，但哈靈頓和莫里森對那玩意兒無感，他們唯一感興趣的是鳥類。開了九天、至少三千兩百公里的里程後，他們的夢想終於成真。莫里森回憶道，他從旅館房間往窗外望去時，看到一大群紅腹濱鷸飛過海灣。儘管他們已經造訪過五十三個地點、在其中十一處看過紅腹濱鷸，但在里歐格蘭德看到的數量才真的是龐大——乾潮時，超過五千隻紅腹濱鷸在海灘上覓食。他們不僅證實大量的紅腹濱鷸只會集中在某幾個地區，也確認里歐格蘭德是主要度冬地，因此對考察成果感到相當滿意。但他們不知道的是，他們開車追尋的路線正好就貼著紅腹濱鷸遷徙的主要路徑。

跟哈靈頓完成首次穿越阿根廷的公路踏查後，莫里森雄心勃發，繼而說服加拿大政府資

助一項對南美所有海岸線的調查，即「南美水鳥分布圖集計畫」（South American Shorebird Atlas Project）。這一次，莫里森和同事肯．羅斯（Ken Ross）從空中進行調查，沿著自己先前錯過的海岸搜尋各個岬角、灣澳和偏遠地帶，幾乎飛遍整個大陸的邊緣，到處尋覓有機會找到鳥的地方。不過他們沒有去智利的最南端，那兒滿布深邃的峽灣和森林茂密的島嶼，遑論陡峭的安地斯山脈就從這片迷宮般的地區拔地而起。他們也跳過了位於火地島西部的以努迪灣（Bahía Inutil），一八二八年菲利普．帕克．金恩（Phillip Parker King）船長曾勘查過這片海灣。金恩寫道，進入海灣後，他和他的船員「興高采烈地以為能夠找到」一條通往太平洋的出口，結果事與願違，他們發現的其實是個「既無處下錨也沒有避難所」的死胡同，他們「立刻撤退」，並將之稱為 Useless Bay（無用灣），這個英文名字就這麼沿用了下來。以努迪灣沒有適當的海岸線供鳥類棲息，因此對莫里森和羅斯來說也是毫無用處。

為了從直升機或單引擎飛機上計算鳥群的數量，他們從一九八二年到一九八六年間沿著海岸飛行了兩萬七千多公里。他們會一起進行調查以確保一致性，在滿潮時以時速一百六十到兩百四十公里、離地一百五十英尺（約四十六公尺）的高度飛行，這樣就能看到棲息在水邊的鳥類，而飛行調查的時間是介於早上八點到下午四點之間。他們將觀察狀況錄製下來，結果令人震驚：總共發現了兩百九十萬隻鳥！這數量跟莫里森和哈靈頓在路上看到的六千兩百隻根本是天差地遠。這些鳥絕大多數（超過兩百萬隻）是在南美北部沿海所發現的小型濱鷸，而紅腹濱鷸則是喜歡在更南邊，也就是在「地球的盡頭」度冬。此後，莫里森幾乎每年都會回來數鳥。

莫里森在我去見愛絲波茲之前就安排了航班，而且欣然答應帶我同行。我們會從麥哲倫海峽北側一處隸屬智利國家石油公司（Empresa Nacional del Petroleó）的營區出發，石油公司在那裡擁有房子、宿舍和辦公室。營地坐落在一大片乾燥的灌木叢之間，我在那兒看到原駝和不會飛的美洲鴕（長得很像鴕鳥，當地人稱為ñandú）在塵土中四處閒逛，狐狸在停車場徘徊，還有一隻灰頭草雁和牠的雁寶寶在草叢中吃草。我和莫里森在公共餐廳一起享用傍晚開始提供的智利下午茶（onces），這是一種源自英式下午茶的用餐習慣。送來的鮪魚三明治撒了有點萎掉的巴西里（編註：一種香草）做裝飾，搭配柔軟去邊的白土司抹上美乃滋，莫里森邊吃邊檢視明天的計畫——上午滿潮時前往洛馬斯灣調查。智利國家石油公司的飛行員會帶我們過去，他們平時會開著公司的直升機將工人送到鑽井平臺。

莫里森的行程很滿，只給這趟特地安排的飛行調查多留一天。我們用完下午茶時，天空已被雲層籠罩，等到晚餐結束，外頭開始下雨，接著是整晚的傾盆大雨，雷閃雷鳴劃破天際，狂風暴雨重擊客房的鐵皮屋頂。不過遇到壞天氣也可能因禍得福：幾年前，正是一陣惡劣天氣把莫里森帶到了智利國家石油公司的營地。他首次調查麥哲倫海峽時，是從西邊兩百四十公里外的彭塔阿雷納斯起飛。那時他僱了一位名叫維克多·馬圖斯（Victor Matus）的飛行員，

而且事先付了燃料費。在他們環繞海峽並調查完洛馬斯灣後，莫里森看到這架飛機在接近跑道時不停閃爍燈光並傾斜機翼，這才發現飛機沒有無線電。落地後，莫里森和馬圖斯一起回家，馬圖斯當年十歲大的兒子里卡多（Ricardo）至今仍記得他爸帶「那些高個兒外國佬」回家的往事。里卡多現在在智利帶賞鳥旅行團，也會跟莫里森一起進行空中調查。

有一年，當莫里森完成洛馬斯灣的調查時，來了一場暴風雨，由於鋒面太寬，飛機繞不過去，而且風速太快所以逃脫不了。那時只見雲層凝聚成一團烏黑，唯有閃電落下的一瞬方能將之劈開。一陣狂風襲來，飛機開始下降。飛行員向鑽井平臺呼救求助，得到的回覆是，如果飛機能飛越海面，就可以讓他們在石油公司的營區緊急降落。目前，智利國家石油公司慷慨地幫水鳥調查工作提供直升機、飛行員和後勤補給。如果從石油公司營區出發，飛行距離就能縮短不少，同樣的航程莫里森大約兩小時內就能完成。此外，直升機還有不少優勢：行進速度較慢，更容易操縱，而且機上的大片窗戶可以看到全景。

莫里森和我出發的當天清晨，天氣已經轉為寧靜晴朗。我們在上午八點與飛行員會面，一切就緒，等風把低空雲層吹走便能起飛。綠色的直升機相當好看，窗戶也是閃閃動人。莫里森的個子很高，但多年來他顯然都能輕鬆愉快地把自己塞進狹小的駕駛艙內。他擠進座位後先戴上耳機，然後查看錄音設備。我們起飛後先往西飛向渡輪碼頭，這時海峽算是風平浪靜，白浪花很少，但還沒有平靜到可以看見海面下游動的鯨豚。褐色的峭壁聳立在泥灘邊緣，潮水開始湧入。

直升機在一處低平的礫石島上傾斜繞飛兩次，滿潮時紅腹濱鷸有時會棲息在此，不過今天沒看到，倒是後來在渡輪碼頭的礫石海灘上發現了大約一千五百隻。之後我們往南而去，越過「第一狹水道」（Primera Angostura，英文是First Narrows）。麥哲倫海峽的開口處將近二十六公里寬，但在緊鄰開口處的第一狹水道，寬度只縮到剩四公里。越過水道後，我們沿著洛馬斯灣向東，成群智利紅鸛在我們下方飛舞，暗色的泥灘襯托出鮮豔的粉紅羽色。這時有一些鳥從灘地上被直升機給驚飛——先是小群飛起，然後大群齊飛。莫里森伸長脖子，對著錄音機一陣低聲細語；我往下瞧，看到泥灘上覆蓋著一層帶紅色的藻類。過不久，機艙外出現一縷縷薄霧，接著突如其來的厚雲層就把我們團團包圍，隨後我們在一片白茫茫中懸飛了八分鐘，啥也看不到，連海灘都沒有。當我們駛出雲霧時，只見海灣豁然開朗，細窄的小溪流過灘地。

一九八五年一月，正當維克多．馬圖斯將他的比奇（Beech）單引擎定翼機沿著洛馬斯灣開到這裡時，莫里森發現了度冬於火地島但他未曾見過的大量紅腹濱鷸。他和哈靈頓之前在里歐格蘭德所看到的五、六千隻紅腹濱鷸跟他從飛機上看到的這群相比，頓時黯然失色：這裡有四萬一千七百隻紅腹濱鷸、一萬零五百二十隻棕塍鷸，其中有許多鳥所棲息的泥灘就位於茨維塔尼克目前所擁有的牧場裡。「這數量實在驚人，」莫里森回憶道，「連智利人都

不知道。我們都看傻眼了。」洛馬斯灣是紅腹濱鷸 *rufa* 亞種的最大度冬地，他們在南美洲所看到紅腹濱鷸，超過一半都聚集在這個偏遠的海灣。莫里森在這趟旅程中發現大量鳥類會聚集在少數幾個地方，他因而提出一套保護水鳥的新想法。

對莫里森來說，從空中數鳥是一門藝術，是精心練習和自學而來的成果。「萬事起頭難，」他說道，「所以你得先從少量開始數，先數個三十隻，讓自己習慣三十隻鳥看起來是什麼樣子，然後增加到五十隻、一百隻，再把鳥群分組，直到你可以數出一千、兩千、五千隻鳥。數鳥時常常會低估數量，所以你必須確保自己不會為了『校正』而刻意高估。」多年來，他一直在磨練這些技能。莫里森和羅斯常會按鳥種來分配調查工作，有時為了確認計數的準確性，他們會各自計算共有多少隻，然後重複對方的工作再加以比較。莫里森也曾用電腦模擬來檢測他的計數，結果並沒有發現需要改進之處。

潮水慢慢漲起，海灣內的水愈來愈高，延伸出去的寬闊灘地逐漸被海水淹沒。麥哲倫海峽從彭塔卡塔利娜（Punta Catalina）流進大西洋，我們大約在九點十五分接近那裡，然後原路折返。沿途鳥群起起落落：棕塍鷸是種體態豐滿的水鳥，人們直到近年才知道牠們的遷徙過程跟紅腹濱鷸一樣令人驚嘆；小型濱鷸，牠們常因體型太小而難以辨識；好幾群蠣鷸；以及紅腹濱鷸。當直升機靠近時，牠們會分散開來然後再重新集結。鳥群翻飛時猶如一條巨大的緞帶，我看得入迷，甚至連數鳥這件事都放著不管了。

海灘上，愛絲波茲、馬圖斯和特列茲正在研究紅腹濱鷸吃些什麼，想知道到底是哪些東西營養那麼高、數量那麼多，竟能吸引數千公里外的鳥兒前來。旅途中以麵包、乳酪和葡萄酒為食的哈靈頓和莫里森，當初是從滿是貽貝殼屑的紅腹濱鷸排遺以及紅腹濱鷸覓食時身旁成堆的馬珂蛤來推斷牠們的食物，前者採集自里歐格蘭德，後者是在布斯塔曼特灣找到的。而在洛馬斯灣，愛絲波茲研究的是海灘上的泥巴。從滿潮開始，她跟著漸退的潮水往外走了快兩公里，邊走邊採集泥巴樣本，每次停下來她都會從兩個不同的深度採集，一個是紅腹濱鷸覓食時嘴喙能觸及的深度，另一個是棕塍鷸的覓食深度。愛絲波茲發現，紅腹濱鷸較愛吃貽貝和殼薄至幾乎透明的小蚌蛤。

遠處升起一團看似煙霧的東西：是一群鳥，但太遠、太模糊了，無法辨認。我們在那兒等著。愛絲波茲來到洛馬斯灣後，她和團隊成員一直獨自在寒風中工作，水鳥就在四周圍繞著。他們像鳥兒一樣，隨著潮水起落而往返，日出而作，日落方歸。當他們剛開始在這裡做調查時，是在冰冷刺骨和狂風大作的海灘附近紮營，距離淡水水源有好幾公里之遙。這裡終年颳著西風，在如此高緯度的南方地帶，西風能夠暢通無阻地環繞地球，幾乎沒有什麼可以減緩它的風勢，其強度經常達到颶風等級。由於一週七天都吹著時速將近一百三十公里的狂風，使得這地區的灌叢相當低矮，樹木也總是傾斜生長。回到彭塔阿雷納斯時，我一直被反覆叮嚀要迎風停車，這樣車門打開時才不會被吹掉。

我們或許永遠無法得知，最初是什麼因素把紅腹濱鷸帶到洛馬斯灣。也許是很久以前的某一天，大風把牠們吹到這片海灘上；或者牠們在這裡停歇時發現食物充足，就留下來了；也有可能是首次離開北極往南遷徙的幼鳥誤把洛馬斯灣當成出生的老家。沒有人敢肯定第一隻紅腹濱鷸是在何時或在什麼情況下到達的。黛博拉．比勒（Deborah Buehler）曾對紅腹濱鷸的系統發育樹（譯註：或稱親緣關係樹，用來呈現不同群體之間親緣關係的樹狀圖）進行過相當細緻的分析與重建，結果顯示，大約在兩萬年前，上一個冰河期的高峰期時，有一小群紅腹濱鷸開始演化出今天已知的六個不同支系。當時，以努迪灣跟麥哲倫海峽塞滿了七百公尺厚的冰層，而緊靠南美大陸的火地島連同後來形成洛馬斯灣的地方都是苔原。一萬四千至一萬兩千年前，隨著冰層融化，生活在西伯利亞的紅腹濱鷸跨過白令陸橋（Bering land bridge）進入北美洲，牠們的移動路線可能跟早期人類在那一、二千年前所走的路線相同。隨著冰川消退，一條沿著北美大陸分水嶺（Continental Divide）的無冰帶於焉形成，北美的紅腹濱鷸可能就是藉此通道往南遷徙到佛羅里達州和墨西哥的度冬地。也或者，跟近期人類抵達北美的路徑一樣，紅腹濱鷸是沿著沒有結冰的太平洋岸向南移動。

在紅腹濱鷸發現巴塔哥尼亞和火地島之前，以及麥哲倫海峽的海冰全數融解成流水之前，人類可能已經長途跋涉到南美洲南部了。發現於以努迪灣的木炭碎片，或許說明人類是在一萬三千年前來到該地。一萬一千年前，他們住在海峽北側，就在帕利艾克（Pali Aike）

火山口的不遠處以及費爾洞穴（Cueva Fell）附近。帕利艾克沿一條散落著黑色浮石的崎嶇步道矗立在平原上，景致之美令人終生難忘。步道順著火山口背面爬升，隨即直下火山口的陡峭邊緣，那裡讓人光看就感到頭暈目眩。黑臉鸛親鳥在岩壁上忙進忙出，耳邊不時傳來雛鳥的乞食尖叫聲。附近有一堵散生著豔橙色和鮮紅色地衣的石壁，壁上有個凹陷處，那是一個洞穴，相當安靜而且避風。

一九三六年到一九三七年間，人類學家朱尼厄斯・伯德（Junius Bird）在這裡和費爾洞穴發現了早期人類活動的遺跡。長期任職於美國自然史博物館（American Museum of Natural History）的伯德，曾在智利南部和北極的南安普敦島（紅腹濱鷸的繁殖地）工作，所以也跟紅腹濱鷸一樣飛過大半個地球。伯德在帕利艾克和費爾洞穴度過兩個夏季，挖掘成果包括骨頭、工具和古代武器，那段時間他會吃烤羊肉和炸羊肉、自製甜甜圈、蒸巧克力布丁，偶爾也會燉黑臉鸛來打牙祭。

他在帕利艾克發現過人類火化的遺骸，也曾在費爾洞穴找到古老的壁爐臺，上面有被燒過且破碎的地獺骨頭和原生種馬匹骨頭（數量多到足以裝滿一個大垃圾桶）。伯德的研究讓我們得以窺見這個地區一萬一千年前的歷史：當時還有地獺在南美大草原上漫遊，但人類到達之後，就把牠們殺來作為食物。結果，這些巨型動物跟不久前才抵達該地區的人類，顯然無法共存太久的時間。大約在一萬一千年到七千年前，有三十七種巨型動物從南美洲消失，

每一種都超過一噸重。無論是看起來像犰狳但大小像恐龍的雕齒獸，或是體型等同於大象的大地獺，還是嬌小的南美原生野馬，全都滅絕了。

那個時候，這一帶的海岸線位置要比現在更往東兩百公里，但如今，保存當時歷史遺跡的沿海聚落都已被海水淹沒了。阿根廷的古生物學家發現，當地紀錄顯示當時冰川正在退縮、氣候在變暖，草原也在減少。隨著棲地縮小，巨型動物的生存壓力也愈來愈大，可能在一兩千年內就遭到人類獵人趕盡殺絕。冰河時代晚期巨型動物的滅絕，不會是第一次，也絕不會是人類最後一次將動物迫害至絕境的案例。

在洛馬斯灣越冬的紅腹濱鷸，可能從來沒有飛過大地獺這種動物的頭頂。一個物種到來，另一個物種離去，這些小鳥和巨型動物的軌跡或許未曾有過交集。牠們彼此是生活在不同的世界裡。當巨型動物消失，冰層繼續融化，海平面不斷上升，到了八千五百年前，海水淹上了大陸。大西洋和太平洋的海水在後來成為麥哲倫海峽的地方匯集，淹蓋了通往火地島的陸橋。上升的海平面造就出世界上數一數二壯觀的沉水海岸——底部被水淹沒的山嶺形成數千座高聳於海面的島嶼，周遭山谷則成為幽暗的峽灣。海平面從那時至今已經下降了三公尺半，但海岸仍然破碎崎嶇，以直線距離一千六百公里的海岸線來說，據伯德估計，實際長度長達一萬九千多公里。

海水退去後，露出了紅腹濱鷸喜愛的廣闊泥灘地，但牠們是在五千年前還是五百年前到達的，科學家們無法確知，只能推測。紅腹濱鷸初到之時，印地安人還棲身在帕利艾克的避風洞穴裡。他們在乾旱的平原上投擲小型石鎚獵殺原駝，原駝的肉可吃、骨頭可打磨成工具、筋可製成線、皮可拿來縫製帳篷和衣物。這些原住民在巴塔哥尼亞和火地島草原上居住了一萬兩千年，但在西班牙人抵達後沒多久，他們原本的生活方式很快就無以為繼了。考古學家莫妮卡・薩樂美（Mónica Salemme）和勞拉・密歐蒂（Laura Miotti）如此描述道：「這是一個緩慢但持續且殘酷的侵略過程，歐洲殖民者在兩百到三百年間，摧毀了延續超過一萬兩千年的狩獵採集生活。」

在洛馬斯灣，茨維塔尼克駕著車沿著長長的海灘把我們帶到正確位置。兩三個小時後，潮水升高，逐漸漫過泥灘，鳥群緊跟而來。棕塍鷸和紅腹濱鷸成群結隊在頭頂盤繞，先來一群一千兩百隻，再來一群兩千隻，然後是五千隻的大群。每群鳥的動作整齊劃一，每隻鳥兒都像是配合著我聽不到的音樂以及我看不見的信號，順著一條平滑、蜿蜒的曲線同時拉升、轉向。霎時之間，整群鳥向上翻飛，白色的腹部在陽光下熠熠奪目，接著保持平穩，一團褐色劃過灰色天際，只見每隻鳥的間隔一致，彼此從不推擠碰撞，也絕不破壞群體的飛行曲線，自始至終都保持著看似不可能達成的精準齊一。我們靜靜站著，等到水面漲起，鳥群最終降到灘地上，此時我的四周圍繞著一千多隻鳥。牠們到達這片海灘之前，已經飛行了一萬五千公里，其中有些還是幼鳥。成鳥的繁殖羽已經換掉，現在整隻看起來灰灰的。在沒有親鳥陪

伴的情況下，牠們是如何到達這裡的呢？實在令人費解。

動物在遷徙途中如何找到前進的方向，仍然是科學界一大未解之謎。赤蠵龜寶寶在佛羅里達和墨西哥灣沿岸的沙灘上孵化後，就知道要往哪個方向爬到海裡，乘著洋流橫過大西洋抵達地中海，之後在那裡長大。早在龜蛋孵化之前，赤蠵龜媽媽們就離開了，但牠們已經傳下一套讓海龜寶寶得以遵循的指令。里歐格蘭德的降海洄游型褐鱒很有名，是毛鉤釣的熱門魚種，牠們的鼻腔裡藏有富含鐵質的磁鐵礦晶體，褐鱒也許就是利用這套「羅盤」導航，藉此回到牠們孵化的溪流。鴿子要飛回家時，可能會透過低頻聲波的引導來調整方向，也因此協和號客機的超音速音爆會導致牠們迷途。遷徙中的候鳥在白天會根據太陽的運行來導航，到夜裡就改看星辰，此外，有些鳥類的腦中宛如內建指南針，能夠跟隨地球磁場的曲線和變化來找到方向。也許前往洛馬斯灣的紅腹濱鷸及棕塍鷸幼鳥在出生時，基因裡就烙印著親鳥傳給牠們的地圖和指令。

麥哲倫當初跟紅腹濱鷸幼鳥一樣，千里迢迢只為尋找一個他還不知道的地方，最終經過漫長的時間和壓力，總算在許多導航設備的協助下找到了那個地方。紅腹濱鷸會在八月離開加拿大，十月就開始抵達洛馬斯灣；麥哲倫則是在一五一九年九月二十日從西班牙的塞維亞港（Port of Seville）起錨，航行一年多後，才抵達那個往後將以他的名字命名的海峽。他攜帶了「二十三張海圖……七個星盤（其中之一是黃銅製造），二十一具木製象限儀……

三十五根羅盤磁針和十八個三十分鐘計時沙漏。」紅腹濱鷸從最後一個能量補給點（可能是在巴西某處）出發後，一路上能夠依靠的只有體內的脂肪，而麥哲倫的船上卻是裝載了「葡萄酒、橄欖油、醋、豆類、扁豆、大蒜、麵粉、米、乳酪、蜂蜜、糖、鯷魚、沙丁魚、鹽漬鱈魚、鹹牛肉、鹹豬肉」和「供航程中宰殺的活牛與活豬」，以及好幾箱「榲桲果凍」（membrillo），這種果凍並非總是那麼美味，至今在阿根廷的市場仍可見到成塊出售。不過這一大堆食物撐不了太久，他得經常從物產豐饒的大海中持續取得補給品。有一回，當船員前往獵殺企鵝和象海豹時，由於他們的船一再被吹到海上，致使船員們受困於岸邊。在等待船隻返回的期間，他們全擠在臭氣熏天的動物屍體下避寒，這才逃過一場死劫。反觀紅腹濱鷸，只靠身上的脂肪跟羽毛保暖就能平安度過低溫。

麥哲倫的船隊一而再、再而三地被狂風往回吹，航行了三週才勉強前進一百九十幾公里；而在那段時間，紅腹濱鷸已經可以從北美飛到南美大陸了。那些水手是如何堅持下來的，我們現已無從得知。飢腸轆轆、飽受狂風侵襲，加上心中充滿疑慮，在在使得麥哲倫的船員們失去信心，有些人由此得出結論，認為長期追尋的那道海峽根本不存在，任務注定要失敗。於是，這些失去信念的船員叛變了。然而船長麥哲倫決心找到通往太平洋的通道，於是將帶頭反叛的船員斬首、車裂、絞殺，或是流放到荒涼的海濱，任其自生自滅。

麥哲倫於一五二〇年十月二十一日駛入海峽，他派兩艘船冒險查探前方是否有湍急的潮

汐、危險的狹窄航道或淺灘，並將兩艘船留在洛馬斯灣作為後援。紅腹濱鷸在那時間應該已經到了。或許他的船員曾看過這些水鳥從頭上盤飛後落在退潮露出的泥地上，也或許這些小鳥不像企鵝或象海豹那麼有肉，所以沒能引起他們的注意。

麥哲倫最起碼達到預設目標，但其他人就沒那麼幸運了。一五三四年，西班牙派遣席孟・德・阿爾卡扎巴（Simon de Alcazaba）前去探索智利海岸，他原已通過洛馬斯灣並穿越第一狹水道，但隨後一陣狂風迫使他的船隻退回一百三十公里外的海面上。由於飲水和補給品不足，只能讓牛隻喝葡萄酒維生，船員則是靠醃企鵝過活。之後阿爾卡扎巴決定再次穿越第一狹水道，然而船員暴動叛變，只得將船駛回西班牙。一五五七年，廓帖斯・霍耶（Cortés Hojea）嘗試從西側進入，他行經一個接一個結冰的峽灣，駛進一片又一片海灣，卻總是找不到出口。他將一條「死路」命名為Seno Ultima Esperanza，意思是「最後希望之灣」。在被威力瓦颼（williwaw，從山區猛然颳進峽灣的冰冷空氣）狂襲兩個月後，他跟船員信心全失，食物耗盡，最後只能放棄。四百年過去了，這地區的惡劣天氣絲毫未改。一八九六年二月，正在獨自航行環遊世界的約書亞・斯洛克姆（Joshua Slocum）駛進麥哲倫海峽，他先是靈巧熟練地穿越激流湧浪，隨後卻被一場「宛如砲彈般襲來」的風勢給困住，那陣狂風整整肆虐了三十個小時。他在地圖上標出遭遇那場風暴的位置，就在波謝匈灣（Bahía Posesión）和洛馬斯灣之間，這兩處海灣的灘地也是我陪同莫里森進行空中調查的地方。

當大型水鳥遇到危險的暴風時，身上裝來追蹤的衛星發報器便能揭露牠們的應對之道。二〇一一年八月，科學家們追蹤一隻名為「希望」（Hope）的中杓鷸，發現牠竟以一百四十五公里的時速飛越一個熱帶風暴，令人吃驚。同一個月稍晚的時候，又發現另一隻名叫「美洲栗」（Chinquapin）的中杓鷸，可以飛過艾琳颶風所颳出的強風，那風速可是高達每小時一百八十五公里。二〇一二年，中杓鷸「冰核丘」（Pingo）則是選擇繞過艾薩克颶風。風可以把鳥吹到很遠的地方，從而替賞鳥者的生涯鳥種紀錄帶來「從天而降的意外收穫」。同時，鳥類可能會消耗額外的能量來避開風暴，如果能夠事先充分準備，一定會有所幫助。「希望」在搭上颶風的順風風向之前，已經以時速十五公里飛行了二十七個小時。此外，曾有兩隻紅腹濱鷸在秋季南遷時，為了繞開強風而多飛了將近一千公里。

在圍繞著麥哲倫海峽的麥哲倫區，你可以找到完全不會飛的企鵝跟鴨子、能飛超遠的小型濱鷸，還有世界上數一數二大的飛鳥——安地斯神鷲，這種猛禽重到需要借助風力才能滯空飛行。當博物學家康寧漢前來考察麥哲倫海峽時，他看到神鷲棲息在洛馬斯灣的懸崖上；達爾文則是觀察到牠們乘著氣流從日照後的溫暖岩石升起，看似毫不費力地悠然飛行，一雙寬翅在半小時的滑翔過程中完全沒有拍動。我很想知道，達爾文對紅腹濱鷸的修長雙翅會有什麼看法——這種翅膀已經適應長途飛行，能讓牠們在空中連飛數日。

潮汐正在轉向，海水輕拍青草地的邊緣，繼而緩緩滑走。有隻罕見的麥哲倫鴴飛掠而過，

眾人紛紛抬頭目送牠離去。金烏西墜，我知道自己也許再也不會回到這裡，僅能盡力將這個嚴峻卻讓人舒心的地方銘記在心。在這裡，潮水不舍晝夜地奔流，時間從從容容地走過，鳥群似乎逍遙自在，不受干擾。火地島可能是牠們最安全的避風港，但近年來，牠們的數量已經降到令人不安的程度。

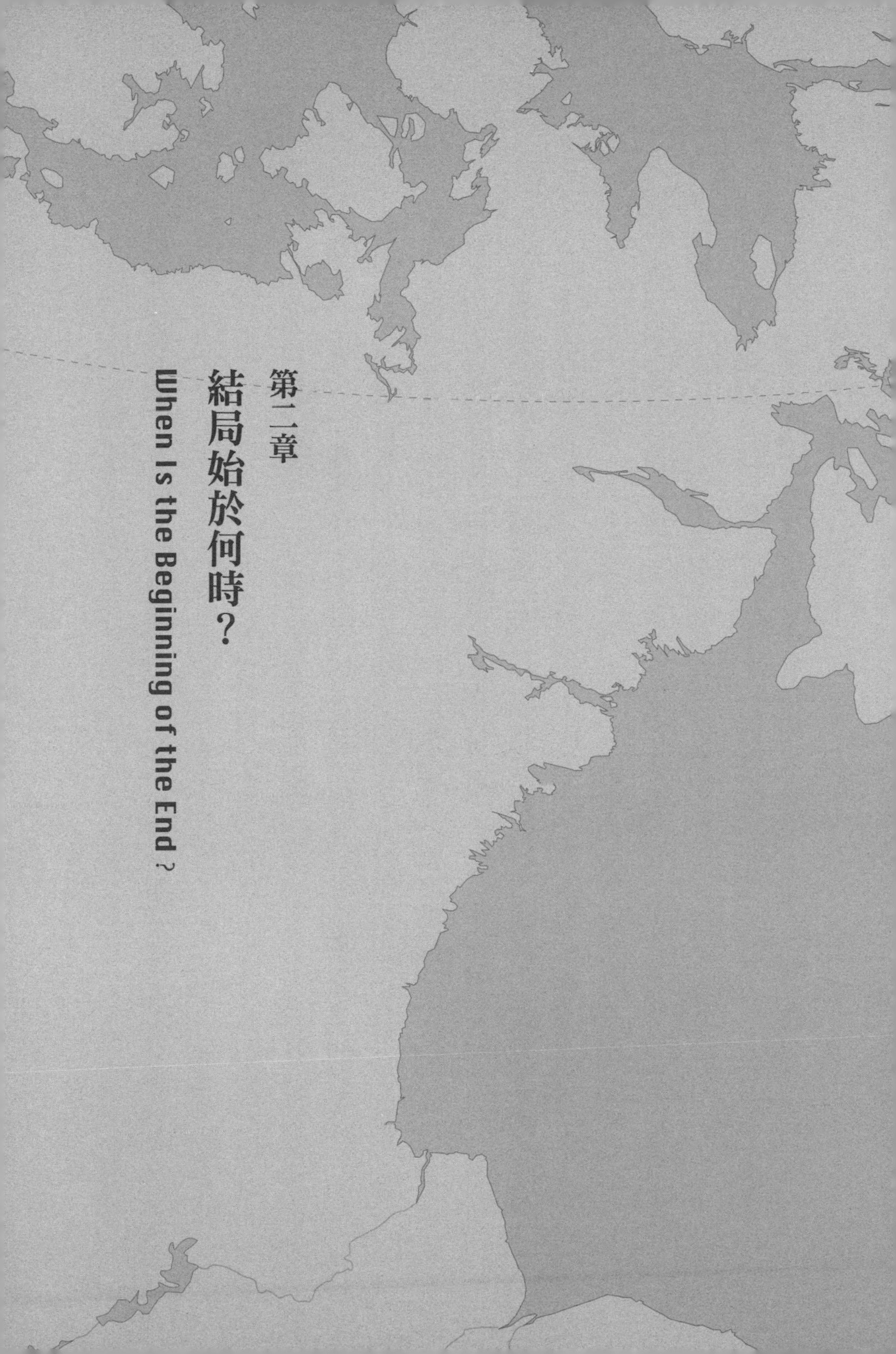

第二章

結局始於何時？

When Is the Beginning of the End ?

有些鳥類由於遭受人類迫害而提前消失在地球上，有些鳥類因為人類堅定的意志及決心而從滅絕邊緣回復生機，還有一些鳥類現正處於存亡之際，這些鳥類的不同命運全都成為人類歷史的標記。約翰．詹姆斯．奧杜邦（John James Audubon）在一八一三年前往路易維爾（Louisville）途中，目睹遮天蔽日的大群旅鴿飛過頭頂，其數量之多竟飛了整整三天才讓當地重見光明。短短三個小時內，奧杜邦看到的旅鴿超過十億隻。此外，根據一些關於旅鴿的記載所述，在麻州，離我家不到十分鐘路程的某片樹林裡，曾有數百萬隻旅鴿棲息，林間的松樹上滿是鳥巢，數量多到「陽光總是照不到地面」。我從來都不知道這群鳥的存在，連一隻也沒見過，更不用說是一整群，或是樹枝被鳥巢重量壓到嘎吱作響的松樹了。我只知道那些關於前人所作所為的古老歷史，還有一座飄蕩著幽魂的森林——裡頭的生命原本不該消逝。對於捕殺旅鴿的獵人和在那個時代持續往西擴張而大肆清除旅鴿棲地的這個國家來說，一定很難想像數量這麼多的鳥類竟然會被消滅殆盡，但到了一九一四年，旅鴿已然徹底滅絕。

生物滅絕並非微不足道的小事，但是當某個物種真的消失時，竟可無人哀悼、無人談論，就這麼無聲無息隨風而逝。一九六七年，在紐芬蘭（Newfoundland）的一座海濱村落波特屈瓦（Port-aux-Choix），當地正準備興建劇院和撞球館，一輛推土機在翻動草皮時發現了一座古老的墓園，該墓地屬於四千七百年前居住在那裡的沿海古印第安人（Maritime Archaic Indians）所有。除了人類遺骸，考古學家還挖掘出狩獵工具和三十種鳥類，其中有四分之三的遺骸是大海雀，那是種不會飛但能夠深潛的大型海鳥，曾在紐芬蘭、蘇格蘭和冰島外海的岩石島礁上繁殖。有個遺址曾挖掘出兩百個大海雀的嘴喙，原本是裝飾在以大海雀皮縫製的長斗篷上，這意味著大海雀過去可能備受尊崇，如今這種尊崇已然不復存在。

人類捕殺這種羽色黑白且具有光澤的鳥類長達數千年，肉拿來當作食物以及餌料，羽毛則是填製床墊被褥，大量屠殺的結果導致族群近乎覆滅。到了一八四四年，最後一隻大海雀在冰島海域的埃爾迪島（Eldey）被獵殺。那年六月初的某個夜晚，獵人從冰島海濱出發，第二天一大早就到達埃爾迪島的岩石峭壁底部。根據一篇一八六一年發表的報導所述，三名男子到了岸上，一陣追趕後輕鬆捕獲兩隻大海雀，留下一顆破掉的蛋，隨即匆匆回到船上後把鳥掐死，等到起風就立刻返航，「整個過程耗費的實際時間比講述這件事的時間還要短得多」。就這樣，一個物種自此滅絕。這兩隻大海雀之後是要送到收藏家那兒去的，所以這次的獵捕行動並非為了羽毛或食物，而是鳥的皮囊。這些來自遙遠時空，如同神話般的極地鳥類，分布範圍曾經南至佛羅里達州，也曾像旅鴿一樣，落在距離我家不遠的一處離岸海灘上——人們在埋於沙丘的印第安貝塚中，發現了牠們的骨頭。

象牙嘴啄木的情況又是如何呢？這種鳥很可能在我有生之年消失，如果現在還沒滅絕的話。牠們生活在美國南方的老熟森林中，會從枯死和垂死的樹木上剝下樹皮，然後用嘴挖出蛀木甲蟲的幼蟲為食。這種啄木鳥最後一次的確切目擊紀錄是在六十多年前的路易斯安那

州，而自二〇〇〇年以來，一直有人宣稱在阿肯色州、佛羅里達州及路易斯安那州的洪氾平原森林與沼澤中看到和聽到象牙嘴啄木，但這些報告都未獲證實。我手上最新版的野鳥圖鑑已經找不到象牙嘴啄木了，其他圖鑑雖然承認牠們，尚存於世的鐵證付之闕如，但還是列出這種鳥，算是抱持一絲期望吧，無論是出於理性或感性。把象牙嘴啄木持續收錄在圖鑑裡頭，也許是種一廂情願的想法，藉此否認我們已然扼殺了一個物種，以及我們是如此不情願地面對那種覆水難收的行為所造成的罪行。我在心中妄想著，希望我們生活在這樣一個年代：世上所有可知的事物尚未被人類完全發現，而在柏木沼澤地的某處，有幾隻我們還不認識的鳥兒持續繁衍生息。

目前，琵嘴鷸已經瀕臨滅絕。小型鷸是出了名的難辨認，但這種鷸的喙部在尖端明顯變寬，形成類似湯匙或鍋鏟的形狀，所以很容易辨識。這種被列為「極危」（critically endangered）的鳥類，只剩下不到兩百對能夠參與繁殖的個體，族群量下降的速度非常快，自一九七〇年代以來已經減少了九成。現今至少有三個地方對於琵嘴鷸的生存福祉至關重要，分別是：牠們的繁殖地西伯利亞苔原，度冬地孟加拉和緬甸海岸，以及遷徙時補充能量的黃海沿岸灘地。然而，這些棲地環境正面臨重大壓力。在孟加拉和緬甸，一貧如洗的村民會用網子和氰化鉀誘餌誘捕鷺鷥，但這種方法也會同時捕獲其他體型較小的鴴、杓鷸和琵嘴鷸。前往北極的途中，琵嘴鷸會在黃海沿岸的泥灘地補充能量，但為了滿足快速擴張的亞洲城市之所需，人類「圍海造陸」，築起綿延數公里的海堤，然後在這些圍墾地發展集約化水產養殖，並且興建工廠和基礎設施。黃海的灘地已經有一半受到破壞，這不僅傷害到琵嘴鷸，連其他水鳥也同樣遭殃，包括黑腹濱鷸、斑尾鷸、幾種半蹼鷸和杓鷸，這些鳥類有的會在阿拉斯加繁殖，到亞洲度冬，而且數量都在下降。

全面搶救琵嘴鷸的各項行動正如火如荼地進行中。緬甸有八成到九成的獵人在取得漁船、牲畜或其他得以保障食物和收入的管道後，就不再捕獵那麼多鳥類了。也有鳥類學家從野外取回琵嘴鷸的蛋，再帶到遠離捕食者的地方進行人工孵化，然後將羽翼豐滿的幼雛放回適當的環境，讓牠們跟其他幼鳥一起南遷。令科學家們欣喜寬慰的是，在二〇一二年，有隻從苔原地區被野放的幼鳥飛了八千公里遷徙到亞洲南部，撐過了生命中的頭兩個冬天，然後在二〇一四年五月前往西伯利亞的途中被目擊，牠將在西伯利亞首次繁殖後代。在那裡，攝影師傑里特．維恩（Gerrit Vyn）拍到我們多數人一輩子都無法親眼看到的景象：幾隻琵嘴鷸雛鳥從巢中走出來，搖搖晃晃地在苔原草叢中啄食，而在一旁，護幼心切的父親聲聲呼喚牠們回巢，免得凍著了。

對於許多從亞洲南部往北遷徙的水鳥來說，黃海不但是到達北極之前的最後一個停靠站，也是瘦弱疲累的鳥兒們在面對接下來的長途飛行和繁殖季之前，最後一個可以好好恢復體力、儲備能量的地方。黃海沿岸不斷劣化的潮灘已經讓兩百萬隻遷徙性水鳥陷入險境，因

此有許多人正在努力，希望挽救這片富饒且重要的棲地，避免這個地方被完全毀掉。這項工作不僅考驗著生活在黃海沿岸的十四億人是否願意跟野生動物共享海岸，也考驗我們能否延緩甚至避免一場看似必然發生的滅絕危機。

事實上，野生動物保育人士的堅定決心，已經讓許多鳥類安然脫離了通往滅絕的道路。在十九世紀晚期，美國每年至少有五百萬隻美洲白鶚、大藍鷺、雪鷺、棕頸鷺和大白鷺被獵殺，牠們身上層層疊疊的美麗羽毛都被拿去裝飾時尚的仕女帽。美國第一個奧杜邦學會（Audubon Society）、美國鳥類學會（American Ornithological Society）的前身美國鳥類學者聯會（American Ornithologists' Union），以及禁止獵殺候鳥的相關立法，都是在這種毫無節制的殺戮之中誕生的。出身波士頓貴族世家的社交名媛哈莉特・勞倫斯・赫蒙威（Harriet Lawrence Hemenway）認為這樣的大屠殺實在駭人聽聞，某次跟表妹敏娜・霍爾（Minna B. Hall）喝下午茶時，這兩位「保育之母」詳讀波士頓藍皮書（Boston Blue Book）所列出的波士頓精英名錄，之後便召集九百位有錢有勢的女性共同抵制羽毛裝飾的帽子，並成立了麻州奧杜邦學會。由於保育先驅的努力，這些光彩奪目、華麗動人的鳥兒才得以存續至今。初秋時節，當住家旁的草澤轉為金黃，空氣和水尚未沁涼時，我划船而過，金黃草澤裡常常就站著二、三十，有時五、六十甚至一百隻雪鷺。倘若牠們在這片風景中缺席，其餘留下的將顯得無比淒涼孤寂。

白頭海鵰、遊隼跟褐鵜鶘都是ＤＤＴ的受害者，這幾種鳥吃了被殺蟲劑汙染的獵物後，下蛋時殼會變薄，導致親鳥孵蛋時會把蛋給壓破。由於瑞秋．卡森（Rachel Carson）出版了《寂靜的春天》（*Silent Spring*），加上新成立的環保團體「環境防衛基金」（Environmental Defense Fund）隨後提起訴訟，美國最終總算禁用ＤＤＴ，從而替上述鳥類族群量的戲劇性回升奠定了基礎。時至今日，褐鵜鶘已經處處可見，我去佛羅里達州時，光是一片海灘就能看到好幾十隻，有的棲息在木樁和碼頭上，有的沿著海面滑行，喉囊裡滿滿都是魚，這種盛況以前可是難以想像。而在我家附近，有次一隻巨大的白頭海鵰停在老松樹上，我就站在樹下，注視著附近河面上盤旋繞飛的成鳥和幼鳥。還有，從格拉司特的釣魚棧橋上，我看過住在市政廳頂樓窗臺的遊隼，也曾在旅程中見過遊隼衝向紅腹濱鷸。復育這些瀕危鳥種，需要不屈不撓的毅力以及犧牲奉獻的精神：遊隼曾連續二十九年被列在美國魚類和野生動物管理局的瀕危物種名單上，褐鵜鶘三十九年，白頭海鵰更是長達四十年。

美洲鶴被列在美國的瀕危物種名單超過五十年，至今仍在名單上，那是北美洲最高的鳥，站起來可達一點五公尺。原本僅存的野生族群大約有三百隻，繁殖地在加拿大的森林野牛國家公園（Wood Buffalo National Park），度冬地則是在德州墨西哥灣岸的阿蘭瑟斯國家野生動物保護區（Aransas National Wildlife Refuge）。二〇〇八到〇九年的那個冬天，有二十三隻美洲鶴在德州死亡，阿蘭瑟斯計畫（Aransas Project）對此控告德州環境品質委員

會（Texas Commission on Environmental Quality），認為監管部門允許工業和市政當局從聖安東尼奧河和瓜達盧佩河（San Antonio and Guadalupe rivers）抽取過多河水，致使保護區內野生動植物所需的淡水水源不足：美洲鶴的主要食物藍蟹和卡羅萊納枸杞無法在鹽度過高的水中生存，那些鶴沒了淡水可飲用，又缺乏常吃的食物，於是日漸體虛而死。

開庭時，我曾去旁聽言詞辯論。某天早上，我搭船前往保護區的溪流和草澤去尋找美洲鶴，還真的看到幾隻飛過頭頂——體型龐大，羽色潔白，翼尖烏黑，頸部細長，兩頰暗紅。從最初的十五隻鶴復育至今天這個族群規模，簡直可說是奇蹟了。後來，我又看到一對親鳥帶著幼雛站在乾草叢中。嚮導說，美洲鶴會去覓食的池塘已經乾涸，藍蟹相當稀少，因此牠們為了尋找食物，只得遠離平時棲息的領域。

二〇一三年，法官裁定德州當局違反《瀕危物種法》，他們必須調節管理取水量，才能提供保護區充足的淡水。但差不多在一年半後，上訴法院推翻了這一決定，認為雖然美洲鶴可能會因此挨餓，但水資源監管機構並無法律責任。二〇一四年，生物學家在森林野牛國家公園調查美洲鶴的繁殖狀況時，發現了八十三個巢位，這是歷來新高紀錄，但美洲鶴的前途仍是吉凶未定，其命運取決於我們在德州南部是否願意分享賴以為生的淡水資源。

一方面是接二連三、災情慘重的生態損失，另一方面是持續不輟、煞費苦心的復育工作，在這兩者的拔河過程中，紅腹濱鷸的狀況又是如何呢？每年夏天，全世界六個亞種的紅腹濱鷸都會飛往北極，數量超過一百萬隻，以全球尺度來看，紅腹濱鷸並沒有瀕臨絕種的威脅，但其數量正在下降。無論是非洲和亞洲，或是歐洲與北美，幾乎所有遷飛路線都有遇到麻煩的跡象。

紅腹濱鷸從澳洲炎熱潮溼的羅巴克灣（Roebuck Bay）和紐西蘭綿延數里的費爾韋爾沙嘴（Farewell Spit）飛到北極的途中，會在黃海（包括渤海）沿岸休息並補充能量。然而，隨著愈來愈多的港口設施以及石油化學公司在中國的渤海灣大興土木，這些鳥就被擠到日益縮減的灘地上去，牠們的生存空間即將消失。如果紅腹濱鷸失去這個重要的中途停靠站，其族群量將會面臨崩潰危機。過去十年內，該地區的族群量已經掉了一半，只剩十萬隻而已。

紅腹濱鷸有個體型大一點的近親，叫做大濱鷸，這種鳥也因黃海沿岸的棲地喪失而遭殃。以往在過境期有四分之一的大濱鷸都會經過新萬金（Saemangeum）河口灘地，這是黃海地區主要的水鳥聚集地。後來韓國政府建了一條三十五公里長的新萬金海堤，這個候鳥中繼站就這麼毀於一旦，之後大濱鷸的族群量掉了兩成，直接被送進國際自然保育聯盟（International Union for the Conservation of Nature, IUCN）的瀕危物種紅皮書。

至於我所關注的紅腹濱鷸 *rufa* 亞種，在加拿大已經被列為瀕危物種，美國則列為受脅物種。另一個亞種 *roselaari* 是沿北美的太平洋岸遷徙，牠們會從世界上最大的鹽場出發，該鹽場位於墨西哥境內乾燥的下加利福尼亞地區（Baja），接著往北穿過美國太平洋西北地

區的威拉帕灣（Willapa Bay）和格雷斯港（Grays Harbor），然後進入俄羅斯和阿拉斯加的苔原。這個亞種的數量非常少，只有一萬七千隻，因此這段遷飛路線上如果發生任何損失都是一大威脅。至於遷徙時會經過歐洲的兩個亞種，*islandica* 和 *canutus*，各有四十五萬和四十萬隻，都沒有立即消失的危險，但兩者的數量也在下降。指名亞種（譯註：最先被生物學家所命名的亞種）*canutus* 的遷徙距離同樣長到令人歎為觀止，牠們的度冬地在茅利塔尼亞（Mauritania）境內位於撒哈拉沙漠邊緣的阿爾金岩石礁國家公園（Banc d'Arguin National Park），以及幾內亞比索（Guinea-Bissau）比熱戈斯群島（Bijagós Archipelago）上長滿紅樹林的河口地帶，共有三百五十萬隻鳥會到上述熱帶地區度冬。南非開普敦朗厄班潟湖（Langebaan Lagoon）的鹹水灘地上曾有一群指名亞種度冬，數量約一萬兩千五百隻，但這個度冬族群現在幾乎完全消失了。

族群量就算再高，也可能在轉眼之間灰飛煙滅。極北杓鷸是一種嘴長而下彎的小鳥，南遷時會在加拿大的拉布拉多（Labrador）短暫停留，飽餐一頓藍莓之後便飛出海，最後抵達阿根廷的彭巴草原。到了春天，極北杓鷸在飛到北極之前會先穿越北美大平原，並在那兒捕食蚱蜢。根據拉布拉多一位觀察員的描述，他在一八六〇年看到一群「大概綿延一公里半，寬度也差不多」的極北杓鷸，飛過時聽起來像「疾風掠過船舶索具時的呼嘯」或「一堆雪橇鈴鐺叮噹作響」。極北杓鷸在過去也被稱為「dough-bird」（麵團鳥），「意指一種極其肥

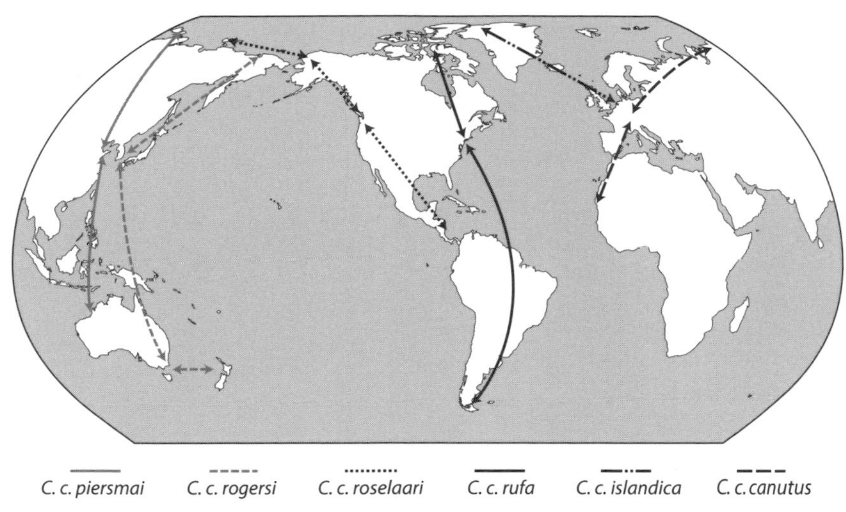

紅腹濱鷸各亞種遷徙路徑示意圖

比爾・內爾森繪製，修改自比勒（參見 42 頁）、貝克（參見 139 頁）、皮亞司馬（參見 84 頁）在 2006 年發表於《Ardea》第 94 期的一篇論文。

美可口的家禽」，獵人在一天內可以射殺好幾千隻，農民和拓荒者也把牠們原本棲息的草原開墾成小麥田和玉米田。有一個「至少數十萬」的族群，在幾十年內就被消滅了。牠們苟延殘喘了好多年，紀錄零零星星，只剩下這裡幾隻、那裡幾隻，而最後一次被人確切目擊，已經是我孩提時代的事了。

人類已經殺害太多極北杓鷸、琵嘴鷸、象牙嘴啄木和美洲鶴了，而且我們還砍掉老熟森林、犁過大片草原、築堤圍海造陸，結果就是把牠們的生活環境也給清得一乾二淨。這些鳥兒的遭遇一直縈繞在我心頭。當我沿著紅腹濱鷸在南北美洲的遷飛路線旅行時，遇到許多人，他們下定決心不再讓這些鳥兒的數量繼續下降，希望能夠把我們可能失去的事物搶救回來。即使面臨鳥類正在減

少甚至滅絕的困境，他們還是懷抱著補救的可能性，因為這項工作至關重要：一旦紅腹濱鷸消失，許多其他水鳥也會步上牠們的後塵。

紅腹濱鷸動身踏上前往北極之梯的第一階，就是火地島。洛馬斯灣的海灘上空無一物，唯有強風陣陣，在寧靜祥和、與世隔絕的表面下，隱藏著一股隱隱約約卻又持續不散的憂慮。麥哲倫海峽是個極其美麗但難以接近的地方，人類在此留下激昂動盪的歷史——到來與撤離、征服與敗退、稱雄與衰滅，而水鳥們在這段期間依舊隨著季節往返不已。西班牙人對智利南部的征服和殖民過程並非勢如破竹。一五五八年，一位名叫胡安．費南德茲．拉德里耶羅（Juan Fernández Ladrillero）的探險家，在一個他稱作波謝匈（Posesión，占有、擁有之意）的地方宣稱擁有智利主權。雖然這個名稱沿用至今，但當時要證明所有權顯非易事，西班牙人連航行通過海峽都很困難了，遑論安家落戶。

一五八四年，佩德羅．薩米恩托．德．甘博亞（Pedro Sarmiento de Gamboa）帶領三百人前往海峽北岸定居，其中一艘船在險灘觸礁沉沒，載運的槍炮跟糧食全付諸流水。前來救援的船隻連續兩艘都被狂風暴雨擊退，最終僅有少數人靠著甲殼類跟貝類等海產倖免於難，但多數人都餓死了。過了三年，托馬斯．卡文迪希（Thomas Cavendish）發現這個悲慘的事件後，立刻就將那個殖民聚落的名字改為Puerto Hambre，意思是「饑荒港」。又過了三百年，西班牙人才在彭塔阿雷納斯建立一個長期殖民地。在這期間，紅腹濱鷸一直都把洛馬斯灣和波謝匈灣當成牠們的度冬地。

打從彭塔阿雷納斯的開基者（一名布宜諾斯艾利斯的銀行家，一位葡萄牙水手，和一位立陶宛會計師）以一群進口綿羊打造出畜牧帝國以來，世事幾經變換，猶如滄海桑田。荷西．梅南德茲（José Menéndez）、荷西．諾蓋拉（José Nogueira）和毛里西歐．布勞恩（Mauricio Braun）創建智利最大的牧場企業，飼養了數百萬隻綿羊，原本在巴塔哥尼亞草原漫步的原駝只能閃到一邊去。緊接著，肉類加工廠、製革廠和動物脂肪提煉廠開始沿著海峽紛紛湧現。為了滿足肉類和羊毛的增長需求，梅南德茲不斷擴張商船隊伍的規模，將數千噸貨物經由洶湧的麥哲倫海峽運往英國利物浦（Liverpool）或位於太平洋岸的瓦爾帕萊索（Valparaiso）。

等到一九一四年巴拿馬運河開通後，麥哲倫海峽的這段「黃金年代」就此戛然而止。在前往波謝匈灣與莫里森會面途中，我們路過阿瑪迪歐號（*Amadeo*）的船骸，這是梅南德茲船隊旗下的第一艘船，如今卻躺在第一狹水道口的聖古瑞哥里奧（San Gregorio）海灘上，整艘船已經鏽蝕不堪了。除了少數幾家肉類加工廠外，其餘的都已關閉，甚至綿羊的族群量也在下降。由於過度放牧的關係，巴塔哥尼亞草原已有百分之三十的面積被羊群吃成了沙漠，結果在過去五十年裡，由於適口性差的灌木取代青草，使得綿羊數量減少了三分之二。聖古瑞哥里奧的大牧場本來是梅南德茲羊毛帝國的一部分，現已成了一座鬼鎮。但這裡的「鬼魂」可不止於此。當新來的殖民者到這兒開墾牧場時，把當地原住民賽爾南人（Selk-nam）全數

趕盡殺絕，他們原本在麥哲倫海峽沿岸已經生活了數千年。如今，我幾乎看不到他們曾經存在過的任何痕跡。

每年十月，紅腹濱鷸就會飛到洛馬斯灣，等到隔年三月日照漸短才離開。牠們的生活是否受到原駝減少和牧羊業興起的影響？綿羊取代原駝後，是否造成海岸的生態環境以及食物的供給產生變化？肉類加工廠、製革廠和動物脂肪提煉廠是否明顯改變了麥哲倫海峽的水質及營養鹽？西班牙人抵達時，紅腹濱鷸的數量是否遠遠高於現在？種種問題，我們可能永遠無法知道答案。隨著時間流逝，牠們的歷史逐漸模糊不清，而當莫里森和羅斯前來對牠們的族群量進行基礎估算時，已經是原駝數量下降以及羊毛帝國開始衰落很久之後的事了。

雖然羊毛產業走下坡，但另一個產業卻開始興盛起來，結果這片貧瘠土地的收益反倒更多了。一九四五年十二月二十九日，經過四十年的漫長探勘，鑽探人員終於在火地島發現石油。他們將那口油井命名為Manantiales，意思是「泉之丘」。智利國家石油公司隨後開始開採石油，過了十年出頭，塞羅桑布雷羅（Cerro Sombrero）這座新城鎮便已從塵土飛揚的彭巴草原拔地而起。為了安置石油公司的工人及其眷屬所建的塞羅桑布雷羅，整個城區的規劃相當完善，其設計靈感來自柯比意（Le Corbusier）及現代主義建築師奧斯卡・尼邁耶（Oscar Niemeyer）。

人們讚譽塞羅桑布雷羅是「世界盡頭之現代烏托邦」，這座規劃容納兩百個家庭的小鎮，展現出人們對現代智利的深切期望。橘、黃、黑色的龐大鑲板組成了鎮上新劇院的立面外觀，看起來就像矗立在平原上的巨型蒙德里安（Mondrian）藝術創作。城鎮廣場上有棟大型綜合體育館，門口的階梯相當寬長，體育館主體的外觀設計是由三組玻璃拋物線所構成，看起來就像廣場中有三艘船航行其上，館內則設有健身房、植物園和溫水游泳池。戶外有個露天大棋盤，棋子是用石油鑽井的鑽頭所製成，想下棋的話就得搬動這些巨棋，從這格走到另一格去。一九七一年，當時的智利總統阿葉德（Salvador Allende）和古巴總統卡斯楚（Fidel Castro）一同前來塞羅桑布雷羅，慶祝這座新市鎮成功達成建造目的；二〇〇八年，智利更認定這是該國最重要的建築成就之一。在一九六〇年代時，塞羅桑布雷羅是一個繁華的城鎮，所在的地區供應了智利全國四分之三的石油需求。

石油曾創造一波榮景，如今風光不再，因為當地的石油儲量耗盡，油井日趨枯竭，導致開採工作逐漸放緩。我們到達時，這座城鎮已是疲態畢現，體育館的窗戶被打破好幾扇，游泳池關閉，植物園裡布滿灰塵，了無生氣，破敗不堪。鎮上原本設計可容納兩百個學生的學校，現在只有八十位學生。小超市裡賣著冷凍披薩跟盒裝葡萄酒，以及看上去似乎放很久的胡蘿蔔和西洋梨。寬敞的中央餐廳大半時間都是空無一人，我們倒是常去那兒用餐。石油開採曾給塞羅桑布雷羅帶來生機，但現在很快就會成為過去，誰也不確定未來將如何演變。

麥哲倫海峽終年不斷的強風、急流和洶湧潮汐，依然是航行者的一大挑戰。一九七四年

八月，荷蘭皇家殼牌公司所屬的超級油輪梅圖拉號（*Metula*）從沙烏地阿拉伯開往智利時，擱淺在第一狹水道西側，五萬多噸原油外洩流入海峽。這場意外是當時世界上第二大漏油事件，漏油量比一九八九年艾克森瓦爾狄茲號（*Exxon Valdez*）在阿拉斯加所發生的事故還要多。麥哲倫海峽的強風和洋流將乳液般黏稠的原油覆滿海岸，厚厚一層蓋在長達兩三百公里、寬度十五到六十公尺不等的海灘上。美國海岸防衛隊派出科學顧問前往調查這場環境災難，該名顧問提出的調查報告指出，「任何能夠控制漏油擴散的必要設施全都付之闕如或毫無作用」。在漏油事件發生後的兩個禮拜內，只有少量的油分散劑（譯註：dispersant，用來乳化並分散海面油汙）被灑到事發地點。現場沒有專門設備可以處理，也沒有什麼大規模的清理作業，只有幾輛大型推土機在那兒，根本沒辦法清光需要一萬兩千臺砂石車才載得完的廢棄物。

有人對四十公里長的海灘進行概略調查，發現許多已經死亡和性命垂危的鸕鷀、企鵝、燕鷗、雁鴨、信天翁、鴴以及中杓鷸。前面提到的科學顧問是來自德州農工大學（Texas A&M）的羅伊漢（Roy Hann），他沒辦法走近洛馬斯灣和波謝匈灣的海灘，因為漏油也被沖到這兩處海灣的岸上。紅腹濱鷸跟棕塍鷸是否遭到漏油汙染，我們永遠不得而知。他當時主要的幾個研究地點還要再更往東邊去，才是莫里森和羅斯後來確認擁有大量紅腹濱鷸度冬的海灘。

三十多年後，梅圖拉號事件的油汙還殘留在麥哲倫海峽沿岸。當地布滿油汙的沼澤中，大部分都還看不到什麼植被，但已經有些種子在動物留下的蹄印中發芽。海灘上有條五百五十公尺長的柏油路面慢慢開始損壞。現在的油輪船殼已是採用雙層結構，但麥哲倫海峽依然危機四伏。二〇〇四年時，有艘大船在第一狹水道附近跟一艘拖船相撞，結果那裡還是欠缺抑制漏油危害的器材設備。漏油事件發生後過了三天，一小隊承包商才開始手動清除海灘上沾滿油汙的卵石跟大型海藻。當地有百分之八十八的鸕鷀因而死亡。

漏油要是從麥哲倫海峽流到洛馬斯灣的偏遠海灘，一旦灘地的鳥兒被汙染，牠們在整段遷飛路線上都會受到嚴重影響。首先，被汙染的羽毛無法防水，也失去保暖功能，這將使牠們在寒風中變得異常脆弱。其次，覓食的時候把油汙吃下肚會導致貧血，使得攜帶氧氣的紅血球減少——紅血球能提供長途飛行時肌肉所需的耐力。再者，從火地島開始往北長途飛行之前，紅腹濱鷸需要儲備夠多的能量才行，要是把時間耗在整理沾滿油汙的羽毛，覓食時間可能會縮短，如果不能增加足夠的體重，牠們也許會把出發的時間往後延，進而引發一連串骨牌效應，產生的衝擊便會一路跟隨牠們抵達北極。研究顯示，在英格蘭內陸食物較貧瘠地區度冬的黑尾鷸，前往冰島繁殖地的時間會比較晚，而且相較於在沿海食物豐盛草澤度冬的黑尾鷸，前者的繁殖狀況並不太好。艾克森瓦爾狄茲號漏油事件發生過後十年，在汙染地點度冬的丑鴨母鳥跟在未受汙染海岸度冬的個體相比，壽命明顯較短。貧血還會影響鳥類產

卵。此外，這類事故所造成的傷害並不僅限於吃下有毒食物的鳥類：某次西班牙外海發生漏油，之後竟然在遊隼的蛋發現石油中的碳氫化合物，這是因為遊隼捕食水鳥，水鳥攝食被石油汙染的食物，有害物質就這麼透過食物鏈層層傳遞上去。

如果今天麥哲倫海峽再次發生漏油事故，又或者出現如同先前莫里森和哈靈頓在阿根廷公路旅行途中發現的那種遭受原油汙染的鳥群時，智利是否有足夠的設備跟能力來處理呢？這實在很難說。我在智利時，以冰蝕湖和高聳山峰聞名的百內國家公園（Torres del Paine）正遭受猛烈的野火肆虐，樹林跟草地盡成一片焦黑。我看到一個被燒毀的巡守隊工作站，裡面所有東西都沒了，只剩一個陶瓷浴缸安然無恙，孤立於廢墟之中。當地的野生動物全都聚集在僅存的幾片綠地。園區被燒了兩個星期，空氣中到處都瀰漫著濃煙。百內國家公園可說是智利各個國家公園中最耀眼的明珠，每年都能吸引成千上萬名遊客，如果智利當局連那裡發生的大火都難以控制，又將如何處理同樣偏遠但遊人罕至的地區所發生的漏油事件呢？

在洛馬斯灣的海灘上，我遇到任職於智利國家石油公司的機械工程師兼區域主管，奧斯卡．歐雅尊（Oscar Oyarzún）。他和一位同事曾在沒有全地形車的幫助下，靠兩條腿長途跋涉走過泥灘，看著紅腹濱鷸飛進灘地。他後來寫信跟我說，「在廣袤的洛馬斯灣聽著鳥群起飛時所發出的聲音，感覺相當美妙，令人難以忘懷。」智利國家石油公司承諾他們會確保輸油管線和鑽油平臺等設備的安全，無論該設備是正在運作或已經停用，也允諾會擬定鳥類受到油汙汙染時的救援醫療計畫，並且更新石油和其他化學物質外洩時的應變方案。我在塞羅桑布雷羅曾看到一個紅色箱子孤零零置於河岸上，裡面裝著萬一發生漏油時能夠加以處理的設備。看上去實在有點杯水車薪。也許，在下一次漏油事件發生之前，智利國家石油公司履行承諾的資源就已經分光耗盡了吧。洛馬斯灣那些與世隔絕的海灘對於水鳥有何重要性呢？愛絲波茲和她的同事正在極力呼籲社會大眾對這議題多加思考。由於他們受到紅腹濱鷸這種小鳥的偉大旅程所鼓舞，所以也希望激勵其他人成為紅腹濱鷸的守護者。讓鳥類和人類可以安全共享這片海岸是他們長久以來的夢想，為了實現這個夢想，只要有助於進一步保護鳥類和海灘，他們都願意爭取——希望未來出現在這兒的任何事物，都能設立相對應的保護措施，不管是天然氣、旅遊業、某種形式的牧場，或是其他還沒想到的東西。

超過三十五年前，在阿根廷的里歐格蘭德附近，哈靈頓和莫里森發現了他們所知最大量的紅腹濱鷸集中地。但那一帶的紅腹濱鷸正在消失，到二〇一二年時，竟只剩下三百隻——相較之下減少了百分之九十四，令人震驚。里歐格蘭德的市區不斷向海邊及格蘭德河（Río Grande River）的河濱地帶擴張，使得鳥群的棲息空間愈來愈少。牠們得在壅塞的環境中覓食，因而經常被越野車輛、狗和人的喧囂騷動所打擾，這迫使牠們不得不反覆飛起再降落，寶貴的覓食時間也跟著喪失。每天退潮時所損失的覓食時間也許只有幾分鐘，但整季下來，累加起來的時間可是一個又一個小時。我在老家的海灘散步時，曾好幾次不自覺地衝向潮汐

線附近的整群濱鷸，看著牠們在海面上盤旋然後降落到更遠的海灘，當時覺得這挺有趣的，卻從沒想過這樣的打擾可能會對牠們帶來什麼衝擊。

里歐格蘭德的紅腹濱鷸不僅覓食時間減少，食物量也沒那麼豐盛了。這個偏遠的地區原本擁有極為大量的小型蚌蛤和貽貝，紅腹濱鷸就是被此吸引到這個「世界的盡頭」，但在二〇〇八年時，豐饒的貝類產量大幅下降：不僅蚌蛤跟貽貝的體型明顯變小，而且貽貝的數量也很少，連蚌蛤都感染了寄生蟲。哈靈頓和莫里森在這兒見過成千上萬隻紅腹濱鷸，當初看起來似乎很多，但至今只剩幾百隻的族群量指出了一個可能性：整體而言，這種鳥正在消失。

在麥哲倫海峽沿岸，紅腹濱鷸的數量也在下降。莫里森和羅斯當年發現的度冬主群有四萬一千七百隻，到了二〇一三年時，數量已經減少了四分之三以上，僅剩九千九百隻。這地方的族群量會有如此減損，有可能是船舶漏油以及在海峽開採石油所遺留的問題，這種年復一年積累而成的負擔，既看不見，也無法測量；有可能是幾千公里外其他海灣的另一個海灘所承受的壓力正在此處以這種方式展現出來；也有可能是水質的改變導致環境生產力降低。洛馬斯灣或許相當容易受到外界人類活動的影響，正如同阿蘭瑟斯國家野生動物保護區一般。愛絲波茲和同事們繼續進行著孤獨的工作，他們說不定能解開這個謎團。但不管是什麼原因造成紅腹濱鷸族群銳減，由於洛馬斯灣大概是這種鳥在火地島的最後避難所，因此，當第一道踏階裂開時，想要爬過這階梯可就難上加難了。

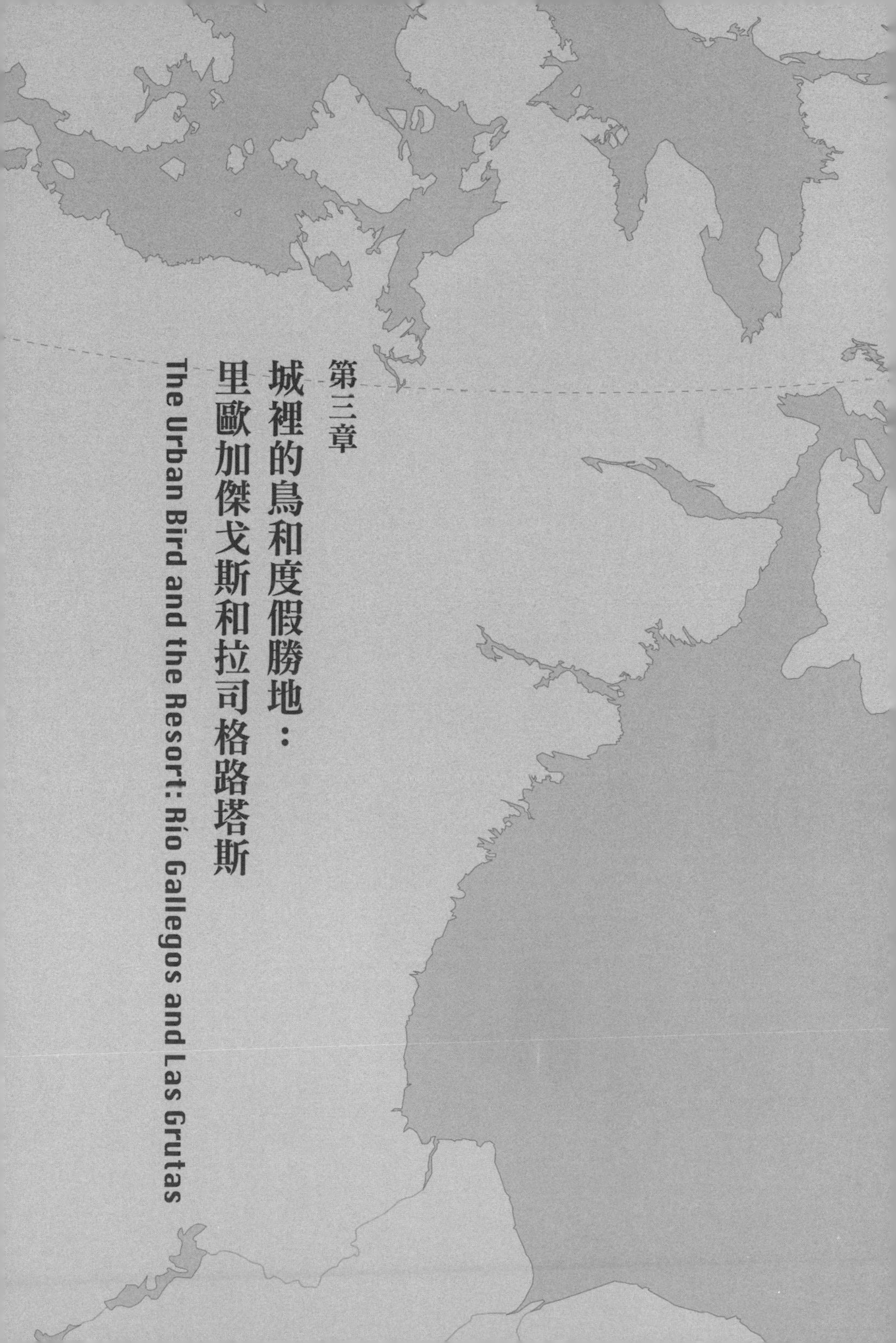

第三章

城裡的鳥和度假勝地：里歐加傑戈斯和拉司格路塔斯

The Urban Bird and the Resort: Río Gallegos and Las Grutas

夏日時節的洛馬斯灣，白天漫長，夜晚短暫，紅腹濱鷸可以在兩次漲潮之間盡情覓食，但隨著夏季結束，日光漸趨暗淡，原本藏量極豐的蚌蛤和貽貝也慢慢減少，鳥兒們便開始往北飛離。到了三月，也就是南半球的夏末時節，洛馬斯灣的天空滿是行將離去的紅腹濱鷸，其中有很少數會跨過海峽，飛到阿根廷的里歐加傑戈斯（Río Gallegos）。在這個不斷擴張的城市裡，紅腹濱鷸可能再也找不到棲息地了，但我想在這裡短暫停留一下，看看牠們曾經住過的地方。

我們到達時，狂風正盛，風勢似乎比在洛馬斯灣還要猛烈。海堤上，蠣鷸、白腰濱鷸和一隻中杓鷸蹲伏在一小片草澤，裡頭散落著瓶子和菸蒂。這些鳥偶爾會踩著不穩的步伐穿越沙地。然而，紅腹濱鷸並未現身。我希望再次瞥見難以捉摸的麥哲倫鴴，這種鳥讓自己隱身在海灘的灰色泥巴和礫石中可說易如反掌，但牠的腳卻是鮮豔的粉紅色。如果我們還想再看到這種鳥，肯定就是這裡了，棲息在里歐加傑戈斯的麥哲倫鴴比其他地方都多：每年冬天，有兩群棲息在河口處，數量超過一百隻。我知道這趟行程看不到雛鳥，也不會看到親鳥將食物反流吐出餵哺幼雛的畫面（這對水鳥來說非常罕見），但或許有機會瞥見一隻蹣跚行走的麥哲倫鴴，或看到牠飛過。但空中並沒有多少飛鳥，而且我們全被狂風吹彎了腰，什麼都看不清。

我們前往垃圾場，看著垃圾車在遍地烏黑酸臭的穢物中進進出出。阿根廷最南端的城市烏斯懷亞（Ushuaia）有個垃圾場，計程車會在一旁等著接送專程去那裡看白喉卡拉隼的賞鳥人士。在馬克・歐柏馬西克（Mark Obmascik）的《觀鳥大年》（*The Big Year*）一書中（記述了一場激烈競賽，目標是要打破一年內在美國看到最多種鳥的紀錄），有位參加者在一處被鳥友戲稱為「墨西哥鴉保護區」的地方尋找墨西哥鴉——其實就是德州布朗斯維爾（Brownsville）的垃圾場——去那裡賞鳥的人很多，當地甚至還立了個指出最佳觀賞點在何處的牌子。至於我們所在的里歐加傑戈斯垃圾場，最常見的鳥類是鷗，這個垃圾場正逐步把原本的鹹水草澤給吞噬掉。

直到不久之前，紐約市都還把垃圾堆放在史泰登島（Staten Island）的鹹水草澤上。弗瑞許基爾斯垃圾掩埋場（Fresh Kills Landfill）原先是世界上最大的垃圾掩埋場，二〇〇一年才被關閉，其面積是紐約中央公園的兩倍半，整座史泰登島的百分之十一都被它覆蓋。目前，紐約市當局要在那裡打造一座世界級的公園，鹹水草澤也逐漸回復原貌。新鮮的垃圾消失後，成千上萬的海鷗也跟著轉移陣地飛到別處覓食，但其他鳥類卻回來了：鐵爪鵐、雪鵐、鷺鷥、綠翅鴨、尖尾鴨、大黃腳鷸、斑腹磯鷸、庫氏鷹、紋腹鷹、紅尾鵟，以及白頭海鵰。紅腹濱鷸曾造訪過史泰登島的海岸，但多年來牠們的數量已經下降不少。現在，又有牠們的容身之處了，或許吧。弗瑞許基爾斯的新公園正在籌劃中，設計師是紐約高架公園的建築師詹姆斯・寇納（James Corner）。由於海平面上升之故，這座公園不可能在短時間之內就落

成：恢復生機的草澤抵擋住珊迪颶風（Hurricane Sandy）帶來的湧浪，附近的社區因而倖免於難。

在里歐加傑戈斯，離垃圾場不遠處，道路和近年落成的房子逐步侵占了剩餘的草澤地。這座城市的人口成長飛快，一九六〇年時，該市僅有一萬四千四百位居民，到了二〇一〇年，人口增長超過百分之七百五十，來到十一萬人。這個海岸是鳥類和人類的家園：兩萬隻過境鳥和當地的水鳥都在此棲息，包括紅腹濱鷸。這種鳥在阿根廷境內有一個不同的名字，牠們不再被叫作「*playero ártico*」，阿根廷人根據牠們偏紅的繁殖羽色，把牠們稱為「*playero rojizo*」。

里歐加傑戈斯的紅腹濱鷸族群量已經急劇下降。二〇〇六年，有三千隻在寬廣的河口潮灘覓食；二〇〇七年，這數字掉了一半；二〇〇九年還有六百隻，到二〇一〇年，只剩一百一十隻。紅腹濱鷸可能會失去這塊棲地。

有兩位科學家來到這片日益惡化的海岸線進行調查，希爾維亞．斐拉里（Silvia Ferrari）和卡羅斯．阿布里厄（Carlos Albrieu）。他們三十年前在科爾多瓦大學（University of Cordoba）的一門無脊椎動物學課堂上相遇，之後墜入愛河——愛上彼此，愛上水鳥，愛上里歐加傑戈斯的這片河口。他們在研究調查的過程中，眼睜睜看著草澤逐漸消逝，有些地方被賣掉蓋房子，有些地方堆滿了垃圾。他們對草澤的大規模喪失加以分析記錄後發現，截至二〇〇三年，共有約一百四十五公頃（即百分之四十）的草澤消失無蹤。即便面對的情況如此淒慘，他們也沒有就此止步。在美國，「科學研究」與「倡議遊說」之間的關係可能相當複雜而且充滿爭議。二〇一一年，在一場由美國科學促進會（American Association for the Advancement of Science）舉辦並得到美國國家科學基金會（National Science Foundation）所支持的研討會上，與會者就此議題熱烈討論：如果科學家根據其專業知識和工作內容而去倡導特定的法律或政策，是否會損害他們的客觀、正當和可靠性？是否玷汙了科學家的工作？是否應該把他們重新歸類為「遊說者」呢？此外，與會者也討論到，在這個日益複雜且艱難的世界，身為憂心忡忡的公民，他們是否有權利（甚至是責任）去參與公共政策、鼓吹公共利益。由於財大勢大的產業界會對學者的研究成果提出質疑，進而削弱大眾對科學界的信心，美國的科學家們可能會就此面臨嚴峻的挑戰。

對斐拉里和阿布里厄來說，該選哪條路，其實是再清楚不過了。廣袤豐饒的草澤在洪水和暴風雨來襲時，可以提供關鍵且具經濟價值的緩衝作用。草澤對於成千上萬隻鳥類的生存也至關重要，還能替永續旅遊和教育休閒產業帶來經濟契機。他們相信，健康的鹹水草澤有機會成為里歐加傑戈斯的驕傲。另外，這座城市也需要草澤，由於愈來愈多的土地被填平，洪泛增加，當局不得不修築堤防以阻止洪水入侵。對斐拉里和阿布里厄而言，公共利益遠勝少數人的經濟利益。

他們兩人與市政府和其他支持者合作，在極短的時間內做出了許多改變：協助里歐加傑戈斯劃設兩個保護區，一個位於城外仍未受干擾的海岸沿線，另一個是位於市中心的「都市海岸保留區」，該保留區禁止在草澤地進行更多建設工程；說服該市設立環境管理部；他們和協助創立的保育教育團體南方環保協會（Ambiente Sur）連同市政當局、馬諾梅特保育科學中心（Manomet Center for Conservation Sciences）以及美國魚類和野生動物管理局一起合作，在海堤上建造一間遊客及教育中心，設立大眾賞鳥區，還編撰了一本賞鳥圖鑑。

在里歐加傑戈斯的河口處，不斷縮小的感潮溼地也許已經迫使紅腹濱鷸離開這個家園。但另一種這裡幾乎快看不到的鳥類，則是遭遇不同的情況，牠們面臨的問題來自城市之外。阿根廷鸊鷉從兩千五百隻驟減到四百隻，這不僅出乎意料，而且令人驚訝的是，造成這種現象的罪魁禍首並非源自里歐加傑戈斯的河口地帶，而是巴塔哥尼亞草原的內陸湖泊，那是牠們的繁殖地。林林總總的傷害累加起來，導致牠們幾近滅亡：人類把虹鱒跟貂引入當地的偏遠湖泊和乾草原；由於垃圾不虞匱乏，整天飽食廚餘的黑背鷗跟著增加了，而牠們都會去襲擊阿根廷鸊鷉的巢位；在湖邊吃草的綿羊把植被啃掉後，鸊鷉巢就這麼暴露在強風之中；隨著降雪量減少，湖泊的水位也在下降。針對這個議題，南方環保協會的成員就跟斐拉里和阿布里厄一樣投注大量心力，他們記錄了阿根廷鸊鷉的數量變化，釐清原因，並找到了補救措施。該組織與其他保育團體合作，將阿根廷鸊鷉列入世界自然保育聯盟瀕危物種紅皮書，並於二〇一三年成立了巴塔哥尼亞國家公園以保護這些鸊鷉。現在，全職的巡護員會去保護牠們的巢，避免天敵前去侵擾。

既有的保育工作還在持續進行中，但斐拉里和阿布里厄已經開始著手他們的下一項重大任務：籌募資金，好把垃圾場給遷走。在他們的推動下，這件事必然能夠達成，我對此毫無懷疑。聽著斐拉里和阿布里厄講述著心中願景時，我不由得心想，他們還有時間睡覺嗎？

多達半數的紅腹濱鷸離開火地島後，會沿著阿根廷海岸往北飛行一千四百多公里，抵達西聖安東尼奧（San Antonio Oeste）和鄰近小鎮拉司格路塔斯（Las Grutas）的海灘。拉司格路塔斯的意思是洞穴，因為這座小鎮坐落在海濱一處石灰岩崖壁的邊緣，懸崖底部有浪濤沖蝕而成的巨大海蝕洞，故得其名。這裡的海水深藍而溫暖，是阿根廷沿岸水溫最高的幾處地方之一，盛夏時可達宜人的二十四度。在紅腹濱鷸往北遷飛的三月初，我們來到這個關鍵的中途停靠站，紅腹濱鷸也紛紛抵達此處。我把厚重的夾克和毛衣都換掉了，然後脫下運動鞋改穿涼鞋，但紅腹濱鷸可沒辦法隨時換上較輕薄的羽毛，而且牠們缺乏汗腺，因此會以自己的一套方法降溫：血液大量流經沒有羽毛披覆、只有皮包骨的兩根腳時，體內的熱量便會從這個部位散失，牠們的「熱腳」能讓身體熱量最多降低百分之十六。

泥灘地上，一場盛宴正等著牠們。數百萬年前，巴塔哥尼亞草原的塵土和淤砂被風揚起，吹進內格羅河（Río Negro）谷地，然後沿著河谷被帶到海灣。隨著時間推移，這些砂土不斷

下沉，愈壓愈緊實，同時，生活在海灣的螺貝類死亡後，外殼的礦物質讓周遭的砂土膠結在一起，最終形成一塊寬闊平坦的陸棚。退潮後，這片露出水面的灘地比岩石柔軟，但比泥巴堅硬，裡面有密密麻麻的微小貽貝，紅腹濱鷸輕而易舉就能撬開，而且這些貽貝小到可以整顆吞下。

三趾濱鷸追著從海灘滑下的浪花，沿途迅速捕食小型軟體動物和甲殼類。蠣鷸則專門在貝類叢生的區域覓食，牠們把喙插入半開的牡蠣和貽貝中，切斷閉殼肌後再把肉給叼出來。紅腹濱鷸也愛吃軟體動物，但跟蠣鷸不同的是，牠們會把較小的貽貝整顆吞下，先在強健的肌胃（譯註：又稱砂囊，可將吞食的砂粒存於其中以協助研磨食物。雞胗便是雞的肌胃。）中把貝殼壓碎，然後再好好消化貝肉。覓食行動就這麼在灘地上展開，但與洛馬斯灣安靜空曠的海灘不同，這裡的氣氛顯得熱鬧忙碌。

拉司格路塔斯的一大特點就是「行動」二字，無論在海灘或在鎮上都是。我們醒來時，四周傳來陣陣鏟斗機和挖掘機的聲響，原來是建築工人在我們住的公寓外頭清理灌叢，打算從中闢出一條新路；大片乾草原正被開發成房舍用地；一輛灑水車駛過，灑水抑制瀰漫的灰塵。我們準備了榲桲果凍和麵包作為第一頓早餐。榲桲是當年麥哲倫飄洋過海時帶在船上給船員吃的一種水果，如今，這種水果有的碩大有的不起眼，有的甜有的酸，可以打成汁、做成抹醬或其他軟硬程度不等的食材。我們從微微晃動的一大塊果凍切下薄片，塗在自製的麵包上，大口吞下，然後走進這個成長迅速的小鎮。

阿根廷在二〇〇一年底發生債務違約，經濟崩潰，短短的時間內就換了四名總統，原本要出國度假的民眾只好選擇離家較近的地方出遊。拉司格路塔斯的人口到了夏季旅遊高峰就會猛然增加，但該城鎮所屬的西聖安東尼奧地區對這樣的爆炸性成長並未全面掌控。公寓和酒店都緊挨著崖壁上的道路興建，距離崖邊不過咫尺之遙。除了一條通往海灘的小徑，還有一段道路也崩塌了，我們只好從殘破的路面小心翼翼走過。退潮時，要走很長一段路才能到海邊，有人抱怨這段路太長了。為了滿足大量泳客的需求，這座城市正在進行工程，要在灘地上炸出幾個淺淺的大型池子，這樣即便退潮之後也有海水留在池子裡。雖然池子只有幾尺深，但我看不到池底，而且池邊黏黏糊糊的，池水也相當混濁。重型機械和嘈雜的全地形車壓過海灘，不但碾碎了貽貝，也嚇飛了鳥兒。幾年前，如果你想在海灘上騎乘全地形車，整個鎮上只有十四輛可以讓你租用，但現在有一千多輛，而且幾乎都是私人擁有，在拉司格路塔斯的街道和海灘上隨處可見。

在這種喧囂擾動的環境下，紅腹濱鷸需要迅速找到大量的食物才行。貽貝的數量非常多，但體型很小而且肉少，大部分的重量都是外殼。在拉司格路塔斯，紅腹濱鷸偏愛不超過一點三公分長的貽貝，每秒就能吞下一到兩個——牠們迫切需要進食。當夜幕低垂，再也看不到這片灘地的貽貝時，牠們就到其他海灘藉由其他方式尋找食物。在西聖安東尼奧港口附

近的海灘上，紅腹濱鷸會將嘴喙插入飽含水分的潮灘，利用喙尖的特殊感測器進行探查，這些感測器稱作「赫氏小體」（Herbst corpuscle），能夠檢測獵物對周圍環境所產生的壓力波，以這裡所談的情況來說，小型蚌蛤就是獵物。

水鳥補充能量的速度很快，比大多數鳥類都還要快，每天能夠吃下其平均體重八成的食物。有些駐足在西聖安東尼奧的紅腹濱鷸在開啟下一段旅程之前，會增加一倍的重量。如果是要我在一個月內讓自己的體重增加一倍，光用想的就讓我感到害怕作嘔。在《麥胖報告》（*Supersize Me*）這部紀錄片中，導演兼主角摩根．史柏路克（Morgan Spurlock）在麥當勞大吃大喝，一個月內體重增加了十一公斤多，相當於原來體重的百分之十三。相較之下，紅腹濱鷸在一天之內就能增加近百分之十的重量了。

在日益擁擠的海岸線上，兩位女性開始替棲地逐漸消失的鳥類和其他野生動物發聲。一九九八年時，阿根廷排球國家代表隊的前隊員蜜日塔．卡拉芭漢（Mirta Carbajal）搬到了西聖安東尼奧。她的先生是船長，兩人曾環遊世界四次。在第一個小孩一歲大時，他們舉家搬來西聖安東尼奧，先生在那兒駕駛大船進出港口。大約在同一時期，原本和先生小孩一起住在布宜諾斯艾利斯的帕特莉西亞．鞏薩雷茲（Patricia González），也跟著建築師先生搬到了西聖安東尼奧。這兩位女性都是生物學家，鞏薩雷茲的專業領域是水鳥，卡拉芭漢則是醉心於其他人害怕的動物——蝙蝠和蜘蛛。在整個西聖安東尼奧地區，連同港口及拉司格路塔斯，居民大約有三萬人，這兩位女士很快就認識彼此，兩人攜手組建團隊，致力於改變該地區的面貌以及居民的生活。

她們搬到這裡時，有家化學工廠正在興建，完工之後該工廠會以海水、氨和石灰岩來製造純鹼（又稱蘇打灰、鹼灰），也就是碳酸鈉。純鹼的用途廣泛，可用於製造玻璃，是清潔劑和牙膏的常見添加劑，製作拉麵時需要用到，對了，讓雪酪冰充滿氣泡的也是這種東西。位於西聖安東尼奧的這間工廠，每年可以生產足以裝滿兩千節火車廂的純鹼，以及等量的副產品——鹽，廠方打算將這種廢棄物丟進海灣裡。然而，鹽並不會因此消失。鞏薩雷茲有位同事是漁業生物學家，他發現聖安東尼奧灣的水域是「封閉」的：隨著潮水漂流到灣口的仔稚魚會再漂回來。起初相關單位並不歡迎這些研究發現，鞏薩雷茲回憶道，那位生物學家全家原本住在公有住宅，後來他們受到威脅，差點被趕出家門。對她來說，把大量廢鹽不斷排入海中讓水變得更鹹是不道德的，令人無法接受。

鞏薩雷茲跟同事說服省政府將聖安東尼奧灣劃設為保護區，並且要求政府公開該工廠對海灣造成何種影響的研究報告。與此同時，拉司格路塔斯的居民成功阻止一條穿越該鎮的輸油管線計畫，鞏薩雷茲及卡拉芭漢等人也重振一個名為伊那拉夫昆（Inalafquen）的基金會來繼續她們的工作，「伊那拉夫昆」的意涵是「臨海之濱」。這些女士不斷要求化學工廠遵守現行法律，她們堅持絕不能把大海當成垃圾場。由於該工廠承諾提供就業機會，所以反對

工廠的人不時受到支持者的騷擾，比如卡拉芭漢的車就被刮花，她的房子也被塗鴉亂畫。伊那拉夫昆基金會跟五十多個團體和機構結成聯盟，並要求政府調查將廢棄物拋入海洋所造成的衝擊。據卡拉芭漢所言，該公司後來發布了七本報告，想要將工廠所造成的影響降到最低。有一群科學家對這些報告加以分析，卡拉芭漢表示，「那些官方報告都是作秀，一點意義也沒有。」歲月飛逝，時間一年一年過去，最後省政府被說服了，認同翟薩雷茲所說的，「大海沒有商量的餘地」。現在，那些含鹽廢水都被排放到潟湖中自然蒸發，湖底則是鋪設了不透水薄膜。

純鹼工廠位於海灘附近一條路的盡頭，路面全是白色鹽巴，閃閃爍爍。紅腹濱鷸在這裡最愛享用甘美的海生蠕蟲，至於拉司格路塔斯那些小又沒肉的貽貝，就算了吧。如果是在豐年，灘地裡滿滿都是海蟲時，紅腹濱鷸會靠這頓大餐把自己餵胖。要是純鹼工廠的廢棄鹽排入海灣，天曉得那將會如何衝擊海床環境、改變鹽度然後影響海蟲的生態呢？加州水資源控管委員會（California Water Resources Control Board）在二〇一三年時收到一份關於海水淡化廠排放鹽水的審查報告，內容指出，當廢鹽水排放到流動性不佳的海域時，海洋生物群落的物種組成會改變、數量會減少，情況令人擔憂。在西班牙一家海水淡化廠附近的海床上，工廠開工後不到兩年，海蟲的數量和種類就雙雙下降。聖安東尼奧灣淺海地區的沙質海床原本有眾多海馬分布，牠們的國際貿易受到《華盛頓公約》（Convention on International Trade in

Endangered Species, CITES）限制。純鹼工廠開工後，周遭水域的小動物群落紛紛消失無蹤，包括海馬。時至今日，這一帶只能偶爾見到少少幾隻海馬。

當初如果該工廠得到允許，可以向海灣丟棄幾十萬噸廢鹽，也許有更多動物會消失。當翚薩雷茲和卡拉芭漢堅持「大海沒有商量的餘地」時，她們其實正在保護一個自己也無法完整描述的世界，那裡居住哪些生物她們還沒完全認識，但對紅腹濱鷸和其他水鳥來說，卻是個不可或缺的世界。

翚薩雷茲和我去港口的那一天，氣溫相當炎熱。我們希望在這些遮蔽處比較多的海灘上，找到想要躲避焚風的水鳥。我原本已經帶了兩大瓶水，但是當我們停車加油時，翚薩雷茲買了更多的水，外加運動飲料，所以我也跟著拿了一堆水去結帳。聖安東尼奧港相當繁忙——產自阿根廷蔥翠河谷中的水果有百分之八十是從這兒出口，銷往歐洲、美國和俄羅斯。這天快結束時，我滿腦子都想著要從眼前經過的貨櫃船上拿梨子、蘋果、蜜桃、李子、油桃和葡萄來解渴，那時離我喝掉最後一滴水已經過很久了。在那之前，我們在炎熱的沙灘和耀眼的陽光下不斷走過來又走過去，只為尋找紅腹濱鷸。

翚薩雷茲並非一開始就自願專門研究水鳥。搬到西聖安東尼奧時，她就讀的大學（位於首都布宜諾斯艾利斯）只同意讓一位研究鳥類的當地專家當她的論文指導教授。於是，她就這麼研究起鳥類來，一開始的工具只有爺爺那副又老又重的望遠鏡，以及一本黑白的野外圖

鑑。俗話說萬事起頭難，這她完全感同身受。一開始，那位專家以為她應該看過一些鳥，比如冠鴨（又稱鳳頭鴨）之類的，但其實她幾乎是一張白紙。所以指導教授建議她，可以把看到或以為自己看到的鳥畫出來，但她不會畫畫，也沒有相機。那個年代還沒有數位相機跟手機，更別提什麼賞鳥相關的應用程式。有位漁民和前西聖安東尼奧市長帶著翟薩雷茲去尋找水鳥，隨著時序推移，她開始認識這些鳥類。她曾在拉司格路塔斯以北的綠洲海灘（Oasis Beach）找到非常大群的白腰濱鷸，也曾在港口的海灘上看過一隻麥哲倫鴴在沙地裡繞圈啄食。在純鹼工廠附近，她發現開始換上鏽紅色羽衣的紅腹濱鷸，一開始她先看到二十隻，後來看到了七千隻。

她還學會如何在夜間的海灘上用霧網將水鳥抓起來上環繫放，結果竟遇到警察前來盤問。「要做什麼都很困難。我想跟人家談『*chorlito*』（鴴），結果可能會被說成『*cabeza de chorlito*』（粗心大意、不長腦袋）。我很希望有其他人也能過來看看我發現什麼東西。」有次在厄瓜多參加鳥類學會議時，她碰到莫里森，由於兩人都不會說對方的語言，因此無法交談。但她遇到了荷蘭學者涂尼斯．皮亞司馬（Theunis Piersma），她懂他說的法語，便在他的指導下擬定了研究計畫。後來，她又自學英語，並開始發表文章。

在生物學這門學科中，有很多知識是得自火地島和巴塔哥尼亞。小獵犬號的首任艦長航行到這個地區時，由於麥哲倫海峽過於昏暗、難以航行，加上怒號不斷的狂風和陰鬱密閉的森林，導致他精神錯亂，最終自殺身亡。新任艦長費茲羅伊將船員聚集在一起，也許是怕自己也會面臨最糟的情況吧，於是找了一名紳士作為他的隨船博物學家。那時，年輕的達爾文才剛拒絕父親要他從事醫學或神學的職涯建議，因此他急切簽約上船。啟航後，當費茲羅伊在測量水文時，達爾文也沒閒著，他負責探索海岸。漸漸地，從觀察紀錄和標本收藏中，他心中開始浮現出關於演化、適應以及自然選擇的想法。

達爾文順著內格羅河（離西聖安東尼奧不遠）穿越彭巴草原，再沿著布蘭卡港（Bahía Blanca）的懸崖峭壁往更北邊前行，結果證明這條路線的收穫格外豐碩。「聽說有一條匯入內格羅河的小溪叫薩蘭迪斯（Sarandis），那附近的農舍有一些巨型骨頭，」他寫道，「我騎馬到那兒去，……用十八便士的價格買了一副箭齒獸的頭骨。」這些骨頭很便宜，但其學術價值卻是無可估量，達爾文日後將會從這些骨頭了解到：隨著地質時代改變而產生的動物演替，能夠替物種起源這個「祕中之祕」指出解答之道。

達爾文是最早一批採集到箭齒獸和其他巨型動物骨骼的人，那些曾經生活在這裡的巨型動物包括：體型如同大象的大地獺、站立可高達三公尺的磨齒獸、覆蓋著骨板且大小跟重量接近福斯金龜車的雕齒獸、脖子長長的後弓獸等等，牠們都是使者，來自一個消逝已久的世界。在巴塔哥尼亞一片古老的礫石灘上，那些骨骸四處散落在一個排球場大小的區域內，達爾文就在牠們的骨骸之間行走。在另一處灘地上，他發現了一堆牡蠣殼，寬度達三十公分，

這些貝殼讓我們知道，在過去，這裡曾是一片汪洋。

在體型較小的現生動物身上，達爾文看到了這些已逝巨獸的身影：在彭巴草原漫遊的野生原駝身上，他看到後弓獸，那是一種類似駱馬但已滅絕的動物；在水豚這種長得像豬的大型草食性囓齒類身上，他看到箭齒獸；在被他當成晚餐吃掉的小小犰狳身上，他看到披上盔甲的雕齒獸；在小型樹獺身上，他看到了磨齒獸和大地獺。根據達爾文在日誌的記述顯示，他此時就已經在思考這些發現所可能帶來的重大意義。「在同一塊大陸上，這種已逝者和現存者之間的玄妙關係，會比其他各種事實更能闡明地球上生物出現和消失的原因，對此我毫無懷疑。」

從巴塔哥尼亞的鳥類身上，達爾文還發現其他證據，可用來支持他對演化理解的另一個重要觀點：物種不僅在時間上有所聯繫，在地理空間上亦然。高卓人跟他說有兩種美洲鴕，一種分布於內格羅河以北，體型較大，另一種分布於內格羅河以南，體型較小，而且相當稀少。結果在某天晚上，他無意間把那個重要觀點的證據給吃了。當天考察隊伍射殺一隻美洲鴕作為晚餐，達爾文回憶道，「我望著牠，一時之間竟莫名其妙地忘了我正在思索的課題，等我回神的時候，牠已經成了盤中飧。」還好，沒被整隻吃光。「幸運的是，頭、頸、腿部、翅膀以及許多較大的羽毛和大部分皮膚都被保留了下來；這些殘骸足以拼湊出一個近乎完美的標本，現在就放在動物學會的博物館中展示。」儘管這個新物種在動物學界登臺亮相的方式頗為尷尬，但牠還是曾被冠上達爾文之名，稱作「Darwin's Rhea」。

巴塔哥尼亞的美洲鴕不僅餵飽達爾文的肚子，也持續激發他的靈感。他跟高卓人一同前去狩獵美洲鴕，注意到當這種鳥被追趕時會開始奔跑，並且「展開翅膀，像一艘船一樣揚帆啟航」。他在巴塔哥尼亞和火地島觀察了其他不會飛的鳥類：企鵝以及船鴨，發現這些鳥兒儘管振翅疾速，卻沒有升空起飛——牠們的翅膀都太小太弱了。游水速度可高達十節（即時速十海里，約每小時十八公里）的船鴨曾因此被稱作賽馬，牠們划水而過時會在身後留下一道泡沫水痕。在達爾文的眼裡，翅膀的作用對船鴨來說就像是船槳，對企鵝來說像是鰭，對不會飛的美洲鴕而言則是如同船帆，這些觀察都催生了他後來對於演化和適應的想法。在寫《物種源始》（*On the Origin of Species*）的時候，他認為這三類截然不同的翅膀「至少可以表明，可能存在哪些多樣化的過渡方式」。

達爾文後來提出了演化論和自然選擇理論。而在奧地利的一座修道院裡，孟德爾（Gregor Mendel）藉由觀察種植的綠豌豆和黃豌豆，奠定了遺傳學的基礎。遺傳學的觀點指出，基因變異是隨機發生的，能夠存活下來的個體都擁有最能適應特定環境的基因變異，這個觀點也成為生物學的基石。DNA是天命所在。拉馬克（Jean-Baptiste Lamarck）是達爾文的前輩，也是法國國立自然史博物館（Musée National d' Histoire Naturelle）的動物學教授，他認為生物會主動對環境做出反應，從而得到某些適應性，並將其傳給後代。照他的想法，長頸鹿會

為了吃到更高處的葉子而伸長脖子，繼而生下脖子更長的後代——這似乎是個相當荒謬的觀點。拉馬克去世時一貧如洗，下葬的墳墓還是租來的，他的觀點也招致不少抨擊。

雖然長頸鹿擁有長脖子的原因跟拉馬克所想的不一樣，但科學界近年正在重新思考他的基本論點。「表觀遺傳學」這個新興領域的科學家發現，動物為了回應環境壓力所發育出來的性狀，可以在不改變DNA序列的情況下傳遞給下一代。研究顯示，因食用高脂肪食物而變得肥胖的雄性大鼠，會生出容易罹患糖尿病的雌鼠；懷孕的老鼠若暴露於防蚊液、航空燃油或殺蟲劑之中，則會生下患有卵巢疾病的雌性後代，甚至會連傳三代；接觸到內分泌干擾物的老鼠也會將疾病代代相傳；如果讓雞處在日夜交替不規律且無法預測的環境中，牠們會發展出新的覓食習慣，而且這些習慣也會出現在後代身上，即便那些後代生活在日夜交替節奏正常的環境下也一樣。

我們曾認為動物在面對環境的挑戰時，只能被動等待基因產生隨機變異才能回應，但現在我們也知道，動物不但能夠改變行為，而且能將之遺傳給後代。二十多年來，鞏薩雷茲的老師涂尼斯．皮亞司馬和他的同事楊．凡吉爾斯（Jan A. van Gils），一直在記錄紅腹濱鷸面對長途遷徙的嚴酷考驗時所具備的出色適應能力，科學家將之稱為「表型可塑性」。二〇一四年，皮亞司馬憑藉著水鳥研究獲得了荷蘭享譽盛名的斯賓諾莎獎（Spinoza Prize）。他在仔細研究過紅腹濱鷸後表示，紅腹濱鷸六個亞種之間的差異（包括覓食習性、遷徙距離和時間、羽色等）演化得太快，不可能是由自然選擇和隨機的基因變異所導致。他認為，當紅腹濱鷸為了高度適應周遭環境而做出反應時，新的性狀便會產生，牠們的後代也會遺傳這些性狀。

紅腹濱鷸可在不吃不喝、不眠不休的情況下連飛數日，身體不但能為此產生驚人的變化，還能快速回復原狀，這些全都被皮亞司馬和凡吉爾斯詳細記錄下來。在整個遷徙過程中，牠們會先將體重增加一倍，好在空中一次飛個三、五千甚至六千多公里，就這麼邊飛邊燃燒能量、減輕體重，然後到下一個中繼站時再次增加體重。在陸地上歇息時，牠們的肌胃會擴增百分之五十，以便容納短時間內吃進的大量食物。肌胃比較小的時候，紅腹濱鷸會吃柔軟、易於消化、高能量的海蟲或蝦來獲取熱量；至於較難消化、營養含量較差的軟體動物，則需要較大的肌胃來處理。歐洲的漁民從瓦登海（Wadden Sea）將鳥蛤捕撈殆盡後，紅腹濱鷸就找不到需要的食物，這甚至會讓牠們的肌胃變得更大，如此一來才能找到什麼就吃什麼。當紅腹濱鷸準備啟程並且不再需要進食時，肌胃就會再次收縮。

紅腹濱鷸很怕游隼。皮亞司馬和凡吉爾斯發現，當紅腹濱鷸棲息在荷蘭附近的瓦登海時，會調整自身的肌肉狀態：要是棲息在能夠看清游隼飛近的沙洲上，牠們胸部的肌肉相對於體重來說會變得較小；但如果是棲息在離食物更近的島上，每當游隼從附近的堤壩突然發動襲擊時，紅腹濱鷸就得趕緊逃離，這種情況下胸肌就會相對較大，好讓牠們得以在變換不

定的飛行中突然做出急轉彎，比猛禽技高一籌才能取得一線生機。

今天，潮灘地正在迅速消失，即便對這類適應性很強的鳥類來說，這也可能對其靈活性造成極大的考驗。達爾文看著巴塔哥尼亞現已滅絕的巨型動物骨骼時，心中不斷思索，到底是何因素才導致牠們滅絕。他以不可思議的先見之明問道，人類和變遷的氣候在這些物種的滅亡過程中扮演了什麼角色？一百五十多年後的今天，鞏薩雷茲、卡拉芭漢和整條遷徙路線上的其他生物學家都在詢問相同的問題。他們認為雖然紅腹濱鷸相當靈活、適應性很強，但可能無法承受棲地崩壞的威脅，因此決心在遷飛路線上為水鳥提供安全的避風港。

鞏薩雷茲和我沿著聖安東尼奧港的海灘往外走，先經過一叢叢長在沙丘上的芳香植物，再繞過一群不時發出呼嚕聲的海獅，最後來到一個地方，遠離大船隨著潮水入港的航道，我們看到了蠣鷸、灰斑鴴、翻石鷸、幾隻中杓鷸，以及三百五十到四百隻左右的紅腹濱鷸。我們站著，靜靜等待。幾隻棕塍鷸飛進來。紅腹濱鷸棲息在水邊，從灘地低矮的沙脊上探出頭，正盯著我們看。在接下來的幾個小時，我們靜悄悄地靠近，速度非常緩慢，每次只往前幾步而已。只要那些鳥兒感受到一點風吹草動，我們就暫停，繼續等待。如果我們移動得太快，牠們會被嚇到然後飛走，我們就得重新開始長途跋涉。驕陽如炙，我被晒得頭暈目眩。

最後，我們總算是夠靠近牠們了。紅腹濱鷸遷徙路線上的研究人員一直在進行繫放研究，他們會在這些水鳥的腳上套上「足旗」，不同顏色的足旗代表不同國家：在阿根廷繫放的水鳥是用橘色，巴西是藍色，智利用紅色，美國則是綠色。足旗上面有一組由數字跟字母排列組合而成的編號，每組編號在該色足旗上都是獨一無二的，如此便可識別不同的個體。為了便於查看，足旗上的字體都是經過反覆測試才被選用，但要準確判讀仍需要相當的技巧。「人們常以為這很容易，」鞏薩雷茲一邊說，一邊盯著她的單筒望遠鏡看，「但大腦會欺騙你，重組你看到的東西。你必須讀出字母、認出它們的字形。足旗的顏色也會隨著光線而改變。」我之後就會在佛羅里達州遇到這種情況，有一隻紅腹濱鷸移動了兩步，腳上的綠色足旗似乎就變成了橘色。但鞏薩雷茲倒是信心滿滿，畢竟她看了好幾年，身經百戰。我們找到一隻有足旗的紅腹濱鷸，L6U。科學家們只要追蹤這些帶有足旗的鳥兒，便能找出遷徙時的中繼點，也可以估計牠們的族群量，並算出每年的存活率有多少。美國有個網站，Bandedbirds.org，上面蒐集了一萬五千五百隻曾被繫放的紅腹濱鷸資料。

時值西聖安東尼奧的三月天，到了五月，就會有人在德拉瓦灣的海灘上看到L6U。曾經有人在維吉尼亞州的霍格島（Hog Island）上看過L6U。在接下來的幾個小時裡，鞏薩雷茲將會看到許多在里歐格蘭德或西聖安東尼奧被繫放的鳥兒，牠們這幾年來在幾千公里外也曾被人看到過。看到相同的鳥兒年復一年回來，這很令人感到安慰——那些帶有編號的足旗證明，這些小小鳥兒能夠進行如此漫長的旅程，並且順利返回家園。

夕陽西墜，幾隻海豚游進暮色之中，鞏薩雷茲對於時間的流逝渾然不覺。我們往回走

到海獅附近，兩名年輕的巡護員吉美娜・摩拉（Gimena Mora）和阿密拉・蒙達兜（Amira Mandado）正喝著瑪黛茶（maté）等著犖薩雷茲。她們剛入行時就是跟著犖薩雷茲的腳步走——她教她們要緩慢、耐心、安靜、不被察覺地接近鳥兒，她們就亦步亦趨地踩著她的腳印一步一步往前進。兩人對這份工作可是一見鍾情，雖然她們的工作經費總是不穩定，但卡拉芭漢和犖薩雷茲的熱情和奉獻精神，還是激勵著她們每年都回來。她們正在攻讀海洋生物學和生態旅遊，希望未來能在相關領域工作。在她們巡邏的範圍內，海灘受到的干擾較少，海獅們可以安然帶著自己的幼獸在沙灘上休息。有輛全地形車駛近，蒙達兜向騎乘的遊客打了聲招呼，熱情地回答他們的所有問題，並詳細說明為何要跟鳥類和海獅保持距離。一對夫婦帶著孩子走過，摩拉向那位小男孩示範如何使用她的雙筒望遠鏡。

但她們的正面積極並不總是得到善意回應。有對情侶開車穿過沙灘，直奔海獅而去，對巡護員的手勢跟呼叫視若無睹。她們立刻吹響口哨，結果那個男的怒氣沖沖，說他會再坐船回來，誰都不能阻止他。他撂下一句沒人想翻譯給我聽的俚語，這才離開。

「堅實的科學是我們一切工作的基礎，」卡拉芭漢先前曾告訴我，「不過遊客來這裡是為了作日光浴。在一九八〇年代，人們不會去賞鯨，但現在歐洲人開始來這裡賞鯨了，我們也能對鳥類產生同樣的興趣。拉司格路塔斯和西聖安東尼奧是候鳥的重要棲地，這裡的居民可以為此而感到自豪。」培養這種自豪感是一項漫長而緩慢的工作。有一大片橫布條掛在前往拉司格路塔斯的道路上，布條上面畫了一位身穿泳衣的美女，標語寫著：「拉司格路塔斯，滿懷情感的好所在。」翬薩雷茲說道：「我們必須透過民眾的情感來跟他們溝通交流，但我們是科學家，該怎麼做到這一點呢？」

西爾瓦娜・莎維琪（Silvana Sawicky）是一名目前在伊那拉夫昆基金會工作的年輕女性，在巴利羅奇（Bariloche）的內陸山區長大，雖然她經常去西聖安東尼奧探望祖母，但在遇到翬薩雷茲之前，她從未見過水鳥。她在分析完人們對於鳥類的態度之後，知道雖然他們在理論上都願意支持水鳥保育工作，但卻沒有意識到自己在海灘上騎全地形車或遛狗等行為對水鳥相當容易造成危害。正如翬薩雷茲解釋的那樣，「民眾知道水鳥遇到麻煩，但又覺得那些鳥只要飛走不就沒事了。如果人們驚擾了鳥群，鳥兒可以自由前往其他地方啊。他們沒有注意到，鳥類需要我們的幫助才能生存下去。」

因此，卡拉芭漢和翬薩雷茲以及伊那拉夫昆基金會的員工或志工們才會將保育願景訴諸人心。在馬諾梅特保育科學中心的大力支持下，他們集資募款成立一處名為「Latitud Vuelo 40」（飛越南緯四十度）的遊客中心，人們在那裡可以想像自己正跟著紅腹濱鷸一同遷徙飛行。遊客中心的餐廳有大片觀景窗，能夠俯瞰整片海灘，民眾可以在這裡享用來自灘地的章魚，同時賞鳥——真正的野鳥。擁有這棟建物長期租約的安娜伊・瓦韋爾德（Anahí Valverde）跟侯拉西歐・賈西亞（Horacio García），將餐廳命名為「Jahuel」，在當地的馬普

切語（Mapuche）裡，這個詞是井或泉眼的意思。他們在隔壁蓋了一間博物館，裡面展示許多記錄特韋爾切人（Tehuelche）和馬普切人歷史的精美文物，這些原住民跟鳥類一樣，長期以來一直在這裡尋找棲身之處和食物。

藉由國際保育組織「瑞爾」（Rare）的贊助，伊那拉夫昆基金會展開了密集的教育推廣活動，希望吸引民眾前來認識並關心紅腹濱鷸。活動期間，大眾對紅腹濱鷸及其保護需求的認識提高了一倍以上。時至今日，這種鳥不但是西聖安東尼奧的象徵（該地區的公車車廂上就能見到紅腹濱鷸的彩繪），也成了伊那拉夫昆基金會的吉祥物，「法比安」（Fabien）。法比安是隻真人大小的紅腹濱鷸，身著圍巾、飛行帽和護目鏡，名字取自安托萬．德．聖—修伯里（Antoine de Saint-Exupéry）所寫的中篇小說《夜航》（*Night Flight*），故事裡飛行員就叫法比安。這個吉祥物常到學校探訪學童，參加快閃活動，還會在海灘上領舞。

推廣活動的展覽裡頭引用了一句話，出自聖—修伯里最出名的著作，《小王子》（*The Little Prince*）：「世界上最美好的事物是看不見也摸不著的。你必須用心去感受。」展覽中還引用了野生動物學家羅伯特．吉爾（Robert Gill）的名言，吉爾的研究主題之一包括水鳥卓越的長距離導航能力。他和他的同事們發現，斑尾鷸會利用範圍跨越整個海盆的風和天氣系統來幫助遷徙——這種現象從未被人知曉，至今也還無法解釋。吉爾相信，在任何時刻，這些鳥其實都知道牠們的去向以及相對的所在位置，他意有所指地說道，「人類也是一個群體，但我們知道自身將何去何從嗎？」

卡拉芭漢和鞏薩雷茲都曾獲得馬諾梅特保育科學中心所頒發的巴勃羅卡內瓦里獎（Pablo Canevari Award），該獎每兩年頒發一次，以表彰在拉丁美洲地區對水鳥保育做出傑出貢獻的個人或組織。在西聖安東尼奧，高中選美比賽的獲勝者因為受到她們的鼓舞，而立志成為生物學家或保護水鳥的巡護員。無論能否拿到報酬，年輕女性年復一年回到遊客中心工作（通常是沒錢可領），她們參與布置展覽，判讀水鳥腳上的足旗，並向遊客介紹小型貽貝和海灘對候鳥的重要性。加布里耶拉・曼席亞（Gabriela Mansilla）還記得鞏薩雷茲第一次帶她去海灘，並教她紅腹濱鷸相關知識的事，「現在換我帶人們去看鳥，看著他們發現一個前所未見的世界。」

每年都會有一群學生籌錢募款，從六百公里外遠道而來，與鞏薩雷茲在海灘上度過一個星期，在那兒繫放並目擊回收紅腹濱鷸。他們發自內心的反應是：「當你把這麼小的生命握在手中時，」坎德・羅倫特（Cande Lorente）這位學生告訴我，「就能體會到保護牠的重要性。」艾咪・舒瓦列茲（Emi Suarez）把他們這群人稱作「Ｈ３Ｈ的教父教母」，那隻是他們繫放的紅腹濱鷸。他們熱切追蹤Ｈ３Ｈ的動向，牠靠著貽貝、蠕蟲跟蚌蛤把自己養胖之後，在春季某日離開西聖安東尼奧，開啟了牠為期九天、長達八千公里的不落地飛行，直達佛羅里達州。「握住一隻紅腹濱鷸，感受牠快速跳動的心臟，」另一位學生瑪利亞・貝蓮・裴列

茲（María Belén Pérez）對我說，「就像是感受地球的心跳一樣。」哈莉特．勞倫斯．赫蒙威和敏娜．霍爾想必會為此感到自豪，保育之母的精神得以代代傳承下去。

但即便卡拉芭漢和鞏薩雷茲替西聖安東尼奧的水鳥和海灘培養了新一代的保育尖兵，即便她們激勵這麼多年輕女性追隨她們的步伐，那裡的紅腹濱鷸數量卻仍在下降，從一九九六年的兩萬隻減少到二〇一四年的兩千隻——族群量消失了九成，但目前原因尚不完全清楚。牠們的食物供應可能正在減少，但為何會如此，我們仍然知之甚少。大舉入侵灘地的人工泳池、全地形車以及摩肩擦踵的人群，全都可能持續毀壞這片棲地。由於紅腹濱鷸前往北極那道階梯的另一個踏階也遭破壞，因此卡拉芭漢和鞏薩雷茲以及伊那拉夫昆基金會可能會被找去，希望她們將多年來所建立的善意、累積的支持者以及她們在抵制純鹼工廠時所付出的堅持和勇氣都能再次聚集起來。她們當時成功了，現在可能會再做一次。大海仍然沒有商量的餘地。

聖—修伯里曾當過阿根廷航空郵政的第一任主管，他在一九二〇年代後期開闢了最初的幾條航線並親自駕機飛行，包括巴塔哥尼亞航線。在如同輓歌般的《夜航》一書中，法比安駕駛一架永遠無法抵達目的地——西聖安東尼奧——的飛機，聖—修伯里筆下的法比安對高空懷有強烈渴望，在繁星點點的夜空飛行時，內心能夠感受到那份絕美和精神上的安寧，以及孤獨、自由和危險。他的飛行，就像鳥兒的飛行一樣，充滿風險。隨著小說的開展，夜幕也跟著降臨。法比安降落在巴塔哥尼亞的一座城鎮，聖胡利安（San Julián）。十分鐘後，他再度啟程，前往一個冷清的村莊，里瓦達維亞鎮（Comodoro Rivadavia）。從巴塔哥尼亞南部到布宜諾斯艾利斯的新航程長達兩千四百公里，法比安就在這段航程中闖關，每隔幾個小時就落地收取郵件。他一派輕鬆地離開里瓦達維亞鎮，把自己「舒適地安置」在星光滿天的空中，在這樣的夜裡，他找到「一處能讓自己錨定的廣袤之地，還有一種無邊無際的幸福感」，他因而沉浸「在飛行的深層冥想思緒中，因莫名的希望而充滿喜悅」。

法比安只用羅盤和陀螺儀導航，氣象資料則由沿途的機場以電報發送。夜裡的險境，如果出現了，也不可能總是預料得到。他說它們就像「水果裡的蟲子，會毀掉一個美好的夜晚」。突然間，平靜、晴朗的天空退散，事前毫無預兆，厚重的雲層把星光全數撲滅，一陣狂風從山區疾奔而至，向他襲來。每個機場都狂風大作，電報線路突然中斷，他的燃料只夠飛行一個小時又二十分鐘，而且沒有地方可以降落。他在亂流中奮力將顫動的飛機保持平衡時，抬頭往雲層的破口處看去，「那一兩顆星星，就像深淵中的致命誘惑。他完全明白它們是個陷阱，但他對光明的渴望是如此強烈，於是他開始爬升。」在暴風雨之上，他在耀眼的光芒中自由飄浮著，「遠遠超乎一切夢想，但注定要失敗。」飛機墜落在何處，無人知曉。

在西聖安東尼奧的另一個夜晚，隨著光線淡去，夜幕降臨，另一架航班準備起飛。一條鋒面正在通過，風向轉變，現在正從南方吹來。在港口的海灘上，鳥兒們焦躁不安，坐立不

定。牠們起飛，旋即降落，然後再次起飛。每次重新起飛時，鳥群的規模就會變大。接著，伴隨振翅時翼下空氣的嗖嗖聲，牠們突然升空，往北而去，在天空中愈來愈高，直到消失於視野之外。像法比安一樣，這群鳥兒將飛越群星，把南十字星拋在身後，跟隨著獵戶座。獵戶座的明亮腰帶和配在腰際的寶劍，分別被阿根廷人稱為「三位瑪麗」（Las Tres Marias）和「高卓人的匕首」（el puñal）。牠們朝著巴西以及更遙遠的地方，以時速六十四公里飛去。

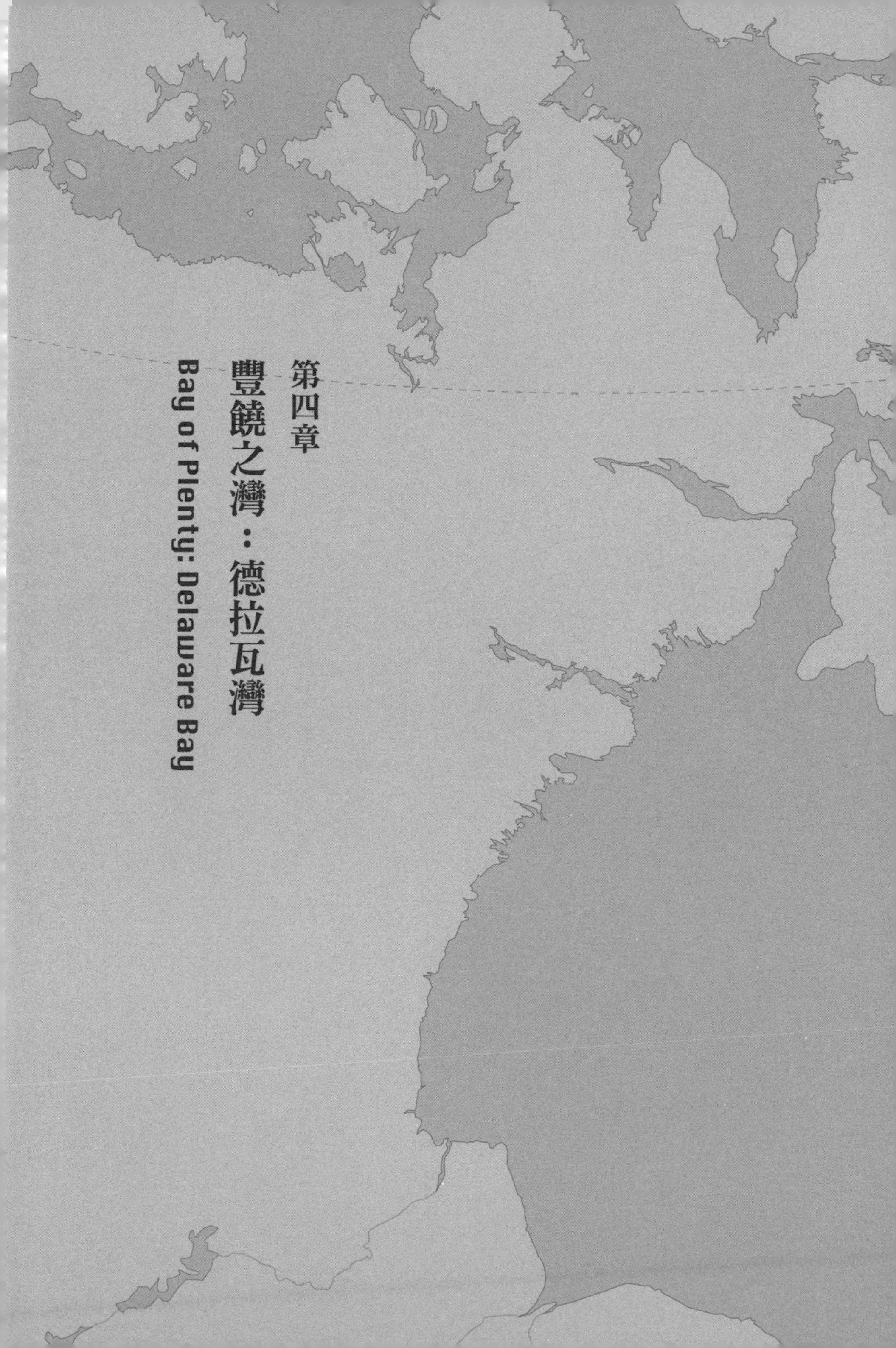

第四章

豐饒之灣：德拉瓦灣

Bay of Plenty: Delaware Bay

小船準備停靠，船底擦過海灘。大批待產的鱟群聚於此，堆疊在海岸線上；成群水鳥沿著沙灘疾馳，撿食四散的鱟卵。天候不佳，陰雨綿綿，但不管是人、鳥或鱟，似乎都不在意。幾位男士把沙灘椅和單筒望遠鏡從船上搬下來：奈玖・克拉克（Nigel Clark）來自英國鳥類學信託基金會（British Trust for Ornithology），他在這裡待過好幾個春天，現在已經把德拉瓦州當成第二個故鄉；李察・迪復（Richard du Feu）是蘭卡斯特大學（University of Lancaster）的網路工程師，住在英格蘭的湖區（Lake District）；以及布拉姆・弗海延（Bram Verheijen），他是荷蘭的研究人員。我們擺好椅子、調好望遠鏡，接著就開始找尋腳上有足旗的水鳥，結果還真不少。在洛馬斯灣或西聖安東尼奧，如果像我們這麼嘈雜地貿然出現，水鳥們鐵定會猛然飛離。但在這裡，海灘上滿滿都是鳥，牠們滿腦子只有覓食，在沙灘上橫衝直撞，對我們視而不見。

至於裝甲坦克一般的鱟，一隻隻從潮溼的沙地上犁過，但這還稱不上什麼有組織的入侵。這些鱟迫不及待地想要產卵，有的互相攀附，有的爬上我的雨靴，有的則是把自己擠進我的三腳架下方。牠們互相碰撞的外殼長滿藤壺，有的鱟殼甚至跟餐盤一樣大。洛馬斯灣空曠、安靜、祥和，這裡則是眾鳥喧譁，擁擠的程度宛如尖峰時段的中央車站。一隻遊隼俯衝而下，霎時群鳥齊飛，那猛禽往一隻紅腹濱鷸衝去，只見紅腹濱鷸驚慌失措，飛進迪復的望遠鏡視野之中。遊隼離去之後，鳥群再次飛回灘地。我們在霸可灘（Back Beach），這是德

拉瓦州米斯皮利恩港（Mispillion Harbor）的一段細長沙嘴。水鳥們從南美洲長途飛行來到德拉瓦灣時，已經筋疲力盡、飢餓不堪了。這裡是全美國最大卻最不為人知的河口，距離知名的切薩皮克灣（Chesapeake Bay）不遠，數百萬湧向德拉瓦和紐澤西州海岸地帶的遊客長期忽視這個地方，但這也使得德拉瓦灣一直以來都擁有一項極少人知道的祕密：每年總有幾個星期，當人們開始成群前往海濱遊憩時，這個海灣的海灘上到處都是成群的鱟和餓壞的水鳥——德拉瓦灣是世界上規模最大的鱟產卵集中地，也是水鳥在美國東岸最大、最重要的遷徙中繼站。多年來，似乎只有當地人知道這件事。

這些體型龐大、行動笨拙、活像化石一般的鱟，一年之中的大半時間都生活在大陸棚水深相對較深的海域，但每年春天，在五月的新月和滿月漲潮時，牠們就會來到岸上。鳥跟鱟同時到來，鱟產卵，鳥吃鱟卵，這種同步性顯得既細緻又神祕。關鍵就在於時間的選擇。為了順利抵達位於北極圈內的繁殖地並且成功繁殖，紅腹濱鷸得在停留的兩週內把體重增加一倍才行，而容易消化的鱟卵宛如富含能量的速食品，正好替紅腹濱鷸的這段旅程提供燃料。邁爾斯（J. P. Myers）在一九八六年時曾將這一景象描述為「德拉瓦灣的性派對與暴食饗宴」，還真是鞭辟入裡。霸可灘上滿滿的鱟、卵和水鳥，彼此緊密交織，放眼望去幾乎看不見沙地。洛馬斯灣和聖安東尼奧港口的海灘都非常寬闊，若想靠近水鳥，只能付出耐心，以極其緩慢的方式前進。在這裡，我們只需等待幾千隻水鳥慌亂走過沙灘，足旗自然就會出現在望

遠鏡的視野中然後消失，因為密密麻麻的紅腹濱鷸腳會被體型較小的半蹼濱鷸突然擋住。研究人員記下足旗編號，防水筆記本上的表格很快就被填滿了。在英格蘭的沃許灣（Wash），迪復得用單筒望遠鏡掃視泥灘上遙遠的紅腹濱鷸，但他來這兒度假，只須坐在一片混亂喧鬧之中，根本不須拿起雙筒望遠鏡，就能看到黑腹濱鷸那身剛換好的繁殖羽，每一隻的腹部都有一大片醒目的黑色斑塊，也能看清短嘴半蹼鷸獨特的覓食方式，牠們的喙在沙地裡上下戳動，就像縫紉機的縫針沿著布料移動一樣——這些景象全都近在咫尺。

鳥兒如果不是忙著把嘴戳進沙地裡找吃的，就是忙著啄食四散在地面的鱟卵。現場又是刮風又是下雨，我們都淋溼了，但氣溫暖和，所以我們還是捨不得離開，即便已經在這裡待了六、七個小時。潮水正在退去，可鳥兒還沒飛走呢。克拉克一整天下來就只有吃幾顆巧克力糖和杏仁果充飢，完全是燃燒熱情當能量。我則是被眼前的景象迷住了，也沒有注意到時間匆匆流逝。負責德拉瓦州水鳥調查計畫的凱文．卡洛斯（Kevin Kalosz）打了幾次電話，溫和地催促我們回去。夕陽西下，來訪的客人們要吃晚餐了。克拉克不想走，應該說，他根本走不開，這裡有那麼多鳥，那麼多的足旗啊！據他估算，我們所在的這一小片海灘上，四周就有四千隻紅腹濱鷸、五千隻翻石鷸、五千隻短嘴半蹼鷸、五千隻半蹼濱鷸，以及一萬五千隻黑腹濱鷸——根本就是水鳥愛好者的聖地！

從南美洲來到這裡的紅腹濱鷸，已經飛了一萬兩千公里遠。牠們自火地島和西聖安東

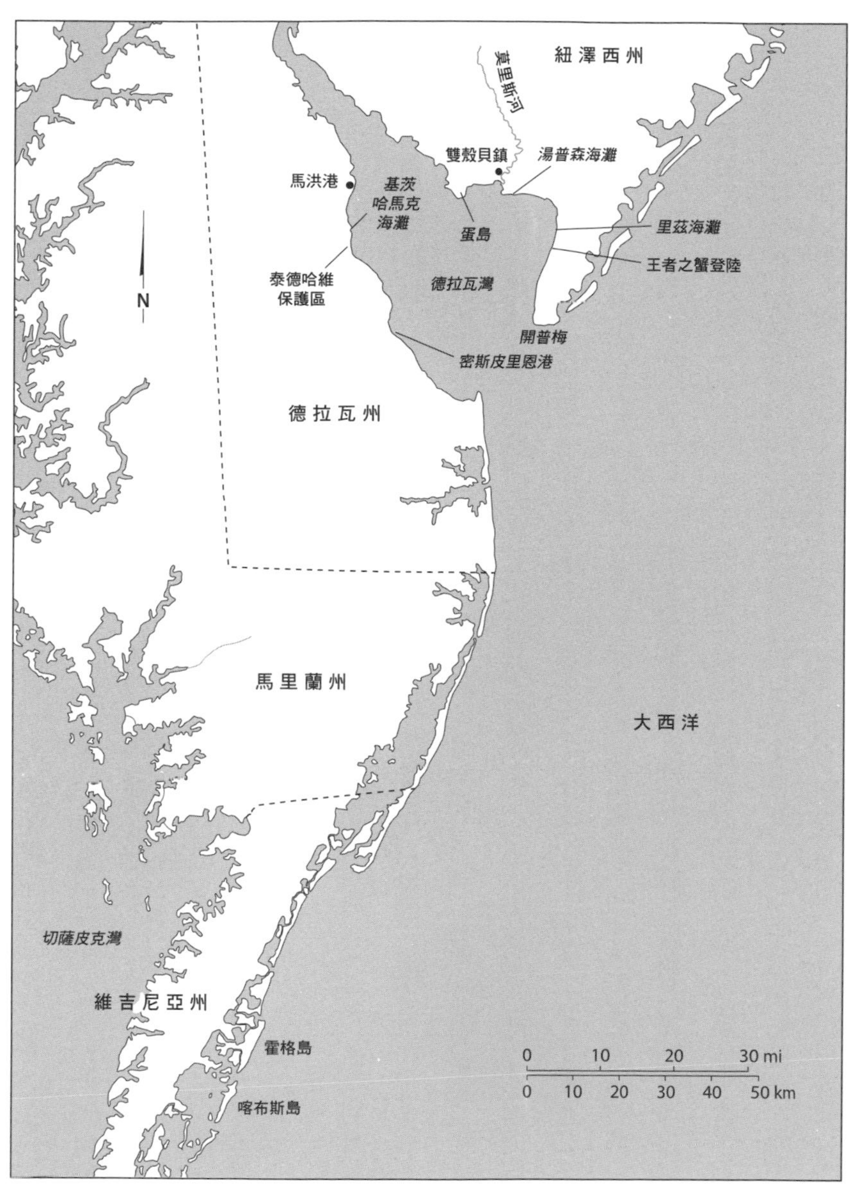

德拉瓦灣和維吉尼亞州

比爾・內爾森繪製

尼奧出發後，一路沿著海岸往前進，有些會在巴西南部貝謝湖國家公園（Lagoa de Peixe National Park）的潟湖或巴西北部馬連畟（Maranhão）的沙質泥灘和紅樹林間停留休息。有隻足旗編號 Y 0 Y 的紅腹濱鷸，從烏拉圭跟巴西的邊界飛越亞馬遜雨林，前往北卡羅萊納州的奧克拉科克島（Ocracoke），在六天內不落地飛行了八千公里。還有一隻編號 1 V L，牠從巴西北部啟程，一口氣飛越六千四百多公里的大西洋，六天後抵達德拉瓦灣。難怪這些鳥兒如此飢餓。

自十九世紀以來，開普梅（Cape May）就一直是賞鳥熱點，許多傑出的博物學家和賞鳥者都曾特地前往，包括史密森尼學會的斯賓塞．富勒頓．貝爾德（Spencer Fullerton Baird）和羅傑．托瑞．彼得森（Roger Tory Peterson），但一直要到一九七七年，才有更多鳥友「發現」德拉瓦灣的大規模覓食狂潮。當地有位假鳥媒（decoy，用以引誘野鳥前來的模型假鳥）雕刻師，名叫吉姆．塞伯特（Jim Seibert），他跟太太瓊安（Joan）某天打了通電話給博物學家皮特．鄧恩（Pete Dunne），鄧恩那時才剛開始在紐澤西奧杜邦學會新成立的開普梅鳥類觀測站（Cape May Observatory）工作。鄧恩後來發表了許多關於鳥類和賞鳥的書籍與文章，《海灣之夏》（*Bayshore Summer*）這本書就是描繪他在德拉瓦灣的生活點滴，書中提到，塞伯特夫婦在電話裡跟他說，「他們家門前的海灘上到處都是鳥。」他前往觀察，發現海灘上全是鱟跟半蹼濱鷸、三趾濱鷸、翻石鷸和紅腹濱鷸——他寫道，紅腹濱鷸的數量「比原本估

算的北美總族群量」還要多。他那次看到的其實還不算什麼。一九八一和一九八二年的五月，鄧恩跟克雷．沙頓（Clay Sutton）、數鳥高手韋德．汪德爾（Wade Wander）以及大名鼎鼎的鳥類學家大衛．希伯利（David Sibley），從空中對這場鳥類的塞倫蓋蒂大遷徙進行了兩次調查。克雷．沙頓跟太太佩特（Pat）合寫過一本《開普梅賞鳥指南》（*Birds and Birding at Cape May*），多虧這本書，我才知道到那兒要去哪處海灘、草澤、步道賞鳥。大衛．希伯利的圖鑑則是我在北美各處旅行時的必備參考書。這幾位經驗豐富、閱鳥無數的專家一到空中，就跟當年莫里森和羅斯在南美洲一樣，都不敢相信他們所看到的景象。

鄧恩寫道，自己「對鳥類族群量的數字多寡並不陌生」，他看過成群燕子把日光遮蔽，也見過「如暴雨雲般」升起的大群雪雁，但是當他發現眼前竟有四十二萬隻水鳥（其中九萬五千隻是紅腹濱鷸）蓋滿整片海灘時，他還是目瞪口呆、震驚不已——這還只是每年春天過境這個海灣的部分水鳥而已。據調查估計，在這裡過境的一百五十萬隻水鳥中，就有十五萬隻是紅腹濱鷸，德拉瓦灣也因此成為美國境內極為重要的水鳥春過境中繼站。早期對三趾濱鷸做過研究的邁爾斯寫道，在北美東部，「沒有其他地方比得過這裡」。在一個多數地景都為人所知或起碼有人走過的國家，我們竟然忽略了這個遷徙重鎮。這究竟是何道理？

人類歷史的文字紀錄，跟化石紀錄一樣，都是不完整的，並非所有事物都會被寫下來，很多東西一旦錯過就不復存在。摩理斯．比司利（Maurice Beesley）博士於一八五七年在〈開

普梅郡早期歷史速寫〉（Sketch of the Early History of the County of Cape May）中寫道：「由於此地與世隔絕、人口稀少，除了一份內容貧乏的法庭紀錄外，我們找不到別的材料可以參考。因此，調查者不得不從其他地方的發霉手稿和書籍著手，從那些斷簡殘編中，找尋有幸流傳於世的少數事蹟。」水鳥在德拉瓦灣狼吞虎嚥鱟卵的歷史（至少到目前為止已知的歷史）少得可憐，無論是想檢視這段歷史，還是想挖掘更多歷史，其過程固然令人沮喪，卻也使人著迷，並且發人深省，不只是因為哪些東西存在、哪些不存在，還牽涉到「為什麼」。

十九世紀初期，有兩位男士都把紐澤西州列為必到之處，後來美國第一批成名的卓越鳥類學家之中，就包括這兩位。約翰・詹姆斯・奧杜邦有次旅行至澤西海岸（the Jersey shore），和一位漁民乘坐一輛「滿載鮮魚和家禽」的澤西馬車，徹夜前往大西洋城（Atlantic City）附近的蛋港鎮（Egg Harbor）。他在水岸邊找了個地方住，吃吃牡蠣、釣釣魚，並在那一帶找尋鷺鷥、秧雞、燕鷗和魚鷹。這趟旅程是在六月進行的，而在一八二九年五月的另一趟旅程中，他發現附近的大蛋港灣（Great Egg Harbor）有「不計其數」的笑鷗在日出時從巢中飛出，向西飛往德拉瓦河（Delaware River），然後在日落時返回。對於尋找水鳥跟鱟來說，他到訪紐澤西的時間絕對是正確的，但可能跑錯地方了。當地海灣顯然有什麼大事發生，但從他這趟旅行的記述來看，我們其實無法得知究竟發生何事。

美國早期另一位偉大的鳥類學家亞歷山大・威爾遜（Alexander Wilson），在一八一〇

最前方是翻石鷸，中間是紅腹濱鷸，後面那兩隻是黑腹濱鷸。
麥可・迪吉歐笈甌（Michael DiGiorgio）繪。

年到一八一三年間曾六次前往大蛋港灣。他投宿在托馬斯．比斯利（Thomas Beesley）位於海邊的小旅店裡。威爾遜至少去過一次海灣內較平靜的水域，但我找不太到相關紀錄。在尋找鳥類的過程中，他幾乎是從費城一路走到尼加拉瀑布（Niagara Falls），有時一天至少要走六十五公里遠。威爾遜曾在二月河冰初融的時節，沿著俄亥俄河（Ohio River）划了一千一百六十公里的小船；也曾騎著馬在納奇茲小徑（Natchez Trace）陰暗潮溼的沼澤中艱困跋涉。也許，他未曾給朋友或家人寫過關於短程旅行的信件，因為相較之下，短程旅行的挑戰性可能顯得乏味無趣。他的日誌裡頭可能有相關描述，但那些資料很久之前就遺失了：他的朋友喬治．奧德（George Ord）曾在一八二八年引用過部分內容，這位來自費城的漁獵愛好者和博物學家，是最後一個引用威爾遜日誌的人。

據威爾遜的《美國鳥類學》（*American Ornithology*）一書所載，他應該知道奧杜邦看到的笑鷗是要飛去哪裡、原因何在。威爾遜曾在釣魚溪（Fishing Creek）匯入德拉瓦灣的出海口看見「數量驚人」的笑鷗正在大吃特吃「鱟的殘骸」——笑鷗的數量多到當牠們飛起來時，刺耳的叫聲在三、四公里外都能聽見。我這輩子絕不可能聽到那麼多隻笑鷗如此放聲大叫。威爾遜寫道，在海灣深處，蛋島（Egg Island）附近的莫里斯河（Maurice River）出海口，他看到「好幾蒲式耳（譯註：英制容量及重量單位）」的鱟卵「堆在坑洞和水流漩渦處，田鷸和濱鷸，尤其翻石鷸，全都在周遭徘徊，大肆享用這些美食」。他指出，在五月和六月這段

期間，翻石鷸「幾乎完全只吃鱟卵，鱟在這裡被一般民眾稱為馬蹄蟹」。當初他是看到哪種田鷸？哪種濱鷸？文獻並未說明。

但他確實以「灰色濱鷸」這種灰撲撲的非繁殖羽狀態提過紅腹濱鷸，並描述牠們在夏末和秋季以體型如同蘋果種子般的微小貝類為食，就跟他當時看到的所有水鳥一樣。在那個季節，鱟已經返回大海。關於他所謂的「紅胸濱鷸」（red-breasted sandpiper），也就是繁殖羽狀態的紅腹濱鷸，他並未提到是在何處看到，所以我們無法判斷那些鳥兒是否有機會吃到鱟卵。

從重印的作品集中，我把威爾遜大部分的書信都讀過一遍，還去查看收藏在哈佛大學比較動物學博物館（Museum of Comparative Zoology）恩斯特邁爾圖書館（Ernst Mayr Library）的原件——那些兩百多年前書寫的信紙已經磨損斑駁，紙上的墨跡也褪色了。信件內容並無出人意料之處，但其脆弱性意味著或許威爾遜（和其他人）在德拉瓦的靜謐海灣進行觀察後，從未在紙上留下紀錄，也或許其實他們都有詳盡記錄，只是後來都年久朽壞了。

翰德（J. P. Hand）是開普梅郡居民、地方史學家和假鳥媒雕刻師，他很慷慨地花時間幫我找到更多關於這份歷史拼圖的碎片，並寄給我一個大資料夾，裡頭裝滿舊的剪報文章。其中有一篇是一八五三年《費城問詢報》（*Philadelphia Inquirer*）駐開普梅通訊記者的報導，那位記者在閒閒無事的下雨天結識了一位「老水手」，向對方詢問一些事情，像是雲朵般的

蚊子大軍、消失中的藍點（Blue Point）牡蠣，以及「鱟的用途」。對方立刻告訴他，鱟「在春天時會產卵餵飽海邊的鳥類」。真希望我也能夠參與那次談話。老水手只有看到海鷗嗎？還是也看到水鳥了呢？

到了十九世紀末和二十世紀，儘管全美最負盛名的幾位鳥類學家都造訪過紐澤西，紅腹濱鷸在德拉瓦灣大啖鱟卵的歷史記載仍是寥寥無幾。大量過境水鳥降落在德拉瓦灣，停留幾週之後便消失無蹤，來訪的鳥類學家和釣客獵手完全有可能剛好錯過這個短暫的時間窗口。魏特莫·史東（Witmer Stone）是上下兩本《開普梅早期鳥類研究》（*Bird Studies at Old Cape May*）的作者，他常在七月跟八月時前往開普梅避暑，從事一些海上活動——但那些月份已經過了水鳥和鱟的數量高峰期。

他列出數百甚至數千筆水鳥紀錄，以及他和同事看到這些鳥的海灘所在地，相同的地名一遍又一遍地出現：兩哩灘、五哩灘、賈維斯灣、格拉西灣、赫瑞福灣、石港、七哩灘、湯森灣、盧德拉姆灘、科森灣、佩克斯灘、大蛋港灣、阿布西康灣、布里根泰、小蛋港、長灘、巴內加特灣、波因特普列森特等等，每座海灘都面向大海。他往東邊找鳥，鱟卻是出現在德拉瓦灣的西側。費城自然科學院（Academy of Natural Sciences）的魚類館長亨利·弗勒（Henry W. Fowler）和美國魚類委員會（U.S. Fish Commission）的理查·拉斯本（Richard Rathbun）是研究魚類的博物學家，他們發現鱟在澤西海岸相對罕見：這些動物更喜歡德拉瓦灣較為平

靜的水域，牠們在那些地方的數量異常豐富。

我想閱讀的是這片海灣的「水鳥」自然史，而史東書中的水鳥歷史，則是把重點放在海灘和鄰近的草澤。查爾斯・烏納（Charles Urner）曾針對紐澤西沿岸的過境水鳥進行了為期十年的研究，在他的研究中，「海岸」是指海洋。儘管資訊不足，但他的幾份舊報告裡頭還是有間接提到春過境水鳥在此地的主要能量來源，只是這些事情後來才為人所知。沃克・漢德（Walker Hand）在開普梅住了一輩子，他是郵局的高階主管，也是一名狂熱的漁獵愛好者。跟史東的其他供稿者一樣，他並未著墨海灣的情況，卻針對翻石鷸多有描述，他「舉了個長年以來固定發生的現象為例，即翻石鷸經常會飛越開普梅半島，撿食被海浪沖上岸的大量鱟卵」。銀行家和鳥類學家朱利安・波特（Julian K. Potter）也在賞鳥雜誌上描述類似的事件。「有傳聞指出，一九三四年五月二十日在德拉瓦灣沿岸出現了數千隻水鳥，」他寫道，「根據在地的說法，牠們是被鱟卵吸引而前來覓食。」我很想看到更多這類來自「在地人」的報導。

我找到一份來自德拉瓦灣的直接觀察紀錄。哈羅德・吉布斯（Harold N. Gibbs）曾於一九四八年五月造訪德拉瓦灣，他是螺貝類專家、野鴨假鳥媒雕刻師、休閒釣客，以及羅德島州的漁獵行政管理員。他在那裡見過好幾種水鳥會去吃鱟卵，包括紅腹濱鷸、灰斑鴴、半蹼鴴、短嘴半蹼鷸等等。

雖然這些觀察僅是一些片段，卻能照亮記憶無法企及的過去，若非如此，一切都會變得

模糊不清。它們暗示了一件事：德拉瓦灣的水鳥對於鱟卵的依賴，起碼可能跟這海灣有紀錄的歷史一樣久遠。其他人，無論是海灣的訪客或居民，是否曾在日記或書信中寫下這些動物遷徙的景觀呢？或者，像是從位於洛馬斯灣的自家牧場觀看年度遷徙的玻里斯・茨維塔尼克一樣，難道他們未曾跟更多人分享過他們的觀察嗎？我覺得應該還有一些報告我沒有找到，但到目前為止，每條線索都已經消失了。

國際知名的牡蠣研究專家、來自羅格斯大學（Rutgers）的瑟羅・內爾森（Thurlow C. Nelson），夏季曾在德拉瓦灣生活和工作過。他的妹妹希奧朵拉（Theodora）在一九三九年完成了博士學位，其研究對象是一種很好認的鷸，斑腹磯鷸（牠們在走路時尾巴會不斷上下擺動）。她不僅是亨特學院（Hunter）的教授，更是當時少數幾位支薪的女性鳥類學家之一，要是她見過水鳥遷移的盛況，肯定能夠意會到其重要性。所以我想要知道，她是否曾去過她哥哥在德拉瓦灣的小屋，如果有，她當時觀察過什麼。但我找不到她寫的相關論文（如果她寫過的話），即便全美的圖書館員都幫我搜尋過了。我跟她的一位學生談過這件事，她這位學生受到內爾森的影響，後來成為了一位備受敬重的著名鯊魚生物學家。這位學生現在已經九十歲了，儘管她很想幫我，卻是心有餘而力不足，另一位與他們親愛的老師保持多年聯繫的學生也無法幫助我。開普梅郡圖書館至少保存了十份不同的當地報紙，收藏年代可追溯到一八五九年，但這些舊報紙還沒有被數位化，也缺乏索引，我打算在冬季陰鬱灰暗的日子再

回去德拉瓦灣慢慢翻閱。我們或許永遠無法得知在威爾遜的那個年代有多少水鳥過境德拉瓦灣，但我一直在追尋相關史料，希望有朝一日能夠找到那些可能遺失的篇章。

那時，鱟的數量可能遠遠超過我所知道或曾看過的任何東西。一八五七年，德拉瓦灣的鱟卵「厚到可以直接鏟起然後用貨車裝載收集起來」。在蛋島附近的莫里斯河口，威爾遜報告道，前來產卵的鱟死去後，「屍體成堆覆蓋在岸邊，其數量之多，即便踏著連走十六公里也不會踩到地面。」對於習慣「某某物種已經相當稀少」的我們來說，如此驚人的規模實在令人難以理解。今天，我連踏著死鱟殼走個三公尺都不可能了，遑論十六公里。那句話很容易讓人以為威爾遜可能是指活的鱟，但句子的結構相當清晰，而且威爾遜曾描述過二十六種新鳥種，還跟湯瑪斯・傑佛遜（Thomas Jefferson）通信討論不同藍鴉羽色及頭部羽冠的細微差異，此外，全美的鳥類學家之中，以他的名字所命名的鳥種數量冠絕群倫，所以我們應該可以相信他能區分死鱟跟活鱟，進而留下我們去面對我們的損失。

那些損失極為可觀。德拉瓦灣的海域曾經充滿生機，今天當人們在進行艱困的海灣復育工作時，相當值得將過去那段豐饒的景況短暫納入考量。一八〇〇年代末期，成千上萬的鱘魚洄游進入德拉瓦河，漁民用來捕西鯡的魚網都被鱘魚擠壞了，在河面躍動的鱘魚差點把他們的船給撞翻，有時甚至還會跳進船裡。在德拉瓦灣上游產卵的大西洋鱘數量冠於全美（大約十八萬條），這種魚的體型巨大，長度可達四點三公尺、重量超過三百六十公斤。

漁民在「貝尼浮標」（Benny's Buoy）和「魚子醬角」（Caviar Point）這兩個地點捕獲滿腹魚卵的鱘魚，將魚肉拿來煙燻，並且把魚卵以頂級德國鹽醃漬，之後瀝乾鹽水，再將魚卵（現在就可稱為魚子醬了）裝入木桶中。到一八八八年時，德拉瓦灣已經是美國的魚子醬之都，產量占全美四分之三，每天都有火車從魚子醬角發車，滿載裝著魚子醬的木桶送往紐約、費城、歐洲，甚至俄羅斯。

德拉瓦灣海域中還有灰真鯊、長尾鯊、雙髻鯊和錐齒鯊，後者幾乎和鱘魚一樣大。一八五六年，漁民在釣魚溪（Fishing Creek）的河口捕獲了五百條鯊魚，從肝臟萃取魚肝油，然後把魚身當作堆肥出售。

每年春天，數百萬的西鯡會沿著德拉瓦河洄游上溯，游向特倫頓（Trenton），到牠們出生的溪流中產卵。一八九七年，替美國魚類委員會撰文的馬歇爾．麥克唐納（Marshall McDonald）發現，「正在大出的」新鮮西鯡「是最美味的一種魚類」。他建議，要麼將牠們拿來「板烤」（把魚釘在乾淨的橡木板上再以大火燒烤），要麼就撒上鹽、硝石和糖蜜，然後煙燻。這個時節的鮮魚又大又重。威爾遜曾在報告中寫道，比斯利旅店附近有隻魚鷹吃了一條西鯡，吃完之後剩下的殘骸還有二點七公斤重。在一八九〇年代，每年從德拉瓦河捕撈的西鯡（超過八千六百公噸），比大西洋沿岸其他河流的捕撈量都還要多。

德拉瓦灣到處都是牡蠣，這些美味可口的海鮮也是市場上的寵兒。在莫里斯河口的雙殼

貝鎮（Bivalve）碼頭畔，雙桅縱帆船一艘連著一艘；街道兩旁都是倉庫跟雜貨店，還有一間海關辦公室。一八九二年時，紐澤西州有四千三百人從事牡蠣相關行業。那一年，牡蠣養殖者從德拉瓦灣打撈採收的牡蠣超過一百萬蒲式耳；根據剝殼工人記載，有些牡蠣和他們的手掌一樣大。在一八八六年，每個星期都有九十輛裝滿牡蠣的鐵路貨車從雙殼貝鎮出發前往北方的市場。直到一九六四年，仍有剝殼工人住在鄰近的殼堆鎮（Shell Pile），其中許多是非裔美國人，他們居住的破舊連棟住宅既沒有自來水，也缺乏中央供暖系統。

這片海灣的種種豐富資源都被我們消耗殆盡，連同鱟和水鳥也跟著遭殃。遠距離遷徙的水鳥長期以來都仰賴這些遠古的海洋生物，關於這點，最有力論據或許是，當鱟不再出現於德拉瓦灣時，無法找到所需食物的水鳥也跟著消失。在十九世紀末期，德拉瓦灣的鱟幾乎絕跡。人們很早就常常會去找鱟來餵養飢餓的豬。據威爾遜在莫里斯河口的觀察，豬隻在「每年春天都會被趕到河岸吃『鱟』，牠們非常貪吃，不過這種食物會讓豬肉散發一種令人討厭的強烈魚腥味」。

光是用鱟來餵養飢餓的豬或是來給玉米田施肥，這還不足以造成牠們消失，但是當蛋港鎮那間比斯利旅店的老闆托馬斯．比斯利（Thomas Beesley）想到如何拿鱟來賺錢時，鱟的末日才真正來臨。這位事業心強盛的州參議員，曾用一條魚鷹放掉的比目魚為全家人烹煮晚餐，並調製了一份「魚鷹『蛋奶酒』」。（那顆蛋看上去「極為新鮮」，但香甜酒「非常難

聞」。）一八五五年，比斯利的注意力被「鱟的潛在價值」給吸引了，他「以極低的價格」購買一片大約三公里長的海灘，然後開工廠準備生產肥料。他擬了一份價目表，很快就開始做起生意。結果「不到一公里的海灘上，起碼就捕獲七十五萬隻……他算了幾天之後，乘法表就不夠用了」。鱟被魚叉叉起丟到船上，運到工廠，「如同磚頭一般堆得成千上萬」，等死了之後扔進脫殼機，接著像咖啡豆一樣烘烤，最後「送進磨粉機，磨成細如麵粉般的粉末」。由此而製成的肥料稱作「cancerine」，以每噸三十美元的價格賣給馬里蘭州的果農，其價格僅為祕魯產海鳥糞肥的一半，這種鱟肥不易溶解、不易揮發，釋放的肥力更加持久。利之所趨，德拉瓦灣肆無忌憚的捕鱟作業就此展開。

不計其數的鱟全都成了肥料。一八五七年，開普梅附近有處叫淘班克（Town Bank）的海灘，人們在一點六公里的海岸上抓了超過一百萬隻鱟。一八八〇年，整個德拉瓦灣抓到的鱟就超過四百萬隻，這些鱟如果不是在德拉瓦州被人徒手撈起，就是在紐澤西州沿岸的圍堰跟網子內被捕獲。還有消息指出，鱟是不錯的下注對象。來自紐約布魯克林的賽馬愛好者下了渡輪後，會乘坐鐵路專車直接前往紐澤西賽馬會的伊麗莎白賽道，只為投注一匹備受歡迎的常勝冠軍馬——王者之蟹（King Crab，也就是鱟）。我不清楚那匹馬的表現究竟如何，但我明白，從德拉瓦灣過度捕撈鱟的舉動無法持續太久。

理查・拉斯本在一八八四年寫道，被拿來當肥料的鱟已經大為減少，「只要再濫捕幾

年，該地區的鱟就會完全滅絕。」同為美國魚類委員會一員的休．麥寇米克．史密斯（Hugh McCormick Smith）則是發現，「鱟的數量之所以大不如前，主要原因顯然是因為悲劇性的捕撈作業所導致，亦即在其產卵季節（通常是在卵產下或受精之前）進行捕撈。很有可能再過不久，鱟的數量就會少到讓這項有利可圖的漁業經營無以為繼。」然而，結局並沒有來得那麼快，也沒有如此無法挽回，鱟比人們所想像得還堅持得更久。

我手上的《紐澤西地名辭典》列出一個叫「王者之蟹登陸」（King Crab Landing）的地方，我本想去那兒看看，豈知通往該地的舊路已經雜草叢生，只在荒煙蔓草中留下些許路面殘跡。當地的圖書館員沒聽過這個地方，但他們的父母輩都知道。德拉瓦灣最後一家鱟肥工廠就曾矗立在路的盡頭，工廠所有人是約瑟夫．坎普（Joseph Camp），其子富蘭克林（Franklin）於一九三〇年代接手經營。貝齊．哈斯金（Betsy Haskin）在舊廠址附近照料父親的牡蠣養殖場，她幫我聯繫了約瑟夫的曾孫，巴瑞．坎普（Barry Camp）。富蘭克林．坎普的兒子威利茨．科森．坎普（Willets Corson Camp）還記得，在他爺爺那張超過一公里長的定置網裡，抓到的漁獲不只鱟，還包括「海灣裡的各種魚類」。退潮時，他的父親會將網中的鱟「奮力鏟上」一艘平底船中，那艘平底船可裝載大約三千隻鱟。有艘名為「救援號」（*Rescue*）的拖船會將平底船拖到碼頭，然後靠輸送帶把鱟裝進行駛在小鐵道上的貨運斗車，再讓汽油發動機所驅動的機車頭將斗車牽引到工廠去。鱟被送到工廠後，會先壓碎再放進爐灶裡蒸煮，

這樣的爐灶共有三個。之後把新鮮的鱟粉拿到附近一個長長的棚子裡，鋪成約五公分厚晒乾。有時鱟粉會引發火災。威利茨．科森．坎普當年就在工廠幫忙，他拿著袋子分裝鱟粉，每袋裝一百磅（約四十五公斤），再把袋子從磅秤上拖下來。這些裝好鱟粉的袋子會賣給位於卡姆登（Camden）的肥料製造商兼批發商托馬斯公司（I. P. Thomas & Son）。威利茨的妹妹法蘭西斯．坎普（Frances Camp，現在姓漢森，Hansen）還記得以前曾爬到廠裡那些堆疊老高的袋裝肥料上，也對死鱟的「可怕氣味」記憶猶新。

富蘭克林．坎普有個兒時的朋友瑪喬莉．內爾森（Marjory Nelson，瑟羅．內爾森的女兒、希奧朵拉．內爾森的侄女），以前她每到夏天就會去德拉瓦灣居住。內爾森家族的避暑別墅在坎普家的鐵道旁，叫「利木露斯小屋」（Limulus Lodge），這名稱是來自美洲鱟的學名，*Limulus polyphemus*。瑪喬莉．內爾森回憶她在海灣的童年生活時，提到了費城的博物學家們前去紐澤西海灘找鳥的另一個原因。「住在那裡實在不容易，」她說道，成群襲來的蚊蟲相當惱人，「我們的小屋是蓋在沼澤地上。我還記得我媽去晾衣服時，整個人就站在雲層般的蚊子裡。如果要去上廁所，我們會拿著手泵式殺蟲劑噴霧器，邊走邊向我們前方噴灑。」開普梅是個度假勝地，客房舒適，海風輕柔。而德拉瓦灣區「是個工人階級社區，人們在那兒努力討生活；那裡散發著腐敗的鱟和肥料的味道。我媽媽會焚燒燻香來掩蓋氣味」。威利茨．科森．坎普也記得那種氣味。「什麼時候才沒味道？根本沒有那種情況，那裡無時無刻都散

發著惡臭。」

約瑟夫・坎普去世後，工廠關閉，土地被賣掉，一家人都搬進了城裡。威利茨・科森・坎普現在上了年紀，他的兒子在一旁幫他父親回憶往事。「我們以前不是什麼好人，」當我第一次問到工廠的事情時，巴瑞・坎普如此說道。這我倒不敢斷定。那時，沒有人真正了解把海灣裡的鱟捕撈殆盡意味著什麼。而且，正如後來我們所知的那樣，關於鱟的歷史並非只是遭到大舉殺戮而瀕臨滅絕，還包括了族群復育回升的過程。

德拉瓦灣的鱟曾一度消失無蹤。在那片海灣以外、在人們沒有將數十萬隻鱟變成肥料的地方，水鳥會去吃牠們的卵嗎？答案是肯定的。在北邊的麻州，有一位備受尊敬的水鳥射擊權威沃倫・哈普古德（Warren Hapgood），這位漁獵愛好者經常替《森林和溪流》（*Forest and Stream*）雜誌撰寫文章。他在一八八一年寫道，紅腹濱鷸（獵人們也稱之為旅鶇鷸、灰背鷸或紅胸濱鷸）「偏愛『馬蹄蟹』的卵，而且會表現出相當程度的聰明才智」去將它們挖出來——扒開沙子並「用嘴喙把那些卵給叼出」。一九一二年時，麻州的紅腹濱鷸還在大啖鱟卵。該州的鳥類學家愛德華・豪伊・福布希（Edward Howe Forbush）寫道，紅腹濱鷸「喜歡馬蹄蟹的卵，常跟翻石鷸一起在沙地上啄食」。他們兩人都曾提及，紅腹濱鷸跟翻石鷸會為了爭食鱟卵而起衝突。

一九四〇年，任職於美國內政部的鳥類食性專家查爾斯・史貝瑞（Charles C. Sperry）

發表了一篇關於紅腹濱鷸取食多少鱟卵的報告，應該是這方面最早的科學資料。他的研究分析了紅腹濱鷸、短嘴半蹼鷸、北美田鷸及美洲山鷸的胃內容物，採集時間是在一九一一年至一九一八年這幾年的五月至九月之間，採集地點遍布大西洋岸和墨西哥灣沿岸，以及格陵蘭還有加拿大的安大略省（Ontario）。春天的時候，紅腹濱鷸和短嘴半蹼鷸都會吃鱟卵：有隻紅腹濱鷸的肚子裡甚至只有鱟卵；另一隻短嘴半蹼鷸的胃裡發現了三百顆鱟卵。美國地質調查局（U.S. Geological Survey）帕圖森特野生動物研究中心（Patuxent Wildlife Research Center）的生物學家麥寇．哈拉米斯（Michael Haramis）一直在幫我蒐集紅腹濱鷸取食鱟卵的歷史觀察紀錄，他研究過史貝瑞當年的手寫筆記卡，這些卡片現仍保存在該研究中心的檔案中。史貝瑞當年研究的紅腹濱鷸來自阿拉巴馬州、佛羅里達州和南卡羅萊納州，並沒有來自德拉瓦灣的個體。「採集這些鳥的人，」哈拉米斯跟我說道，「會去他們喜歡去的地方」，而且「在那年代他們會把能抓到的鳥都帶走。顯然德拉瓦灣對他們來說不是一個受歡迎的地方，他們跟那裡沒什麼直接接觸。」德拉瓦灣再度被忽視了。

因此，很有可能當鱟被撈光時，水鳥就不再蒞臨德拉瓦灣了。關於在紐澤西那一側的德拉瓦灣槍獵水鳥史，鄧恩和沙頓都沒有找到任何資料，無論是假鳥媒、狩獵俱樂部或狩獵紀錄，通通都沒有。沙頓寫道，水鳥「根本不在那裡。如果那裡有水鳥出沒，肯定會有人去打獵」。正當數以百萬計的鱟在德拉瓦灣變成肥料的同時，其他地方也有成千上萬甚至數十

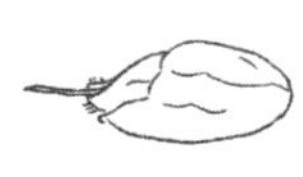

萬的水鳥被射殺——為了科學研究、漁獵休閒以及野味需求。鳥類學是從研究死鳥而發展起來的，藉由射殺而來的死鳥，科學家們可以得到許多知識，比如：物種和各個亞種之間的區別；雛鳥、幼鳥、未成鳥和成鳥，以及雌雄之間的差異；鳥類的食物等等。奧杜邦自己就曾射殺成千上萬隻鳥，然後再讓牠們活躍於自己的畫作之中。達爾文對於演化的理解，也是源自於他研究的化石以及他所射殺的鳥類。

年輕時的達爾文喜歡射殺鳥類，他對自己獵獲的第一隻田鷸印象深刻。「學生時期的最後幾年，我瘋狂愛上射擊，而且為了這項最為神聖的事業，我不信還有誰會對射殺鳥類比我展現出更多的熱情。我對第一次殺死田鷸的場景記憶猶新，當時由於太過興奮，雙手抖到難以重新裝填彈藥。這種嗜好持續了很久，後來我成了一名很優秀的射手。」在劍橋時，他會在自己的房間裡練習，對著朋友揮動的蠟燭開火。其實他的槍管沒有裝填任何彈藥：如果他真的瞄準目標，從槍管射出的那股空氣就能把燭火給吹熄。火藥帽爆炸的聲音四起，甚至讓學院裡的導師誤以為達爾文喜歡在房間裡花好幾個小時抽響馬鞭。

對許多博物學家來說，採集的衝動根本難以抗拒。沃克・漢德和一個朋友在一九二二年七月看到一隻短尾賊鷗，那是紐澤西州的首筆紀錄，兩人當下只想把牠打下來，「但由於他們沒有槍，所以那隻鳥毫髮無傷地飛進德拉瓦灣。」我去北極的南安普敦島找尋紅腹濱鷸時，才知道鳥類學家喬治・米克許・薩頓（George Miksch Sutton）的研究成果，當年他在那兒研

究鳥類時，看到什麼鳥都會盡量射殺個至少一隻，通常是更多隻。他射殺採集過的鳥包括：有蛋的雌鳥；長滿絨羽的雛鳥；「稀有」的冰島鷗和「不普遍」的哈德森中杓鷸；以及五隻紅腹濱鷸。他可以在十五到二十分鐘內將打到的鳥剝皮、填充、縫合，而且「每根羽毛都整理到位」——在他的職業生涯中，至少處理過一萬七千五百隻鳥。

漁獵愛好者熱愛射殺水鳥。「在獵手的生命中，很少有什麼經驗會比利用假鳥媒引來整群鷸還要讓人興奮，」老羅斯福總統的伯父羅伯特・羅斯福（Robert B. Roosevelt）如此寫道，他也是一名漁獵愛好者和民主黨員。有一篇關於春季射殺「旅鶇鷸」（獵人對紅腹濱鷸的稱呼）的文章提到，獵人們會在五月底紛紛抵達澤西海岸，尋找「數不勝數的旅鶇鷸和牛頭鴴（即灰斑鴴）」。他們把假鳥媒「藝術性地」布置成一群覓食中的鳥，然後躲在成堆海藻中，靠印第安橡皮毯保持乾燥，等到漲潮時，再用「學生在吹的便宜哨笛」吸引紅腹濱鷸飛近。「一群又一群的旅鶇鷸被哨音吸引到我們的假鳥媒附近，每次都會對鳥群造成嚴重的傷害。」在魏特莫・史東開始定期造訪開普梅之前，如此浩劫已經發生過太多次，大多數的鱟都已經被撈去做成肥料，許多較大型的水鳥也已被射殺。

「大家都在獵紅腹濱鷸，無論是秋天還是春天，」鳥類學家愛德華・福布希寫道，「因為這種鳥在餐桌上很受歡迎，市場價格非常漂亮，而且牠們很容易被假鳥媒誘騙，飛行時成群結隊密密麻麻，開一槍就有機會打死好幾隻。」雖然有些人發現紅腹濱鷸「吃起來滋味普

通，帶點腥味」，但人們吃這種鳥也至少吃了四百五十年。一四五二年，牛津大學的畢業典禮晚宴由沃瑞克伯爵（Earl of Warwick）的兄長喬治・內維爾（George Nevill）擔任東道主，菜單包括「鴴、紅腹濱鷸、小型濱鷸、鷸鶉」等鳥類。紅腹濱鷸並沒有被當成最高雅的菜色，因而上到「第三張餐桌」，而主桌的用餐者是享用「燉雉雞」和「天鵝佐雜燴濃湯」。

三百年後，紅腹濱鷸在餐桌上的地位提高不少。阿斯特酒店（Astor House）是一家曾接待過亞伯拉罕・林肯（Abraham Lincoln）的紐約奢華飯店，一八四九年十月十一日的菜單羅列了烘烤木鴨（即美洲鴛鴦）、短嘴半蹼鷸、鴴、綠頭鴨和爐烤旅鶇鷸。一八八七年六月十一日出刊的《好管家》（*Good Housekeeping*）雜誌裡有一篇文章，標題是「餐桌用品經濟學：買什麼、何時買以及如何聰明購買」，該文對紐約某個市場所提供的商品大為讚賞，其中包括一打旅鶇鷸賣一點七五美元，小黃腳鷸一點五美元，大黃腳鷸三美元。亨利・弗萊肯斯坦（Henry Fleckenstein）出版過許多關於假鳥媒的書籍，他寫道，鳥兒「被裝滿木板的運貨馬車從草地上拖出來」，裝進桶裡，再用火車或船運送到城裡的市場。不太好吃的鳥會被拿來當成其他鳥的包裝墊料。並非所有的水鳥都能賣到市場上，一桶一桶的紅腹濱鷸、翻石鷸和鴴在運往波士頓的途中，如果變質壞掉，就會被扔到海裡。漁獵愛好者和博物學家喬治・馬凱（George H. Mackay）寫道，如此狩獵使得紅腹濱鷸的數量銳減，以至於牠們因為「大量遭到殺害」而「深陷滅絕的險境之中」。

《雷斯法案》和《候鳥條約法》（Lacey and Migratory Bird Treaty Acts）通過之後，才遏止了商業狩獵行為。對此，研究水鳥的博物學家們表示：「停止大規模射殺後，這些鳥類的數量紛紛回升，這是令人欣慰的發展趨勢。然而，我們無法期望牠們能夠恢復到以前的數量。」就紅腹濱鷸而言：「春秋兩季的過度射殺，使這個物種悲情地減少到只剩以往族群量的零頭，雖說其數量已慢慢增加，但目前還遠遠稱不上大量。」另一方面，化學肥料也減輕了鱟的壓力。一九七七年春天，七萬五千隻鱟聚集在格林溪（Green Creek）附近一公里多的海灘上產卵，這當然比不上百年前相同海灘上所出現的百萬大軍，但已經遠遠多過一九五一年的數百隻。

我繼續追尋更多可能被抹除的歷史碎片，但這也許終歸徒勞。儘管如此，對於海洋的浩瀚富饒，我們以往的粗淺理解還是曾被顛覆過。科學家們鑽研了目前瀕危的綠蠵龜歷來族群動態後發現，牠們曾經遍布加勒比海，這確實有可能如同字面所言，到處可見。在二〇〇二年，加勒比海地區的綠蠵龜有三十萬隻，但跟十七世紀的九千一百萬隻成龜相比，幾乎連零頭都稱不上。水鳥和鱟歷來的族群量是如何？水鳥是否仰賴過鱟卵？這種現象發生在何處？仰賴的程度又是如何？這些問題每一項都很重要。我們很容易滿足於周遭這個日益貧瘠的世界，眼前的世界就動植物的物種豐富度和數量來看，可能只有過去的百分之十而已。要是不知道我們失去過什麼，我們便無法想像我們有機會恢復什麼，甚至還會繼續在那邊爭論我們

可以拿走多少殘羹剩飯。

水鳥跟鱟都在大規模的屠殺之後逃過一劫，但紅腹濱鷸在德拉瓦灣的恢復情況如何，這在鄧恩、汪德爾和希伯利搭機飛過被水鳥覆蓋的海灘時尚不得而知。他們觀察到的十五萬隻紅腹濱鷸，也許只是之前的一小部分。但可以確認的是，我在米斯皮利恩海灘目睹的鱟和水鳥大爆發，跟他們三十年前見到數量相比，不過是九牛一毛罷了。

第五章 頑強堅毅

Tenacity

將地球上生命的演化訊息拼湊起來後，我們才知道，有機會留下生存紀錄的動植物相當稀少。有些生物具有堅硬的外殼或骨頭，可以承受歲月摧殘，但也只有百分之二到百分之十三能成為化石。時至今日，我們尚未發現過紅腹濱鷸的化石——如果牠們曾在演化的歷程留下這類蹤跡的話。繪製濱鷸基因圖譜的科學家們認為，紅腹濱鷸是在一千一百萬到一千六百萬年前形成獨立的物種，在那個時期，地球環境比現在還要溫暖乾燥，短吻鱷的分布範圍最北可達英格蘭，而之後演化出人類的巨猿們當時還無法直立行走。從演化上來說，紅腹濱鷸是從親緣關係最接近的短嘴濱鷸分化而來，那是一種分布在美洲西岸、體態結實的水鳥。

然而，從那個時期直到最後一次冰河期，紅腹濱鷸在這段期間的故事仍無人知曉。黛博拉．比勒根據地球氣候史的背景資訊為紅腹濱鷸進行基因重建，希望藉此得知該物種的祖先是如何分化成今日我們所知的六個亞種——這些亞種都在北極繁殖，但南遷的目的地卻遍布全球。研究結果發現，牠們在演化過程中安然度過了巨大的壓力。在一萬八千到兩萬年前，地表冰層的擴張程度達到顛峰，北極的漠地向南蔓延，苔原範圍縮小，紅腹濱鷸的繁殖地因而被隔離開來，原本的族群就此一分為二。今天，*Calidris canutus canutus* 這一支最古老的亞種是在西伯利亞的泰米爾半島（Taimyr Peninsula）築巢繁殖，然後在非洲西部由撒哈拉沙漠的細緻沙粒堆積而成的泥灘上度冬。另一個靠近白令海峽（Bering Strait）繁殖的亞種，則是

在某段暖化的時期向東飛去，跨過海峽進入北美洲，當最後一次冰期時牠們又被分隔開來，如此一來，白令海峽兩邊就各有一個族群，原先的兩個亞種成了三個。（參見61頁地圖）

等到冰河退去，苔原面積再次收縮，落葉松和樺樹挺進到冰河邊緣時，在白令海峽俄羅斯側的紅腹濱鷸亞種再次一分為二，使得三個亞種變成四個。這兩個亞種南遷時都會經過黃海，其中一個亞種是以涂尼斯・皮亞司馬的名字命名為 *C. c. piersmai*，他的研究主題之一是紅腹濱鷸在長途遷徙時，令人費解的生理調節機制。該亞種是在澳洲北部的羅巴克灣度冬，而另一個亞種則會繼續前往澳洲南部和紐西蘭。冰河期結束後，地球持續暖化，森林向北推進，森林線的位置比今天還要更加偏北，北美洲的紅腹濱鷸族群因此隔離分化，使得四個亞種增加為目前已知的六個。在這六個亞種裡，*C. c. roselaari* 可能是族群量最少的，牠們在阿拉斯加和俄羅斯的弗蘭格爾島（Wrangel Island）繁殖，並沿著北美的太平洋岸遷徙。*C. c. islandica* 這個亞種在遷徙時不走大西洋遷飛路線，而是走距離不到一千公里的捷徑穿過冰島和歐洲，這或許起因於某次風暴將牠們吹到東邊，也或許是幾隻幼鳥不確定遷徙路線，不小心就往東轉向冰島，然後飛到歐洲的瓦登海過冬。至於我跟在後頭觀察的 *C. c. rufa* 亞種，則是沿著大西洋岸遷徙。（參見61頁地圖）

終止上一個冰河時期的氣候動盪，也多次迫使紅腹濱鷸離開原棲地。在那段氣候遽變的時期，牠們的族群量驟減，雌鳥更是掉到只剩五百隻，但牠們最終還是存活了下來。隨著地球再次暖化，也許紅腹濱鷸有辦法繼續生存下去，但牠們現在面臨的壓力不同以往，而且可能更為複雜。如今，從火地島往北遷徙的紅腹濱鷸，其命運與另一種古老的動物交織在一起——早在第一隻鳥兒飛上天空之前，這種古老的動物就已存在於地球上。

幾乎所有曾經出現在地球上的物種（百分之九十九點九），現在都已滅絕了。牠們存在的歷史保存於化石之中，化石紀錄告訴我們哪些生物主宰過海洋和大陸，哪些生物暗地裡默默生活著，誰已消失無蹤，誰能延續下來。鱟就是一種自遠古延續至今的動物，牠們的殼型如同馬蹄，因此英文名稱叫做「horseshoe crab」（馬蹄蟹），雖然有個蟹字，但其實牠們的親緣關係更接近蜘蛛和蠍子。比起其他早已消失的海洋生物，甚至跟海底盆地相比，鱟存活在地球上的時間都更為長久——即便滄海已成桑田，即便海底盆地隆起成為陸地的高山，牠們依舊生生不息。不斷延續生機的鱟，在新形成的年輕海域找到棲身之處，比如大西洋。

這些看似從遠古時代走出來的動物確實相當古老，但究竟有多古老，說來令人驚訝。要知道，並不是每一塊藏有地球歷史痕跡的岩石都已經被人發現；只要有新的化石出土，我們對過去的理解就會重新建構一次。舉例來說，一八二三年時，一位年輕的英格蘭女士瑪麗·安寧（Mary Anning）在多塞特郡（Dorset）萊姆里吉斯（Lyme Regis）富藏化石的崖壁中，挖掘出一副蛇頸龍的骨骼，震驚科學界。蛇頸龍是一種巨大的海洋爬行動物，在瑪麗·安寧發現那具化石之前，科學界從來不知道牠們的存在。另一個例子發生於二〇〇四年，當考古

德拉瓦灣的鱟和紅腹濱鷸。麥可・迪吉歐笈甌繪。

學家在北極一處不毛之地埃爾斯米爾島（Ellesmere Island）上進行調查，經過四個季節的撿選、刮鏟、挖掘後，他們不僅仔細檢查了一段延伸一千六百公里的岩層露頭，而且還移開另一塊岩石，結果發現了一條提塔利克魚的頭部化石。提塔利克魚的身上演化出四根鰭肢，因此被科學界視為從魚類演化為兩棲類的關鍵環節。有個更為僥倖的發現則是一塊鱟化石的出土，那個化石的年代古老到出人意料。這故事要從加拿大說起：曼尼托巴省（Manitoba）中部有位藝術家，他在尋找可以用來上色作畫的平坦岩石時，偶然發現了一塊遠古海蝎的化石。

二〇〇六年，加拿大古生物學家格雷厄姆・楊（Graham Young）回到該地點，那是威廉湖（William Lake）附近一處偏遠的北美短葉松林，從溫尼伯（Winnipeg）往北要開五個小時的車才能到達。他和同事在那裡發現大批化石，而且找到更多海蝎和水母，到了隔年，還發現一個化石，看起來像隻小型的鱟。在那之後才過了六個星期，楊和古生物學家大衛・魯德金（David Rudkin）在哈得遜灣（Hudson Bay）西岸、曼尼托巴省邱吉爾鎮（Churchill）外頭的一個小海灣沿著他們原以為瞭若指掌的岩岸進行挖掘時，又發現了另一個鱟化石。他們發現的化石距今已有四億四千五百萬年，這個發現將已知最古老的鱟化石往後推了整整一億年。那兩位古生物學家將之命名為 *Lunataspis aurora*，luna 的意思是月亮，因為牠們盾狀殼的輪廓如同新月；而 aurora 的意思是曙光，因為牠們生活的年代更加接近動物在地球上出現的時刻，顛覆了科學界以往的認知。

不過，*Lunataspis aurora* 很快就會讓出「最古老的鱟」這個頭銜。差不多跟楊在威廉湖進行考古挖掘的相同時刻，在大西洋另一岸的摩洛哥伊爾富德（Erfoud），有位國際化石收藏家兼經銷商向比利時古生物學家匹特・范侯伊（Peter Van Roy）展示了一件相當漂亮的化石標本，那是種神秘的滅絕動物，叫做 *Tremaglaspis*，是鱟的遠親。范侯伊當時正在摩洛哥東部的塔菲拉勒特（Tafilalt）綠洲攻讀博士學位，他只知道這塊化石來自更南邊札哥拉（Zagora）附近德拉谷地（Draa Valley）的沙漠，但除此之外，經銷商無法（或不願）透露更多訊息。在接下來的兩年多裡，他沒再看過什麼出自札哥拉的化石，這時那位經銷商拿出了另一塊化石，跟先前那個同樣都來自「費札瓦塔」（Fezouata）頁岩層，這個化石標本保存得極為完整，他看了之後心動不已。這個化石標本上頭的動物，外表看起來就像花園裡的鼠婦。范侯伊隨即將他的博士論文重新聚焦在德拉谷地。由於他還是個窮研究生，根本沒辦法負擔租車的租金，所以他說服一名計程車司機帶他去那裡，他們花了三個小時到札哥拉，然後又沿著一條路況奇差無比的土路開了兩個小時。那一天是個承先啟後的關鍵日子。從那時起，范侯伊和發現前兩塊化石的穆罕默德・班莫拉（Mohammed Ou Said Ben Moula）就在這片將近五百二十平方公里的岩漠地區一起工作。到目前為止，他們已經發現了三千個化石標本，分屬近百種罕見且保存完好的古代海洋動物，我想未來他們肯定還會找到更多化石。

他們的發掘成果可說卓越非凡，世人得以藉此瞭望近五億年前的景象：當時海洋裡到處都是各種奇異而詭麗的動物，牠們在科學家認為已經滅絕的數百萬年後仍然存在。他們發現的化石包括一種身披甲冑的短腳蠕蟲、將近一公尺長的巨大蝦型動物、海綿，還有蚌蛤、海螺和海膽的遠古表親，以及數百個完整的鱟化石。出自這個時期的多數動物都已經滅絕了，雖然牠們存續的時間比人類還要長久，但較之鱟的頑強堅毅，卻顯得相當短暫。目前，范侯伊和班莫拉所找到的化石是地球上已知最古老的鱟，這也把鱟棲息在海洋的時間往前推了整整三千萬年。

這些化石證明了鱟的堅忍不拔以及多方適應的能力。*Lunataspis aurora* 生活在溫暖的熱帶淺海，而范侯伊和班莫拉所發現的鱟則是棲息在南極附近的冰冷深海中。也許在古代的某一天，遠方大陸棚高處的一場風暴攪動底泥滾滾襲來，這些鱟就這麼遭到掩埋，變成海底岩層中的化石。古老的海洋盆地最終封閉起來，底部逐漸隆起，成為摩洛哥山區的一部分。幾百萬年來，風雨侵蝕了群山，埋藏牠們的岩層就這麼露出地表。范侯伊打算用班莫拉之名來命名在摩洛哥發現的鱟，以此紀念這位才華洋溢、深具天賦的人士，他的發現替地球的生命演化史增添了新的篇章。

在光陰的長河中，人類於地球上的停留時間不過片刻，而鱟，地球上現存最為古老的動物之一，卻已經存活了四億七千五百萬年。如果將地球上開始出現動物以來的歷史壓縮為一年的話，那麼鱟是在春天出現，差不多春分前後，而第一批鳥類則在秋天出現。至於我們

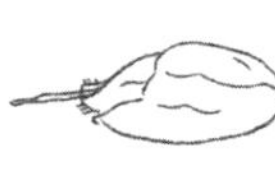

所屬的「人屬」（*Homo*）動物，會在這一年行將結束的十二月三十號那天出現。當最早出現的鱟在海底爬行時，地球是一個跟現在截然不同的地方：熱帶海域的水溫高達攝氏四十度；大氣中的二氧化碳濃度是今天的十五倍；海平面比現在還要高出兩百一十公尺。當時的日照沒有那麼強烈，但地球自轉的速度比較快，一天縮短到二十一小時，一年則是長達四百一十七天。由於大陸分裂、新的海床形成，火山爆發毀壞了陸地和海洋。那是一段地球海洋生物多樣性激增的時期。

鳥類最早出現在一億五千萬年前的侏羅紀時代。當時，古地中海（Tethys Sea）邊緣的溫暖淺水潟湖覆蓋了現今巴伐利亞（Bavaria）的索恩霍芬（Solnhofen）。等到海水退去、潟湖蒸發後，過了很久很久，石匠們到此開採石灰岩作為建築瓦片和細緻的印刷石板，結果發現了世上數一數二豐富的化石寶庫，這裡的化石包含五百五十種動植物，我們因而得以窺見這些遠古時代的眾生相：侏儒鱷和小型恐龍生活在潟湖中的乾旱小島上，烏賊、魚、螃蟹和大型魚龍在古老的珊瑚礁附近悠游。而地球上最早的鳥類——始祖鳥，就是被埋葬在此，之後才被人發現。

一八六一年，達爾文發表《物種源始》滿週年後沒多久，著名的德國古生物學家黑爾曼·馮·邁亞（Hermann von Meyer）從索恩霍芬採石場獲得一片石板，上頭有根精美的羽毛印痕，他說這個印痕「跟鳥的羽毛毫無二致」。這根羽毛印痕屬於地球上最古老的鳥類，其型態跟現代鳥類身上的羽毛幾乎一模一樣。他把它命名為始祖鳥（*Archaeopteryx*），原意是「古老的羽毛」。那個採石場很快就挖出一副始祖鳥的骨骸化石，隨後又陸續發現九副。

始祖鳥身上同時具有恐龍的尖齒、長尾和利爪，還有鳥類的「許願骨」（譯註：即「叉骨」，由兩根鎖骨融合而成）、翅膀和羽毛。科學家們現在知道，馮．邁亞拿到的那根羽毛是黑色的翼覆羽，也就是覆蓋在翅膀上的羽毛，其色素生成細胞有助於羽毛的組織結構和耐用性，現生鳥類羽毛也具有相同的機制。生活在陸地上的始祖鳥，或許會停棲在遠古的銀杏或常綠植物上，可能是以蟬和蟋蟀或是甲蟲和蜻蜓為食。這隻宛如恐龍般的鳥兒，也許被季風帶來的風雨吹到潟湖上空，但牠們不善飛行，因而在疾風吹拂下最終筋疲力盡，落入水中溺斃。在缺氧的水中，牠們的屍體並未腐爛分解，而且隨著時間推移，漸漸被埋在泥裡，變成了岩石。

至於鱟，只要五片厚石板的長度，就能讓我們看到牠邁向死亡的足跡，最終則是成為牠自己的化石。潟湖是個死亡陷阱，湖水不但寂靜停滯，鹹度特高，極難呼吸，任何掉入或被雨水沖進潟湖的動物幾乎都會馬上窒息。甲殼類和蚌蛤落到潟湖底時都還活著，但沿著沙地移動不到幾十公分，便會一命嗚呼。石板上，從那隻鱟的尾部、外殼和附肢的痕跡可以看出，當牠沉入潟湖落在柔軟的湖底時，先是以背部著地，待牠自行翻身後，掙扎著步行穿過泥沙，爬行了將近十公尺，最終還是難逃死亡的命運。

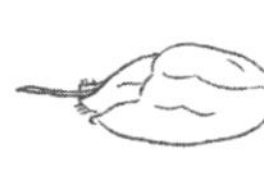

鱟在難以呼吸的潟湖中就像步入一條漫長的死亡之路，尤其是當其他動物如此迅速死去時。鱟的生命力相當頑強，是地球歷史上五次生物大滅絕事件的倖存者。牠們曾在兩億五千萬年前那片炎熱、酸性、富含二氧化碳的海洋中生活過，當時幾乎所有海洋生物都滅絕了；也曾在小行星撞擊地球並殺死恐龍時倖免於難。到後來，古老的鱟和年輕的紅腹濱鷸，這兩種動物的生命在某個時刻交會在一起，紅腹濱鷸的福祉仰賴於鱟的福祉，而兩者的福祉則是取決於居住在海邊的人類。

我急著要趕回海灘上。在德拉瓦灣的紐澤西那側，一個研究團隊聚在里茲灘（Reeds Beach）盡頭的防波堤附近。紐澤西州「非狩獵和瀕危物種計畫」（Nongame and Endangered Species Program）的成員阿曼達．戴伊（Amanda Dey）和一大群工作人員才從海灘上回來，正在沙丘的斜坡處等待；而來自紐澤西野生動物保育基金會（Conserve Wildlife Foundation）的生物學家拉瑞．奈爾斯（Larry Niles）則是躲在靠近海灘的灌木叢中，將雙筒望遠鏡對準漲潮時開始飛進來的鳥群身上。有個發射盒設置於沙丘中，另一位團隊成員守在一旁，那個發射盒以電線和三根小炮相連，每根炮都繫上一張埋在沙中的網子，網子長度約九到十二公尺。遠方的海灘上，另一個男人蹲在海漂碎屑堆積線（wrack line）一帶，他跟奈爾斯都帶著無線電。等到一大群水鳥降落並安頓下來後，奈爾斯用無線電通知他「移動一下」。只見他趨近那群鳥，緩緩將牠們逼上灘地，靠近那張被沙子蓋住的網子。他的步伐相當平穩慎重，如果他動得太快，鳥兒就會嚇飛。雖然他的動作非常熟練，但一隻遊隼突然出現，鳥群瞬間四散，等到鳥兒重新飛回到灘地時，牠們降落的地點離網子更遠了，只好重新驅趕一次。

要等到好幾百隻水鳥飛到網子附近覓食，可能得花上一個小時，通常是兩個小時。我之前參與過幾次繫放抓鳥，等了整個上午，就只是為了觀看整個過程，如果風太大或飛進來的水鳥不夠多，奈爾斯就會取消繫放。今天微風輕拂，一大群人聚集在捕抓區，奈爾斯一聲令下，炮網瞬間發射出去。網子一發射，就像大浪撲蓋而去，灘地上的水鳥還來不及逃脫就被蓋在網內了。這時大家都往海邊衝過去，戴伊和其他經驗豐富的人三兩下就解開這些鳥，我們其他人接過鳥之後再把牠們放在陰涼處的盒子裡。每個人都有自己分配到的任務，在陽光下各自坐在折疊椅上，將抓到的小鳥測量、秤重、上環，並且抽取血液樣本。

奈爾斯坐在一張椅子上，小心翼翼地將地理定位追蹤器（geolocator）固定在水鳥身上，其實他攻讀博士時研究的是猛禽。前一天晚上，他與志工一起將定位追蹤器這種光線感測器利用軟焊、縫合、黏貼等方法固定在一個小套件，之後就可以整組掛在鳥的腳上。他對焊槍的操作可熟練了。重量不到十四克的地理定位追蹤器是一種資料記錄器，每十分鐘就會自動記錄一次光照強度。如果某隻繫上追蹤器的小鳥再次被抓到，研究人員將數據下載後，就可以繪製出迄今為止肉眼難以目擊的東西——牠們在遷徙路徑上所有停留過的位置，以及在空中和地面所停留的時間。英國南極調查局（British Antarctic Survey）是相當早就開發使用地

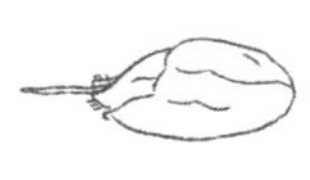

理定位追蹤器的單位，他們最初是要拿來追蹤信天翁。將追蹤器固定在水鳥腳上的裝置，是由來自賓州的工程師朗・波特（Ron Porter）所設計製造，他還負責啟動並校準追蹤器，並且將取得的數據加以分析，利用它們畫出漂亮的地圖。自二〇〇九年以來，奈爾斯和波特以及其他同事們已經安裝過六百個地理定位追蹤器在小鳥身上。

就像在德拉瓦州一樣，在紐澤西做調查的研究人員也是來自世界各地，比如最早設計出炮網的澳洲人克萊夫・明頓（Clive Minton）就在這裡。還有皇家安大略博物館（Royal Ontario Museum）的帕特莉西亞・鞏薩雷茲和艾倫・貝克（Alan Baker），他們兩人正在海灣數鳥，貝克曾跟黛博拉・比勒一起對不同的紅腹濱鷸族群進行基因研究。蓋伊・莫里森也來了。研究人員本身就是個獨特的物種，他們像鳥類一樣四處巡迴奔波，和鳥兒們一起沿著遷飛路線移動，追蹤刻上編號的足旗以便得知哪隻鳥舊地重遊、哪隻鳥消失無蹤，他們也會到處尋找帶有定位追蹤器的小鳥。這些人全擠在波特的地圖旁，好像等著聽一個剛環遊世界回來的小孩跟他們述說這個世界的五花八門。從年復一年記錄到的足旗編號，他們已經知道每年高達九成的紅腹濱鷸成鳥可以返回度冬地和過境點。

海灘上的氣氛相當友好融洽，但為了盡快將鳥兒放飛，每個人都很專心埋頭處理自己手上的工作。其實我不太喜歡繫放，因為我覺得自己的動作不夠伶俐，而且我愈緊張，鳥兒就愈會扭動。相較之下，這些專業人士操作起來就很平穩冷靜。我這次是負責幫紅腹濱鷸秤重——相當簡單的任務。當我把牠們握在手心時，可以感受牠們原本急速的心跳逐漸緩和下來。秤完後，跟一旁的記錄員報告體重數字，我便轉身面向開闊的沙地和海水，手指一鬆，就能感覺到每隻鳥起飛時的那股升力。我就這麼目送每一隻鳥飛離。

德拉瓦灣是美國非常重要的水鳥過境點，另外像阿拉斯加的銅河（Copper River）三角洲、堪薩斯州夏延溼地（Cheyenne Bottoms）的沼澤和草原，以及華盛頓州的格雷斯港（Grays Harbor）等也是。一九八二年時，莫里森提議沿著這些遷飛路線劃設一連串保護區，當時他已經發現水鳥會在特定區域大量集結，後來邁爾斯跟皮特．莫克連（Pete McLain）攜手實現了這個目標。邁爾斯的職業生涯始於費城自然科學學院（魏特莫．史東在那裡服務了五十年），後來才到奧杜邦學會任職；莫克連則是來自紐澤西州漁獵及野生動物部（Department of Fish, Game, and Wildlife）。一九八六年，紐澤西州成為新成立之西半球水鳥保護區網絡（Western Hemisphere Shorebird Reserve Network）的第一個地點，該州位於德拉瓦灣沿岸的大片區域都劃為野生動物保護區。多才多藝的邁爾斯後來繼續與其他人合著一本廣受好評、關於內分泌干擾物的重要書籍，並且創立了「環境健康新聞」（Environmental Health News）。傳統報社由於資源日益減少，導致這方面的報導嚴重不足，邁爾斯的這項新聞服務正好能夠填補這片空白。西半球水鳥保護區網絡現已成為一個國際性的網絡，共有十三萬平方公里、分布於十三個國家的水鳥棲地受到保護，包括洛馬斯灣、西聖安東尼奧以及許多

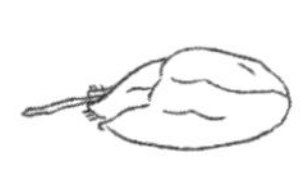

我曾造訪、位於遷飛路線其他海灣內的地點。

沿大西洋往北遷徙的紅腹濱鷸，有百分之五十到八十會過境德拉瓦灣補充能量，但自一九八九年以來，牠們在這裡的族群量下降了七成，跟洛馬斯灣的族群遽減如出一轍。米斯皮利恩港雖然看起來鳥群密密麻麻，但實在無法跟鄧恩多年前見過的「鳥類塞倫蓋蒂大遷徙」相提並論。三十年前，邁爾斯的報告裡曾寫道，德拉瓦灣海灘上的水鳥「聚集數量異常驚人」——里茲灘有十萬隻，莫爾斯灘（Moore's Beach）更是高達三十五萬隻。我所看過的鳥群數量完全無法望其項背。

要是更多鳥類消失，牠們或許就會更快踏上滅絕之路。當這麼多紅腹濱鷸全都依賴單一區域時，再多的數量也不能拯救牠們，因為一旦棲地開始劣化，原本對少數鳥兒造成威脅的因素也會危及生活在那片棲地的所有個體。自一九八五年以來，戴伊和奈爾斯就一直汲汲防範這種情況發生：他們在遷飛路線兩端往來奔波，前往許多偏遠、難以到達的地點尋找紅腹濱鷸，追尋每一個有可能解釋紅腹濱鷸在何處以及為何減少的線索，而且他們也將投入所有的時間扭轉族群下降的趨勢，如有必要，那將會耗費數年的光陰。

對紅腹濱鷸而言，最大的挑戰之一來自於牠們的棲地。奈爾斯的職業生涯是從替紐澤西州政府工作開始的，工作內容是協助政府取得土地以保護水鳥。時至今日，紐澤西海灣上長長的海灘和溼地有許多都是野生動物保護區。在春季，當鱟前來產卵、水鳥也過境此地覓食時，紐澤西州會將大部分的海灘關閉數週。全地形車、犬隻和成群結隊的泳客會嚇到鳥兒，被嚇飛的鳥群不一定會飛回來，要是飛去其他地方，就無法找到牠們所需的食物了。在水鳥到達之前和離開之後，海灘是開放的，但在五月和六月初，入口處就會掛上封鎖線，以及解釋封鎖原因的告示。我不得不承認，在連續開車抵達三處都被封閉的海灘，望眼欲穿地盯著延伸而去但我卻無法踏上的沙灘時，我實在很想低身鑽過那些封鎖線。但我終究是忍住了，幾個當地的釣客跟我在一塊兒，他們和我一樣，都沿著海岸四處尋找能夠接近水邊的海灘，想要去釣幾條鯔魚當午餐。他們住這兒很久了，對於關閉海灘的做法都能理解並且接受。在二〇一三年，有一項針對紐澤西海灘關閉時民眾遵守情況的研究發現，大多數人都會配合並支持相關措施，但有些慢跑者和遛狗者的配合度最低，他們還是會繼續前往海灘活動。

一旦想到里歐格蘭德的水鳥是如何被排擠出原本的棲地，而且西聖安東尼奧的情況大概也差不多，就會覺得紐澤西州在德拉瓦灣的海灘上為水鳥和鱟維護生存空間的強勢政策是相當有遠見的。儘管如此，為鳥類提供不受干擾的空間固然是必要之舉，但事實證明這還不夠，因為紅腹濱鷸的數量仍然繼續下降。奈爾斯認為他知道問題出在哪兒。

在里茲灘跟奈爾斯和戴伊一起繫放的那天，雖然酷熱難當，不過微風徐徐。我跨過德拉瓦灣去跟生物學家理查·韋伯（Richard Weber）碰面的那幾天也是很熱，卻一點風也沒有。韋伯現在已從德拉瓦大學（University of Delaware）退休了，他和他的研究團隊正在德拉瓦

的海灘收集鱟卵。位於泰德哈維保護區（Ted Harvey Conservation Area）的海灘是我們前往採集的第一站，穿過一片草澤時，招呼而來的是蚊蚋和硬蜱，有人跟我說，待會兒還會碰到馬蠅。現在正是退潮的時刻，而鱟要到入夜才會上來產卵。在開始採集沙子（裡頭可能有鱟卵）之前，韋伯用腳輕輕碰了一下一隻腹部朝天的鱟，牠衰弱地動了動，韋伯見狀，便將牠翻正。在水邊的鱟如果把自己搞得腹部朝天，其實是可以利用長而尖的尾刺翻過身來，但如果被困在沙灘高處，那就沒戲唱了。看著一隻胡亂擺動的鱟徒勞揮舞著附肢，然後逐漸筋疲力盡，這過程實在令人不忍卒睹。在潮水沖刷力道強烈導致泥沙堆積較少、坡度較陡的海灘上，前來產卵的鱟會有多達百分之十的個體遭到擱淺的命運。至於眼前這片海灘倒是很平靜，海面水波不興，岸上隨處可見鳥兒的足跡。不過，這裡正因侵蝕而露出一片片泥炭，韋伯告訴我，鱟要產卵時會迴避泥炭地。

這是個溫暖的五月早晨，海水差不多攝氏十六、十七度，韋伯說，「鱟很喜愛這溫度。」在多佛空軍基地（Dover Air Force Base）南邊的基茨哈莫克灘（Kitts Hummock Beach）上，潮水已經退去，徒留卵石一般埋在泥灘裡的鱟群，等著潮水再次漲起。周遭的沙粒因為鱟卵而透著些許綠色。退去的潮水把鱟卵沖入大海，但有數千顆被海灘上的礫石擋了下來。呼吸時，我不斷吸入會叮咬人的蠓。一身漂亮花斑圖樣的翻石鷸正在挖掘鱟卵。空氣中瀰漫著一股強烈的腐爛魚腥味，已經乾掉的鱟卵覆滿灘地，韋伯把這些失去生命跡象的鱟卵稱作「黑沙礫」。

下一站是皮克林灘（Pickering Beach），許多更新鮮的鱟卵就堆在沙地上。那些鱟卵摸起來富有彈性，但嘗不出什麼味道，倒是會在嘴裡留下一股酸腥味。我們把更多擱淺的鱟翻正。附近告示牌上的訊息鼓勵遊客「舉手之勞翻一下」，這是希望培養大眾對動物抱持惻隱之心，因為鱟跟許多水鳥一樣，最終能否存續，端賴我們的所作所為。多年來，有位女士每天早晨都會到海灘散步，據她所言，她自己翻過的鱟就有數千隻。我有時會住在當地一間民宿，其中有幾位客人是來自加州的醫生，他們每年都來德拉瓦的海灘幫鱟翻身。

我們到訪的海灘並非都是沙質灘地。上午的行程就在馬洪港（Port Mahon）告一段落，這裡的海灘退縮得很快，已經越過馬路進到另一側的草澤裡了。無論有沒有海灘，鱟還是會上來產卵，但是用來加固馬路的護岸堆石會把鱟困住，有些鱟被卡得太緊，完全動彈不得，若要撬開沉重的堆石救出一隻虛弱疲憊的鱟，得花上十到十五分鐘。綠色的鱟卵就堆在岩石間的縫隙裡，今天的海灘充滿鱟卵的氣味，但明天風向會改變。「只要颳幾天的風就可能會搞砸一切，」韋伯承認道。德拉瓦州的國家河口研究保護區（National Estuarine Research Reserve）位於聖瓊斯河（St. Jones River）的河畔，回到那兒之後，韋伯跟他的團隊會繼續計算鱟卵數量。而在德拉瓦灣對面，紐澤西州的研究人員也在做同樣的事。鱟卵的數量夠多嗎？

從巴塔哥尼亞和火地島飛來的紅腹濱鷸極其削瘦，但前方還有三千兩百公里的旅程等

著。牠們必須在短暫的過境停留期間增重百分之五十到百分之百，這樣才能讓牠們在飛到北極之後，身上還有足夠的能量來抵禦晚春的風雪，並且滿足為了繁殖所需要的生理變化。然而，牠們並非全以鱟卵為食。從擁擠的德拉瓦灣往南走，進入到維吉尼亞州的海岸一帶，有許多離岸沙洲島、沙嘴以及淺灘，其後方是大片潟湖和泥灘地，這裡是美國東海岸延伸範圍最長的海濱荒野地帶。每年約莫有四十場暴風雨反覆襲擊這個地區的海灘，狂風暴雨不斷切割著沿岸小島、搬運著流沙，驚濤駭浪也讓鱟群望之卻步。

美國自然保育協會（Nature Conservancy）的巴瑞·楚伊特（Barry Truitt）曾深入研究紅腹濱鷸在維吉尼亞州這些離岸沙洲島的歷史，據他所述，至少一百四十五年前的書面資料就有紅腹濱鷸過境此地的紀錄，當時鳥類學家正開始在喀布斯島（Cobb's Island）替博物館採集鳥類標本。楚伊特寄給我一份一八七九年的報告，作者是來自麻州劍橋的鳥類學家威廉·布魯斯特（William Brewster），他在喀布斯島經常觀察到春天時紅腹濱鷸成群聚集在海灘上，以小型黑色貽貝為食。在他撰寫的《海濱編年史》（*Seashore Chronicles*）一書中，楚伊特提到小托馬斯·迪克森（Thomas Dixon Jr.）的觀察紀錄。在喀布斯島上擁有一間小屋的迪克森是個演員、律師、小說家，也是一名獵人，他在一八九五年曾觀察到好幾群「紅胸田鷸」（即紅腹濱鷸），每群都有「上萬隻」，這些鳥「在海灘上嘈雜覓食著」，「幾乎完全」只吃貽貝。楚伊特指出，迪克森經常從紐約搭夜班火車到維吉尼亞州的查爾斯角（Cape Charles），然後乘船前往喀布斯島。喀布斯島上有知名飯店、一流海鮮以及絕佳的賞鳥和狩獵環境，吸引了東岸各地的漁獵愛好者和鳥類學家。

如今，每年春季大約有一萬三千隻紅腹濱鷸過境維吉尼亞州。某年春天，楚伊特在霍格島尋找腳上有足旗的紅腹濱鷸，結果發現來自好幾個國家地區的足旗：「德拉瓦灣兩隻，霍格島一隻，加拿大魁北克大島（Grande Île）兩隻，阿根廷一隻，洛馬斯灣一隻。這些鳥經過長途飛行，看起來都很瘦。」過境維吉尼亞州的紅腹濱鷸幾乎有一半（百分之四十三）來自智利和阿根廷，顯示這些長距離飛行的候鳥不僅會在德拉瓦灣覓食，也會去維吉尼亞的離岸沙洲島補充能量。

紅腹濱鷸會在維吉尼亞停留個十一、十二天。前面提過，由於海灘越過草澤向內陸退縮，露出大片泥炭，鱟不喜歡到泥炭岸地產卵，但紅腹濱鷸仍然可以取食泥炭岸邊的紫貽貝（紫殼菜蛤）卵。此外，牠們也會吃小蚌蛤。自一九九五年以來，維吉尼亞州離岸沙洲島的春過境紅腹濱鷸數量一直保持穩定，但在未來幾年，隨著海水溫度繼續上升，紫貽貝這種食物可能會消失——短短五十年間，紫貽貝分布範圍的南端就從北卡羅萊納州的哈特拉斯角（Cape Hatteras）向北移動了三百多公里，來到德拉瓦灣出海口的路易斯（Lewes）一帶。隨著貽貝分布繼續往北（目前是以每年超過六公里的速度移動），最終貽貝幼體往南漂流的範圍將無法抵達維吉尼亞的泥炭海岸。楚伊特在二〇一三及二〇一四年的春季都曾看到長得不

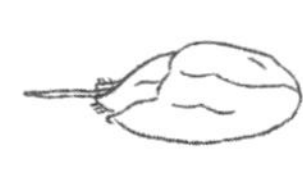

錯的貽貝，他認為那可能是源自離岸深層低溫海水中的大量貽貝幼體。

在德拉瓦灣，貽貝卵和小蚌蛤並不是特別多，而較大的蚌蛤和貽貝對紅腹濱鷸來說則是太大而吞不下，殼也硬到無法消化。紅腹濱鷸吃下較小的貝類後，不能吃的殼得花時間利用肌胃將之壓碎。那些從歐洲往北遷徙的紅腹濱鷸會在冰島停留三週，在那兒以玉黍螺為食，相較於在德拉瓦灣吃鱟卵的紅腹濱鷸，前者體重增加的速度只有後者的一半。由於冰島到北極的路程短，一頓玉黍螺大餐也就足夠了。而在維吉尼亞，楚伊特曾看過「飽到再也吃不下任何東西」的紅腹濱鷸，要知道，為了增重，牠們在其他時間可是日以繼夜地覓食，每天長達十八個小時。

由於德拉瓦灣能夠提供更高品質、富含能量的食物，也就是鱟卵，因此吸引了數十萬濱鷸前來覓食。這些水鳥非常愛吃鱟卵，黑腹濱鷸、翻石鷸、紅腹濱鷸、三趾濱鷸、半蹼濱鷸全在灣區的海灘上大吃特吃，並且靠著進食過程中吞下的些許沙子幫助研磨消化。德拉瓦灣的水鳥主要（說不定是完全）以鱟卵為食，因此牠們都會聚集在鱟卵集中的小溪口附近。科學家若想知道這些鳥類到底吃了什麼東西，在十九世紀時會把鳥抓來宰了檢視一番，但現在不這麼做了，而是採用較為間接的方法，包括沖洗水鳥的腸胃、檢測血液中氮元素特性或組織裡的脂肪酸等等，每種方法都發現鱟卵是牠們的食物。

貽貝的脂肪含量低、蛋白質含量高，而鱟卵富含脂質，單位重量所能提供的能量是貽貝的六倍。鱟卵很容易被鳥類消化，消化後的鱟卵有高達百分之七十會直接轉化為脂肪。皮亞司馬發現「鷸鴴這類水鳥處理食物並快速補充能量的能力可說無可匹敵」；而在動物界中，如果紅腹濱鷸吃的是鱟卵，牠們儲存能量的速度算是數一數二快的。每年春天，一隻待產的鱟可以生出大約八萬顆卵。為了增加遷徙所需的體重，光一隻紅腹濱鷸就得吃下四十萬顆鱟卵，四十萬隻紅腹濱鷸便需要一百六十億顆卵。換句話說，根據科學家的計算，現在過境德拉瓦灣的翻石鷸、紅腹濱鷸、三趾濱鷸、半蹼濱鷸以及黑腹濱鷸，總共要吃掉三百三十噸的鱟卵。

雖然鱟卵被水鳥吃掉那麼多，但對鱟卻沒有什麼影響。在自然界中，絕大多數的鱟卵原本就無法存活：每十萬顆卵最終只會有一隻稚鱟能活過一年。成團的鱟卵深深埋在沙地中，大多數水鳥的嘴喙都戳不到那麼深，被吃掉的卵基本上都是在地面找到的，那些卵有的是被海浪攪動帶出沙地，有的是雌鱟爬過其他鱟的產卵處時挖出來的，如果鳥類和小魚沒把它們吃掉，它們也會乾掉。鱟會上岸產卵的海灘裡，密斯皮里恩港的霸可灘是產量最高的地方。就現今的狀況來說，在德拉瓦灣的其他海灘上，鱟卵的密度是每平方碼（約零點八平方公尺）數千或數萬顆，但在密斯皮里恩港（有時包括紐澤西州的莫爾斯灘），這個數字飆升至數十萬。德拉瓦灣的密斯皮里恩港就是這樣一個鱟卵處處的地方，然而這還不夠。為了提供德拉瓦灣的水鳥之所需，海灣內還需要更多海灘提供更多鱟卵才行。一九九一年時，紐澤西的海

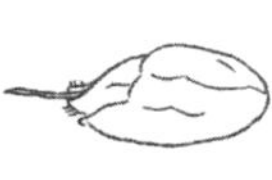

灘上滿是鱟卵——在里茲灘，每平方碼有十萬顆，其中甚至有幾片沙灘的密度達到三十萬顆；莫爾斯灘的鱟卵甚至更多，有片沙灘每平方碼有五十萬顆鱟卵。到二〇〇五至二〇〇七年，豐盛的產量已大不如前：在紐澤西的海灘上，每平方碼的鱟卵密度平均只剩四千顆而已。

德拉瓦灣是紅腹濱鷸在北美東部最重要的能量補給站，也是火地島到北極之間這道紅腹濱鷸遷徙階梯的關鍵踏階。後來我才知道，原來牠們夏天在北極面臨的繁殖條件不一定是最理想的狀態，因此牠們得事先把自己養胖，這樣只要繁殖條件適合，就能充分利用，順利繁殖。一旦沒有足夠的鱟卵可以吃，水鳥就只能瘦著身子離開這片海灣。一九九八年時，德拉瓦灣的紅腹濱鷸幾乎有百分之九十都能儲備足夠的脂肪抵達繁殖地，必要時甚至在撐過條件惡劣的暮春之後，仍然保有足夠的能量得以傳宗接代。然而，四年之後，這個比例下降了三分之二。成年紅腹濱鷸的年存活率曾一度高達百分之九十，而後卻跌落到百分之五十六，這個數字遠低於其他地區的紅腹濱鷸族群。可以說，所有的「蛋」都放在密斯皮里恩港這一個籃子裡了，光一小片海灘並沒辦法提供足夠的鱟卵給紅腹濱鷸。

除了紅腹濱鷸，還有其他水鳥也會在德拉瓦灣吃這頓便飯。半蹼濱鷸的腳趾之間有一點蹼，這也是牠們的辨識特徵（我通常看不到這個特徵），研究發現牠們的體重不但增加得比以前少，而且增加的速度較為緩慢；在德拉瓦灣，牠們的族群數量下降了百分七十五，這是個令人焦慮不安的數據。翻石鷸也可能找不到足夠的鱟卵食用，我很喜歡看牠們彼此爭奪一大團鱟卵的樣子，在北美東岸，翻石鷸的數量呈現穩定大幅下降的趨勢，自一九七四年以來減少一半以上。

水鳥在德拉瓦灣無法獲得足夠的食物，鱟也再度坐困愁城。奈爾斯開始在紐澤西州看到牽引式拖車停在鱟會爬上來產卵的海灘時，就知道麻煩大了，因為那些拖車上滿滿都是鱟。他不是唯一一個注意到這種情況的人，其他人也跟我說他們看到大卡車停在路邊，裡面裝滿了流血的鱟。如此景象實在怵目驚心。漁民每年先是從德拉瓦灣捕撈上千隻鱟，然後是幾萬隻，接著是幾十萬隻，到一九九〇年代中期，他們每年捕殺近兩百萬隻鱟，把這些「下雜魚」拿來當作魚餌。

難怪我從未在德拉瓦灣見過那麼多鱟卵，那曾經是這個海灣的一大特色；我從沒見過一整片厚到可以用拖車運走的鱟卵；也沒看過威爾遜書中提到的「好幾蒲式耳」的鱟卵。到一九八〇年代，鱟肥加工業崩盤，鱟的數量開始回升，鳥類學家邁爾斯寫道：「整片海灘都覆蓋著大量被海浪沖出的鱟卵」，而且在「海流匯聚的一些地方，堆積的厚度高達兩英尺（約六十公分）」。德拉瓦灣每座有鱟上岸產卵的海灘我幾乎都走遍了，但這種景觀我也從未目睹，最多只找到幾湯匙的鱟卵而已——就那麼一小堆塞在馬洪港的護岸堆石縫隙中。

鱟肥加工業的教訓早已被人遺忘，當漁民把海灣的鱟抓光，水鳥也開始挨餓時，歷史就重演了。大西洋各州海洋漁業委員會（Atlantic States Marine Fisheries Commission）是負責管

理美洲鱟捕撈業務的組織，但他們先前並未盡到管理之責：在一九九〇年代，該機構對於鱟的捕撈額度沒有設定上限。生物學家和保育團體由於擔心水鳥的數量快速下降，因而插手介入，希望阻止這種大規模捕殺持續發生。在他們的敦促和堅持下，環繞德拉瓦灣的幾個州、美國魚類及野生動物管理局和大西洋各州海洋漁業委員會等單位總算在一九九八年意識到鱟正逐漸消失，因而開始採取相關措施，希望遏制鱟的數量衰減。在這過程中，漁民、漁業管理當局和野生動物學者對於改善措施的看法時有分歧：態勢日趨緊張，談判桌上爭論不休，彼此脣槍舌戰持續多年。到了二〇〇六年，管理機關已經下令中止紐澤西州捕鱟充作餌料的相關作業，也在德拉瓦灣周圍的其他州設定捕撈限額，包括全年禁捕雌鱟、一月至六月初禁捕雄鱟，並且採用替代餌料，還在灣口地區劃設了鱟保護區。

絕大多數的鱟都是被抓去製成餌料，因此這些行動的目標在於將這些鱟的捕撈數量減少百分之七十，但對於捕撈限額還是一直有激烈爭議。二〇一四年，紐澤西州的立法機關經過審議之後，否決了一項提案，該提案若是通過，當地就可以恢復捕鱟製作餌料。我聽到有人說，奈爾斯應該做好科學家的本分就好，不要在那邊提倡什麼保育了。但如果他跟他的同僚不去呼籲、不去提倡，還有誰會做這些事呢？水鳥和鱟都沒有發言權，而且，就像珊迪颶風所帶來的後果已經明白顯示，鱟的生存環境面臨許多威脅。不只是水鳥，就連人類的健康與福祉也跟鱟休戚與共，如果沒有鱟，人類社會的健康福祉恐將大幅降低。

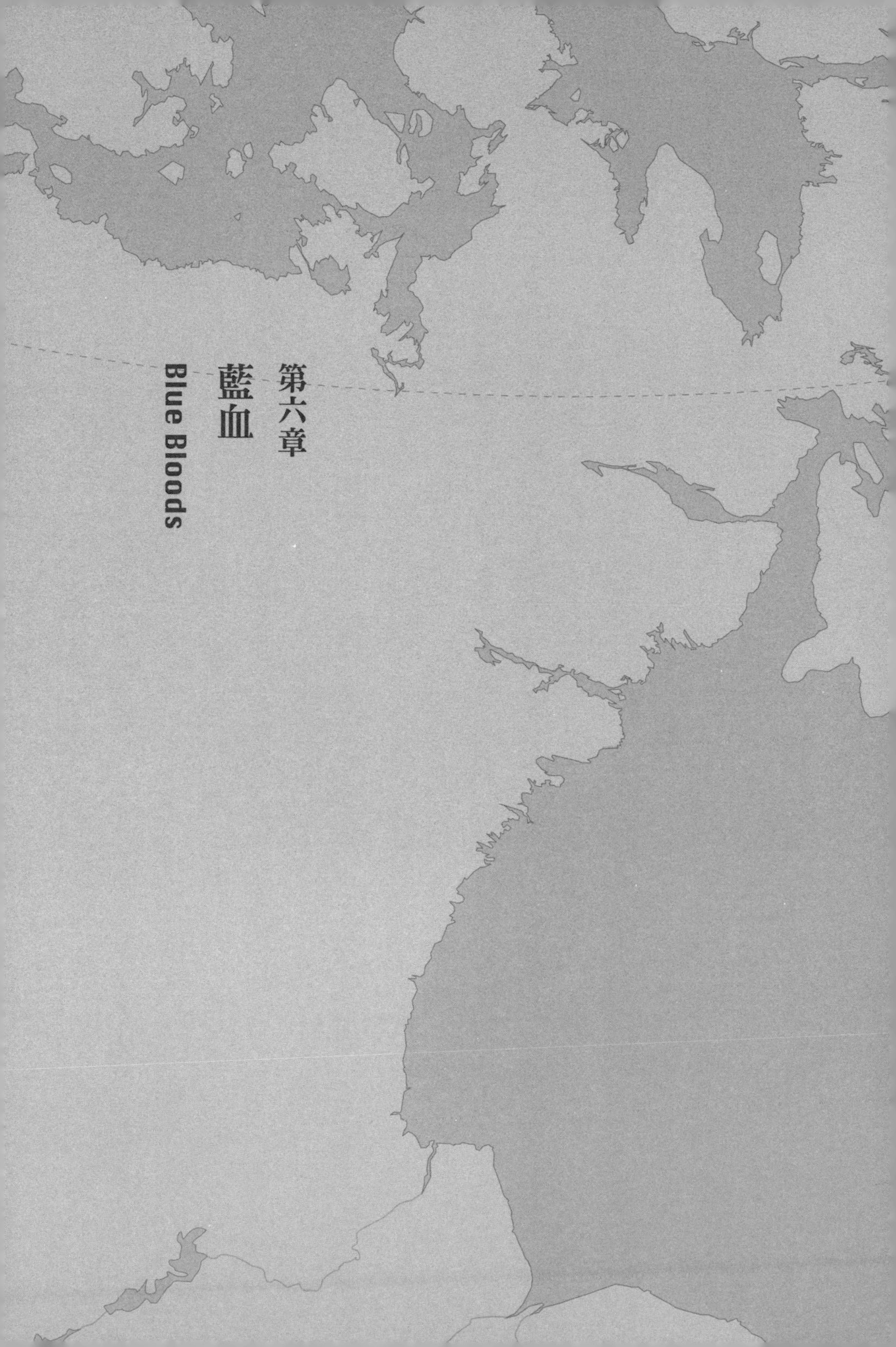

第六章

藍血

Blue Bloods

走在麻州總醫院的波士頓院區，就像走進迷宮一樣，四處都是實驗室、醫療大樓和停車場。其中有棟製造放射藥物的建築，裡頭正執行一項耗資數百萬美元的核子醫學實驗及臨床研究計畫，但其外觀毫不起眼。該棟建築背對著人行道，磚塊老舊，窗戶骯髒，看起來似乎沒有易於識別的名稱或編號。有扇門挨著街邊，院區員工才能刷卡進出，我只能到處問路，卻都不得其門而入。最後總算在一條小巷的盡頭找到一個沒上鎖的入口，一旁是個漂亮的庭院和露臺。在庭院桌椅的地底下，有座粒子加速器，四周是由將近兩公尺厚的混凝土地下室所包圍。這座粒子加速器大概跟花園裡的小型儲藏屋一樣大，重量差不多等於二十二頭大象。

麻州總醫院有兩座迴旋加速器，其中一座從凌晨三點三十分就會啟動，開始以高能粒子撞擊原子。在加速器的內部，高能量的次原子粒子束（比如質子束或電子束）會以每秒超過四萬公里的速度在電磁場中盤旋繞動。這種加速器可藉由融合原子來製造示蹤劑，若將示蹤劑注射到準備進行正子斷層掃描的患者體內，研究人員便可追蹤癌症、心臟病和退化性疾病（如阿茲海默症和帕金森氏症）的發展狀況。這些新的示蹤劑都有放射性，跟原子彈和核電廠裡的鈾和鈽同位素一樣，不同的是，這些示蹤劑的「生命」非常短暫。用於製造核武器的鈽-239相當「長壽」，其半衰期為兩萬四千一百年；相較之下，麻州總醫院所製造的放射性同位素氟-18，其衰變速度很快，半衰期僅一〇九點七七分鐘。因此，技術人員、化學家和核醫藥師只有幾個小時的時間來製造原子粒子、合成示蹤劑、測試純度，然後將其注入患者

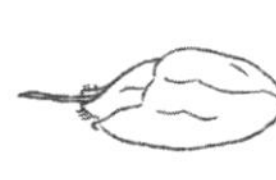

體內並進行掃描，過程中如果有所延遲，作用宛如標籤的放射性同位素示蹤劑也就失效了。此外，如果示蹤劑遭到細菌汙染，患者可能會受到嚴重感染而死亡。我之所以前來這家醫院，就是想要看看在檢測潛在致命細菌時，鱟所扮演的獨特角色。

微生物是三十八億年前從海洋演化出的最初生命型態，如今無處不在：在四分之一茶匙的水中，可容納超過一百萬個細菌。細菌是微生物的一類，同樣無處不在，無論是在土壤、空氣還是水中，甚至在飲用水裡也有細菌。據估計，人體內有一百兆個微生物，細菌的數量是人體細胞的十倍：它們覆蓋在我們的皮膚上，生活在我們的鼻子、喉嚨、鼻竇（大約有一千兩百種細菌聚集在此）以及腸道中（該處有百分之九十九的基因屬於細菌，而非人類），要是把細菌全都移除，剩下來的就寥寥無幾了。細菌是人體的一部分，對我們的身體健康至關重要：它們能夠幫助消化食物、抵抗感染，還能避免氣喘。大部分的細菌都是無害的，但有些會釋放強大的毒素，導致肺炎、腦膜炎、食物中毒或百日咳。

在藥物和醫療器械進入人體的血液或脊髓液之前，它們可能帶有一些有害細菌，醫療人員得先將它們找出來並消滅掉才行。因此，針對注射劑和醫療設備進行細菌汙染測試是非常普遍的做法，不是只有麻州總醫院，全世界的醫院和藥廠也都如此。細菌汙染測試不僅用於放射性示蹤劑，也廣泛應用在疫苗、注射器、靜脈注射藥物、輸液管、支架、人工髖關節和膝關節，以及其他醫療植體，還有像是注射到肌肉、血液、骨骼或皮下的藥物等也都要經過這項測試。換句話說，我們所有人，以及我們的寵物，都能受益於這項測試，這也表示測試的精確性相當重要。我們大部分人，包括我們的孩子或父母，也許還有飼養的貓狗，都曾抽過血或接受過靜脈注射抗生素或輸液，如果那些管線和針頭沒有經過滅菌而攜帶有毒細菌，那麼很多人都會面臨抗生素耐藥性感染的問題，有些人可能因此喪命。

早年確實有不少人因為靜脈注射治療而死亡，這種曾經深具危險性且令人膽顫心驚的醫療處置，現在卻是一種常規做法。當霍亂疫情在十九世紀初席捲俄羅斯和歐洲時，有些遍尋不著治療方法的醫生只得孤注一擲，將水、鹽水和／或鴉片酊注入病患的靜脈，其結果卻是慘不忍睹，患者在幾分鐘或幾小時內便一命嗚呼。一八三二年，托馬斯·拉塔（Thomas Latta）醫師替十五名患者進行輸液，其中有十人死亡，但這在當時被認為是成功的治療。一八四七年，另一位醫生麥金托許（J. Mackintosh）在為一百五十六名患者注射靜脈輸液前，先拿皮革「仔細過濾」了他的注射液，但這種「預防措施」反倒讓情況變得更糟：他的患者有百分之八十四死亡，這數字遠遠高於沒有接受這種「創新做法」的病患。

在死亡率這麼高的情況下，實在很難說打針和靜脈輸液跟其他危險且無效的治療方法有什麼不同，比如給予蓖麻油和氧化鎂瀉藥（milk of magnesia cathartics）、甘汞瀉劑（calomel purgatives），以及對已經嚴重脫水的患者進行放血（最多每兩小時放掉將近九百五十毫升的血液量）之類的。英國醫學雜誌《刺胳針》（*Lancet*）稱這些荒唐的治療方法「充滿喧譁與

騷動，但卻毫無意義」。而對其他批評者來說，這些方法所造就的無異於「仁慈的謀殺」。

雖然彼時難以想見，但之後靜脈注射療法可降低住院患者的死亡率達百分之七十，將成為治療霍亂挽救生命的唯一療法。然而，醫師們還需要很長一段時間才能搞清楚注射液中正確的鹽分濃度該是多少，至於要安全注射進入人體，需要等待的時間就更久了。雖然靜脈注射療法逐漸受到歡迎，但與此同時，伴隨而來的發燒風險也愈見頻繁，有時甚至因而致命。舉例來說，有種稱作「灑爾佛散」（salvarsan）的含砷藥物，在一九一〇年被合成出來用於治療梅毒，隨後迅速成為世界上使用最廣泛的處方藥，但這種藥有個問題：注射之後會引發「灑爾佛散熱」。此外，像是外科麻醉和手術時的靜脈注射用藥也會導致患者發燒；似乎每種新藥物都會引發各自獨特的發燒反應：蛋白質熱、海水熱、水熱、糖熱、組織熱等等，不一而足。

有位年輕的生物化學家弗羅倫絲．塞柏特（Florence B. Seibert）對此感到十分不解。在那十年前，有兩個人提出了一個新的想法，他們認為汙染的水是導致發燒的罪魁禍首，但他們的觀點以及論文在當時並不被當作一回事，直到塞伯特開始進行相關研究。一九二三年，她完成博士論文，文中提出了出人意料的發現：她證明雖然那些發燒反應的名稱各有不同，但卻有個共同的原因──注射液遭到細菌汙染。儘管醫生們認為蒸餾水絕對安全無虞，但她證明蒸餾水很容易被細菌汙染，這些細菌即便受到高溫仍可保持穩定，它們不僅會導致發燒，還會引起頭痛、發冷、噁心和死亡。因此，去除這些細菌是一大關鍵。

塞柏特深具開創性的研究大大提高了靜脈注射治療的安全性，那可能是有史以來最有用處的博士論文之一。她明確指出「注射發燒」的原因，並且制定預防措施，設計出一種擋板，在水被蒸餾時能夠截獲其中的細菌。據她一位同事說道，她的工作「在當時看似沒有引起太多關注……但後來證明那在靜脈注射藥物和輸血等相關領域意義非凡」。塞柏特後來進一步應用她的發現，將醫院和新興製藥業用來檢測靜脈注射藥物純度的一種方法加以改良完善。塞柏特跟兔子朝夕相處，白天抱在懷裡，晚上餵牠們吃燕麥和甘藍菜，她發現在正常情況下，兔子的體溫並沒有太大的波動，但如果將受到汙染的水注入兔耳周遭的靜脈，牠們就會馬上發燒。後來，以兔子進行測試成為美國食品藥物管理局用來評估注射藥物是否安全的黃金標準。這項研究成果讓美國製藥業得以向醫院和二戰中在海外作戰的受傷士兵提供安全的靜脈注射設備和注射液，而在她進行這些研究的那個年代，大學裡的女性只能被分派到位階最低、薪資最差的職位。

這些成就似乎已經足以讓最具野心的研究者心滿意足，但不屈不撓的塞柏特持續探索，不但發表了一百一十九篇科學論文，還把另一個長期困擾科學家的棘手問題給解決掉。一八九〇年，德國微生物學家羅伯特．科赫（Robert Koch）找出了導致結核病的細菌，但他未能完全將之分離出來。由於他無法去除桿菌中的雜質，這使得診斷過程中所做的皮膚試

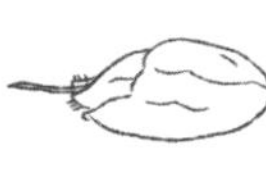

驗非常不可靠。經過十年的努力，塞柏特總算成功克服科赫遭遇的難關，解決之道是用一種炸藥（一塊帶有黏性的硝化棉）放在多孔隙的黏土過濾器上，這樣就能過濾掉雜質。世界衛生組織後來正式採用她的檢測方法，直到今天這仍然是結核菌素皮膚試驗的標準做法。兔子試驗延續了五十年，直到科學家找到另一種更好的替代實驗動物：這種動物無須吃乾草和燕麥，當然也不會抱在任何人的大腿上。

麻州伍茲霍爾（Woods Hole）海洋生物學實驗室（Marine Biological Laboratory）的所在地鄰近美洲鱟上岸產卵的海灘和草澤，正因為這樣的地利之便，才使得有些重要的科學發現提早問世，甚至是因此才得以實現。隨著充滿好奇心的科學家和產卵的鱟群同時抵達，伍茲霍爾也跟著展開夏日序曲，這個地區的鱟已經成為一個備受歡迎及重視的研究對象。

生物學家凱弗．哈特賴（H. Keffer Hartline）曾經發現過鱟眼裡的大型光感受器，他很喜愛這些構造。美洲鱟的學名是*Limulus polyphemus*，其名得自荷馬史詩提到的獨眼巨人（Cyclops Polyphemus），因為牠們殼中央的三隻眼睛就像獨眼巨人頭中央的那隻眼睛一般，而且這些眼睛能夠感受到月光和星光。獨眼巨人只有一隻眼，但鱟總共有十隻眼，牠們殼的兩側各有兩隻眼，每隻眼睛都有一千個光感受器，這些光感受器是動物界中最大的，比我們視網膜的視桿細胞和視錐細胞還要大上一百倍。還有一個「眼睛」（光感受器）位於尾部，其餘兩個是在殼的下方。哈特賴的研究內容在於探究鱟的眼睛是如何根據接收到的光線向大腦發送電脈衝，這不但對於理解人類視覺生理打下基礎，也讓我們認識到動物的眼睛在面對不同強度的光線時會如何做出反應，以及人眼如何感知光線的對比。後來，他也因為這項研究而獲得諾貝爾獎。

從日落時分到太陽升起，鱟對光的敏感度在這段期間內增加了一百萬倍，牠們在夜裡看到的景象就像在白天一樣。鱟尾的光感受器會向大腦發送訊號，使這個生理時鐘跟實際的明暗節奏同步搭配。其他眼睛可以探測鱟下方的光線，或者幫助稚鱟在其他眼睛發育成熟時找到路。儘管鱟有這麼多隻眼睛，但哈特賴並無法確定牠們究竟看到了什麼，因此開玩笑說他花了數年光陰「研究一種眼盲動物的視覺」。他的學生羅伯特．巴洛（Robert Barlow）曾發現過鱟的晝夜節律，他穿上水肺潛水的裝備，想要了解鱟在水中會去尋找什麼，但「在巴澤茲灣（Buzzard's Bay）的海底度過許多寒冷孤獨的夜晚之後」，他只觀察到如果月光從他手中的水下手寫板投射出陰影，鱟就會避開頭頂上的這塊陰影。後來，巴洛和他的同事們將水泥澆鑄的雌鱟模型以及相同大小的立方體和半圓形沿著滿潮線並排，然後等待夜裡的潮水上漲。經過這項研究觀察後他們才明白，鱟之所以擁有眼睛，主要是為了找尋同類。

哈特賴和巴洛研究的是鱟的視覺，而對於其他研究人員來說，這種動作笨拙的動物能夠生產一種珍貴的藥劑。在藥品和醫療器械的生產過程中，革蘭氏陰性菌一直是製造商關注的重點，這種細菌的細胞壁碎片含有危險的毒素，它們在滅菌後仍會殘留，即使細菌本身被殺

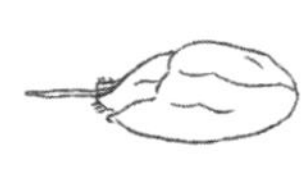

死也能保有原本的毒性。弗羅倫絲・塞柏特沒能找出汙染她蒸餾水的內毒素（她稱之為「小藍魔鬼」），但發燒的兔子顯示那些物質確實存在，而後科學家證明鱟血是一種更優異的指示劑。

一九五〇和一九五一年，在伍茲霍爾研究免疫反應的弗瑞德里克・班恩（Frederick Bang）發現，鱟的藍色血液要是碰到革蘭氏陰性菌就會凝結。這種凝血因子強大到如果有隻鱟遭遇致命性感染，其血液在牠死亡之前就會全部凝結。雖然科學界發現了這件事，但「發現」不代表一定能在短時間內「應用」相關知識。過了十二年，班恩和約翰霍普金斯大學的另一位血液學家傑克・列文（Jack Levin）才將鱟體內的高敏感度內毒素偵測物質加以分離，並製成穩定的「鱟變形細胞溶解物」，簡稱LAL或「鱟試劑」：前一個L代表鱟（*Limulus*）；A代表變形細胞，也稱阿米巴樣細胞（amebocyte），即鱟的血細胞；後一個L代表溶解產物（lysate），這是科學家把鱟的血細胞從血漿分離出來並將其脹破後所留下的毒素偵測物質。

幾年之後，來自美國公共衛生處（Public Health Service）的詹姆斯・庫珀（James F. Cooper）進入約翰霍普金斯大學研究所就讀，他的研究興趣是新興的核醫學領域，這件事也代表著長期以來利用兔子進行前述熱原細菌測試的時代開始邁向終點。拿兔子來做實驗測試相當燒錢，因為你得飼養大量兔子，這些兔子需要籠舍居住，需要悉心照養，和訓練有素的人員來處理牠們的吃喝拉撒。另外，使用這類養在局限狹小空間的動物來進行藥物試驗，經常會引起倫理爭議；而對於用在醫學成像的放射性藥物而言，由於這類藥物的壽命很短，因此兔子測試就顯得過於繁瑣耗時。龍沙（Lonza）是一家生產鱟試劑的製藥商，該公司的監管事務經理埃倫．玻根森（Allen Burgenson）向我解釋道：「兔子很容易受到驚嚇，如果陌生人走進飼養房，牠們有時就會嚇到，然後發燒。你得讓牠們保持冷靜才行，所以牠們只能和熟悉的人共處一室。如果你想測試價值一百萬美元的藥物，你甚至不能讓任何人待在進行測試的房裡。」

除此之外，兔子測試並不保證每次都有效。有些頭部外傷患者的腦脊髓液會從腦部周遭的保護層滲漏出來，醫生若想對這種情況加以診斷，便會將放射性示蹤劑注入患者的脊髓液中。然而這種新工具伴隨著嚴重風險：內毒素若是從脊椎穿刺注射到體內，其毒性是靜脈注射的數百倍，但兔子測試沒辦法檢測到這麼少的毒素量。總之，庫珀馬上就發現了鱟試劑的應用潛力。在一段為期十五個月的時間裡，他發現大量患者（多達百分之二十七）因示蹤劑而發燒，另有多達百分之十四罹患腦膜炎，這是一種可能導致中風或死亡的嚴重不良反應。對此，敏感度更高的鱟試劑能夠檢測出這類細菌汙染。

庫珀跟同事持續研究鱟試劑的敏感度，他們從一般存在於人類腸道的大腸桿菌（*E. coli*）和克雷伯氏菌（*Klebsiella*）中萃取出毒素，並將不同濃度的毒素施加在兔子和鱟身上。

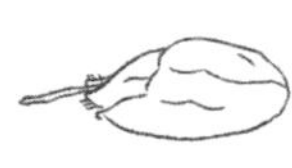

克雷伯氏菌是一種對於抗生素耐藥性日益增強的醫療照護相關感染源，可引起腦膜炎、血流感染、肺炎和手術感染。研究人員發現，鱟血對內毒素的敏感度是兔子測試的十倍，即便這些危險的內毒素濃度低到兔子都沒有產生反應，鱟血也能測得其存在。儘管如此，由於鱟試劑是種相對未經測試的新型試劑，因此製藥公司並不願意放棄久經驗證的可靠測試。等到一九八五年，兔子測試和鱟試劑測試彼此經過數千次競爭比較之後，美國食品藥物管理局正式批准，讓鱟試劑作為檢測熱原細菌的替代測試，這個決定徹底改變了評估注射藥物安全性的方式。

芝加哥一間生產靜脈注射藥物的公司百特（Baxter）隨即開始投入生產鱟試劑，但密西根湖（Lake Michigan）的淡水中並沒有鱟。與此同時，南卡羅萊納州的博福特（Beaufort）有位名叫羅伯特．高爾特（Robert Gault）的漁民，他手上的鱟可多了。除了捕撈蝦子、軟殼蟹和蛤蜊，他還用拖車把鱟運送到紐約，然後賣給專門抓海螺和鰻魚的漁夫作為誘餌。有一天，他不記得確切日期，只記得那天自己帶著年幼的兒子傑瑞（Jerry）駕一艘自製小艇渡過露西角溪（Lucy Point Creek）時，有個陌生人找上門來。看著對方穿西裝打領帶，高爾特起初懷疑他是保險推銷員，因此一開始並不願意上岸多談，但這位不請自來的客人是百特公司的代表，他向高爾特提出了一個難以回絕的要約。「我那時賣鱟當誘餌其實賺不了多少錢，」他回憶道，「但那個人開給我一張長期飯票。這家公司付錢請我去收集鱟，然後把牠們用報紙包起來，裝進紙箱再以空運寄到芝加哥。」後來，當百特到南卡羅萊納州啟用生產設施時，該公司便將實驗室設在高爾特海產行（Gault Seafood），並聘僱傑瑞的母親布蘭琪（Blanche）擔任首席技師，每天在工作室裡抽取五十至一百隻鱟的血液。

研究人員也開始做起這門生意來。伍茲霍爾海洋研究所（Woods Hole Oceanographic Institution）的微生物學家史丹利．華森（Stanley W. Watson）曾在自家車庫創辦一間名為「鱈魚角聯合公司」（Associates of Cape Cod）的房地產公司，如今，他讓這家公司轉型生產鱟試劑。而先前在維吉尼亞州欽科提格（Chincoteague）附近的瓦勒普斯島（Wallops Island）上替聯邦政府採集鱟血並製作鱟試劑的庫珀，也投入創業。他聽人家說南卡羅萊納州的鱟又大又多，便將全家搬到查爾斯頓，到了那裡跟漁民聊天時，才知道原來在查爾斯頓北邊公牛灣（Bulls Bay）的沙嘴上有數以萬計的鱟前去產卵，他從沒看過那麼大隻的鱟，而且該地的海水相當乾淨。他還知道在南邊靠近博福特的地方，有更多鱟會在羅伊歐港灣（Port Royal Sound）中避風的潮溝處產卵。他原本打算將工廠蓋在查爾斯頓港出海口的沙利文島（Sullivan's Island）上，但雨果颶風在一九八九年九月二十一日淹沒了該島，連接島嶼的橋梁也遭到破壞，最後他只好在機場附近一個不起眼的郊區，選了一片風景不佳的地方蓋工廠。颶風過後，海灣內的水質非常糟糕，所以他一開始並沒有抓到很多鱟。

庫珀當初創立的公司，現在是查爾斯河實驗室（Charles River Laboratories）這家製藥集

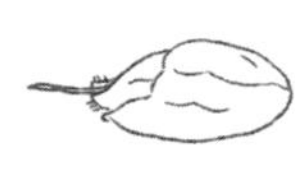

團的一部分。芭芭拉·愛德華茲（Barbara Edwards）是該公司的內毒素和微生物部門培訓經理，她跟她的大學室友是庫珀的第一批員工，她們當時負責清潔設備、確認設備合乎使用標準、發送採購訂單、替鱟採血，大大小小該做的事情全都一手包辦。庫珀從喬治亞州一間即將結束生產的製藥廠買了二手設備，還找來一些投資者，但由於資金不足，差點功虧一簣。由於已經通過兔子測試的藥物導致患者感染的病例不斷發生，加上美國食品藥物管理局加強相關規定，因此藥廠慢慢採用新的鱟血測試。如今，四家大型跨國生物製藥公司都是利用鱟的血液生產鱟試劑，包括：查爾斯河實驗室，它們不僅在查爾斯頓營運相關業務，還在德拉瓦灣的開普梅科特豪斯（Cape May Courthouse）採集鱟血，就位於前文提過、舊稱「王者之蟹登陸」的那個地點；瑞士大藥廠龍沙，在切薩皮克灣作業；日本和光純藥工業株式會社（Wako），在維吉尼亞州查爾斯角採集鱟血；鱈魚角聯合公司，現在屬於日本生化工業株式會社（Seikagaku）的一部分，則是採集來自麻州鱈魚角和羅德島州的鱟血。

約翰·督柏札克（John Dubczak）是查爾斯河實驗室的內毒素和微生物部門總經理，他的眼珠子就像鱟的血一樣藍。我跟他聊天時，天氣熱得我不停大口喝水解渴，他順手就拿起他們公司的新試劑對我喝的水檢測一番，結果竟然呈現陽性，幸好毒素含量極低，完全毋須擔心。當今的醫學和外科手術相當進步，但也會使我們的心血管系統、淋巴系統、血液和脊髓液接觸到藥物及醫療設備，因此必然會要求內毒素測試得具備高敏感度才行。路易斯·托馬斯（Lewis Thomas）在《細胞生命的禮讚》（*The Lives of a Cell*）中寫道，人體將革蘭氏陰性菌視為「壞消息之最」，一旦感測到內毒素，「我們便可能窮盡一切可運用的防禦機制，針對該部位的所有組織加以轟炸、去除、封鎖和摧毀。」結果便是，照他的說法，「一團混亂」，隨之而來的後果包括發燒發炎、低血壓、呼吸窘迫和窒息、休克，乃至死亡。為了避免體內的防禦系統在抵抗內毒素時抓狂失控，藥物、疫苗、靜脈注射溶液和醫療器材的管理標準就得設定內毒素的容許值，鱟試劑就是用來檢測這些東西是否合乎容許標準。

時值五月的大潮，潮水不斷湧入南卡羅萊納州低地地區的小溪及河口。此處名符其實，地勢甚低，海岸全被溪流和潮汐浸潤，化為溼漉漉的草澤島嶼，與其說是陸地，毋寧說屬於海洋。在這裡，大海無處不在：草澤的溼涼氣味撲鼻；道路幾乎被高潮線淹過；生命力旺盛的溪流裡蝦蟹成群；舉目所望，四周景致盡是波光粼粼。在那些比海平面高不了多少的小島上，在這片持續變動、轉瞬即逝的景觀之中，各種對於土地的說法都禁不起時間的考驗。

高爾特海產行就坐落在露西角溪畔，他們一家居住的房子也在這兒，還有幾棟低矮的建築跟幾臺卡車。一塊牌子矗立前方，上頭寫著：「僅供漁民停車。其他擅停者後果自負。」我遲疑了一下，但現已長大成人的傑瑞・高爾特正等著我。進到室內，一名婦女正以軟布擦拭石蟹的螯，擦乾淨的螯全散發出美麗的粉橘色。石蟹棲息在潮溝邊緣的泥洞裡，人們都說這種螃蟹的美味遠勝龍蝦。在一八八〇年代，漁民捕捉石蟹的方式是「冒著被一隻螯甚至

兩隻螯同時夾住的風險，徒手猛然往下伸入十幾公分，有時甚至達四五十公分，這樣才能碰到待在洞穴底部的石蟹」。如今，高爾特改用陷阱誘捕，但這種鬥性堅強的動物並未因此減弱其本性。「有個本地漁民曾被石蟹夾斷手指……不被夾傷的訣竅在於抓牠們的手勢以及速度，動作一定要比牠們快，這超重要。我之前不得不解僱一名助手，因為他三天兩頭就被夾到，疼痛的模樣實在讓我看不下去。我很怕他哪天也會失去一根手指。」

另一個房間裡，剛過濾完的沁涼溪水流進裝滿藍蟹的水槽，槽中的藍蟹差不多都快脫完殼了。高爾特會將剛脫殼、還沒變硬的藍蟹運給買家。辦公室裡有個大鍋正在蒸螃蟹，我拿了一盤，其實我原本已經吃了一整個星期的螃蟹，邊吃邊聽母蟹湯加奶油搭配雪利酒有多棒之類的故事，但之前吃到的鮮甜程度完全比不上這個——整盤全是肥美多汁的蟹肉，只撒了一小撮胡椒粉，沒有多餘的調味料。在大海中，石蟹跟藍蟹如果相遇，彼此就會打鬥，高爾特要是帶著捕蟹陷阱下水，就有機會找到被彼此的螯給鉗住、像是死死擁抱而動彈不得的石蟹跟藍蟹。不過，今晚他想找的「蟹」，既沒有藍蟹那樣的美味，也不具有石蟹的頑強抵抗力。

儘管如此，當我上船時，高爾特還是遞給我一雙手套。我看到他穿著雨靴，以及他在舵輪周圍以合板臨時搭建、高度及膝的隔板。由於潮位相當高，所以高爾特昨天捕了兩趟，第二趟是趕在退潮之前出去的。今晚的滿潮時間會晚一點，大約十點三十分左右，所以他只能出去捕一趟。他預估鱟群會在今晚七點五十分開始出現，期待這次能遇上「一場規模盛大的狂歡派對」。

日落時分，我們動身前往華萊士溪（Wallace Creek）、喬萬溪（Chowan Creek）和布羅德河（Broad River），進入低地地區這片水流錯綜複雜的溼地。這裡有許多有名跟無名的小溪和泥灘，每天隨著潮水起落，時而出現、時而消失。續往前行，卻見水域漸寬，腳下土地愈來愈軟，乃至成為一抹逐漸漆黑的輪廓，白頭海鵰也飛回樹上準備夜棲。船員紛紛換上潛水防寒衣。我們經過一處溪口，大片海灘上空無一物。「你大概會覺得這片海灘很適合鱟，但我們很少在這裡抓到牠們，」高爾特說道，「牠們為何會在這裡或那裡出現，我們也說不出個所以然來。」

在這行幹了十七年後，就他所知，如果不是鱟的數量變多了，就是體型似乎變大了。高爾特認為這種情況可能有三個原因，第一個是「捕蝦業者現在會使用海龜逃脫裝置」，這種裝置原本是設計來讓海龜避免捕蝦網的誤捕傷害，但也能讓鱟從蝦網中逃脫。第二個原因是「現在沒有人捕鱟做成誘餌了，其實這個產業以前的規模也沒大到哪裡去。捕蝦業者會用死鱟放到海底當誘餌，但現在他們改用添加油鯡乾的泥球。最後一個原因是，這個河段再也不能使用拖網了，由於禁止拖網捕撈，鱟在海底的主要棲息地就不會被翻掉」。對傑瑞來說，這些全是好消息：他的收入有百分之二十是來自鱟的販售。

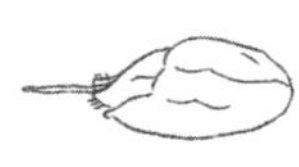

我們經過一小片低窪的海角，上面滿滿都是鳥。「看就知道那裡有鱟，」高爾特指了指海灘上那一大群水鳥，不過，這個海角即將被上漲的海水淹沒。再過一年，它可能會整個分崩離析，就像這片轉瞬即逝的海岸上那諸多淺灘和沙嘴一般。「這些地方變化很大。年復一年，它們不斷堆積而後逐漸被侵蝕殆盡。」所以這個地區的地圖很快就會過時，高爾特自己就有兩臺繪圖機和一具測深儀，靠這些儀器他才能在這個變幻莫測的海岸地形裡穿越迷宮般的溪流。暮光漸暗，我們沿著帕里斯島（Parris Island）邊緣的某處接近一座牡蠣灘，高爾特讓我下船，跟我說我可以趁他去找鱟時四處探索一番。我把我的手機（反正這裡大概也沒訊號）、錢包（同樣用不著）和手電筒都留在船上，他的船隨後消失在黑暗之中。事前我確實看過一張航海圖，但我完全不知道自己身在何處。這是個美麗的夜晚，樹木盡成黑影，牡蠣熠熠生輝。切薩皮克灣一百年前的樣子肯定就是如此，那是個我們還沒把牡蠣灘給夷平然後拿走所有牡蠣的年代，也是個大面積珊瑚礁會對航行造成危害的年代。

牡蠣灘上處處是鱟，牠們就在牡蠣殼堆挖洞躲藏，到處都能見到一小片鱟殼露出來；如果看到牡蠣殼堆被推平，就代表鱟躲在下面。在我住處附近的潮溝裡，鱟差不多跟我巴掌一樣大，但這裡的鱟卻超過三十公分寬。這時，高爾特回來了。他越過船頭伸手拉我上船，我看到他的白色靴子在黑暗中閃閃發亮，又看到他往暗處做了個手勢。「那個角落，」他說道，「我們就是要去那裡。」我什麼都看不見，但他興奮得很。「我不知道是鱟群上來產卵還是什麼的，反正感覺中大獎了，趕緊過去捕撈吧。」確實，溫暖厚重的空氣，漆黑的夜，鹽和溪流的氣味，大量牡蠣，還有正待升起的月亮，全令人既陶醉又興奮莫名。每年都會有一次滿月發生於月球最接近地球（亦即近地點）的時候，而今年，橢圓型的月球軌道離地球最近的時刻，就是現在。這個月滿月的時間和月球運行至近地點的時間相距僅僅不到一分鐘，因而造就出一個「超級月亮」，其亮度會比其他滿月多百分之十四，看起來也會比其他滿月大百分之三十。現在這輪明月正掛在地平線以下。

我們抵達牡蠣灘後，高爾特凝視著船舷後方，說道：「來了來了，牠們來了。」他的直覺精準無誤。時間是七點五十二分，船員們紛紛穿戴好手套和頭燈，卸下平底小艇，然後涉水過去。海風推送著潮汐，高爾特有點擔心，因為潮水已經接近三公尺，快要跟牡蠣灘一樣高，可能會把產卵場給淹沒。此時此刻，水中滿是奔向貝殼礁的鱟群，船員們只消十分鐘就能把小艇給裝滿。他們將小艇上的鱟全搬到大船上，清空之後又把小艇拉回去裝滿了兩次。這裡的鱟像是取之不盡一般，不到兩個小時，船上的鱟就已經滿到小腿，我們也該準備回去了。大約有九百隻鱟在甲板上扭動著，總重差不多兩公噸。剛來的時候，我還覺得長度才七公尺半的船隻竟然裝一臺兩百五十匹馬力的引擎，根本是殺雞用牛刀，但現在這艘船都快開不動了。我聽到大家在討論是不是因為多抓了四十隻鱟才會超載，還是因為作家的體重造成的。高爾特告訴我，有艘卡羅萊納的小船滿載而歸，結果過重，整艘船都沉了。我們轉進一

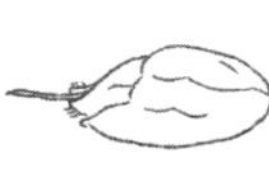

條通往登陸地點的小溪，船員開始拿出手機滑臉書。船隻穿過退潮後露出的大片草澤，長青的橡樹背後升起一輪血月。

生物醫藥公司想要利用高爾特捕來的鱟進行採血。在五月大潮的那幾週，查爾斯河實驗室的技術人員會從鱟的體內抽取血液。早上八點半，當我抵達查爾斯頓時，戶外的溼度跟熱氣已經快到讓人難以忍受的程度。在大樓後面的碼頭上，有位漁民卸下拖車，他前一天晚上從查爾斯頓北邊的羅曼角（Cape Romain）捕撈了一些鱟，今天清早就載來這裡。由於鱟在運送途中可能會過熱或乾掉，生醫公司為了盡量避免收到這類狀況不佳的鱟，便會在漁民卸貨時一隻一隻檢查，將明顯受傷或死氣沈沈的鱟給挑掉，其他的個體才會付錢收購。有三戶漁家多年來一直捕鱟供貨給查爾斯河實驗室，包括高爾特跟他父親。

在鱟產卵的月份，送來的鱟會大幅增加。忙碌的時候，一天的工作會從早上六點就開始，直到晚上七八點才結束，像今天早上就很忙。鱟一旦被送進大樓，會先被刮下附生在殼上的藤壺，再送到沖洗站，那是一個又長又深的灰色金屬水槽，工人們管它叫「水療中心」。這裡有人測量鱟的大小，不夠大的會被排除，其餘的用冷水沖洗，浸一下消毒劑，然後被帶到一個「待命區」，那裡有幾個附輪子的不鏽鋼工作臺，牠們被綁在固定於檯面的架子上，等著被採血。等待的時間不會太長。一排採完血的公鱟被推出來，另一排母鱟馬上就接著推入。技術人員個個都穿戴著髮網帽、口罩、實驗衣和手套，他們先用酒精對著鱟噴灑消毒一番，接著將十四號針頭插入鱟的心包，鱟血就會汩汩流出。

人的血液含有鐵，碰到氧氣會呈現紅色；鱟的血含有銅，流入玻璃瓶時會變成有點混濁的藍綠色。過了八或十分鐘，等到鱟血都採集完畢，架子就會被抽回主樓層，而鱟則是送回拖車，拖車上方有個遮陽篷可以替鱟遮擋烈日。漁民在這兒等著，當他帶來的鱟全都採完血，他便會把牠們放回大海。

要兩隻（也許三隻）鱟的血，才能裝滿一個玻璃瓶。為了消滅細菌並破壞內毒素，每個玻璃瓶連同箔蓋都已經在高溫烤箱中烘烤了三個小時。儘管如此，每隔一段時間就會有鱟血凝固，意味著遭到汙染，工人便會將其丟棄。正是由於「凝血」這種對毒素極其明確的反應，使得鱟和牠們的血液如此珍貴。如果我們的免疫系統抵抗不了感染，醫院裡有各式各樣的疫苗和抗生素等著，但在遙遠的大海中，鱟只能依靠自身的防禦系統自立自強，要是遭到有毒細菌入侵，鱟的血液會在細菌周圍凝固，這樣就能立即將之阻隔開來，避免全身感染。鱟血細胞會將病菌之類的病原體加以固定、去除活性，最終將其摧毀。有種稱為「因子C」（Factor C）的蛋白質能夠引發一連串反應，在內毒素存在的情況下使鱟的血液凝固。庫珀認為，或許就是這種極其精緻漂亮的免疫系統，得以解釋為什麼鱟能夠存活至今。「我們最主要的天敵是細菌，」他說道，「當我們的身體打算擺脫細菌毒素時，有時會反應過度而造成自身的損傷，但鱟卻可以處理它們。」

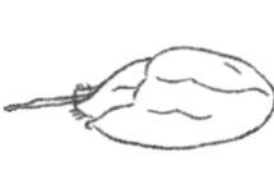

技術人員一整天都忙著將藍色的鱟血變成液體黃金：他們先把鱟血加以離心，以便從血漿中分離出血細胞，然後加入無菌水。當淡水滲透到含鹽的血細胞時，細胞會變得像海綿一樣，然後因為滲透壓而破裂。破碎脫落的細胞膜會往下沉，在上方漂浮的就是LAL，即毒素檢測物質。經過進一步處理和汙染測試後，技術人員便將這些略帶淡黃色的液體冷凍乾燥，然後密封。

我去參訪麻州總醫院的那天，剛好有緣得見鱟試劑的卓越靈敏度發揮作用。丹尼爾・攸克爾（Daniel Yokell）是一位核醫藥師，對化學一直很感興趣，他也是該院正子斷層掃描中心放射製藥部門的主管，每天都得監控三到六批放射藥物的生產。到訪當天，攸克爾和他的工作團隊（包括兩名技術人員、一名核醫藥師和兩名化學家）已經設定好迴旋加速器，以高能質子撞擊重氧水，進而製造出氟的放射性同位素，氟-18。此外，他們也在製造碳-11，這是一種碳的放射性同位素，由於它的半衰期只有二十分鐘，所以他們製造出來的量必須比一次掃描所需的使用量還要多。

技術人員待在一個沒有窗戶的房間，透過一排電腦監控生產過程，若要製造碳-11，撞擊原子的時間大約需要三十分鐘，製造氟-18最多得花兩個小時，視他們需要多少同位素而定。製造出來的放射性物質會經由管道輸送到地下的熱核室（譯註：防止輻射外洩的鉛室），在那裡經過合成，便可製造出正子斷層掃描時的示蹤劑。我發現每個技術人員都穿上一套特殊服裝，那是專為生產這些藥物所需的極淨環境而設計；當他們前往熱核室所在的房間時，地板上的藍色膠條會黏住他們鞋子上的泥土和沙礫；鉛玻璃觀察窗可以保護他們免受放射性物質的不良影響。

我女兒有次因為闌尾炎住院，用在她身上的靜脈輸液管和注射藥物都有經過鱟血的檢測，這樣才能確定其中不含高濃度的內毒素。多年來，我們家的每個成員都去醫院接種過百日咳、破傷風、肝炎、痲疹和流感疫苗，鱟血能夠確保我們打的這些疫苗和靜脈注射藥物都不含內毒素。二〇一三年，醫生將一根支架放入美國前總統喬治．布希（George W. Bush）的心臟，以此撐開一條阻塞的動脈，隔天他就安然返回住處，沒有出現併發症或感染現象，這有部分要歸功於鱟血可以確保植入人體的醫療器械未遭到內毒素汙染。

至今，以鱟試劑進行內毒素測試已經極為普遍，但是讓這項測試得以成真的主角，鱟，對我們多數人而言卻是未曾聽聞，或是不曾見過廬山真面目。光是在二〇一三到二〇一四年的冬季，美國就發放了一億三千四百五十萬劑流感疫苗。在美國，每一年醫生可替心臟病患者植入五十萬根支架，醫療廠商能夠賣出大約三億三千萬根靜脈留置針，另外還有三百萬名白內障患者會使用新的人工水晶體來替換原有的混濁水晶體。心臟支架、人工水晶體、人工髖關節、心律調節器、乳房植體、肌肉注射和靜脈注射用抗生素、化療用藥、疫苗、胰島素、注射用的注射器和導管，以及用於製備上述器材或藥物的水，這些全都是藉由鱟的藍色血液

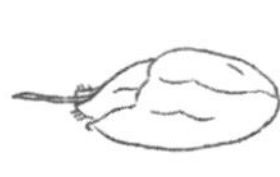

來檢測是否含有內毒素。

我們已經把藥品安全視為理所當然，但只要相關單位沒有徹底執行最佳品管措施，或是醫療產品違反內毒素的濃度標準，人們就會想起鱟對於保障人體健康所扮演的關鍵角色。慶大黴素（又稱見大黴素、健大黴素，Gentamicin）是一種強效抗生素，被用來治療嚴重細菌感染。一九九八年和一九九九年，共有一百五十五名患者對這種抗生素產生內毒素的毒性反應，症狀包括發冷、發燒、顫抖、高血壓或低血壓、異常的高心跳率，以及血氧濃度過低，其中還有一名患者的肺部積水。雖然大部分的人很快就康復了，但有人被插管送進加護病房，以人工呼吸器維持呼吸。

到底發生何事呢？原來，中國有間公司在嚴重違反品管規定的情況下，大量生產慶大黴素供其他製造商使用。該公司沒有遵守內毒素的檢測標準，也沒有對用於製造藥物或沖洗設備的水源進行內毒素檢測。美國食品藥物管理局的測試結果顯示，某幾批慶大黴素的內毒素含量高得令人無法接受，此外，有醫生在開立這種抗生素的處方時並未按照仿單的指示（即每天一劑而非三劑），使得問題更加複雜，從而提高了患者在單位時間內的內毒素暴露量。後來，美國食品藥物管理局禁止該公司對美國輸入藥品，而且對於慶大黴素的內毒素含量也制定了更嚴格的標準。

目前，放射性示蹤劑（比如攸克爾的實驗室所製造的那些）的應用日益增加。一位在麻州總醫院接受卵巢癌治療的朋友告訴我，她要到療程的末期才能知道化療效果如何，屆時電腦斷層掃描會顯示她的腫瘤是否已經縮小。但如此漫長的等待時間，現在已經有機會加以縮短。「放射性示蹤劑完全改變了腫瘤的診斷治療方式，」當我們走過他的實驗室時，攸克爾如此說道，「代謝異常增加的腫瘤會攝取超出正常量的葡萄糖，當這些腫瘤攝入含有放射性氟的葡萄糖時，醫生就能藉此方式觀察腫瘤分子變化，從而提前數週或數月確定化療是否對該項癌症產生療效。」我朋友在得知她的藥物沒有發揮作用之前，已經接受好幾次化療了。現在她所採用的代謝分析法，目前最常應用於骨髓癌，將來有機會指引其他癌症患者及早找到最有效的治療方式。正是因為鱟血，才使得這些新的檢測方式成為可能。

有些正在進行的研究也顯示，放射藥物具有應用在其他方面的潛力。我去攸克爾實驗室的那一天，有一名阿茲海默症患者正準備要用一種示蹤劑對其大腦內的受體進行造影。美國有五百二十萬名老年人（也就是六十五歲以上人口的八分之一）被阿茲海默症所困擾，另有一百三十萬人患有路易氏體失智症（Lewy Body Disease），人們至今仍對這兩種疾病的成因知之甚少。我父親就是因為路易氏體失智症而離世，他原本相當熱衷於滑雪和打網球，但病發之後，連拖著步伐慢慢走過房間都有困難，清醒的程度也日漸減退。有些時候他會心滿意足地坐在最愛的椅子上，上下顛倒拿著《紐約時報》（*New York Times*）開心閱讀，我實在不願承認，但他這樣已經算是狀況不錯的時候了；或者，他會深情凝視著客廳，跟他心愛的

愛爾蘭長毛獵犬聊天，不過那隻狗已經去世好幾年了。狀況不好的時候，他會感到困惑、沮喪，搞不清楚他的銀行對帳單是怎麼回事，然後一而再再而三地要我解釋 18、180 跟 1800 之間的區別。這種情況實在令人心碎。攸克爾認為，利用放射性示蹤劑所進行的新研究，最終或許有助於確認這些讓人虛弱的失智症成因，並追蹤病情的進展。我父親年輕且頭腦和身體都比較靈活時，他和他的妻子在麻州的法茅斯（Falmouth）租了一間房子，當時我的孩子還在蹣跚學步，他帶著他們去附近的一片海灘，上頭滿是上岸產卵的鱟。那時望著這些動作笨拙的動物，我跟他都沒料到，未來有天會是牠們讓人類得以認識這種會奪走他性命的疾病。

我抵達麻州總醫院的時間是上午十一點三十分，現在是下午一點，我還要再跟攸克爾去一個地方。放射性示蹤劑合成之後，需滅菌並純化，然後送到品管部門進行許多測試，內容包括酸鹼值、澄明度、雜質和藥物製造過程中殘留的溶劑等等，前前後後大約有三十頁的清單需要核對，攸克爾可藉此找出任何問題。他把鱟試劑盒及內毒素測試結果拿出來，試劑盒很貴，每個要價四十美元，但速度很快。舊的測試要花一個小時，現在這種新型測試只要十五分鐘就能得到結果。據攸克爾所言，這種示蹤劑的合格標準是每毫升十七單位的內毒素，而測試結果顯示小於一單位。病人正在等待，藥物已經備便，馬上就要送過去了。

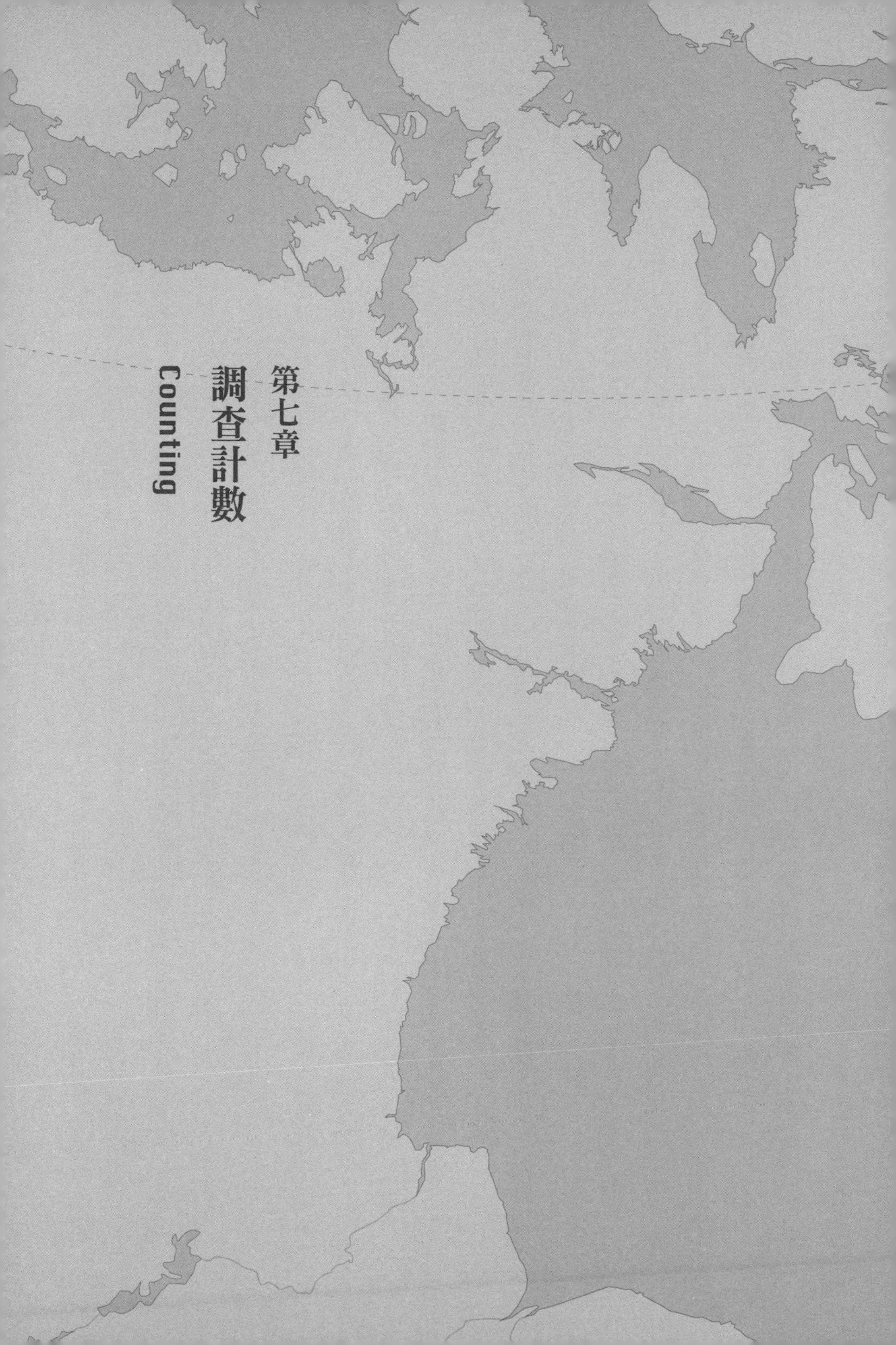

第七章 調查計數

Counting

每當潮水高漲，或滿月、新月時，美國東岸就有大批科學家和志工在海岸上計算有多少鱟前來產卵，地點遍及佛羅里達州、喬治亞州、紐約長島，一路到麻州和新罕布夏州。科學家也會搭乘老舊的漁船出海，利用拖網捕撈的方式計算海底的魚類、貝類、水母以及鱟的數量，或是從海灘和飛機上調查水鳥有幾隻。他們還會長期追蹤海灣沙灘被侵蝕的速率，並且計算需要幾卡車的沙才能恢復原貌。調查計數是永無止盡的工作。

科學家長期在德拉瓦灣調查紅腹濱鷸的數量，二〇〇四年最多只數到一萬三千隻，到了二〇一二年，調查數據上升到兩萬五千隻，雖然跟一九八〇年代初鄧恩看到的九萬五千隻相去甚遠，但顯然族群量有明顯回升。（由於有些紅腹濱鷸會在調查到最大量之前就離開海灣，或者在那之後才抵達，因此過境的總數會比調查到的數量還要多。根據模型估計，二〇〇四年的過境總數有一萬七千隻，二〇一二年為四萬五千隻。一九八〇年代並無可供比較的估計，有些科學家認為當時的數量是十五萬隻。）

二〇一三和二〇一四年所調查到的最高數量維持在兩萬五千隻，似乎多年來嚴格限制捕撈美洲鱟的措施已經開始遏止德拉瓦灣地區鱟和紅腹濱鷸的下降趨勢。密斯皮里恩港的沙灘面積略有擴增，這裡可以繼續替遷徙的水鳥提供大量鱟卵，而其他幾片海灘的鱟卵也開始變多，部分原因是二〇一二年珊迪颶風過後，海灘已逐漸恢復原有的生機。如此一來，就有更多鳥類（包括半蹼濱鷸和紅腹濱鷸）可以獲得牠們往北長途飛行時所需的體重：二〇一三

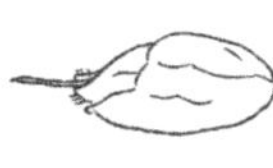

年，有百分之四十六的紅腹濱鷸是一身豐滿地離開德拉瓦灣，二〇一四年則有百分五十三。

這些振奮人心的數字讓人鬆了一口氣，然而，要知道現況是否能夠持續下去，似乎為時過早。二〇一二到一四年間，德拉瓦灣的整體環境對於過境水鳥特別有利，因為那段期間沒有嚴重的颶風侵襲，沒有強勁的西風掀起滔天巨浪（這會迫使鱟只能待在潮溝產卵），也沒有寒流把鱟前來產卵的時間往後拖延。天氣只要發生某種變化，鳥和鱟之間那種微妙的同步關係就可能會被擾亂。二〇〇八年就有一場東北風暴颳起強風大浪，當時，候鳥雖然已經來到德拉瓦灣，但鱟還在水中躲避風浪，海灘上的鱟卵密度在紅腹濱鷸離開後才達到高峰，導致只有不到百分之十五的紅腹濱鷸獲得所需的體重。那一年，拉瑞．奈爾斯一直到六月五號還看到多達四千隻水鳥在海灘上到處尋找食物，以這個時間點來說，想要及時到達北極並且成功繁殖可說為時已晚。

時機決定了一切。如果春天來得比較慢，德拉瓦灣的水溫到五月中旬仍未變暖，那麼當候鳥到達時，鱟群可能還不會產卵。此外，要是候鳥們在某個中繼站遭逢困境，便有可能影響到整個遷徙過程。假如紅腹濱鷸因故滯留在南美洲，比如說牠們在西聖安東尼奧或火地島找不到足夠的食物以致延後北返的時間，這樣一來，等牠們到了德拉瓦灣，恐怕就沒有足夠的時間來增加飛往北極所需的體重。德拉瓦灣幾乎沒有多餘的資源可供其利用，而且水鳥的數量還不足以承受這裡的自然擾動，更別提人類還可能帶來更多干擾。阿曼達．戴伊如此描

述道：「水鳥的族群一旦減少，牠們承受逆境的能力就變得相當薄弱。過境中繼站的環境處在這種條件之下愈久，局面就愈可能發展成像俄羅斯輪盤那樣的生死賭局。」

過境德拉瓦灣的紅腹濱鷸數量可能已經趨於穩定，但其整體族群量要說已經恢復，那還差得遠了。雖然調查到的數字讓人對於復育成果抱持希望，然而就像水鳥本身一樣，牠們大老遠來到德拉瓦灣，短暫停歇之後還有很長的路要走，復育這條路同樣也還有很漫長的距離要走。從奈爾斯的角度來看，這場鱟的保育戰雖然已經持續了十五年，但勝利尚在未定之天。紐澤西奧杜邦學會的大衛．米茲拉希（David Mizrahi）也同意這樣的看法，過境德拉瓦灣的半蹼濱鷸便是由他負責監測。「我們還沒達到目標，」他在電話中告訴我，「鱟卵仍然沒有恢復到以前的數量。雖然目前的鱟卵足夠過境海灣的水鳥食用，畢竟現在的水鳥數量也不多，但如果要重建已經減少的族群，這些鱟卵肯定不夠。」之後他以另一種方式說明：「要怎樣才能看出鱟的族群狀況有改善呢？重點在於德拉瓦灣的水鳥族群量要增加，而且這些鳥還要更加精力充沛才行。」意思就是說，得要有更多、更胖的鳥出現，才能代表鱟變多了。持續減少的鱟或許能夠應付持續減少的水鳥，但鱟的數量並不足以維持回升的紅腹濱鷸族群，結果就是，水鳥的生存前景仍在絕境邊緣。鱟卵的密度仍然不像以前那麼高，紅腹濱鷸的調查數量依舊下降了三分之二，翻石鷸同樣面臨困境，半蹼濱鷸亦然。

美洲鱟的捕撈管制措施允許漁民繼續捕鱟做魚餌，但不能一網打盡。理論上，要是能夠

留下夠多的鱟，便能讓牠們回復原有的族群量。然而，經過十多年的監控管理，鱟的數量在紐約州和新英格蘭地區依然不斷減少，這些地區的年度捕獲量已經無以為繼。根據美國魚類和野生動物管理局的資料，德拉瓦灣的美洲鱟族群成長狀況已經「停滯不前」，也就是說其數量根本沒有反彈。幼鱟的相對豐度（relative abundance）是未來族群能否成長的先兆，德拉瓦灣的幼鱟相對豐度在二〇〇九年有所上升，但隨後又再次下降；成年雌鱟的數量則尚未增加。據科學家估算，德拉瓦灣足以承載一千四百萬隻雌成鱟的生存所需，如今卻只有四百萬隻。

也許，牠們還需更多的時間。雌鱟得要八到十年才能發育成熟，而到目前為止，未成年鱟的數量應該要上升得更快才是。可能是捕撈配額太過寬鬆，導致鱟跟紅腹濱鷸的數量無法回復到一九八〇年代初期的水準。依據目前的方案，主管機關可能將目標訂得太低了：雌鱟的數量可能需要幾十年，也許長達六十年，才能上升到德拉瓦灣能夠承載的一半。此外，相關管理規則最初設計的保護對象是紅腹濱鷸，並沒有考量同樣呈現下降趨勢的翻石鷸及半蹼濱鷸之需求。既然鱟對人類的健康和水鳥的福祉都如此重要，或許我們應該開始好好想想：是否有必要抓這麼多鱟當作誘餌？遭到捕殺的鱟是否超過捕撈配額？以及，為什麼這些動物的族群量沒有止跌回升？

秋風夜雨之際，在滿月和新月的大潮湧現時，美洲鰻，這種通常生活在暗處的生物，

便會從泥濘的池塘底部現身，穿過河溪游入大海，然後到大西洋遠方的馬尾藻海（Sargasso Sea）產卵。等春天到來，一身透明、被稱作「玻璃鰻」的年幼鰻魚會循著淡水的氣味往河口處前進。就像紅腹濱鷸一樣，美洲鰻也是了不起的遷徙者，從河口往內陸上溯，最遠可到密西西比河的支流上游和安大略湖的邊緣，但與鳥類不同的是，牠們畢生只長途往返這麼一趟，產卵後便一命嗚呼。美洲鰻的分布範圍北抵紐芬蘭，南達法屬圭亞那（French Guiana），在北美洲曾經是數量繁多的魚類：一六○○年代，紐約州翁年達加湖（Lake Onondaga）的耶穌會傳教士曾目睹漁民在一夜之間就以魚叉捕獲千隻；普利茅斯（Plymouth）的殖民地開拓者會拿大木桶來裝；美國東岸的溪流中，每四條魚就有一條是鰻魚；紐澤西州的漁民會把鱟放在橡木製成的捕魚籠誘捕鰻魚，他們覺得使用「切成兩半或四分之一」的雌鱟效果最佳。

直到今天，漁民仍然會抓鱟做成餌來捕鰻魚。抓到的鰻魚又會被捕撈銀花鱸魚（條紋鱸）的漁民當作魚餌，或是運到海外，以煎炸、煙燻、用濃湯煮成鰻魚凍等方式當成美食佳餚銷售。從一九八一年到二○一○年，每年從美國出口的鰻魚多達兩百七十二萬公斤。二○一二年，從緬因州出口的玻璃鰻價格為每磅（約半公斤）兩千美元，整個鰻魚產業的價值高達三百九十億美元，算起來一個漁民可以賺到十五萬美金。一九六九年時，生活在美國溪流和池塘中的美洲鰻估計有九百五十多萬公斤，如今只剩下一百八十萬公斤，導致鰻魚數量下

降的因素包括過度捕撈、水壩、水力發電設施以及寄生蟲。二〇一二年五月，大西洋各州海洋漁業委員會正式公告，美洲鰻的漁業資源已經枯竭。

漁民們也會抓鱟來誘捕峨螺，這類大型海螺通常生活在近海的泥沙地，我偶爾會在海灘上看到被沖上岸的峨螺殼，長度約二十幾公分，但我更常看到牠們的卵鞘，那是猶如項鍊般一長串蒼白、半透明的圓盤，裡頭裝著數百顆卵。（在義大利裔美國人社群裡，平安夜的「七魚宴」菜單上就可能會以峨螺入菜。《黑道家族烹飪書》〔*The Sopranos Family Cookbook*〕有一章叫做〈憤怒、內疚、孤獨和食物〉〔Rage, Guilt, Loneliness and Food〕，裡面一道食譜是這樣：以番茄、丁香和紅酒煮成的醬汁拌峨螺切片，佐以東尼．索波諾〔Tony Soprano〕的心理醫師珍妮佛．梅菲〔Jennifer Melfi〕所寫的一篇短文。）美國捕獲的峨螺大部分都出口到亞洲和歐洲，當地會把螺肉拿來炒，跟咖哩一起煮，或是加入海鮮濃湯當配料。維吉尼亞州的漁民在一九九九年就抓了一百四十萬隻鱟來誘捕峨螺。

從二〇〇五年到二〇一〇年，美東沿海地區的峨螺捕獲量增加百分之六十二，之後就掉下去了，這種興盛一時而後衰落的漁獲量，表示管理政策可能有所不足。在麻州海域，現在已經很難找到成年的雌峨螺。截至二〇一四年，大西洋各州海洋漁業委員會仍然沒有對峨螺族群資源進行調查，也沒有設定捕撈配額。

鰻魚資源已經枯竭；峨螺數量正在下降；美洲鱟的族群量在德拉瓦灣停滯不前，在新英

格蘭地區則是日益衰退。人們難道都失憶了嗎？隨著鰻魚和峨螺的市場需求不斷增加，導致鱟的數量萎縮，十九世紀那種大規模捕撈殺害的情況再度出現。鰻魚和峨螺可能在轉眼之間出現，然後就不見，如果以較為宏觀的脈絡看待「減少」這件事，就會知道牠們其實全都悄然消失了。德拉瓦河的鯡魚曾是流入大西洋的河流中捕獲量第一名的魚種，而今處於歷史低點，尚未恢復。已經枯竭的河鯡族群仍在減少。德拉瓦河曾經擁有美國境內數量最多的鱘魚，但目前已被列入美國魚類和野生動物管理局的瀕危物種名單，每年能夠產卵的成魚不到三百條。上述所有魚類的捕撈主管機關，都是大西洋各州海洋漁業委員會。我們現在會回過頭疑惑地看著那些殺死上千隻水鳥的職業獵人，以及把數百萬隻鱟做成肥料的漁民，但未來某天我們的孩子可能會更為不解地問道，我們為何要把一種已經變少的物種拿來當餌料，誘捕其他也在減少的物種呢？

抓那麼多的鰻魚跟峨螺，可說是短視近利、輕率魯莽：根本沒必要為此殺害這麼多鱟。法蘭克・艾薛立四世（Frank"Thumper"Eicherly IV）是一名來自德拉瓦州包爾斯灘（Bowers Beach）的水手，他將用來作為誘餌的鱟放入網袋，再把網袋吊在峨螺捕捉器裡，如此一來，那些飢餓的峨螺只能望餌興嘆，藉由這種方法，他只需使用一半的鱟就能捕獲相同數量的峨螺。維吉尼亞海洋科學研究所（Virginia Institute of Marine Science）和來自生態研究及發展集團（Ecological Research and Development Group）這個非營利組織的葛蘭・高弗理（Glenn

Gauvry）合力製作了一萬四千個這樣的誘餌袋，並免費分發給捕撈峨螺的漁民使用。

德拉瓦大學地球、海洋及環境學院院長南希・塔吉特（Nancy Targett），將艾薛立四世和高弗理起頭的事業接手做下去。起先，塔吉特跟杜邦公司合作，打算把鱟的特殊氣味分離出來，這種味道對於在鱟肥工廠周遭長大的小孩來說是撲鼻惡臭，但對峨螺和鰻魚而言卻是難以抗拒的美味。她花了十五年，仍然無法確切掌握鱟的獨特「香氣」，但就在二〇一三年的春天，她做出了一種替代品：海藻膠添加鱟碎片，外加一點「肉球近方蟹」的蟹肉，以此替代原本所需的鱟，如此便能進一步減少鱟的需求量。她研製的誘餌不僅拯救了美洲鱟，也有助於減少肉球近方蟹的數量——該種螃蟹是在一九八八年於開普梅（候鳥的過境熱點）落地生根，從此成為美國的入侵物種。候鳥是自行飛來，但肉球近方蟹卻是跟著船舶壓艙水經由巴拿馬運河遠道而來。

肉球近方蟹入侵之後，很快就擴散至美國東岸各地，其他甲殼類的生存空間紛紛被其占據。這種蟹是投機的雜食性動物，會跟藍蟹和龍蝦競爭食物。如果不用肉球近方蟹，塔吉特的誘餌需要使用八分之一隻的鱟；要是添加這種入侵種，她的誘餌只需使用十二分之一隻鱟。德拉瓦州的「海援計畫基金」（Delaware Sea Grant）提供一套餌料配方，作法是先由漁民利用攪拌機攪拌製作，再由位於紐澤西州密爾維（Millville）的拉摩尼卡食品公司（LaMonica Fine Foods）以「生態餌料」的名稱銷售，這間食品公司也是馬珂蛤、簾蛤和峨

螺的供應商。假如漁民採用塔吉特開發出來的誘餌，那麼被用來做成餌料的鱟便可以減少百分之七十五到百分之九十，漁民們就不需要再捕殺那麼多鱟了，這都要感謝艾薛立、高弗理和塔吉特。

南卡羅萊納州現在已經沒有鱟餌產業。詹姆斯．庫珀的公司成立之初，有件事讓他「大為震驚」：漁民會把「好幾卡車」的鱟運到博福特的拖車上，收購者再以「一隻二十五美分」的價格付給漁民。他後來跟南卡羅萊納州自然資源部合作，草擬出一份終止南卡羅萊納州捕鱟製餌產業的法案，在他妻子法蘭西絲（Frances）和一位教友的協助下，該法案於一九九一年通過，他說法蘭西絲「在查爾斯頓主導了立法進程」。這項禁令可謂頗有遠見，美國東岸體型最大的鱟就在南卡羅萊納州，幾乎有三十公分寬，牠們的大小在這幾年都保持不變，顯示這是個穩定的族群。

以海藻膠加上肉球近方蟹跟美洲鱟調味製成的餌料，除了上述優點，還能減輕另一種對鱟的威脅，主管機關之前並未預料到這種威脅，如果不加控制，其後果可能會相當嚴重。在倫敦某個燭光熠熠的地下墓室，快閃舉辦的「死亡咖啡館」替事前已簽署免責聲明的客人提供一頓如果準備不當便可能致命的晚餐，附近就有一輛救護車正在待命。這場活動於二〇一三年舉辦，菜單包括蛇酒（酒瓶內浸著一條盤繞的眼鏡蛇）跟河魨，這大概是海中最毒的魚了，負責料理河魨的廚師得經過十年訓練，取得執照之後才能替客人烹煮。在日本，河魨

是一道美味佳餚。有幾種河魨整隻都有致命劇毒，其他河魨則是把「河魨毒素」這種強效神經毒素累積在肝臟和腸道，需要訓練有素的廚師在不讓毒素沾染到魚肉的情況下將其切片。河魨毒素的毒性是氰化物的一萬倍：一小口沾到河魨毒素的魚肉，在幾個小時內就可毒死一個人，也因此美國嚴格限制河魨進口。

不只河魨，有些海洋動物也帶有河魨毒素，包括分布於亞洲的圓尾鱟。在泰國和柬埔寨，曾有數十人因為牠們帶有毒性的卵而住院——只要吃下半杯圓尾鱟卵，便可能一命嗚呼。有鑑於河魨毒素的毒性如此劇烈，將這種亞洲鱟進口到美國，不僅會威脅到美洲鱟、吃鱟卵的水鳥、吃鱟的峨螺和鰻魚，還會連帶影響到吃峨螺和鰻魚的人類。當亞洲的鱟開始出現在美國的鱟餌市場時（二〇一一年有兩千隻，二〇一二年來到四千隻），在世界自然保育聯盟鱟專家群（IUCN Horseshoe Crab Specialist Group）的強烈要求下，大西洋各州海洋漁業委員會決議禁止進口這些鱟。

入侵種會以令人意想不到的方式對生態環境造成嚴重破壞，而且難以回復正常。有種寄生於白鰻（日本鰻）的扁蟲搭便車進入歐洲後，先是傳染到當地的鰻魚身上，隨之橫渡大西洋，造成嚴重的後果。粗厚鰻居線蟲（*Anguillicola crassus*，又稱粗厚鰾線蟲）最開始是現身於南卡羅萊納州溫亞灣（Winyah Bay）的一條野生鰻魚中，地點距離公牛灣的美洲鱟產卵灘地不遠。這種扁蟲的致病性很高，牠們以鰻魚血為食，導致鰻魚的魚鰾出血、增厚，進而阻

礙其游泳能力，這會提高受感染的鰻魚延後抵達產卵地點的機率，造成體內沒有足夠的能量去生產高品質的魚卵。科學家認為，對於鰻魚來說，粗厚鰻居線蟲會「嚴重威脅到鰻魚整體的繁殖成功率」。

由於人類會在某個河口捕鰻，捕到之後賣給其他漁夫帶到別的河口當魚餌，因此這種寄生蟲就這樣在不同流域及河口之間迅速擴散。我記得在一家本地的餌料店看過一缸活鰻，牠們是從馬里蘭州運來的，店家會把牠們切碎後賣給捕撈條紋鱸的麻州漁民。誰也沒有把這當一回事。最初，這種寄生蟲並不是什麼大問題，因為牠似乎對白鰻沒有什麼傷害，但現在，對於已經受到威脅的美洲鰻來說，這種寄生蟲會讓牠們的復育工作變得更加困難。

對於這種意外事件，美洲鱟也無法倖免。跟鰻魚身上的寄生蟲一樣，即便來自亞洲的鱟被殺死做成誘餌，體內的寄生扁蟲也很容易在水裡孵化、生存。魚的鰓在頭部附近，鱟的鰓（數百片像書頁一樣可以翻動的薄膜）則是靠近尾巴。正如粗厚鰻居線蟲並未傷害白鰻但卻嚴重打擊美洲鰻一樣，亞洲鱟身上的扁蟲會寄生到美洲鱟鰓部，這可能會抑制美洲鱟從水中吸收氧氣的能力。

美洲鱟的計數工作仍在持續進行中，不過調查得到的數字並不總是符合應有的數量。為什麼新英格蘭地區的鱟持續減少？又為什麼牠們的族群量在德拉瓦灣沒有回升？我想，該是深入探究的時候了。用來作為餌料的鱟，其捕撈配額可能設太高了，尤其如果被殺掉的鱟沒

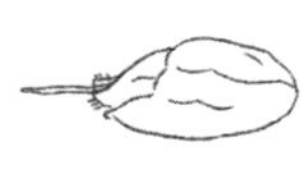

有算進配額的話：按照奈爾斯和戴伊的說法，鱟的捕撈配額管理系統是有「漏洞」的。在一封寫給美國魚類及野生動物管理局的公開信中，紐澤西奧杜邦學會、美國濱岸學會（American Littoral Society）、德拉瓦河川看守者網絡（Delaware Riverkeeper Network）以及紐澤西野生動物保育基金會（Conserve Wildlife Foundation of New Jersey）齊聲表示，大西洋各州海洋漁業委員會設定的配額沒有考慮到非法捕獲的鱟，也沒考慮到在其他魚貝類商業捕撈過程中遭誤捕而丟棄的鱟，他們對此深表關切。

此外，為了生技醫療需求而捕撈鱟，這對其族群狀態的影響又是如何，我們也不太清楚。大西洋各州海洋漁業委員會的美洲鱟資源評估報告並未納入相關數據，但他們的技術委員希望將這些數字包含在內，方能「精確描繪〔鱟的〕捕撈現況」。他們還希望按地區分列這些資訊，以便讓人更清楚地了解不斷增長的生技醫療捕撈需求，可能會造成新英格蘭地區鱟的數量持續減少，或是減緩德拉瓦灣的族群回升速度。由於每個區域只有一兩個地方的鱟會被捕捉採血，因此這些生醫公司認為這項資訊應當列為機密。大西洋各州海洋漁業委員會和生技醫療產業正在研究，看用什麼方法才能將區域數據納入美洲鱟的資源評估當中。

為了確保美洲鱟族群量不會日久衰竭，大西洋各州海洋漁業委員會不僅得要評估各地區生技醫療產業的鱟捕撈量，還要估算每年因相關用途而死的鱟有多少隻。大西洋各州海洋漁業委員會所屬的美洲鱟資源評估委員會認為，將這些數據排除在外是一大「疏漏」，需要設

法彌補，因為「德拉瓦灣地區的美洲鱟年度捕撈量可能有很大一部分是為了滿足相關產業的需求」。大西洋各州海洋漁業委員會的顧問們（即「鱟技術委員會」）擔心，因生技醫療產業而死的鱟，其數量「會讓向來只把重點放在鱟餌漁業的管理成果相形見絀」。

以往，為了採集藍血而捕抓的鱟只占整體捕撈量的一小部分。採血完畢的鱟會被放回海中，死亡的數量跟鱟餌產業造成的百分之百死亡率相比似乎微不足道，但這個過去無足輕重的生醫產業近來卻迅速成長：在一九八九年至二〇一二年間，用於生技醫療用途的鱟之數量成長超過三倍，而根據大西洋各州海洋漁業委員會顧問的說法，目前生醫產業所需要的鱟，其數量「基本上等於」鱟餌產業的捕撈量。

大西洋各州海洋漁業委員會曾對每年因生技醫療產業利用而致死的鱟設定五萬七千五百隻的上限，然而從二〇〇七年以來，每年都超過這個數值，有時甚至超過達百分之四十。在設定上限值時，大西洋各州海洋漁業委員會假定鱟的死亡率是百分之十五，無論其死亡是發生在採血過程中或是放回大海時。雖然生技醫療產業宣稱死亡數字低於委員會的估計，但最近的四份研究卻顯示，高達百分之二十到三十的雌鱟有可能會因這類利用方式而死亡。這些研究發現讓我們明白，因生技醫療產業而損失的鱟，其數量比原先的認知還要多更多，可能等同或超過某些州的鱟餌產業捕撈量，這也凸顯出管理系統的另一項潛在「漏洞」。

昏暗的月夜，海灘上爬滿前來產卵的鱟，我來之前就預期會有四、五、六，甚至十或

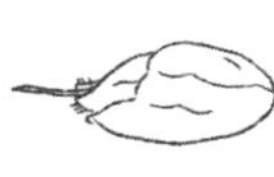

十一隻雄鱟聚集在一隻雌鱟身旁。這種大量雄鱟群聚的情況可能是相對晚近才出現的現象：科學家懷疑，這是雌鱟被漁民及生醫產業優先捕撈所造成的結果，因為雌鱟的體型比較大。歷史資料指出，這種失衡的雌雄比例並非常態。理查·拉斯本於一八八四年為美國魚類委員會撰寫文章時，曾提及一位觀察者的敘述指出，鱟是「成對」上岸產卵。拉斯本補充道：「對雌鱟來說，爬上海灘時附近伴隨著兩、三隻甚至多達六隻雄鱟的情況並不罕見。但一般而言，每隻雌鱟只會讓一隻雄鱟緊跟著。」休·史密斯在描述一八八九年德拉瓦灣的捕鱟業時曾寫道，雖然雌鱟「有時」會在「兩隻或更多雄鱟」的陪伴下到沙灘產卵，但通常牠們是「成對尋找沙質灘地」。

在鱈魚角的普雷森特灣（Pleasant Bay），漁民捕鱟做成誘餌以及送去給生醫產業採血已經超過二十五年，結果使得前來產卵的雄鱟跟雌鱟比例變得愈來愈懸殊，令人擔憂。原本的比例是兩、三隻雄鱟圍著一隻雌鱟，在二〇〇〇至〇二年，變成五、六隻雄鱟追一隻雌鱟，到了二〇〇八至〇九年，增加到八、九隻雄鱟配一隻雌鱟。正如某位科學家所言，有些「極端」的性別比例包括十二隻公的搶爭一隻母的，甚至還有三十比一的誇張情況。在鱈魚角的瑙塞特（Nauset）河口和莫諾莫伊國家野生動物保護區（Monomoy National Wildlife Refuge），每隻雌鱟都只有一、兩隻雄鱟跟著上岸，而這兩個地方都已經沒人在捕鱟了。如今，德拉瓦灣的美洲鱟產卵調查顯示，雄鱟的比例愈來愈高，平均多達三到五隻雄鱟配一隻

雌鱟。

被抓去用於製造鱟試劑的鱟，即便沒死也可能因握持方式和採血過程而承受嚴重後遺症，導致無法產卵。漁民在鱟產卵的地方會徒手或以耙子將鱟集中在一起，就像傑瑞．高爾特在南卡羅萊納州做的那樣。他們還會在離岸更遠的地方用拖網把鱟從海底挖出來，然後放到作業船的甲板上。科學家們檢視這些鱟，發現牠們身上常帶有「創傷」，包括甲殼破裂（這通常會使鱟的消化器官和生殖器官暴露在外）以及「穿刺般的傷口」，這是當鱟被底拖網卡住或堆在船上時，某隻的尾巴刺穿另一隻鱟的鰓所造成。

把鱟從海裡撈出直到採血的過程中，牠們會因為這些情況而感到緊迫：漁民作業時，被堆在甲板上或箱子裡；好幾隻擠在待處理區或水池中；被小艇拖著或以沒有空調的卡車運送至採血處時，面臨高溫和脫水。這些鱟可能會被長時間放置在沒有水的地方，最長達七十二小時。此外，替鱟採血跟我們去紅十字會捐血是兩回事，捐血者通常是捐出將近五百毫升的血液，即人體本身血液量的百分之十左右，而一隻雌鱟最多會被採走百分之三十到四十的血液量。

有些採完血的鱟會被裝上無線電發報器，再放回鱈魚角的普萊森特灣水域，這些鱟在海底往往迷失方向，漫無目的地四處徘徊。來自新罕布夏州古瑞特灣（Great Bay）的鱟，在採完血之後的兩週都顯得暮氣沉沉，對於潮汐變化無動於衷，但牠們原本應該要對潮水的起落

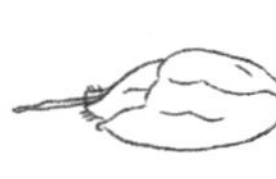

有所反應進而伺機登陸產卵才是。採血六週後，牠們體內的血青素僅僅恢復了百分之六十。血青素又稱「血藍蛋白」，鱟的血液中有百分之九十是這種蛋白質，牠們就是利用血青素在循環系統中攜帶氧氣。鱟一旦被採血，血清素可能需要六個月才能完全恢復正常。如果以手工將產卵的鱟給挑掉，跟拖網捕撈相比，何者更能保護牠們呢？採血之後大難不死的鱟，又有多少會去產卵呢？這些數字都需要加以調查計算，但大西洋各州海洋漁業委員會的資源評估及經營管理計畫回顧報告中，似乎都找不到相關資訊。

鱟的管理系統還有另一個「漏洞」。二〇〇一年時，為了保護集中在德拉瓦灣口的鱟不被拖網或底拖網漁船捕撈，大西洋各州海洋漁業委員會要求美國國家海洋漁業局（National Marine Fisheries Service）在灣口建立一個鱟保留區，區內「禁止以任何名義（包括生醫目的）捕撈鱟」，其設立宗旨在於保護「年齡較大的幼鱟以及剛成熟的雌鱟」。然而，等到面積將近三千九百平方公里的卡爾舒斯特美洲鱟保留區（Carl N. Shuster, Jr. Horseshoe Crab Reserve）成立時，生技醫療產業已經得到豁免，每年得以從該保留區中捕撈一萬隻鱟。這個保留區是否夠大，大到足以替在德拉瓦灣產卵的鱟提供庇護？當鱟被帶走而用於生醫產業時，該保留區對於鱟的保護能力是否會減弱？當美洲鱟的族群量未能回升時，我們或許需要重新檢討這個保留區是否按照預期的目標運作。

大西洋各州海洋漁業委員會正跟生技醫療產業協商，希望業者建立起最佳的自我監管

措施，這些措施可能包括：禁止優先捕撈雌鱟；抓取牠們時要抓殼而不是尾巴；讓牠們保持溼潤並遠離高溫；使用低溫運送的貨車運輸；採血之後的個體要標上記號，以確保在同一個夏季不會被重複採血；整個作業季節內都要隨時監測待處理區或水池的氧氣濃度；在二十四小時內需將牠們輕柔放回大海。這些做法（其中有不少理論上已經在執行了）能否進一步降低生醫產業所造成的鱟死亡率以及採血所導致的嚴重傷害，並確保雌鱟能夠繼續產卵呢？這些做法能否強迫施行？生技醫療產業的作業標準和實際做法，若能接受外界審查以及定期稽核，將會比最佳自我監管措施還要來得強而有力。

說到底，最重要的還是在於相關數據能否指出已然枯竭的美洲鱟族群正在恢復，但由於二〇一三年維吉尼亞理工大學（Virginia Tech）的拖網捕鱟調查取消，因此要在德拉瓦灣回答這個問題，就顯得更為困難了。新英格蘭和德拉瓦灣地區目前的數據顯示，為了保障人類的公衛需求以及水鳥的族群安危，鱟的死亡率得要下降才行。要達到此一目標，一方面可宣布在沿岸地區全面暫停鱟餌產業並改用替代餌料，另一方面則是要對生技醫療產業進行更加嚴格的監管措施。當務之急是要全盤了解鱟的死亡率並加以降低，因為生醫產業對鱟的需求正在上升。

葛蘭．高弗理住在德拉瓦州小溪鎮（Little Creek）一棟兩百二十年歷史的古厝裡，這棟古厝正由他一磚一瓦、深情款款地整修著。屋內的天花板相當低矮，地面是由寬木板拼成，

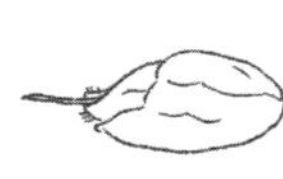

整棟房曾近乎頹圮而被遺棄，後續接手的屋主都因屋況惡化以及龐大的修繕支出，很快就轉手給下一個買家。就像他煞費苦心地修復他的房舍一般，他也同樣小心翼翼地呵護著鱟。他的工作內容有一大要項，地點橫跨世界各地，包括臺灣、中國、印尼和菲律賓沿岸的河口，以及恆河口和孟加拉灣的邊緣。亞洲曾有大量的鱟（譯註：共三種），然而這些鱟卻在快速消失，因為消費市場以及生醫產業的需求消耗太多，但牠們的棲地環境卻很少得到保護。鱟在日本已經被列為瀕臨滅絕的物種。在一場關於亞洲鱟類科學及保育的國際研討會上，與會者報告的內容不斷談到：監管不力和非法捕撈；沿海和集水區開發破壞了鱟的棲地並且造成當地的族群滅絕；鱟一旦消失，想要恢復退化的棲地之難處；不復存在的大量鱟群；亞洲的鱟大幅減少以及美國的鱟無法滿足不斷增長的需求。

藥品和醫療器械的全球市場原本就已經大得嚇人，但其規模還在不斷擴大。截至二〇一六年，在中國、印度和巴西等新興市場的推動下，全世界的藥品支出每年將會增加百分之三到百分之六，總額逼近驚人的一兆兩千萬美元，而這些新興市場的製藥產業年增率預計以每年百分之十二到百分之十五的速度成長。據估計，到了二〇一六年，全球光是對疫苗的需求就將達到五百六十億美元。分析師預估，全球醫療器械市場將以每年百分之六的速度增長，到二〇一七年就會達到三千零二十億美元。

藥品、醫療器械和疫苗都需要進行內毒素檢測以避免危及生命，高弗理認為，不斷增長

的相關需求以及亞洲鱟的數量下降到「臨界值」，兩件事加在一起會導致鱟的供應短缺，一旦亞洲鱟的供給無法滿足日益增長的需求時，生技醫療公司將會把目標轉向美國的鱟。美國並未限制生技醫療產業公司可以抓多少隻鱟來採血，但每年可能因採血而死的鱟早已超過設定的門檻，若不想進一步違反限額，這些公司恐怕很難增加產量。對於不畏挑戰的高弗理來說，搶救鱟雖是出於道義，但需要從經濟面加以解決這個難題才行。他跟一位專門研究鱟的生物學家馬克·巴同（Mark Botton）以及許多同僚，已經成功向世界自然保育聯盟提出申請，希望該單位能夠開始評估亞洲的幾種鱟是否該被列入瀕危物種紅皮書（Red List of Threatened Species），這將是一段漫長的過程。

在那場研討會上，不只高弗理和其他科學家紛紛陳述亞洲鱟數量暴跌的情況，任職於查爾斯河實驗室的約翰·督柏札克也提出了一項經濟解決方案：在內毒素測試中大量減少鱟試劑的用量。在其報告內容中，督柏札克向與會者描述了該公司所研發且獲得美國食品藥物管理局核可的試劑盒，就是我在麻州總醫院看到院方使用的那個。據他所言，這個試劑盒所使用的鱟試劑比傳統檢測方法少了百分之九十五。除此之外，研討會上還有其他研究者提出了鱟試劑的基因工程替代產品。

許多常用合成藥物的材料其實是源自野生動植物。過去在祕魯的耶穌會傳教士就發現，克丘亞印第安人（Quechua Indians）會藉由咀嚼金雞納樹皮，來緩解因長期待在西班牙人挖

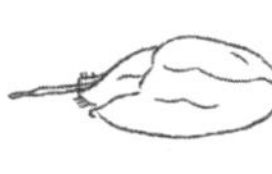

掘的寒冷礦坑中所引發的顫抖，後來教會的司鐸們把這種樹皮帶回歐洲，用以治療熱病和瘧疾。金雞納樹皮中的藥用成分是奎寧，新的抗瘧疾藥物氯喹（氯化奎寧）及甲氟喹（美爾奎寧）裡頭，就含有類似於奎寧的化合物。到後來，由於瘧原蟲對氯喹產生抗藥性，甲氟喹則會引發焦慮、多重夢（vivid dream）、幻覺等副作用，因此需要找尋另一種方法治療瘧疾。一九六〇年代越戰時期，眾多北越士兵因染上具有抗藥性的瘧疾而死亡，此時替毛澤東政權祕密工作的科學家們從另一種植物研發出後來成為下一代抗瘧疾的藥物，這種植物便是氣味芳香的黃花蒿。最終經過十二年的研究，總算製出一種半合成的藥物——青蒿素。

目前，美國的處方藥有一半源自於野生動植物所具備的療效：阿司匹靈是由水楊酸所合成，水楊酸是柳葉和柳樹皮中的一種化合物；由香豆素合成的抗凝血藥物華法林（warfarin），是因乳牛吃了壞掉的三葉草導致出血而死才被人們所發現；另一種廣泛使用的抗凝血劑，肝素，是從豬腸萃取合成；乳癌藥物剋癌易（taxotere）是由太平洋紫杉樹皮中提煉的紫杉醇所合成。隨著合成藥物開始在我們的醫藥界占據主導地位，它們與大自然的連結也逐漸消失，但受到大自然所啟發的合成藥物卻是無處不在。當年若非亞歷山大．弗萊明（Alexander Fleming），科學家們可能到現在都還沒能研發出常用的抗生素阿莫西林：一九二八年，弗萊明收假返回他在倫敦聖瑪麗醫院（St. Mary's Hospital）的實驗室時，在一個意外遭受汙染的培養皿中，發現葡萄球菌的生長受制於某種藍綠色的黴菌——青黴菌，而

阿莫西林正是其中一類青黴素。立普妥（Lipitor）是一種合成的他汀類藥物，也是世界上最暢銷的藥物，這種藥物的開發始於日本生物化學家遠藤章（Akira Eudo）的實驗室：他從京都一家商店所買的米裡頭分離出黴菌，繼而從中發現了能夠抑制膽固醇的化合物。

圓尾鱟（*Carcinoscorpius rotundicauda*）是分布於亞洲的三種鱟之一，新加坡充滿細菌的河口處就有許多圓尾鱟，牠們的體型比美洲鱟來得小，血液量也更少，但卻是更為有效的內毒素檢測劑。觸發鱟血凝固的蛋白質稱作「因子C」，新加坡國立大學（National University of Singapore）的丁捷玲（Jeak Ling Ding）、何寶（Bow Ho）及其研究團隊對因子C進行了漫長且艱困的分離實驗與基因工程，最後他們先是複製這種蛋白質，之後又在酵母以及來自猴子腎臟與昆蟲的細胞中重新複製了可以建構該種蛋白質的合成DNA。

鱟群在德拉瓦灣產卵時，理查·韋伯和我正待在遍地鱟卵的海灘上，周遭滿是蚊蚋，呼吸時都會吸到一堆。與此同時，另一種動物也在六百多公里外、紐約州西部芬格湖群（Finger Lakes）、伊利湖和安大略湖之間的牧草地產卵。之前風暴將夜盜蛾突然吹來，現在牠們的幼蟲已經孵化並長到超過一公分長，這些餓壞的毛毛蟲把苜蓿、玉米、小麥和黑麥等莊稼全吃光，就像南北戰爭時謝爾曼（Sherman）將軍的「向大海進軍」作戰方略一樣，肆意毀壞路上的一切。紐約州內有十三個郡的農作被牠們吃乾抹淨，這些地區全被美國農業部列為自然災害受災區。對於農民而言，夜盜蛾或許是一大禍害，但對製造合成細菌內毒素試劑的藥

廠來說卻是有利可圖。新加坡國立大學把「重組因子C」（recombinant Factor C）的生產專利授權給龍沙集團，因此該公司不但生產鱟試劑，同時也製造重組因子C：將其遺傳密碼插入來自夜盜蛾的細胞株，便可獲取重組因子C。

凱倫．金克．麥卡洛（Karen Zink McCullough）是製藥業的顧問，曾編過一本厚達四百頁的內毒素檢測手冊，她很早之前就在必成實驗室（Beecham Laboratories）操作內毒素檢測，當時必成尚未併入史克美占（SmithKleinBeecham），威康（Wellcome）也還沒被葛蘭素（Glaxo）收購，這些公司最後則是合併成了現在的製藥巨擘，葛蘭素史克（GlaxoSmithKlein）。「我在這一行的時間幾乎和詹姆斯．庫珀一樣長，」回憶起第一次開始使用鱟血製成的內毒素檢測試劑時，麥卡洛如此說道，「那時我們還得將我們的注射藥物送到食品藥物管理局做兔子測試呢。」當時公司有一批兔子測試的結果是陰性，但食品藥物管理局做出來卻呈現陽性。「我老闆把庫珀那篇鱟試劑論文拿給我看，問我說『你怎麼不試試這玩意兒？』所以就這麼開始了。我們已經用鱟試劑用了三十多年，效果一直都很不錯，但現在有測試內毒素的新方法，這代表新的玩意兒即將到來。」

其中一種新玩意兒，就是前面提到的那種來自鱟血、經由基因工程處理過的蛋白質。而在歐洲所開發的另一項新測試中則是發現，來自人體或培養而成的白血球能夠檢測出導致發燒的革蘭氏陰性菌，以及其他熱原細菌、病毒和寄生蟲。此外，在新加坡，丁捷玲、何寶和

其他人則是持續進行研究，他們在鱟清鱟血如何巧妙「逮住」內毒素的過程中找到一種胺基酸，如果將其放入黏性樹脂中，製造藥物和醫療器械過程時所使用的水要是含有內毒素，便可由這種胺基酸加以捕獲。

美國食品藥物管理局及生技醫療產業花了許多年的時間才確信鱟試劑的成效優於兔子測試，如今，要讓人們接受鱟試劑的基因工程替代品，或許又是另一條漫長而曲折的道路。鱟試劑是種已經獲得美國食品藥物管理局許可的血液製劑，但基因重組的產品難以適用食品藥物管理局現有的管轄範圍：它既不是藥物或醫療器械，也不是針對患者所施行的診斷試驗，更不具有放射性，因此當局目前認為沒有發給許可的必要。麥卡洛說：「重組因子C在主管機關那兒似乎還找不到歸屬。」她告訴我，各個藥廠使用的其他化學或物理性（也就是非生物性）品管測試都不需要食品藥物管理局的核可，例如酸鹼值、澄明度或殘留溶劑等測試。除非有迫切需求，不然叫藥廠將現有已得到食品藥物管理局核可的黃金標準檢測方式轉換成不需該局批准的其他方式，顯然沒什麼好處可言。

Pharmacopeia（藥典）這個字的字面意思是「製備藥物」。在《美國藥典》（*United States Pharmacopeia*）中，你可以找到藥物品管測試的各項標準以及程序，那是全美處方藥和非處方藥的官方參考標準，其內容載明藥物的用途及標準製備方式，而這些標準是由學者專家所訂定，藥廠必須加以遵循，以確保藥物的配方、品質、純度和濃度符合規範。美國、歐

洲和日本的主管機關已經將各自的細菌內毒素檢測方式「一致化」，因此目前三方所訂定的規範都列出幾乎相同的檢測方法跟標準，這一方面減輕了全球製藥公司的監管負擔，但另一方面，在考慮納入新測試的過程中，則是增加了額外的核可層級。在二〇一四年版的《美國藥典》中，可以查到兔子測試標準和鱟血製成的鱟試劑檢測標準，但尚未納入新的合成物檢測標準。

龍沙集團曾對自家生產的鱟試劑跟重組因子C進行等效性檢驗，研究成果也已發表，這樣就建立了一個將重組產品納入《美國藥典》的案例。在鱟試劑剛開發出來的年代，一家大型的靜脈注射溶液製造商曾對其產品進行十四萬次以上的鱟試劑測試和兩萬八千次的兔子測試，結果證實鱟試劑的敏感度更佳；庫珀曾與美國食品藥物管理局合作，對放射性藥劑和其他藥物進行了一百五十五次測試；食品藥物管理局自己也做過相關研究。這些數字代表受測藥物的安全性：測試發現藥物的特性有時會干擾鱟試劑，造成試劑檢測的結果改變，從而需要進一步的研究與改善。對重組因子C來說，或許不需要那麼多的測試就能證明它與鱟試劑的效果相當。負責對內毒素檢測標準訂定最新版本的美國藥典委員會指出，「若要對原本已經一致化的檢測標準進行修訂，那麼科技的進步或許是個重要的因素。」如果內毒素檢測的標準涉及到使用基因工程的鱟試劑，就會由美國、日本和歐洲共同做出決定。

二〇一二年，美國食品藥物管理局開始允許藥廠使用重組因子C，前提是藥廠能夠根據

《美國藥典》的規範，具體證明重組因子C的測試成果可以表現出不亞於《美國藥典》中既有的測試方式。「這難度可能跟讓鐵達尼號及時轉向閃過冰山差不多，」麥卡洛說道。鱟試劑是一種眾所皆知、已獲得美國食品藥物管理局核准的可靠測試，原本就用這種方法的藥廠幾乎沒有理由花錢花時間去評估一個較新、較陌生又沒有太多驗證的重組因子C，除非他們正在開發的藥物其特性跟兔子測試和鱟試劑測試不相容（如同兔子測試在四十多年前被證明不適用於放射性藥劑），或者真的到了沒有足夠的鱟滿足需求的那天到來。但龍沙集團的監管事務經理埃倫．玻根森眼光放很遠，他說「從科學家描述鱟血的凝血機制到大量藥廠採用鱟試劑取代『兔子試驗』，大概就花了二十年的時間。」重組因子C被研發出來也才十多年而已。

與此同時，鱟群仍在產卵，紅腹濱鷸依舊為了取食鱟卵而飛來。我已感受到海灘的呼喚。雖然德拉瓦灣是最著名、最大的紅腹濱鷸春過境中繼站，但我還是想去其他幾個地方看看。既然南卡羅萊納州有這麼多鱟，我很想知道，哪些水鳥會到那兒吃鱟卵。

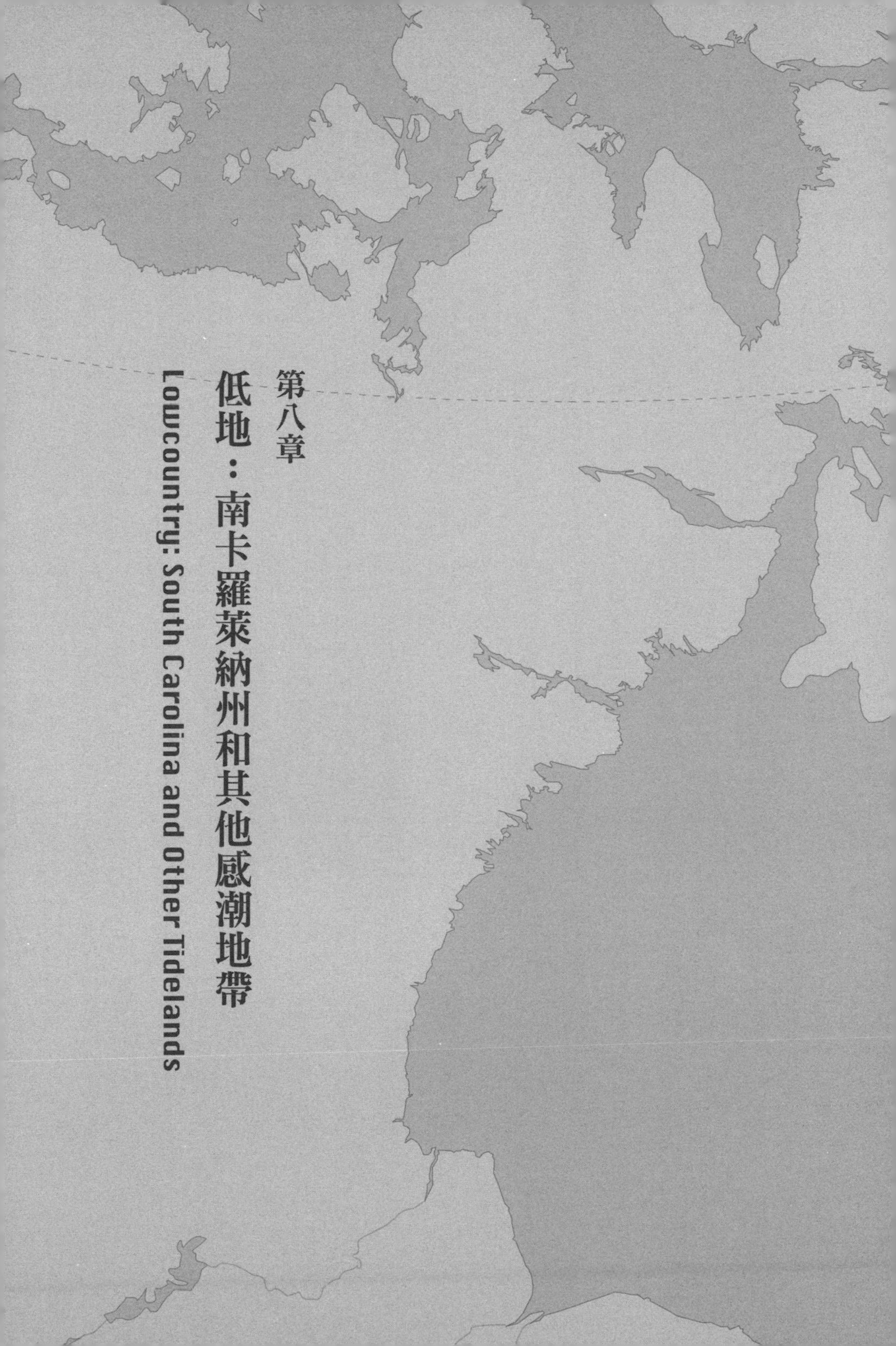

第八章
低地：南卡羅萊納州和其他感潮地帶
Lowcountry: South Carolina and Other Tidelands

一次又一次，我被吸引到南卡羅萊納州，被吸引到那看似永恆不變的海岸，其柔軟的輪廓不斷被大海勾勒，一次又一次。那兒有一大片充滿孔隙的鹹水草澤，諸多潮溝從中流過，潮溝多到讓我能在裡頭划一整天的船，但卻永遠無法搞清楚哪一條是哪一條。艾倫·所羅門（Ellen Solomon）和理查·溫德姆（Richard Wyndham）是我的摯友，他們的住處離道路有一段距離，路旁種滿常綠橡樹，住處的院子裡滿是茉莉、山梅花和梔子花的醉人香氣。從他們家可聽不到浪濤聲，甚至連海都看不到，但海水對這塊土地一點都不陌生：雨果颶風帶來高達五公尺半的暴潮湧浪，將近十公里寬的海灘和鹹水草澤遭到席捲，湧浪穿過林地，他家院子被倒灌的海水淹了快要兩公尺深。

他們住在羅曼角國家野生動物保護區的邊緣，該保護區沿著南卡羅萊納州的海岸延伸三十五公里，涵蓋範圍除了沿岸的開放水域，還包括兩百六十平方公里的鹹水草澤及沙灘。溫德姆喜歡探究古地圖，藉此找出早已被人遺忘的潮溝名稱，並且繪製出海岸沙灘的歷來變遷。我每次拜訪他們時，都會一起搭他的平底小船出去，沿著一條又一條潮溝，蜿蜒穿越重重草澤——從荷姆溝（Home Creek）經沿海水道（Intracoastal Waterway）到杜普雷溝、卡西諾溝、斯古林溝、康加里船溝，然後再到陶爾溝、馬頭溝、羅曼港、史列克河段、羅曼河，最終流經保護區一片片狹長的離岸沙洲，隨之注入大海。另一條路線則是通往遼闊的公牛灣水域。

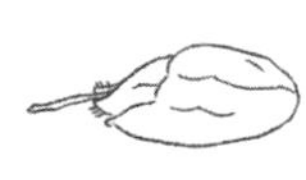

大約有兩千隻赤蠵龜會到羅曼角的海灘產卵，這裡是卡納維爾角（Cape Canaveral）以北最大的赤蠵龜繁殖地。此外，豐饒的羅曼角擁有大量的小蝦和許多受到保護的潮溝，是鯊魚生育下一代的理想場所，在這裡繁殖的鯊魚包括等齒真鯊（長孔真鯊）、黑邊鰭真鯊、鉛灰真鯊、大西洋尖斜齒鯊、路易氏雙髻鯊，以及新發現的卡羅萊納雙髻鯊等等。科學家們曾在五英尋溝（Five Fathom Creek）捕獲一條將近兩公尺長的路易氏雙髻鯊，那條潮溝我可是曾穿越過好幾次。從這片保護區往外海約一百一十公里處是鼬鯊的產房——那兒的鼬鯊及其幼鯊密度，在西大西洋海域中算得上名列前茅。生物學家費利西雅・桑德絲（Felicia Sanders）曾在該保護區內見過鯊魚，溫德姆也有相同經驗：一離開灘地，就能看到三四隻在他船艉下方幾公尺深的海中翻身悠游；他之前為了把船艄拉上岸，還曾涉水走過此處呢。我聽過有人站在水深及腰的地方被鯊魚「擦身而過」的故事，但如果鯊魚真的在船下游動，我根本看不到，也感覺不到牠們的存在。

鱟對某些動物來說實在難以下嚥，但對保護區裡的許多動物而言卻是重要獵物。卡羅萊納海域的鼬鯊就是靠海龜、魚跟鱟來填飽肚子。雙髻鯊經常以鱟為食，鉛灰真鯊跟黑邊鰭真鯊很可能也是如此。鱟是赤蠵龜偏好的食物，這種海龜是美國瀕危物種法案中列出的受威脅物種；如果鱟的數量很多，赤蠵龜就會前往河口處，利用巨大厚實的嘴喙，便能輕鬆挖出鱟卵、卸掉鱟鰓鱟腳大快朵頤。

我曾去過德拉瓦灣，見識到水鳥和鱟之間脣齒相依的命運聯繫；也曾到過南卡羅萊納州，先是陪同漁民捕鱟，之後跟著來自海裡的鱟，目睹牠們的血液如何變成檢測毒素的試劑，繼而影響我自己的生活，家人的生活，以及我認識的其他所有人的生活，人類和這些古老動物之間聯繫便由此而生，這種聯繫就像牠們與水鳥的聯繫一樣牢固。我想在南卡羅萊納州看看水鳥。羅曼角國家野生動物保護區曾記錄過兩百九十三種鳥類，包括許多海鳥和水鳥：在保護區內繁殖的美洲剪嘴鷗及褐鵜鶘；度冬的美洲蠣鷸、皇家鳳頭燕鷗、美洲小燕鷗、白嘴端鳳頭燕鷗、鷗嘴燕鷗、弗氏燕鷗和普通燕鷗；過境的紅腹濱鷸、黑腹濱鷸、雲斑塍鷸、翻石鷸、中杓鷸、黑白翅鷸（斑翅鷸）和短嘴半蹼鷸等等。講到短嘴半蹼鷸，牠們的嘴有時還比長嘴半蹼鷸來得長，這名稱真令人摸不著頭緒。沿著緩緩彎曲延伸的灘地行走，繞過沖上岸的巨型砲彈水母，我看到了我的第一隻長嘴杓鷸，牠細長的嘴喙超過十五公分，如同新生的眉月般微微下彎。

長嘴杓鷸是北美體型最大的鷸鴴類，族群量只剩下十四萬隻左右，這輩子還能再見到牠們多少次，我不知道。奧杜邦在描述日落時分飛到查爾斯頓附近海灘棲息的長嘴杓鷸時寫道：「鳥群的數量愈來愈多……。隨著牠們持續飛來，約莫一個小時的時間裡，聚集在這片特定夜棲地的數量有時高達數以千計。」時至今日，羅曼角國家野生動物保護區是南卡羅萊納州唯一還能經常看到長嘴杓鷸的地方，但即使在這裡，牠們也正在消失。二〇〇一年，桑

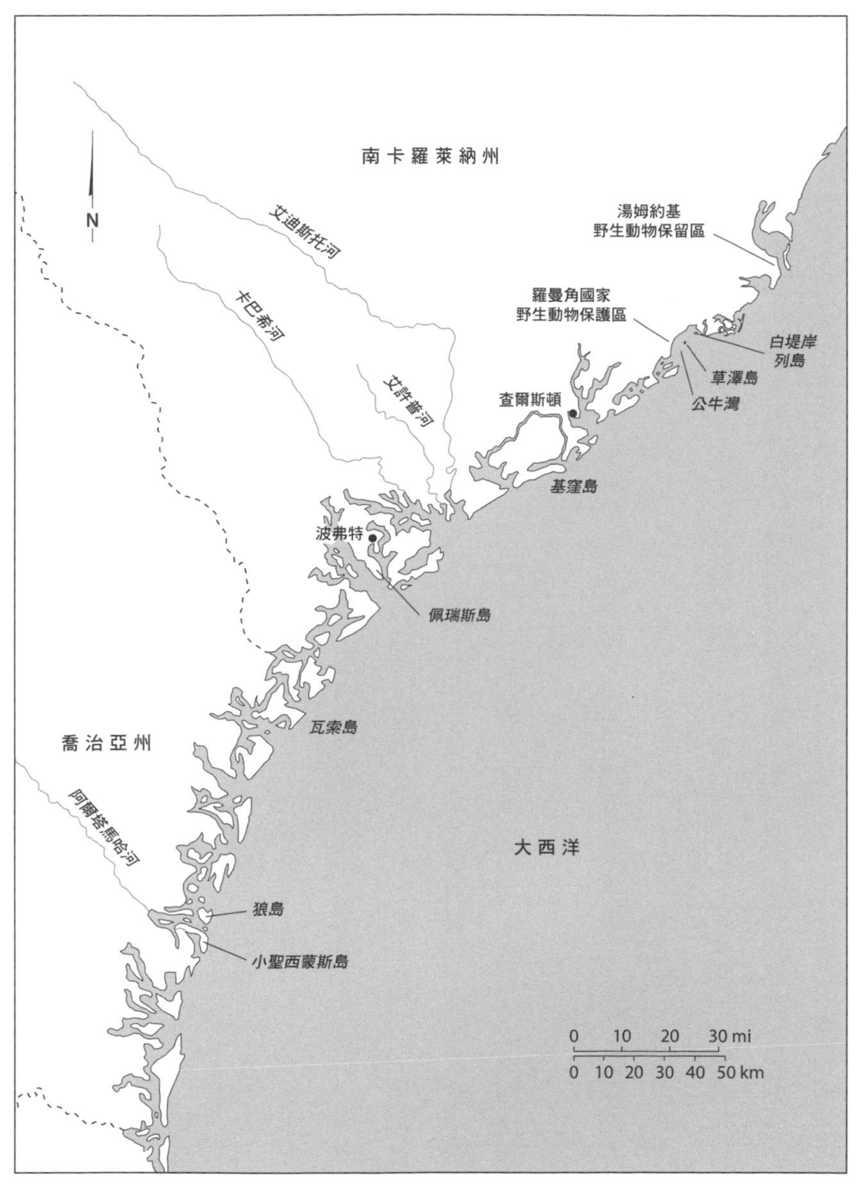

南卡羅萊納州和喬治亞州

比爾・內爾森繪製

德絲在保護區裡通常可以看到八至十二隻；如今，有位觀察者在保護區內只看到兩隻長嘴杓鷸。

桑德絲是南卡羅萊納州水鳥及海鳥相關保育管理計畫的負責人，她和丈夫全賴這片土地為生，除了捕魚抓蝦，鹿、火雞和野豬也是他們的獵物。我第一次見到她時，她正準備從林子裡把一頭鹿拖出來。無論時間地點，只要她想到，就會跑去查探她所珍愛的鳥兒。有次她划著皮艇橫越保護區，穿過草澤，順著羅曼河而下，一路划到海灘賞鳥，這一趟來回花了十一個小時。當我在南卡羅萊納時，很希望有機會看到一些紅腹濱鷸，不過在紅腹濱鷸的遷徙和保育故事中，當時的南卡羅萊納並沒有什麼值得大書特書之處。桑德絲及其同事們正透過觀察研究，確認該州是紅腹濱鷸遷徙路線上的關鍵一站，這消息讓來到南卡羅萊納的我倍感幸運。藉由他們的研究發現，我們得以重新理解紅腹濱鷸和其他水鳥如何選擇棲地，以及需要採取哪些措施來保護牠們。

早在一百多年前，鳥類學家便在南卡羅萊納州觀察紅腹濱鷸。亞瑟・崔澤凡特・韋恩（Arthur Trezevant Wayne）是一名出生於南北戰爭動盪時期的貴族，他在成為著名的鳥類學者、象牙嘴啄木鳥殺手和《南卡羅萊納鳥類》（*Birds of South Carolina*）一書的作者之前，曾替查爾斯頓一家棉花貿易商短暫而悲慘地工作過。他只要一逮到時間就會去看鳥，為了找鳥，就算徒步或划船好幾公里也不在乎。一八九五年五月，他在查爾斯頓郊外的海灘上看到

三千隻紅腹濱鷸，並且提到牠們曾經大量出現在公牛島上，那兒現在已經成為保護區的一部分。一九四九年，《南卡羅萊納鳥類生活》（*South Carolina Bird Life*）的作者亞歷山大・斯普倫特（Alexander Sprunt）和伯納姆・張伯倫（E. Burnham Chamberlain）在書中證實紅腹濱鷸是南卡羅萊納的冬候鳥。對他們來說，這種鳥意味著「一種不受約束的野性和自由，鮮有他者能夠望其項背，遑論超越」。

桑德絲帶我穿過五英尋溝，到灌木叢生的草澤島和附近的白堤岸列島（White Banks Islands）看鳥。這一帶的水很淺，只有三十到九十公分深，我們的船有時還會觸底。草澤島跟白堤岸列島只比公牛灣的海面高出一點點，島上布滿成千上萬隻在此繁殖和棲息的鳥類：美洲剪嘴鷗、美洲白鵜鶘、笑鷗和幾種燕鷗。我們在岸邊的海漂碎屑堆積線看到一個蠣鷸巢，但沒看到半隻紅腹濱鷸，不過已知多達三千隻棲息於此，還有六百隻待在附近。五月下旬桑德絲在羅曼角和博福特附近的海港島觀察紅腹濱鷸時，曾看見來自阿根廷和智利的橙色跟紅色足旗，但很少看到黃綠色的足旗。由於南卡羅萊納州沿岸有大量的鱟，還有許多能夠提供庇護的灣澳，因此她明白有些紅腹濱鷸可能會先在南卡羅萊納州補充能量，之後繞過德拉瓦灣再直接飛往北極。先前一直在美國東岸尋找紅腹濱鷸的布萊恩・哈靈頓也注意到這個現象：在南卡羅萊納州或喬治亞州被看到的紅腹濱鷸，只有極少數會在德拉瓦灣再被觀察到。

桑德絲和生物學家珍妮特・提布（Janet Thibault）在查爾斯頓的南邊以及基窪島進行了

春秋兩季的調查，她們在二〇一二年三月的某天發現了八千隻紅腹濱鷸，進一步證實布萊恩・哈靈頓至少在十年前就觀察到的一件事：基窪島對於紅腹濱鷸的重要性。南卡羅萊納的紅腹濱鷸並非都有「紅腹」。二〇一〇年六月，基窪島的居民告訴生物學家亞倫・吉文（Aaron Given），他們發現一個罕見的東西：一隻白化的紅腹濱鷸，那隻鳥除了喉胸部的一抹紅色外，全身都是白的。牠的羽毛原本該有的色素消失了，很可能是基因突變所造成。這隻鳥和其他過境基窪地區的鳥一樣，都是以海灘和山姆船長灣（Captain Sam's Spit）的微小蚌蛤為食。當吉文和我在海灘上漫步時，我們既沒有看到那隻白化的紅腹濱鷸，也沒看到曾在此處被報導過的另一種異常景象：當鯔魚游過時，海豚會成群合作將魚群趕上灘地，同時也讓自己順勢衝到岸上，然後在滑回水中之前迅速抓魚吃，這種行為稱為「擱淺捕食」。身上繫著資料記錄器的紅腹濱鷸證實了桑德絲的觀察：有兩隻是春天時曾待在南卡羅萊納覓食增重，然後直接飛往加拿大。

桑德絲開始認為，紅腹濱鷸可能會聚集在基窪地區，以蚌蛤為食，直到鱟開始產卵，屆時這些鳥會突然離開基窪。紅腹濱鷸有一種令人費解的神奇能力，牠們總能找到最好的食物，歐洲的研究人員也曾注意到「紅腹濱鷸的行為，宛如牠們對其他覓食區內的食物相對品質瞭如指掌」。桑德絲對此現象有過親身體驗：在春天的滿月之後，看到大量紅腹濱鷸從基窪飛散而去，隨後發現牠們全聚集在富含鱟卵的海灘上。而在海港島，她和團隊成員先前曾

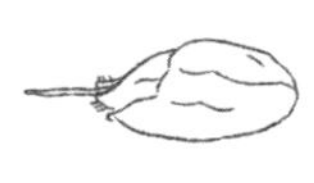

觀察過兩千隻紅腹濱鷸聚集，我去到那裡則是看到夜間上岸產卵的鱟在沙灘留下又大又圓的壓痕，等到第二天，中杓鷸從頭頂飛過，海灘上滿滿都是濱鷸，我還看到翻石鷸在壓痕裡翻著沙子尋找鱟卵，附近則是一大堆體態豐滿的紅腹濱鷸在沙灘表面啄食鱟卵。

桑德絲拍下牠們嘴裡啣著小小鱟卵沿著海灘奔馳而過的畫面，證明紅腹濱鷸不僅會在德拉瓦州和麻州覓食鱟卵，也會在南卡羅萊納州做同樣的事，並且跟其他水鳥共享盛宴，比如短嘴半蹼鷸、雲斑塍鷸、美洲蠣鷸等。阿拉巴馬州、佛羅里達州、喬治亞州和紐約州的觀察者也在州境的灘地上觀察到紅腹濱鷸大啖鱟卵的畫面。負責監測紐約長島海灘上水鳥動態的莫洛伊學院（Molloy College）教授約翰・塔納克雷迪（John Tanacredi），觀察範圍從長島最西端的布魯克林一直到最東端的蒙托克（Montauk），據他觀察，紅腹濱鷸、三趾濱鷸、翻石鷸、半蹼濱鷸以及黑白翅鷸等水鳥都會吃鱟卵。

鱟對於紅腹濱鷸和其他水鳥來說可謂至關重要，不僅在德拉瓦灣如此，整個海岸線也都是這樣。儘管鳥類學家過去沒有相關描述，但在南卡羅萊納州，紅腹濱鷸取食鱟卵的歷史至少已有百年。查爾斯・斯佩里（Charles Sperry）在研究水鳥食性時，於一九一五年六月七日在羅曼角保護區內公牛灣的鳥島上捕獲一隻紅腹濱鷸，發現牠「幾乎完全以鱟卵為食，胃裡除了有一百一十顆完整的卵，還有更多鱟卵已經四分五裂」。詹姆斯・庫珀之前考慮要在何處設立新的鱟試劑製造公司時，也是出於跟紅腹濱鷸相同的理由而被吸引到公牛灣。

現今的保護區地圖上並沒有畫出鳥島（Bird Island），但美洲鱟仍然來到羅曼角產卵，包括公牛島（就是韋恩提及看到大量紅腹濱鷸的地方）、白堤岸列島、草澤島，以及其他海灘。博福特附近的灣澳裡有著寬闊蜿蜒的潮溝、樹林叢生的島嶼和厚厚的蚵殼堤岸，環境跟公牛灣的開闊淺水域截然不同，後者僅有一些由貝殼和沙子組成的小島點綴其間。一個溫暖的四月夜裡，當月相接近滿月、海水正值漲潮時，我被帶到公牛灣去看鱟。有時，公牛灣裡會颳起陣陣狂風，使得乘船穿過這片淺水時險象環生，幸好當晚風平浪靜。

我們前往草澤島，有些當地人將其稱為「船礁」（Vessel Reef），因為船隻經過時可能會困在那兒。冬季有一萬三千隻水鳥擠在這島上，春秋過境期間的數量就更多了，包括蠣鷸、鵜鶘、剪嘴鷗和燕鷗。我們把船駛近岸後下錨停泊，一陣刺耳的聲音從島上爆出。當鱟順著潮流滑到島邊產卵時，有位漁夫將牠們撿起來並帶到自己的小船上，這些鱟在船底爬動、碰撞，發出咔噠咔噠的聲音。隔日清早，牠們會被送到查爾斯頓採血，然後再送回海灣裡。

大海不斷將它的沙子收回。附近的鳥灘（Bird Shoal）——也許前身就是鳥島——在滿潮時早已淹沒在水面下。草澤島的面積僅僅四分之一平方公里，這一小片沙地的景觀正在產生變化。海水輕輕拍打著一塊字跡斑駁的標誌，據說這塊標誌的矗立之處原本是小沙丘，但現在已經被沖走了。為了保護營巢繁殖的水鳥，保護區在二月十五日到十月十五日這段期間會將草澤島和白堤岸列島關閉，但同樣有鱟群產卵的公牛島則是保持開放。那位在這裡捕鱟

的漁民雖然持有南卡羅萊納州發放的許可證，但卻違反了聯邦保護區的規範。日落之時，地平線上閃耀著幾抹紫色和粉紅。明月升起，潮水迅速退落，鱟群紛紛離去。於是，我們也踏上歸途。

等到二〇一四年的鱟產卵季開始時，南卡羅萊納州的主管機關不僅知道保護區關閉了草澤島，也針對其關切的事項做出回應：修改相關許可，禁止漁民「在聯邦政府或該州其他機關所劃設的限制區域內」捕撈鱟。漁民因此轉而前往公牛島捕鱟，因為那兒是保護區內的非限制區域，草澤島上的鳥類因此得以不被打擾。

然而，另一個野生動物保護區卻因為鱟的問題而跟人對簿公堂。莫諾莫伊國家野生動物保護區位於麻州的鱈魚角，該保護區與羅曼角一樣，是為了保護候鳥而設立，其使命也跟羅曼角一樣，都是要保護和復育野生動物。美國的國家野生動物保護區允許人們在其範圍內休閒娛樂，但商業性的休閒活動必須申請特別許可，如果使用目的與保護區的使命不相符時，該項申請可能會遭到拒絕。隨著對鱟的需求開始上升，麻州有位漁民就在莫諾莫伊國家野生動物保護區和附近鱈魚角國家海岸（Cape Cod National Seashore）的低窪海灘和避風灣澳處捕鱟。

鱈魚角國家海岸並不知道漁民在那裡非法捕鱟，但莫諾莫伊國家野生動物保護區倒是相當清楚曾有人可以從保護區裡把鱟帶走。在一九九〇年代，該保護區曾經允許一名漁夫從某

個禁止進入（為了保護在該地覓食的水鳥）的區域內捕鱟以供生醫產業採血之用，因為當初他們在簡短的評估後認為其影響微乎其微。「那時候，」已退休的保護區主管巴德・奧利維拉（Bud Oliveira）回憶道，「採鱟血的生醫公司都會把鱟送回來，而且沒人知道鱟卵對鳥類有多麼重要。」發放捕鱟許可的正是其前任主管。到了二〇〇〇年，水鳥和鱟的族群量雙雙銳減。「在莫諾莫伊，鱟卵是候鳥的食物。如果你把鱟給抓走，等於是把鳥兒在遷徙途中要吃的食物給拿光了。」因此，奧利維拉拒絕展延許可證，而鱈魚角國家海岸也禁止捕撈美洲鱟。由於許可證遭到拒絕展延，該名漁夫和仰賴他提供鱟的生物醫藥公司就把保護區給告上法院。

法官最終判決維持了主管機關的禁令。隔年，莫諾莫伊國家野生動物保護區進行了一段長期分析，進而確定：從保護區內捕鱟的行為既違背了該保護區作為「不可侵犯的候鳥避難所」的使命，也不符合國家野生動物保護區的任務，亦即保護野生動物及其棲地環境。分析報告指出：需要多年才能達到性成熟的鱟一旦被大量捕撈，其族群量也許無法迅速回復；數量正在減少的水鳥及其獵物都會吃鱟卵；此外，捕鱟採血對於牠們的產卵成功率、生育力或長期存活率究竟有何影響，其實我們所知甚少。

這些調查結果是在二〇〇二年得到的。然而十多年後，麻州的鱟依然面臨壓力：其數量正在下降；由於生醫產業仍可在鱈魚角的普雷森特灣捕鱟採血，因此該地區公鱟跟母鱟的數

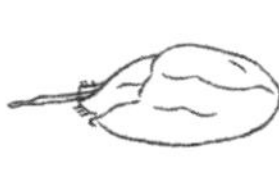

量比例持續擴大；研究人員發現採血會讓鱟產生疲倦和迷失方向等嚴重的副作用，而且可能導致母鱟無法順利產卵；紅腹濱鷸已經列為瀕危物種法案的「受脅物種」。莫諾莫伊當局則是在十二年後重新審視先前發布的禁令，他們除了提議繼續維持該項禁令，也為了進一步保護過境雁鴨及水鳥的獵物，而打算將禁令擴大到保護區內的商業捕撈貽貝活動。

我們只不過是這個星球上的房客，必須跟其他比我們還早來到這裡的房客共享地球，牠們的影響力雖然不如人類，但也有租用的權利。在美國，如果說有什麼地方可以確保鱟、水鳥和其他野生動物的福祉，無疑就是在國家公園、國家野生動物保護區和荒野保護區之內了，無論我們對這些動物的了解或重視程度如何，牠們都可以在這些地區生息繁衍——為了牠們自己，而非為了人類——並且尋得安身立命的所在。

水鳥絕非唯一會吃鱟卵的動物。在鱟前來產卵的幾個星期裡，有一大群生物都受惠於牠們，整個海濱地帶的食物網都能感受到微小鱟卵所蘊藏的能量。銀漢魚和鰷魚（會在春季漲潮時到海邊產卵的小魚）在鱟產卵的這段期間，幾乎其他食物都不吃，只是大啖鱟卵和剛孵化的稚鱟。接下來，這些魚也會成為其他動物的食物。在莫諾莫伊國家野生動物保護區，瀕危的紅燕鷗數量掉到僅剩三千對，牠們在繼續飛往南美洲之前就會捕食鰷魚和銀漢魚來補充能量。秋天時，麻州的沙蝦會吃鱟卵來增加重量，而過境的半蹼濱鷸吃下去的東西有一半就是沙蝦，這些濱鷸還要飛上好一段距離才會抵達度冬地。

以鱟卵為食的動物還包括條紋鱸的幼魚、藍蟹的稚蟹、大西洋牙鮃、美洲擬鰈、鱸魚和鰻魚。七、八月時，在長島的西海岸外，鱟卵和稚鱟是條紋鱸幼魚的主要獵物。基克穆特河（Kickemuit River）是羅德島州一條流入納拉甘西特灣（Narragansett Bay）的小河，河裡的鰻魚會吃新鮮的鱟卵。有篇十九世紀的報導稱「鰻魚……的頭在鱟殼下面，尾巴從側面伸出，形成了一種奇怪的景象」。要是把鱟移除，整個生態系統的功能都會弱化。

艾爾・希加斯（Al Segars）博士是南卡羅萊納州自然資源部的獸醫師兼ＡＣＥ國家河口研究保護區的管理專員。ＡＣＥ是艾薛波河（Ashepoo）、康比河（Combahee）、愛迪斯托河（Edisto）的英文名稱字首縮寫。他住在博福特附近的聖赫勒拿島（St. Helena Island），房子位於遍布草澤的小溪邊緣，這條小溪流向一條低窪的道路，春天漲潮時海水就會倒灌淹過路面。由於小時候住在內陸的農場，所以「如果我想和其他孩子一起玩，」他說道，「就得走上好幾里路才能找到玩伴。所以我乾脆打著赤腳走到池塘邊。」直到如今，他還是最喜歡待在外頭。希加斯、桑德絲和我沿著博福特一帶的南卡羅萊納海岸進入這個保護區，三條河流便從那裡流入大海。我們來此正是為了尋找鳥兒。

想找到鳥，得走上很遠一段路。我們走到海灘上，七嘴八舌地討論西濱鷸和半蹼濱鷸之間有何可資區別的特徵，他們說西濱鷸的嘴較長、有點往下彎，但這項細微差異我到現在還是看不出來。回程的路上，我們從一條盤繞在門廊下的菱背響尾蛇旁邊走過，那條蛇還真是

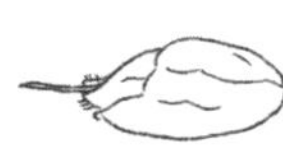

大，不過幾乎沒人討論牠，跟那些濱鷸的待遇大不相同。希加斯帶我們到水池區，我們看到林鸛（黑頭鸛鸛）棲息在高高的樹上，那些樹枝對於這種一百二十公分高、翼展一百五十公分長的鳥類來說，似乎細小到快要撐不住。靠近地面之處，幾隻俊俏的紅嘴樹鴨在另一個長滿香蒲和莎草的池塘裡覓食。希加斯跟我說，一對美洲鶴正在這個保護區裡度冬。天空有幾隻白頭海鵰翱翔著。富含單寧的池水呈現暗黑色調，我們走過浸在水中的柏樹叢，每棵樹的樹幹下方都有一圈膨大的褐色樹瘤，如同被神祕的膝蓋包圍一般；橡樹巨大而扭曲，樹枝上披覆著苔蘚及蕨類；在蘆葦叢和打盹的鱷魚間，躲著目光冷峻的鷺鷥。恍然之間，我還以為自己走進一片鬱蔥古老的原始荒野。

然而，事實並非如此。這裡的柏樹原本相當茂密，現在稀疏多了。長葉松曾被大片開發、砍伐，人們藉此獲取柏油、松節油和木材，這也導致紅斑頂啄木瀕臨滅絕。目前當地已重新栽種這種松樹，並且焚燒樹林中層以控制長勢。桑德絲的先生會在較老的樹幹上鑽出巢洞，供紅斑頂啄木繁殖使用。林鸛大量聚集營巢是近來才出現的景象：一九八一年時只記錄到十一個巢，現在每年都有一千五百到兩千個巢。樹鴨和美洲鶴也是新來的居民，美洲鶴原本往返遷徙於佛羅里達和威斯康辛州之間，但有隻鶴在遷徙途中被吹離了航線，成了落腳在此的第一隻美洲鶴。美洲白鵜鶘長期以來在南卡羅萊納州的數量都很少，不過現在的數量繁多，牠們成群降落在遠處的小湖時，湖面宛如落雪覆蓋一般。這些鳥類都棲息在人為經營管

理的溼地之中，管理機構會仔細調節溼地的水位。

在南卡羅萊納州，我們今天所看到的河口景觀是由三百多年來接二連三的事件形塑而成。最初，黑奴揮舞著斧頭和鏟子，在水深齊腰、泥深及膝的河口地帶砍伐窪地的林子、清理瘧疾肆虐的沼澤，以便圍墾種稻。在沿著河海交接處所圍出的圩田邊，他們會安放以柏樹製成的厚實矩形涵管，長度在六到九公尺不等，其上釘著水位調節箱涵，並在涵管兩端設置閘門——這便是典型的南卡羅萊納低地地區稻田水位調節裝置。漲退潮時，水位調節員會升降閘門並以箱涵微調水流，以此放水入田或排水出田，他們還會嚐一下流入的水，看看是否含有過多的鹽分。之後，帶有堅果風味的「卡羅萊納黃金米」開始替這個地區帶來巨額財富。等到一七七〇年，南卡羅萊納州的沿海地帶已經是北美富裕程度數一數二的地區。

然而到了一九〇〇年，南卡羅萊納的低地卻成為美國最為貧窮的地區之一。之所以如此，是因為南北戰爭後，技術嫻熟的奴工勞動力流失了，市場上充斥著來自德州、阿肯色州和亞洲的稻米，那些米的價格便宜，極具競爭力，此外，颶風摧毀堤壩導致海水倒灌淹沒稻田，使得該地區進一步受到致命打擊。有些大農場被賣掉後開發成度假村，希爾頓黑德（Hilton Head）就是其中一例；其他則是維持原樣賣給新興菁英人士，比如富萊許曼酵母公司（Fleischmann Yeast Company）的馬克斯・富萊許曼（Max Fleischman），以及總部位於芝加哥、全球最大商業印刷公司的所有者蓋洛德・當納利（Gaylord Donnelley）。這些新地

主把農場拿來當成私人狩獵保護區，為了吸引雁鴨前來，便著手修復原本用以種稻的圩田和水位調節設施。「他們不種稻，」希加斯說，「倒是野生動物紛紛冒了出來。」

如今，南卡羅萊納州自然資源部、美國魚類及野生動物管理局、野鴨基金會（Ducks Unlimited）、美國自然保育協會以及其他保育團體和私有地主互相合作，讓這些舊稻田裡的溼地得以保持原貌。這類受保護的土地包括但不限於：亞特蘭大媒體巨擘和慈善家泰德．透納（Ted Turner）名下的大農場，那些土地都擁有私人保育地役權（conservation easements）；杜邦公司持有的保護區土地，由非營利民間團體訥穆爾野生動物基金會（Nemours Wildlife Foundation）所管理；以前的桑提槍枝俱樂部（Santee Gun Club，最初於一九〇〇年面臨破產時，波士頓百貨公司大亨喬登〔E. B. Jordan〕曾出手相助，他將其中一處鴨池命名為喬登草澤）；以及湯姆．尤基（Tom Yawkey）私人保護區，他有好一段時間是波士頓紅襪隊的老闆。

獵人也幫著支付保護這類土地所需的費用。依據《匹特曼─羅勃森野生動物復育法案》（Pittman-Robertson Wildlife Restoration Act）的規定，販賣槍枝和彈藥需徵收特定的消費稅，全美各地已經利用徵收到的七十億美元稅款來購買、租賃或取得超過兩萬平方公里土地的地役權以保護野生動物，另有十五萬六千多平方公里的棲地環境得到改善，相關經費也用來替九百多萬名土地所有者提供野生動物經營管理的相關協助。此外，獵人必須購買「鴨票」才

能狩獵雁鴨，販售鴨票的收入超過十億美元，這讓美國魚類及野生動物管理局得以為國家野生動物保護區增加超過兩萬平方公里的溼地面積。在南卡羅萊納州，提供十幾萬隻水鳥生存所需的沿海土地已經有上千平方公里被劃為保護區——根據南卡海援聯盟（South Carolina Sea Grant Consortium）和卡羅萊納海岸大學（Coastal Carolina University）的邁寇．斯萊特里（Michael Slattery）計算，大約有百分之二十八的海岸地帶在潮汐所及的範圍內。

南卡羅萊納州的舊稻田面積有兩百八十平方公里。長期以來，成千上萬的水鳥都會被吸引到湯姆．尤基保護區的人工管理溼地，其中包括春季時多達三萬兩千隻的半蹼濱鷸。在那裡，水鳥明顯偏好稻田區勝過於潮間泥灘地，兩種棲地類型的水鳥數量比為十六比一。內森．迪亞斯（Nathan Dias）在春、秋、冬三季的每個星期都會對該保護區進行詳細的水鳥調查，他在舊稻田樣區內記錄過三十二種水鳥，包括半蹼濱鷸、西濱鷸、斑胸濱鷸（美洲尖尾鷸）、姬濱鷸、短嘴半蹼鷸、雙領鴴、黑白翅鷸、中杓鷸、紅腹濱鷸和翻石鷸：這幾種水鳥如果不是瀕危，就是數量正在下降。迪亞斯說，在尤基保護區內，每個月都會輪流把一兩塊圩田的水給放掉，這麼做「純粹是為了增進水鳥的利益」。

確實，水鳥在這過程中得到許多好處。在尤基保護區的舊稻田裡，迪亞斯不但記錄到愈來愈多紅腹濱鷸跟翻石鷸，也增添了一些地區內的「首筆」紀錄，比如一對為了躲避風暴及其暴潮而來此歇腳的美洲蠣鷸，以及原本該在海灘營巢的厚嘴鴴，牠們也跑到放乾水的稻田

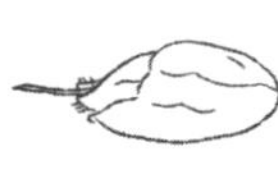

裡繁殖育雛。二〇一四年五月三日當天，他在尤基保護區的池子數到五萬隻水鳥，幾個星期後又調查到五十六隻紅腹濱鷸，這是圩田裡的新高紀錄。一項研究發現，「在天然棲地減少的情況下，人工管理的圩田溼地能夠替水鳥提供重要的棲息環境。」訥穆爾野生動物基金會的厄尼．魏格斯（Ernie Wiggers）替低地地區的農場經理舉辦工作坊，討論他們可以用什麼方法讓圩田吸引水鳥。（會場還有提供烤肉吃到飽。）隨著水鳥數量日漸減少，而圩田正如希加斯所描述的那樣，是個水鳥「整天都能前來用餐的桌子」，這或許有助於緩解鳥兒的生存壓力。

販售鴨票之所得以及對獵弓、獵槍、彈藥等獵具所徵收的消費稅，讓美國得以確保相關單位一直都有專款能用來保護雁鴨等狩獵鳥種的棲地。獵人是保育工作的強大支持者。有篇分析報導是如此描述他們的貢獻效能：「綜觀歷史，美國各州魚類及野生動物主管機關的預算大約有百分之九十是來自獵人跟釣客，這些費用被用來經營管理其管轄範圍內不到百分之十的物種……這種經費來源失衡的現象存在已久。」

希加斯認為，就像獵人需對漁獵物種的保育做出貢獻一樣，賞鳥者也應該協助保護非漁獵物種。他建議人們購買鴨票：「如果你前來利用這些地方，」他說道，「那就應該幫忙維持這些環境。」這種觀點我聽過好幾次，不僅僅在南卡羅萊納州，也曾在德拉瓦州和紐澤西州聽過。向來敢言的奈爾斯直截了當地說：「獵人得要付錢才能射擊打獵，賞鳥者和野生動

物攝影師則是透過望遠鏡和相機鏡頭瞄準目標按快門，他們也該分擔野生動物保育的開銷才是。」

其實，願意付這筆錢的大有人在。為了改正經費來源失衡的情況，有人曾提議針對望遠鏡、野外圖鑑、野鳥餵食器、野鳥飼料以及休閒性質的戶外健行與露營設備徵收消費稅，這個想法也得到狩獵及保育團體、光學產品製造商、遊釣組織和相關器材零售商的支持，但最終卻在國會闖關失敗，因為由戶外休閒娛樂公司所組成的美國戶外遊憩聯盟（Outdoor Recreation Coalition of America）跟REI這家全美最大的戶外用品零售商，都齊聲反對。

水鳥跟美洲鱟正不斷被迫離開牠們的海濱家園。走在羅曼角的海灘上，看到那裡的低平島嶼被潮汐反覆沖刷，很難不讓人感受到它們轉瞬即逝的本質。離岸沙洲就是由不斷變動位置的沙子所形成。海流和海浪不斷堆升沙丘，颶風一來便又將其消磨殆盡。沙子從一處海岸消失，再沿著另一處海岸堆積起來。在羅曼角，北面的防波堤、海堤與河流分洪道會阻絕沙子，使得屏蔽保護區的離岸沙洲無法聚積足夠的輸沙量，年復一年，流失的沙便遠超過堆積的量。羅曼角早期的居民曾在一片島嶼海灘上放牧牛群，那裡被人稱為「牛棚」，但該片沙灘已經以每年被侵蝕六公尺的速度縮小成一條細細的沙洲島。溫德姆告訴我，附近的仙迪角（Sandy Point）曾經擁有該地區最高的沙丘，如今那兒已經無沙亦無角了。當它消失後，剪嘴鷗和燕鷗的重要營巢地也隨之消失，迫使鳥兒們飛到殘存的海灘上。南卡羅萊納州沿岸的

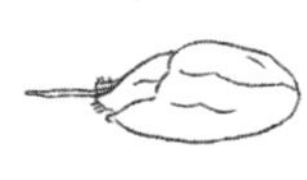

海平面正在上升，情況就跟美東大部分的海岸線一樣。在羅曼角，北面防波堤跟海堤所造成的輸沙不足問題，因為海平面上升而更顯惡化。要是海平面升高一公尺，羅曼角將會失去絕大部分廣闊的草澤和海灘，轉而變成開闊的水域。之前，由於海灘退縮之故，保護區的工作人員只得把被淹沒的赤蠵龜巢移至高處。再這麼下去，水鳥和鱟也可能會失去牠們的海灘。

紅腹濱鷸在南卡羅萊納州過境覓食的海灘中，超過半數極易受到海平面上升的影響。與此同時，該州海拔低於一公尺的旱地和淡水溼地仍有百分之四十處於未開發的狀態。如果海水沒有上升得太快，草澤和海灘或許還有向後退的空間。溫德姆坐在南卡羅萊納州的舊地圖和歷史資料旁，試圖拼湊出退潮和沙子流動之間的關係。他的房子和他工作的門廊都架高了——不但足以停進一輛汽車，也許還能度過下個強烈颶風所帶來的狂風暴潮。縱然他所愛的家園和土地具有這般稍縱即逝的本質，他依然沉著平靜地面對這一切。舊稻田的水位高低都經過精心調整，他和一位朋友站在田裡的人造堤壩上，看著十七隻美洲白鷺在松樹間盤旋，潔白羽衣在午後的陽光下熠熠生輝。草澤、海灘和溼地不斷被人類重新規劃營造，他為此難過得不能自已，這些地方在過去必然有過的光輝如今僅餘殘跡，或許在我們有生之年便會消失殆盡。有個畫面浮現在我眼前：若非在此世，也許是在另一世，他坐在門廊上，院子裡有草澤，家門口車道盡頭處是海灣和灘地，那兒依然站著長嘴杓鷸，依然注視著四周，依然是牠的家園。

維吉尼亞州泰德瓦特（Tidewater）低地地區的海灘是巴瑞・楚伊特和美國自然保育協會工作的所在，也是紅腹濱鷸春天覓食的場所，那裡同樣處於變動之中。楚伊特在霍格島看過來自南美洲和加拿大的紅腹濱鷸，島上小鎮布羅德瓦特（Broadwater）曾坐落於島中央的一片松林之中。全盛時期有三百位居民住在那兒，如此人口數讓該鎮得以蓋起五十棟房舍、一所學校、一座教堂，此外，還有一處漂亮的狩獵俱樂部和幾間度假小屋——建造者是美國前總統格羅弗・克利夫蘭（Grover Cleveland）的朋友。隨著島嶼位置漂移，布羅德瓦特已經滑入海中，現在距離海岸達數百公尺遠。如今島上無人居住，可以任意走動。

德拉瓦灣沿岸的海灘至少在一百五十年前就開始流失，那裡不但是過境水鳥最重要的中繼站，也是美洲鱟繁殖最為集中的地區。摩理斯・比司利在其撰寫的開普梅歷史中，描述了一百二十多公頃的蛋島被沖刷入海的過程，那裡也是亞歷山大・威爾遜觀察到大量美洲鱟的地方。紐澤西州地質調查局（New Jersey State Geological Survey）局長威廉・基切爾（William Kitchell）於一八五六年寫過有關該州地質的文章，文中蒐集了關於當地海岸侵蝕的報導：一七八六年時，哥申（Goshen）草地上有個長了許多棵樹的高處，但七十年後，那裡已經覆蓋了一百二十多公分高的淤泥跟草澤，潮水只要漲起，整片就會被淹沒過去；在現今鹹水草澤下方三公尺到五公尺處，是當年的雪松沼澤地。他寫道，鹹水草澤擴張的情況相當普遍，「只要有心觀察，任何人都能觀察到樹木逐漸死去的景象。」

他還提及海灘被快速侵蝕的情況：高度四到九公尺的沙洲，曾經被樹木覆蓋，現在已經跟海面齊平；開普梅寄宿旅舍前一公里多的海灘都消失了，美國獨立戰爭期間民兵曾在那兒操練，而旅舍則是往內陸搬遷了兩次；海灣旁有個小鎮，後方的內陸有片墓地，多年來，亞倫．利明（Aaron Leaming）看著房屋被沖走，沙子吹進墓地，自己祖父（他是第一批前來開普梅生活的歐洲移民）的墳墓也被沖進大海。今天，開普梅的樸茨茅斯鎮（Portsmouth Town）遺址位於離岸八百公尺遠的海灣之中，那是捕鯨者在一六四〇年定居的聚落。但也不是只有「喪失」——基切爾描述了海水消退的地方，也提到他發現埋在土裡的貝殼之處——只是整體而言，他認為開普梅正在下沉。

對威利茨．科森．坎普和他的妹妹來說，打從小時候父親和祖父還在經營鱟肥工廠時，他們就開始思考德拉瓦灣的變化，其中最明顯的就是海岸侵蝕的問題。「潮水沖走一棟房子，」法蘭西斯．坎普．漢森說道，「然後又淹到另一棟。我們的房子已經不見了，要是還在原處的話，現在應該會在海灣中間。」她老哥完全同意。屋子接二連三滑入海中，德拉瓦灣裡可不止一座鬼城。

初春某日，正當枝頭新芽嫩紅、魚鷹返回巢位準備繁殖時，我沿著路穿越草澤，走了一公里半，來到德拉瓦灣的湯普森海灘（Thompson's Beach）。一六八五年時，托馬斯．巴德（Thomas Budd）曾在那片草澤地割草養牛。狹窄的海灘上遍布屋舍毀棄後留下的碎瓦破礫：

長滿藻類的煤渣塊；散落岸邊的大塊混凝土；從舊車道上剝落的鋪路石；破煙囪；舊碼頭的基樁；最終未能阻擋海水的岸壁。我從沙堆裡挖出一個骯髒但完好無缺的玻璃絕緣礙子（譯註：輸電線路鐵塔或電線桿上用於電氣絕緣及支撐電線的裝置）是當年由密爾維附近的惠脫塔圖姆（Whitall Tatum）玻璃廠用紐澤西的沙子所製成的。海灘被侵蝕後，露出下面的泥炭地。沙子都已經往內陸移動，堆在老屋地基後方的一條小溪沿岸。我走過時，看到幾隻在煤渣塊之間產卵，或者曾試圖產卵，然後死掉的鱟。一九五〇年十一月，一場暴風雪幾乎毀了湯普森海灘上的所有住家，八十八間房舍僅有少數倖免於難。

里茲灘是紐澤西境內極為適合美洲鱟產卵的一處海灘，但這片灘地也在退縮。草澤和海岸之間擠著兩排小屋，中間僅有一條蓋滿沙子的道路將其隔開；儘管逼近道路邊緣的沙丘已經被圍起來，但沙子仍會溢出路面，進到草澤地去。這片灘地正在移動，不過被房舍和用來阻擋海水的岸壁給堵住了。沙灘流失後，沙子下方的泥炭地便露了出來。鱟群繞過泥炭，跑到用基樁架高的房屋下方產卵，然而這兒並沒有太多空間給牠們利用。珊迪颶風再次襲擊里茲灘後，毫髮無傷的房屋寥寥無幾，其他建物的門廊和整個房間都四分五裂，成了沙地上的碎屑。

美洲鱟在紐澤西產卵的主要海灘被珊迪颶風摧毀了百分之七十。其實，奈爾斯和戴伊早在二〇〇三年就已見識過一場風暴如何毀掉當年的產卵季，進而讓鳥類餓肚子。鳥的數量

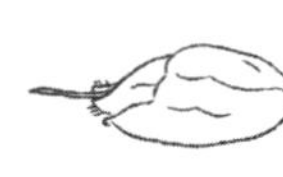

已經很少了，不能讓悲劇重演。奈爾斯是個頑強執著的人。五個月內，包括紐澤西州魚類和野生動物管理局、美國濱岸學會、紐澤西野生動物保育基金會以及溼地研究所（Wetlands Institute）在內的科學家、政府機關和保育團體齊力合作，募集了一百四十萬美元，申請並獲得必要的許可後，聘僱承包商，先確定合適的沙子來源，接著清除了八百噸灘地上的碎片，並在五處海灘上鋪了四萬噸沙子，將底層的泥炭都給蓋住，把接近兩公里長的海灘給恢復原貌。相較於依然受損的海灘，鳥類和鱟都偏好復原的灘地。在二〇一四年，這些團體又收到了一百六十五萬美元，他們將這筆經費用來移除更多的磚塊、基樁和瀝青，另外運了四萬五千五百噸的沙子過來。這項工作在二〇一五年還會繼續進行，美國內政部將再撥款四百七十萬美元，以協助當地社區提高未來抵禦風暴的能力。

跨過海灣來到德拉瓦州，曾帶我去馬洪港的理查・韋伯在當地的海灘上數著鱟卵，那兒曾有大量美洲鱟前去產卵，但現在，他說已成了「德拉瓦州最醜的海灘」。以前那塊灘地寬闊且均質，沙子很深，然而它正在我們眼前消失。產卵區只剩下不到百分之二十」。多年來，德拉瓦州為了重建沙灘，已經回填超過兩百二十九萬立方公尺的沙，而且沙子的粒徑都是挑選能夠吸引鱟的大小。「只要我們照顧海灘，鱟就會照顧鳥類，」韋伯如此對我說道。當水鳥開始失去位於海濱的棲地時，密斯皮里恩港的人造防波堤也許有助於拯救紅腹濱鷸免於滅絕。防波堤為海灘擋住大風大浪，創造一個有利於鱟產卵的溫和環境，造就出德拉瓦灣鱟卵

最為集中的地區。

在德拉瓦州，規劃人員預期海平面如果上升九十公分，或許會淹沒該州百分之八十以上的溼地圩田和國家野生動物保護區，因此而受到影響的感潮溼地面積超過百分之九十七。海平面若上升一百二十公分，可能會淹掉幾乎所有的圩田和國家野生動物保護區，而且幾乎每處感潮溼地都會受影響。事實上，在五月的滿潮期間，德拉瓦灣的海灘都會被水淹沒，這對鱟的產卵過程可能已經造成阻礙。

在鱟群隨著潮水而來的暗夜，我喜歡前往德拉瓦州的斯勞特灘（Slaughter Beach）散步。我靜靜站著，聽浪濤拍岸，看著雌鱟鑽入沙堆之中，然後又在潮水退去之時冒出來。沿著海灘看過去，舉目所見盡是鱟。某個颱風的夜晚，我到達海灘時空無一物，因為海面被風攪起大浪，鱟群都裹足不前。另一個夜晚則是風平浪靜，但海灘、草澤、海漂碎屑堆積線，甚至泥炭層，全都被淹沒了，海水幾乎淹到我的車。是夜，鱟群同樣不靠岸。跟紐澤西州一樣，德拉瓦州也希望提高海岸線的復原能力，因此六百五十萬美元的補助款在二〇一五年時會用於重建水鳥棲息的草澤地，把聚集野生動物的圩田移至內陸，並且修復密斯皮里恩港的防波堤和供鱟產卵的海灘。

海灣兩側的修復工程正在替鱟、水鳥和人類爭取時間，至於這些動物的未來能夠持續多久，該問題並沒有明確的答案。風暴和海流最終還是會把新鋪的沙子給帶走，這通常需耗時

二到六年。未來幾年，德拉瓦灣沿岸將會發生巨大的變化。一九五三年，時任紐澤西州水利政策與供應委員會（New Jersey Water Policy and Supply Council）主席的瑟羅．內爾森談到該州的供水壓力時，將其歸因於新式洗衣機和洗碗機、汙染以及發展，而且認為這些壓力會因為最近一次冰川融化導致海平面上升二十三公分而益加惡化。隨著地球繼續暖化，科學家推斷紐澤西這一側海灣的海平面可能會上升接近一到兩公尺。到二〇五〇年，每隔十到二十年就會遭遇百年一遇的強烈風暴襲擊海岸地帶。一九五〇年時，珊迪颶風所帶來的暴潮是很反常的事件，大概一輩子只會遇到一次；到了二〇一二年，發生頻率增加到每二十五年一次；等到二〇五〇年，珊迪颶風等級的暴潮可能每隔幾年就會淹過紐澤西海岸一次。

森林和淡水溼地淪為鹹水草澤和大海的情景，在開普梅過往的歷史中再三被描述。數百萬年來，海岸線起起伏伏，鸑群就這麼一直追隨著。上一次冰河期使海平面下降一百二十幾公尺時，牠們還是得產卵，只是當初產卵的濱岸地帶現在極可能已成為大海。當冰川退縮，海平面上升，德拉瓦河口被海水淹沒時，牠們又隨著上漲的海水，在退縮的海灘上產卵。經歷這一切的變動，牠們終究存活至今，但在未來數年乃至數十年間，隨著沿岸出現的大規模開發，牠們往後的命運仍在未定之天。打從上個冰河期以來，全球暖化可能對紅腹濱鷸帶來第一次大規模的生存瓶頸。奈爾斯的職業生涯便是始於為了保護水鳥而取得土地，然而隨著海平面上漲，加上他和戴伊多年來如此熟悉的海灘一再遭受珊迪颶風等級的暴潮所沖擊，他

可能會發現自己繞了一大圈，還是得在更靠近內陸的新生海岸地帶再次努力保護鱟和水鳥的新家園。

喬治亞州的阿爾塔馬哈河（Altamaha River）在不受阻礙奔流兩百二十公里後入海，河水夾帶著來自柏樹沼澤、紫樹沼澤以及長葉松老熟林的砂土沉積物，在河川流速變慢、匯進海洋之際，逐漸堆積在島嶼和沙洲上。我想去其中一個小島，小聖西蒙斯島（Little St. Simons），希望看到一些鱟，也想知道能否看到紅腹濱鷸。一九九六年九月十八日，生物學家布瑞德・溫恩（Brad Winn）將阿爾塔馬哈河口的沙島列入紅腹濱鷸的秋季遷徙路徑上，這可不是調查人員第一次在喬治亞州觀察到大量的紅腹濱鷸。布萊恩・哈靈頓在美國東岸明查暗訪紅腹濱鷸的蹤跡時，就曾發現過來自薩凡納（Savannah）的賞鳥者、專辦破產官司的法官赫爾曼・柯立芝（Herman Coolidge）在一九七一年所留下的紀錄。在阿爾塔馬哈河的北邊有個瓦索島（Wassaw Island），柯立芝在島上沿著海灘騎馬時，看到了「至少一萬兩千隻紅腹濱鷸」。但往後幾年，回到當地的水鳥調查員都沒有再見過牠們。甚至早在一八九〇年，自學成才的動物標本剝製師兼收藏家威爾斯・沃星頓（Wills W. Worthington）就曾在阿爾塔馬哈河口射殺過幾隻紅腹濱鷸。

溫恩帶著保育團體和喬治亞州的海島管理人員前往阿爾塔馬哈河口的一群島嶼，包括沃爾夫島、蛋島和小蛋島等等，向他們說明這些小島對海鳥和水鳥的重要性：美洲蠣鷸和厚嘴

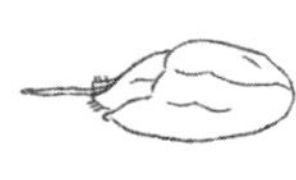

鴴在此繁殖，中杓鷸過境或度冬，此外還有笛鴴、灰斑鴴、半蹼濱鷸跟黑腹濱鷸等，也都會利用這些棲地。他們一群人都還沒有下船，溫恩就看到一大群鳥，以緊密的隊形低空飛過沙洲。他回憶道，「在接下來的一個小時裡，牠們進行了相當精采的飛行陣勢。附近顯然有一隻遊隼，但我一直沒有看到。鳥兒們顯得焦躁不安，著陸之後便又迅速起飛，飛行高度低到我們都聽得見振翅的聲音，也能感覺到我們頭頂上的氣流。」那一次溫恩出乎意料地發現了五千隻紅腹濱鷸。

牠們當時正在吃侏儒馬珂蛤。一旦馬珂蛤的數量繁多，紅腹濱鷸的數量也會跟著多起來。喬治亞州自然資源部的生物學家提莫西．凱斯（Timothy Keyes）告訴我，如果遇到小蚌蛤大出的豐年，紅腹濱鷸每兩秒半就能吃下一粒。在這種食物充分供應的年份，凱斯可是曾在深達膝蓋、長達九十公尺的蚌蛤堆中走動過。他告訴我，若在旱年，從阿爾塔馬哈河流入的淡水減少，河口地帶的鹽度便會提高，使得蚌蛤變少，紅腹濱鷸捕食的速度就會減緩——每三十到四十秒才吃一粒。二〇一一年秋季時，據凱斯跟同事們的估算，有兩萬隻紅腹濱鷸在南遷的過程中來到阿爾塔馬哈河口的島嶼上補充能量。

不過，我是在春天前往小聖西蒙斯島，因此不確定會看到什麼，儘管我所見過的某些超大的鱟殼是來自這個靜謐的島嶼。這座島的所有權人是溫蒂（Wendy）和亨利．波森（Henry Paulson）。童年時期的溫蒂．波森會陪著父親隨意四處散步賞鳥，長大之後，開始根據鳥的

鳴唱聲來認鳥，她把這種方法叫做「貝立茲（Berlitz）賞鳥法」。在鳥友們的熱心協助下，她逐漸成為一名自學成才的賞鳥者。溫蒂的第一隻紅腹濱鷸是在阿薩提格島（Assateague Island）上看到的，那一身灰的冬羽讓她覺得「這麼沒有特色的鳥以後根本認不出來」——直到她再次目睹牠的赤褐色繁殖羽。為了回饋鳥友對她的熱心慷慨，無論她住在哪，都會帶人散步賞鳥；有些鳥友會被一堆長超像的水鳥給弄糊塗，她會鼓勵他們不要洩氣；她也逐漸愛上她曾看過的紅腹濱鷸，進而支持國際保育組織「瑞爾」在阿根廷里歐格蘭德、里歐加耶哥斯以及西聖安東尼奧的保育工作，人們對紅腹濱鷸的保育意識也因而大為提高。

在小聖西蒙斯島可以看到許多野生動物：樹林裡有犰狳、北美黑啄木和卡羅萊納夜鷹；麗色彩鵐在野鳥餵食臺上覓食；粉紅琵鷺和白鷺的集體營巢區有密密麻麻的鳥巢和幼鳥，巢位下方的水中還有眾多大型的短吻鱷，這些鱷魚能夠有效嚇阻浣熊前來獵食鳥蛋跟幼雛；一大群美洲白䴉（某天我數到四百隻之多）；水塘裡有一打黑頸長腳鷸，這種水鳥有一雙動人的桃紅色長腳；林鸛、三色鷺和綠鷺，還有秧雞。美洲蠣鷸、黑白翅鷸、黃腳鷸、皇家鳳頭燕鷗、裏海燕鷗、鷗嘴燕鷗、白嘴端鳳頭燕鷗和美洲小燕鷗，都在不受干擾的綿延海灘上棲息或覓食。我陪同研究生艾比．斯特林（Abby Sterling）尋找厚嘴鴴的巢位，跟隨牠們的腳印進入沙丘。

鱟才剛開始產卵；紅腹濱鷸正陸續抵達島上，數量尚未達顛峰。某天清晨，我們看到

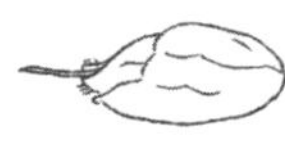

一千隻紅腹濱鷸在灘外的一道細沙洲上覓食，還有幾隻雲斑塍鷸混在其中。這裡的海平面也在上升，但幾乎沒有什麼能夠阻擋沙子，海灘可以隨著潮起潮落和海水流動而自由移動。小聖西蒙斯島、沃爾夫島、蛋島和小蛋島的沙洲，都被阿爾塔馬哈河所帶來的沙子滋養著。我們走過的海灘，在短短五年內就增寬了六十公尺。鳥兒們全都平靜自如。起碼在這裡，牠們還能沿著海灘遷徙。

當我追尋著紅腹濱鷸的遷徙行跡時，南卡羅萊納州和喬治亞州都成了重要的中繼站。紅腹濱鷸雖然叫做「濱」鷸，但北返的路線並不總是沿著海濱而行。前往北極之前，我繞道而行，與研究人員一起尋找另一條路線，一條位於內陸、鳥蹤不再常見但仍被使用的，幽靈路徑。

第九章

幽靈路徑：馬德雷潟湖和中部遷飛路線

Ghost Trail: The Laguna Madre and the Central Flyway

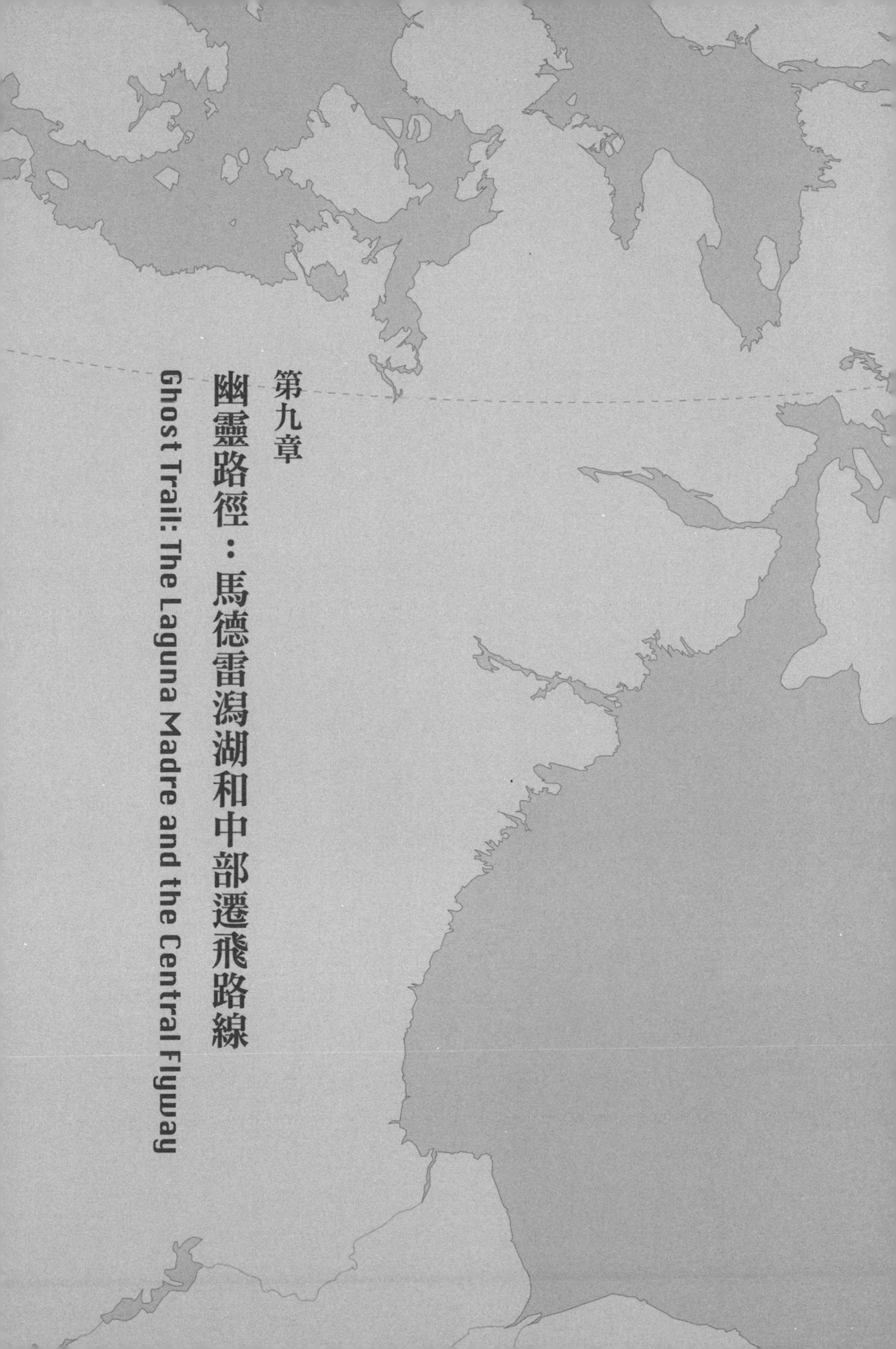

德州，科珀斯克里斯蒂（Corpus Christi），十二月。從警衛室通往帕德雷島國家海岸（Padre Island National Seashore）的道路上，兩側各架設了一排監視攝影機，路旁標誌警告道，帕德雷這個離岸沙洲島的路況很差。在進入保護區的路上，大衛．紐斯特德（David Newstead）和我在一個水池邊停了下來，池裡滿滿的美洲紅頭潛鴨，這種漂亮的鴨子有著紅褐頭部以及灰藍嘴喙，池中的數量多到我能聽見牠們降落時翅膀輕快拍打的聲音。我之前從未見過像這樣上百隻的美洲紅頭潛鴨，之後我還會看到更多。

那條路過了遊客中心沒多遠，就沒有鋪面了。「這裡到了秋天可以看到紅腹濱鷸，」正在開車的紐斯特德說道。他之前在大學主修英文，擁有海洋生物碩士學位，現任職於非營利組織「沿岸彎灣暨河口計畫」（Coastal Bend Bays and Estuaries Program）。紐斯特德原本專門研究魚類及其仔稚魚，但現在卻迷上了鳥類。最開始他是研究那些進行集體繁殖的鳥種，包括棕頸鷺、粉紅琵鷺和美洲剪嘴鷗等，牠們在馬德雷潟湖內的小島上繁殖，就在帕德雷島的內側。「像這一類的鳥比較容易處理，牠們都是在地物種，你對牠們的過往都很清楚，要是遇到什麼狀況，也不難找出是哪裡發生什麼問題。但候鳥就不同了，難多了。」紐斯特德表示，希望自己很快就能「破解」秋季在德州海灘上看到的那些紅腹濱鷸是在何處度冬的謎團。

我到這兒來，就是為了看看他要如何破解。其實，本來我的追尋之旅清單上沒有德州，

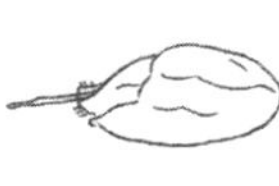

因為早先沒人認為德州是紅腹濱鷸遷徙路線上的重要過境點。時間回到一九九二年，當時紅腹濱鷸的族群量比現在大得多，但即使是無所不知的哈靈頓，也沒在德州看過那麼多紅腹濱鷸——十一月有一千四百隻，然而留下度冬的只有一百到三百隻。儘管如此，我聽到了紐斯特德的調查工作後，還是相當好奇：他為什麼要尋找紅腹濱鷸？他打算怎麼找？

帕德雷島從這兒一路往南延伸到美墨邊境的格蘭德河河口，是世界上最長的離岸沙洲島。從北端開始，一直到曼斯菲爾德水道（Mansfield Pass）的前九十幾公里都屬於國家公園管理局（National Park Service）管轄，那條水道是島上其中一處人為挖掘的切口。我們今天不會從頭到尾走完，只會造訪其中一部分。東北風和近日的風暴將海水推上沙丘，在潮水把一切抹平之前，往前行進也許會有點困難，需要四輪傳動車才能讓我們穿過這段柔軟的沙灘。

紐斯特德一邊開車，一邊數著雪鴴和笛鴴。在北美大平原繁殖的笛鴴，有一半以上都是在西墨西哥灣岸度冬。我們經過一長條堆滿小蚌蛤的海灘，貝殼在陽光下閃爍藍色、金色、白色和粉紅色的光芒。「這裡有兩種蚌蛤，」紐斯特德說道，「我看過某道燉菜的食譜，這些蚌蛤料理起來可費工了。」眼前的蚌蛤比我最小的指甲片還要小。在公路里程牌顯示十英里的地方，沙子開始變粗——我們來到了小貝殼灘（Little Shell Beach），有具海豚屍體被沖到沙灘上。在二十五英里處，沙子變得更粗了——大貝殼灘（Big Shell Beach）。夏天時，

海龜會到這裡繁殖。海龜的族群量曾經相當龐大，後來幾乎慘遭滅絕，如今幸而逐漸恢復，這段歷史對紅腹濱鷸來說稱得上感同身受吧。

德州的各個海灣和潟湖曾經遍布海龜：一八九〇年，從墨西哥灣所捕獲的海龜超過四十五萬公斤，其中一半以上就是來自德州海域。德州的肉牛牧場附近多半有為其服務的大型肉類加工廠，許多跟這些肉品工廠合作的罐頭廠會將製成罐頭的海龜肉及海龜湯運往美國北部。此外，海龜蛋還是相當珍貴的壯陽藥。由是之故，海龜很快便消聲匿跡了。然而在一九四〇年代，一位名叫安德烈斯・埃雷拉（Andrés Herrera）的工程師沿著墨西哥海岸來回飛行尋找肯氏龜，在他進行搜索的第二十六天，發現了四萬隻現已列入瀕危的肯氏龜，牠們成群結隊上岸，在墨西哥塔茅利帕斯州（Tamaulipas）新蘭丘（Rancho Nuevo）的海灘上產卵。據他報告所述，在整整一點六公里的範圍內，海灘上到處都是海龜以及海龜蛋。早年的報告指出肯氏龜會到帕德雷島的小貝殼灘和大貝殼灘產卵，那裡或許也曾出現過大規模集體繁殖（西班牙文稱之為「arribadas」）後的痕跡。

一直到一九七〇年代，肯氏龜的前景還是相當嚴峻，但如今，墨西哥和美國兩地數十年來辛勤投入的保育工作正逐漸展現成效。墨西哥新蘭丘的海灘現在都已劃為保護區，捕蝦船在海龜繁殖期間禁止進入附近水域。此外，數百名志工協助美國國家公園管理局在帕德雷島上保護海龜產卵的巢穴，並以人工孵化海龜蛋。一九八〇年代時，在新蘭丘繁殖的海龜只

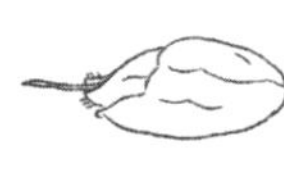

剩幾百隻，至於帕德雷島的繁殖族群則是一隻都不剩。但是到了二〇一二年，已經有七千到八千隻肯氏龜爬上墨西哥灣的海灘產卵，另有七十到八十五隻在帕德雷島。有了相關保育措施，肯氏龜在我有生之年很可能得以脫離瀕臨絕種的命運，族群也可能再次興盛茁壯。若這在海龜身上有可能發生，對水鳥來說也絕對有可能。

紐斯特德在前面帶路爬上沙丘，一路穿越整片海濱燕麥草，其廣泛蔓延的根系深深扎入沙裡，固定在十二公尺高的沙丘上。往下方望去，帕德雷島和大陸之間是馬德雷潟湖的潮灘地和淺水區。馬德雷潟湖的原文「Laguna Madre」意思是「母親潟湖」，是一片狹長的水域，這片水域連同格蘭德河以南、隸屬於墨西哥塔茅利帕斯的那部分馬德雷潟湖水域，共同形成世上面積最大的潟湖系統，長度達三百七十公里，同時也是世上鹽度最高的潟湖之一。我們眼前正對著一大片海藻，這片寬闊的綠毯是紅腹濱鷸聚集的地方，其中心之處名為「九英里洞」（Nine Mile Hole），漲潮時眼斑擬石首魚（紅鼓魚）可能會被困在裡面，紐斯特德有時會去捕這些魚。「夏季水位會降低，泥灘地被烈日烤焦後，整個死氣沉沉，這片海藻毯硬得跟石頭一樣，而且沒有食物，所以鳥都會停到海灘上去。到了十月，泥灘地會被海水淹過，當水深到腳踝時，水鳥和幾百隻鷺鷥就會過來。」今天我們就看到了西濱鷸和黑腹濱鷸，但沒有紅腹濱鷸。我們之前曾到海灘後面一點的地方，走上另一塊海藻毯，某個春天曾有人在那兒看過一千隻紅腹濱鷸，只是我們也沒有看到任何東西。

美洲的紅腹濱鷸大部分都是經由大西洋遷飛路線前往南美洲度冬，但少部分會留在美國東南部，主要範圍在佛羅里達州的墨西哥灣沿岸地帶。我曾去位於坦帕灣（Tampa Bay）聖彼得堡（St. Petersburg）的索托堡州立公園（Fort de Soto State Park）看牠們，那個公園就在一串美麗的沙灘上。棕頸鷺、大藍鷺、小藍鷺在海灘後面的紅樹林捕魚；美洲白䴉漫步於草叢之間，在尚未被太多親子坐滿的野餐桌附近閒晃；剪嘴鷗、燕鷗和蠣鷸棲息在一個淺水灣對面的小沙洲上，還有大約二十隻雲斑塍鷸也在那兒，我之前沒見過那麼大一群。走在海灘上，我們終於在一片架起圍籬的小區域內發現八十到一百隻的紅腹濱鷸，牠們得以不受干擾地待在那兒，我希望圍籬內也有蚌蛤供牠們覓食。我們站在一隻長嘴杓鷸旁，觀察那些紅腹濱鷸。佛羅里達州的紅腹濱鷸數量在一九八〇年代有六千隻，現在已經下降到一千到一千五百隻之間。

紅腹濱鷸在春秋兩季經常造訪帕德雷島和北邊的野馬島（Mustang Island）——國家公園管理局曾在一天記錄到一千六百隻，紐斯特德的朋友比利．珊狄弗船長（Captain Billy Sandifer）更是曾經數到多達三千隻——但他們很少看到腳上帶有其他地區足旗的個體，紐斯特德只看過一隻繫著來自加拿大明根列島足旗的紅腹濱鷸。這滿奇怪的，因為大概有四分之一的紅腹濱鷸都有被繫上足旗。「我們得要知道出了什麼狀況，」紐斯特德說道。他認為紅腹濱鷸可能會在這裡度冬，而且跟沿大西洋遷徙的是不同類群，然而到目前為止，他還沒

有找到證據。

一場嚴重的赤潮，讓海灘上堆滿死魚：海鰱、眼斑擬石首魚、鯧鰺、牙鱈、烏魚、鯰魚、瞻星魚。紐斯特德指著一條鯰魚的殘骸道，「看看那些刺，都能直接刺穿輪胎了。」他在九月時，死魚剛開始被沖上海灘之前正好買了一輛新的小貨卡，開車經過時幾乎無法避開這些死魚，車輪一旦輾過，死魚就會爆開，內臟全噴到引擎蓋下方，再被引擎的高溫給煮熟，「那股惡臭實在太恐怖了。」每次潮水漲起，都會帶上更多死魚。到後來，紐斯特德甚至不用下車就知道死魚已經在那裡待了多久。「如果是當天沖上來的，車子壓過去會有嘎吱嘎吱聲；第二天的壓過去會聽到砰一聲；如果已經上岸三天，車輪就直接滑過去了。聽起來有點變態，但要開過去也只能這樣。」一大條最近被沖上岸的眼斑擬石首魚躺在海灘上，眼窩空空如也，眼珠子早已被海鷗啄掉了。

珊狄弗住在附近福勞爾布勒夫（Flour Bluff）的移動房屋中，對帕德雷島相當熟悉。當我和紐斯特德前去拜訪他時，他正準備製作一年一度的耶誕墨西哥玉米粽（玉米粉蒸肉）。他的小院子裡相當陰涼，種滿能夠吸引鳥類前來的植栽，春過境時，奮力飛越墨西哥灣而筋疲力竭的候鳥會來到他的院子裡覓食歇息。眾人皆知，珊狄弗會開槍驅逐難搞的入侵者。他其實是越戰老兵，服役了七年五個月又十八天，最終帶病返鄉，後來是帕德雷島平息他的怒火，也讓他恢復了元氣。多年來，他一直持有國家公園管理局所發給的唯一一張經營特許證，

只有他能帶人在海灘上進行灘釣。「二十二年來，日復一日，我每年都在這片海灘上。它救了我。」

他之所以開始賞鳥，也是因為釣魚。「有個北方佬來這裡，好人一個，鳥功滿強的，但出不起錢找嚮導帶他釣魚，所以我們就做了一筆交易：他教我看鳥，我帶他釣魚。他真的是很認真教我耶。比如當我說『那是一隻半蹼鴴』時，他就會反問『為什麼不是雪鴴呢？』每個剛開始看鳥的菜鳥都只想找稀有種，都覺得自己看到的是一些不常見的鳥，但鳥功不是這樣練的。其實喔，你應該要先搞清楚那個地方常出現的所有種類，一旦稀有鳥真的出現了，才能真的馬上認出來。」根據紐斯特德的看法，珊狄弗比任何人都更了解帕德雷島，對島上鳥類知之甚詳，他不但能找到罕見的鳥種，連一些原本以為稀有但其實在該地經常出現的候鳥也是他第一個發現的。他觀察紅腹濱鷸已經很多年了。

「我以前會在秋天看到牠們，一千兩百到一千五百隻的鳥群，連續好幾天落在十五或二十英里的里程牌附近。牠們一出現，就代表秋天來了。我見過數量最多的一次大約是在八年前或十年前的春天，當時海灘上的風速差不多是每小時七十二公里，我正帶人去蘭卡特（Land Cut）人工水道釣魚，那裡是保護區。」多年來，三十多公里長的泥沙堆積出沙提約灘地（Saltillo Flats），隔開了馬德雷潟湖，而為了疏浚沿海水道所挖掘的蘭卡特則將海灣重新連結起來。「我看到紅腹濱鷸停在從水裡冒出來的沙洲上。牠們不僅圓滾滾的，數量更是

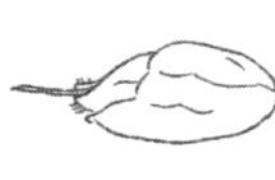

有好幾千隻。現在已經沒那麼常出現了，就是這裡一些、那裡一些。情況不同了。我在海灘上曾經連續十六天沒看到其他人或車，現在喔，十六分鐘就算久了。」

魚類大量死亡讓情況更加惡化。「我沒看過那麼嚴重的赤潮，這次持續的時間最久、影響範圍最廣，從高島（High Island）和加爾維斯頓（Galveston）附近的玻利瓦爾灘地（Bolivar Flats）一路延伸到格蘭德河。」等到這場赤潮消退時（過了五個月後），共有四百五十萬條魚死亡，全州所有的牡蠣養殖場都暫時關閉，牡蠣養殖業因而損失了七百萬美元。這是德州史上數一數二慘烈的一場赤潮。

赤潮是由短凱倫藻（*Karenia brevis*）這種微小的藻類所造成，當它們大量繁殖時，就會把海水變成紅色或茶褐色。短凱倫藻通常分布於外海，但這個地區由於連月乾旱，致使流入大海的淡水水量遽減，海水鹽度因而提高，加上風和洋流將藻類聚集在離海岸較近的地方，鹽度較高的海水便使得它們大肆繁殖。短凱倫藻的毒性很強，會麻痺魚類的中樞神經系統，要是魚類攝入一定程度的數量，便會喘不過氣，最終窒息而死。死於赤潮的動物還包括螃蟹、蝦子、海豚，甚至有郊狼吃到赤潮中毒的魚類，也難逃一死。在赤潮中覓食藻類的貝類會將毒素累積在體內，雖然牠們本身安然無恙，但吃到這些受汙染貝類的人類、鳥類和海龜都可能會出現重症反應。

數百年來，赤潮在墨西哥灣反覆爆發，目前所知最早的紀錄是出自阿爾瓦．努涅斯．

卡韋薩・德瓦卡（Álvar Núñez Cabeza de Vaca）這名西班牙征服者。在試圖將墨西哥灣沿岸據為西班牙領地的行動失敗後，他命令手下宰殺他們的馬匹作為食物。而後他們乘筏逃離佛羅里達，一場颶風將其吹到德州南部，他們便在當地住了幾年。卡韋薩・德瓦卡在一五三四年提到，印第安人會用「水果成熟和魚類死亡的時間」來標記季節變化。一六四八年，居住在墨西哥猶卡坦的方濟會修士弗瑞・狄亞哥・羅裴克斯・德科洛古多（Fray Diego Lopez de Collogudo）寫道，一股「惡臭」從海面吹向美里達（Merida），臭味來源則是岸上「成堆如山的死魚」。由上可知，墨西哥灣的赤潮就跟該地區有記載的歷史一樣古老，但其嚴重程度、持續時間和出現的範圍都在增加。對此，珊狄弗並不感到驚訝：「你不能去招惹食物鏈的頂端，食物鏈的底端也不行。」

或許令人感到驚訝的，是這種干擾的複雜程度和影響範圍。非洲的乾旱和沙漠化現象日益嚴重，致使大西洋彼岸的墨西哥灣也連帶受到影響，因為來自撒哈拉的沙塵暴在每年夏天都會籠罩整片墨西哥灣，席捲而來的塵土帶有鐵質，這些鐵質就會落入大海之中。在海洋食物網的底層，有一類稱作束毛藻（*Trichodesmium*）的微生物，這類浮游生物會吸收海中的鐵質並且大量繁殖，使得海水富含氮，而氮又反過來助長了赤潮發生。在食物網的頂端，人類先是捕撈較大型的魚類，比如西大西洋笛鯛、石斑和鯖魚，接著又去捕捉這些魚的獵物，像是沙丁魚、鯡魚、鯷魚、油鯡和桃紅對蝦。這麼一來，當攝食浮游生物的消費者變少，那些

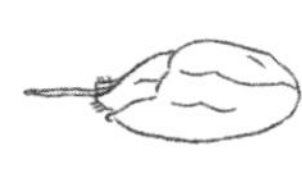

浮游生物（其中一些具有毒性）便會生長得更加茂盛。

墨西哥灣海域裡的短凱倫藻通常密度不高，因此不會造成什麼危害，但是當數量達到一茶匙海水含有二十五個以上，當局就會禁止採收蚌蛤等貝類。我從海灘上所看到的成片赤潮，一茶匙中可能有數百萬個短凱倫藻。即使不吃貝類，人類也能感受到赤潮帶來的影響：藻類細胞在波濤洶湧的海浪中會破裂，然後向水中釋放出毒素，接著在鹽沫中形成氣懸膠，一旦接觸到人體，對眼睛跟喉嚨都會造成刺激。「那實在很糟糕，」紐斯特德回憶道，「開車時，我得緊閉車窗，一到海灘，大家都要戴上口罩，每個人都在乾咳。那些紅腹濱鷸全臥在車轍的凹痕裡，看起來好像快死了一樣。」有一隻還真的死了，他把鳥屍帶到專門研究有害藻華的生物學家保羅・津巴（Paul Zimba）那裡，檢測之後發現，肝臟中的毒素濃度是致死劑量的十六倍。

赤潮絕非德州海岸的特產。在紅腹濱鷸度冬的佛羅里達墨西哥灣沿岸，赤潮經常發生，通常一次持續好幾個月。二〇一三年，美國國家氣象局增添了一項警報項目，亦即一旦坦帕灣的赤潮威脅到人類健康，就會發出警告。二〇〇七年春天，有三百隻紅腹濱鷸在烏拉圭靠近巴西邊界的科羅尼亞灘（Playa La Coronilla）死亡；同一天，在附近發現了另外一千隻種類無法辨識的水鳥屍體。如果根據到達的時間推算，那些紅腹濱鷸很可能是從火地島出發而途經該地，當地的鳥友認為牠們可能是死於赤潮，但確切死因並無定論。

潟湖中受赤潮所害的其他紅腹濱鷸，則是被送到位於阿蘭瑟斯港（Port Aransas）一處稱作ARK的野生動物救傷機構進行治療復健，該機構的負責人是紐斯特德的另一位老朋友，托尼．阿莫斯（Tony Amos）。黎明時分，我跟他約在帕德雷島北邊的野馬島碰面，那是一塊長達二十九公里的離岸沙洲島，位於科珀斯克里斯蒂和阿蘭瑟斯港之間。出發時，天色依舊昏暗，我開著跟朋友借來的豐田小轎車在高速公路上緩慢前進，一輛接一輛的皮卡車不斷從旁呼嘯而過，好像這裡的速限是指最低速限一樣。我決定好好利用這個機會狂踩油門，那車速如果是在我居住的麻州，肯定會被旁人翻白眼。車速加快後，時間也就空了出來，我把車停在一個滿是美洲紅頭潛鴨的池塘邊，這種鴨子超過九成是在墨西哥灣地區度冬。此時天際漸明，但我卻流連忘返，這些鳥在我居住的地方相當罕見：我真喜歡看到這麼多，而且離得這麼近。

在這趟旅程中，我開往海灘的道路都沒有停車場，這條也不例外。我在沙丘附近找到幾輛露營車和小貨卡，便跟那些車一樣停在那裡。阿莫斯到達之後，我們便開著他的小貨卡出發，去掃視長達十三公里的野馬島海灘。一路上，他把看到的東西全都記錄下來。阿莫斯已經七十多歲了，三十五年來，他每隔一天就調查一次。

我們很快就看到兩隻銀鷗、三隻笑鷗、五隻環嘴鷗、兩隻黑白翅鷸、兩隻翻石鷸、一隻西濱鷸、四隻灰斑鴴、兩個走路的人、四個在車裡露營的人，以及三個空玻璃瓶，根據上頭

的標籤，這幾個瓶子曾經裝過具腐蝕性的鹼性溶液。阿莫斯說：「它們是從船上掉下來的，」每個瓶子都有編號以及日期，他晚一點會去查詢相關資訊。在最開始的一小段路，他會下車徒步橫越海灘，計算走到高潮線、沙丘和里程牌所需的步數，「我橫越海灘所走的距離已經超過兩千七百公里了。」

之後我們繼續開車巡視，他數著從海灣被沖上岸的海龜草以及俗稱「葡萄牙戰艦」的僧帽水母。他計數時喊出的聲音輕柔而動聽：一隻黑白翅鷸、兩隻黑腹濱鷸、一隻灰斑鴴、七隻環嘴鷗、十隻銀鷗、一個飲料罐、四隻大尾擬八哥（牠們飛來吃他車裡的蟲子）、一隻大藍鷺、兩隻翻石鷸、一隻三趾濱鷸、十隻笛鴴、三個鮮奶瓶、兩隻西濱鷸、一隻笑鷗，還有一隻美洲蠣鷸。除此之外，他還數了一次性飲料杯、來自墨西哥捕蝦船的綠色漂白水瓶子、雞蛋盒、犬隻和紅樹林植物黃綠色的種子。「我不喜歡狗出現在沙灘上，尤其是沒被繩子牽住的，牠們會把鳥嚇飛，破壞平靜。」他戴上手套，檢視一隻死鳥，那是一隻紅尾鵟。「這裡常看到屍體。這隻的胸腔已經空了。有些鳥我只見過死的。」

他在找笛鴴。「牠們會固定到這兒來度冬。」看到一隻後，他隨即拿出相機拉近拍攝足旗上的編號。「我知道這隻，我第一次看到牠是二〇一〇年七月。牠是從加拿大的大平原地區來的，今年又回到跟去年差不多的位置，相差還不到一百公尺。」他把這隻鳥所在的經緯度都詳細記錄下來。「早在這些房屋之類的地標出現之前，這群鳥就會到這裡了。」他看到

另一隻笛鴴，第一次看到是在二〇〇四年九月。「這隻鳥我看過兩百多次了。能跟一隻每年都飛那麼遠的鳥碰面兩百多次，這種感覺相當特別。」

此時，開始有電話打進來。鳥類仍然是赤潮的犧牲品。「我們看到一隻赤潮中毒的鸕鷀，牠的頭往下垂，走路一拐一拐的，飛不起來。在阿蘭瑟斯港的賀拉斯考德威爾碼頭（Horace Caldwell Pier）附近。我們會試著抓看看，但雙冠鸕鷀是那種你絕對絕對不會想要被咬到的鳥，牠們嘴尖的鉤子很有力，是專門設計來把不停扭動身體的魚給牢牢咬住的，被咬到會血肉模糊。」阿莫斯的鳥功是自己練的，他已經看鳥看了很多年，一開始是他在哥倫比亞大學拉蒙特多爾蒂地球科學研究中心（Lamont Doherty Earth Observatory）工作的時候。「我就這樣開始賞鳥，那時在研究船的甲板上一待就好幾個小時，一邊操作設備，一邊觀察鳥類，灰水薙鳥啦、漂泊信天翁啦都看過。我不只計算牠們的數量，還把牠們給畫下來。」

我們發現一隻死掉的褐鵜鶘，牠的腳是藍色的，阿莫斯把牠帶進沙丘，這時霧氣瀰漫籠罩。人們在這兒遛狗，或者更確切地說，狗在遛自己，飼主則是在一旁開車跟著。阿莫斯接了另一通電話，原來是有人抓到了那隻鸕鷀，此時我們差不多巡一半了。「當我開始調查的時候，這裡沒有房子，沒有公寓大樓。我會走到這個點，坐在一棵被沖上沙丘的老樹上沉思冥想一番。有天它不見了，隨後公寓很快就冒了出來。一九八〇年時，艾倫颶風把那些公寓房子都給吞沒了。」他又看到了另一隻他認識的笛鴴。「你好啊，親愛的。」我們的位置就

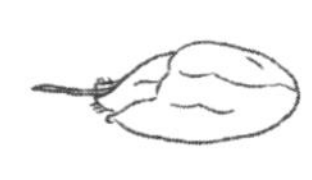

在科珀斯克里斯蒂的市界上，這兒的海灘正在縮減。「啊，那隻是小黑背鷗，這種鷗主要在歐洲和冰島繁殖，近年來度冬範圍正在擴大，以前這裡很少，現在很常見。」

有條死掉的眼斑擬石首魚剛被沖上岸不久。「赤潮還沒消退。」我們看到一個原本拿來裝米的巨大塑膠袋，接著又看到一大塊覆蓋棧板用的塑膠布。「這些大片塑膠會被沙子埋起來，沒辦法清掉。像這種我就不知道該怎麼分，要把所有的塑膠都分門別類實在很痛苦。」另一通電話響起，國家公園管理局有一隻綠蠵龜需要協助，於是我們相約回程再去接那隻海龜。

出現在德州離岸沙洲島海灘上的東西可多了，比如珊狄弗的船。那艘船的船東還是別人時，某次卸下一批大麻被查獲，船就這麼被聯邦探員給扣押，船員也被逮捕（船長逃進了沙丘），船上貨物全數沒入，最後珊狄弗買下那艘遭到拍賣的船隻。

我們巡了將近十三公里後，已經看到很多鳥、超多飲料杯罐和一大堆其他塑膠製品，但就是沒有看到紅腹濱鷸。某一年，阿莫斯曾看到一千六百隻，但是從一九七九年到二〇〇七年，這個數字下降了百分之五十四。與此同時，在海灘上散步、駕車或露營的人數增加了五倍。野馬島上的紅腹濱鷸數量下降，反映出的究竟是德州的紅腹濱鷸族群減少，還是鳥類為了逃避干擾所以前往更僻靜的地方，這實在難以斷言。「星期一就要進行耶誕節鳥類調查，他們總是希望我能看到紅腹濱鷸，但我保證今年肯定是看不到了。」

那隻綠蠵龜的狀況很不好，牠的脖子不但被釣魚線纏住，似乎還想吞掉魚鉤，呼吸時發出明顯的喘息聲。阿莫斯會把這隻海龜帶去做X光檢查，看看鉤子是否留在體內的什麼地方。到了ARK，阿莫斯先幫這隻削瘦的海龜秤重，然後在黃色塑膠幼兒游泳池裡鋪上毛巾，再把牠放在毛巾上。釣線還纏在牠的脖子。「那條線要剪掉並不難。如果鉤子卡在喉嚨裡，我們還可以替牠動手術，但如果吞下肚，我們就無能為力了。」在那裡，我們還看到其他被釣魚線纏繞和船隻螺旋槳打傷的海龜。

阿莫斯昨天才野放了五隻美洲紅頭潛鴨。「最近我看到很多潛鴨遇到麻煩，牠們都很消瘦。如果你在路上看到死鳥，可能就是這種鴨子。這事情滿奇怪的，我不認為赤潮會影響到牠們。」今年到目前為止，阿莫斯那裡救傷復健的野鳥已經有一千四百隻了。我看到他用來暫養紅腹濱鷸的籠舍。「我把牠們放在這個大籠舍裡，外面用布蓋著，這樣能讓牠們保持冷靜。牠們的體重都過輕，我會餵牠們吃麵包蟲和切碎的魚。」等到鳥兒康復後，紐斯特德再把牠們帶到野外放生，那些鳥野放之後，到目前為止他都還沒有再見過。

紐斯特德仍在尋找紅腹濱鷸。幾天後，他和我開車離開科珀斯克里斯蒂，路過一片一片農田，田裡滿地棕色殘梗——那是高粱、玉米和棉花採收後剩下的東西。沙丘鶴正在吃那些殘梗。雨量充沛的年份，雨水會淹滿田地，將農田變成短暫的池塘，吸引數百隻鳥前來棲息，但現在土壤已經乾涸，田裡空無一物。地主正要出售這塊土地，這裡已經規劃作為風電場，

未來將會豎起一百七十五支風力發電機。

轉眼間，我們經過了比沙普（Bishop），一個每年生產超過三百一十七萬公斤消炎止痛藥的小鎮。今晚睡前我得吃一點才行。在紐斯特德的引導下，我看到田裡有二十五隻杓鷸，一隻草原隼滑近之後飛離，還有一隻他認為遲早會被列入瀕危物種名單的鳥，岩鴴。我們開到某個路標後轉彎，前往比沙普機場，停在一條跑道附近，安塞．溫丹（Anse Windham）帶我們坐上他的飛機：一架七公尺多的單引擎螺旋槳小飛機，機身塗裝鮮豔的紅、白、藍三色，機鼻有一顆巨大的孤星，整架飛機看起來就像一面巨大的德州州旗，另外，機腹還裝了一根長天線。我擠進後座，戴上耳機，我們今天大部分時間都會待在飛機上，收聽發報器的訊號並尋找紅腹濱鷸。

兩個多月前，紐斯特德在十一隻紅腹濱鷸的背上裝了無線電發報器，每個發報器的電池都能發出大約三個月的訊號。十一個發報器中，十個還在正常發訊，但是另一個已經從同一個地點發訊三週了。紐斯特德在沙丘後方幾百公尺處發現那隻鳥，已經死了。有時如果用來黏著發報器的快乾強力膠變質劣化，發報器就會脫落，等到紐斯特德找到時，發報器還在持續發送訊號，但鳥早就不知道哪裡去了。那十隻身上還有發報器的紅腹濱鷸在前陣子離開了海灘，紐斯特德希望無線電訊號能告訴他那些鳥在哪裡，於是他打開接收器。

風強日麗，四隻沙丘鶴在我們下方飛翔。我們正朝著大海飛去，飛越通常在每年此時都

會蓄積超過六十公分水深、但現在卻空空如也的窪地。飛機在風中顛簸前行。我們在一處海軍基地轉向，前去查看笛鴴的蹤跡，這是該無線電追蹤計畫的部分內容，然後飛到鵜鶘島後再次轉向，那是個用疏濬清出的淤泥所堆起的小島，面積有一百六十公頃。在一九七〇年代，在此繁殖的鵜鶘由於ＤＤＴ殺蟲劑的毒害，數量掉到只剩五對，等到ＤＤＴ被禁用後，牠們的數量就回彈到大約八千對。七年前，浣熊和野豬開始來到島上，使得鳥兒被迫離開。我們飛過時，看到一隻正在尾隨琵鷺的郊狼，還看到一個池子裡停了大約一萬隻美洲紅頭潛鴨。

溫丹將飛機航向轉南，飛往帕德雷島，這時大海在我的左手邊。要是海水夠清澈（事與願違），我們就能看到海豚和鯊魚，但現實情況是，海面上赤潮片片。海灘上仍然散布著死魚和死鵜鶘。在我右手邊是帕德雷島沙丘，沙丘再過去是馬德雷潟湖的潮灘和淺水區。

德州的馬德雷潟湖並無大河注入，所以湖水比海水還鹹，只有雨水和偶爾充滿雨水的荒溪才能稍微讓鹽度降低。在過去，夏季的高溫將湖水蒸發後，這個潟湖的鹽度會變成墨西哥灣的兩倍、三倍甚至四倍，而當潟湖的水變成高濃度鹽水時，魚就死了。但如果這種情況沒有發生，潟湖中寬廣的海草床便能滋養為數眾多的魚類，最有名的就是眼斑擬石首魚和雲紋犬牙石首魚。這兩種魚已經適應了馬德雷潟湖的極端生存條件，牠們會在寒流期間前往深水區，鹽度飆升時則前往連接大海的水道。馬德雷潟湖僅占德州海灣面積的百分之二十，但多年來，有鰭魚的產量卻占了百分之六十。

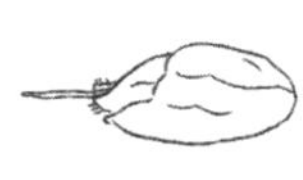

我們飛過亞伯勒水道（Yarborough Pass），那本是被颶風沖出的開口，現在大部分都填滿了又深又軟的沙子，紐斯特德之前便是在那裡野放康復的紅腹濱鷸。溫丹擋住刺眼陽光，氣溫也開始暖和了，我們正頂著三十節（譯註：用於航行或描述風速的速率單位，一節為每小時行走一海里；三十節約等於時速五十五點六公里）風速飛行。沿著海灘往南飛九十幾公里後，我們轉向西，沿著曼斯菲爾德水道（Mansfield Channel）橫過海灘，飛到潟湖上空。馬德雷潟湖的面積廣達一千五百多平方公里，在這範圍內，紅腹濱鷸到處都有可能會出現。「有時我認為在這麼遼闊的地區找小鳥是一項愚蠢的任務，我不能在潟湖上徒步行走，甚至坐船巡視也沒辦法，這裡太大了。」因此，搭飛機尋找帶有無線電發報器的小鳥，成了他的最佳選項。

人類刻鑿的痕跡無處不在：切穿沙洲海灘直通外海的水道；從科珀斯克里斯蒂前往帕德雷島的大型堤道；深三公尺半、寬達三十幾公尺的墨西哥灣沿海水道；蘭卡特水道。但這潟湖也有許多地區受到保護，高達百分之七十的邊界分別隸屬於帕德雷島國家海岸、亞它斯科沙潟湖國家野生動物保護區（Laguna Atascosa National Wildlife Refuge），以及私人所有、綿延數公里長的國王牧場與甘乃迪牧場。淺水區的水很鹹，看似荒涼、不適合生物居住，但卻擁有德州百分之七十九的海草，包括淺灘草，那是美洲紅頭潛鴨在該地區最喜愛也幾乎是唯一的食物。在長滿牧豆樹和梨果仙人掌的潟湖島嶼中，有許多是一九四〇年代疏濬墨西哥灣

沿海水道時，利用廢棄砂土填出來的人造島嶼，這些島上大約棲息了兩萬對群體生活的溼地鳥類，包括美洲剪嘴鷗、七種燕鷗、九種鷺鷥和兩種鸛。琵鷺也在這裡繁殖，還有褐鵜鶘，以及罕見位於沿海地帶的美洲白鵜鶘營巢地。在這片潟湖繁殖、度冬或過境的鳥兒超過兩百萬隻。

紐斯特德告訴溫丹，可以去亞它斯科沙國家野生動物保護區看看，上週他曾在那裡看過紅腹濱鷸，認為牠們可能會在保護區附近的灘地度冬。他指示溫丹「在這兒轉彎」，接著說道，「上個星期下過雨後，這片海藻灘變得比較溼潤，對水鳥來說食物就多了。海藻的深度介於五到十五公分之間，相當適合紅腹濱鷸覓食。」我們開始收到無線電訊號，但訊號相當微弱。他把無線電遙測追蹤比做「尋水術」。「我覺得那邊有隻紅腹濱鷸！」紐斯特德往窗邊點頭示意，飛機隨即衝下，他想要看清楚一點，溫丹則是有求必應。隨後我們又俯衝了三四次，我只覺得頭暈目眩，還有點冒冷汗。結果，我們並沒有找到紅腹濱鷸。飛機逐漸平穩，無線電訊號再次響起，聽起來像蟋蟀輕輕鳴叫。我們再度俯衝而下。紐斯特德和溫丹合作無間，顯然很享受彼此的搭檔配合，他們幾乎不討論行動策略，溫丹專心收訊號，紐斯特德俯視著灘地，只要打個手勢或說句「這裡」，飛機便會再次往下。如此高效率的分工合作，才得以做出許多急速俯衝。

飛機低空盤旋，驚飛了幾隻鳥，機鼻離地面更近了。總是充滿樂觀的紐斯特德開始興奮

起來，我們今天有十多次找到紅腹濱鷸的機會，但沒有一次成功。發報器已經裝在牠們身上六十天了。在這高度，我們更容易看到地上的人。「邊境巡邏隊在那裡，」他邊看邊說道，「他們在找步行越過邊境的非法移民。」我們現在離墨西哥很近，所以溫丹得向國土安全部通報。他跟我說，如果不這樣做，後果可就麻煩了，比如回去之後他會被武裝警衛攔住然後搜身之類的。美墨邊界沿著格蘭德河彎來彎去，蜿蜒曲折奔向大海。溫丹一邊追蹤無線電訊號，同時還得注意讓飛機留在美國境內，因為我們正在靠近邊界。紐斯特德和溫丹在討論無線電追蹤的細節時，我本來很想仔細聆聽，但整個上午都在俯衝翻轉，我都快要吐了。我們再次接收到訊號，溫丹急急讓飛機轉向，之後訊號愈來愈強。我們再次俯衝，鳥兒卻不見蹤影。

強風把飛機吹得搖搖晃晃。在德州的南部海岸地帶，整年大半日子接近傍晚時都會刮起強勁而穩定的風，此時是用電高峰，電價也會上漲。德州在風力發電領域處於領先地位，境內百分之七點四的電力是來自風能，而且在未來幾年，沿海地區的風機發電容量可望再增一倍。有人已經提議要在帕德雷島外蓋一座擁有三百支風力發電機的風電場，之前珊狄弗曾在那處預定地看過五十萬隻黑浮鷗覓食鯷魚群。紐斯特德不知道研究離岸地帶的鳥類死亡率是否可行，因為幾乎不可能在那裡找到死鳥計算數量，針對這點，在加州研究風電場和鳥類死亡率的生態學家肖恩・斯莫伍德（Shawn Smallwood）也表示贊同：「還找不到什麼方法來

估算離岸的鳥類死亡率，就我所知，尚無人有信心能夠做到這一點，」他在回給我的信中如此寫道。

然而，這樣的調查卻是當務之急。威廉與瑪麗學院（College of William and Mary）保育生物學中心的布萊恩・瓦茨（Bryan Watts）發現，「沿著大西洋擴建離岸風電場，將會形成史上規模最龐大的海上災害網絡。」很多鳥類可以忍受大西洋沿岸開發離岸風電所帶來的棲地喪失，但瓦茨認為像紅腹濱鷸、紅燕鷗、笛鴴、美洲蠣鷸和雲斑塍鷸等易危物種，大概會撐不住。羅格斯大學的喬安娜・博格（Joanna Burger）在評估離岸風電對聯邦保育類水鳥的風險時發現，就紅腹濱鷸而言，如果在牠們度冬或過境覓食的關鍵海灣、河口豎立風電機座，牠們很可能會遭受嚴重威脅。

在鳥類遷徙的要道上設立大量風力發電機座，這件事讓紐斯特德感到憂心忡忡。「從洛磯山脈以東到密西西比河以西，所有穿梭於中南美洲度冬地跟北美繁殖地的鳥類，都會聚集經過這個地區，」他說道。每天在馬德雷潟湖攝入鹹水的美洲紅頭潛鴨，都會飛到淡水池塘調整體內的滲透壓。甘乃迪牧場內有兩百六十支風力發電機，就豎立在潟湖跟一片星羅棋布的淡水池塘之間，那裡是八萬隻美洲紅頭潛鴨生息之處。此外，當局還打算在亞它斯科沙潟湖保護區不遠處架設更多風力發電機，該保護區有四百多種鳥類，包括瀕危的黃腹隼北方亞種。隨著風力發電技術的進步，風電機組變得愈來愈高大——高達一百二十幾公尺的風機

葉片，掃過的面積可達四千到六千平方公尺，葉片末端以每小時兩百二十五公里的速度旋轉著。

在小飛機上，我們已不再收到無線電訊號。溫丹駕機滑過另一部分的灘地，說道：「我們得縮短行程。這風會把燃油耗盡，我們還能朝一個方向飛十五分鐘——你選吧，看要去哪邊，然後我們就回去。」紐斯特德還不想離開，但他別無選擇。他和溫丹追蹤最後一個微弱的訊號，接著我們往北飛，經過甘乃迪牧場的風電場。

雖然還沒有離岸風電場的鳥類死亡率數據，但某些陸上風電場倒是有相關資料。當風機數量增加，鳥類死亡率的計算變得更加複雜，鳥類死亡的數量也跟著上升。這些年來，根據魚類和野生動物管理局的估算，美國每年死於風力發電機的鳥類從三萬三千隻增加到四十四萬隻，斯莫伍德在二〇一三年的統計數據則將該數字提高到五十七萬。截至二〇一三年為止，德州的百萬瓦等級風機數量在全美排名第一，公用事業規模的大型風機（超過七千五百臺）數量則是排名第二。美國十個最大的風電場有六個位於德州，在二〇一二年增加最多發電容量的也是德州（一千八百百萬瓦）。在德州，多數關於風力發電機導致鳥類死亡的報告都列為機密，因此斯莫伍德沒辦法將相關數據納入他的調查統計之中。

甘乃迪牧場內的風電場具備高科技雷達，當它感應到大批鳥類在暴風雨或霧中接近時，可以發訊停止風機運轉，直到鳥群經過，如此一來便有機會避免過境的成群候鳥死亡。但是，

由於這類系統（其他風電場也有架設）的資料尚未公開，因此斯莫伍德以及研究風機導致多少蝙蝠死亡的愛德華．阿內特（Edward Arnett）都表示，這類系統的成效尚無法證實。紐斯特德在蘭卡特工作時，曾在某個風光明媚的日子看到一小群美洲白鵜鶘飛近塔樓，結果一隻白鵜鶘就被風機葉片打得支離破碎，他不知道自己看到的是偶發事件，還是風電場的日常。德州的鳥類死亡率數據通常都列為機密，很少經過同儕審查，大眾也沒辦法取得相關資料。此外，斯莫伍德認為，風電產業派員搜尋死鳥的次數可能不夠頻繁、時間不夠長或範圍不夠廣，無法完整估算到底有多少鳥類死亡，尤其是小型鳥類。

風力發電可以減少美國的化石燃料消耗，大幅降低二氧化碳排放量，據美國能源部稱，風力發電至少可以滿足美國百分之二十甚至更多的電力需求。到二〇一二年底，美國運轉中的風力發電機有四萬五千具，預計到二〇二〇年這個數字將增加兩倍。每年因為撞擊建築物和窗戶而死的鳥類有好幾億隻，被貓殺害的則是介於十億到四十億之間，還有五百萬到七百萬隻死於電信塔，車禍路殺六千萬到八千萬，農藥毒殺則是七千萬到九千萬，相較之下，風力發電致死的鳥類數量並不算多。儘管如此，風電場還是可以設法減少對鳥類的危害。

在加州的阿塔蒙特埡口（Altamont Pass），之前因風電場而死亡的鳥類多達數千隻，包括金鵰、美洲隼、穴鴞和紅尾鵟。後來人們將位於鳥類出沒「熱點」的風機加以拆除，並且更換舊風機，冬季時則停止運轉，這些措施使得鵰類的死亡量減少一半。在西班牙的卡迪斯

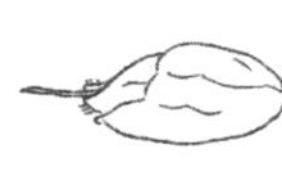

省（Cadiz），有三百支風力發電機就矗立在西域兀鷲穿越直布羅陀海峽進入非洲的秋季遷徙路徑上。科學家要是觀察到西域兀鷲在風機附近飛行而且可能發生危險時，會向控制塔臺發出警報，塔臺員工就會停止風機運轉，直到牠們安全通過為止，其死亡率因而降低了百分之五十。

我們的飛機降落了。以尋找紅腹濱鷸來說，今天的狀況實在不好。溫丹和紐斯特德下了飛機後，發現有一節天線不見，可能是被風吹斷了。他們開玩笑說，早知風速那麼強勁，就應該先把飛機上的螺絲釘都給拴緊才是。紐斯特德過了幾天又飛上去，但他還是沒有找到太多紅腹濱鷸。追蹤鳥類需要耐心和毅力，紐斯特德兩者兼備，後來溫丹和他又繼續飛了好幾趟，總算在馬德雷潟湖的巴芬灣（Baffin Bay）附近找到四、五十隻紅腹濱鷸，又在亞它斯科沙潟湖國家野生動物保護區附近的灘地發現五、六百隻。之後，他們還會從資料記錄器得到更多訊息。

二〇一四年初，紐斯特德和拉瑞·奈爾斯合作，將他們先前在德州所裝設的大約一百個地理定位追蹤器回收了四分之一。結果，德州的數據打臉紐斯特德的看法，有人藉此開玩笑說，紐斯特德在德州看不到綁足旗的鳥是因為他的單筒望遠鏡太髒了啦。資料顯示，德州的紅腹濱鷸絕大部分是在墨西哥灣沿岸度冬，一年有九個多月的時間都在那裡度過。有一隻出生當年就被繫上足旗的紅腹濱鷸幼鳥，隔年也是在德州度過牠生命中第一個完整的夏天。

紐斯特德現在已經知道，即使自己沒能親眼看到，那些鳥兒還是會出現在墨西哥塔茅利帕斯跟德州馬德雷潟湖之間的某些海灣等地，或許最北可達馬塔戈達島（Matagorda Island）。以往人們認為紅腹濱鷸在德州的度冬數量大約只有三百隻，但他的飛行調查指出，實際數量或許更接近珊狄弗所觀察到的數千隻。他和奈爾斯先前裝在紅腹濱鷸身上的資料記錄器更是帶來其他驚喜：相關資料不僅顯示紅腹濱鷸的成鳥跟幼鳥都會在德州度冬，還暗示牠們仍會沿著一條古老、曾經熙來攘往的路線北返——那是一條遠離大海的陸路航線。

一九一二年時，美國生物調查局（U.S. Biological Survey）的威爾斯．庫可（Wells W. Cooke）曾追憶「幾乎無窮無盡」的水鳥在堪薩斯州、內布拉斯加州和南北達科他州大草原遷徙的景象，以及穿越密西西比谷地大草原北上的鳥群所形成的「春過境高速公路」，而在使用這條遷飛路線的水鳥之中，紅腹濱鷸的數量「尚稱普遍」。福布希在當年寫道，紅腹濱鷸會從德州沿著密西西比谷地「成群」（他沒提具體數字）北遷，即便當時牠們的族群量已經下降，那只是「微不足道的一小群」而已。如今，那條遷徙路徑已然蕭瑟寂寥，大部分的紅腹濱鷸在很久以前就被人獵殺殆盡。一九五八年有份關於德州紅腹濱鷸的紀錄，根據該紀錄所述，經由五大湖區南來北往的紅腹濱鷸，有時會停留在德州度冬。

美國地質調查局曾在地圖上畫出紅腹濱鷸在北美大平原這條遷飛路線上所留存的蛛絲馬跡。他們蒐集了一九八六至一九九五年間的目擊紀錄，發現下列地點都曾出現過紅腹濱鷸：

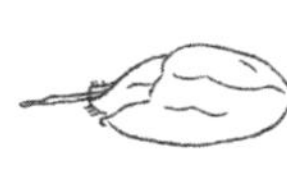

從美墨邊界附近的博卡奇卡灘（Boca Chica Beach）往北一路到帕德雷及野馬島的德州海岸，阿蘭瑟斯港機場的沙灘地（阿莫斯看到兩千五百隻），馬塔戈達島，以及鄰近加爾維斯頓的玻利瓦爾灘地。該調查還發現大約有一萬九千隻出現在一些更為北邊的地點，包括：加拿大薩斯卡其萬（Saskatchewan）的拉絲特山湖（Last Mountain Lake）、奎爾湖及查普林湖（Quill and Chaplin lakes），亞伯達（Alberta）的比佛夕爾湖（Beaverhill Lake），還有美國境內一些地區，像是猶他州的大鹽湖、堪薩斯州的阿肯色河（Arkansas River）、奧克拉荷馬州的夏延溼地國家野生動物保護區，以及替奧克拉荷馬州第二大城透薩（Tulsa）供水的烏勒加水庫（Oologah Reservoir）等。

上述過境地點中，有些是所謂的草原壺穴（prairie pothole）地形——幾千年前北美冰川消退時所形成，地勢低窪且滿布湖泊水塘，這些溼地散布在美國和加拿大的北美大平原上，多半又小又淺，偶爾還蓄著鹹水。德州的紅腹濱鷸和成千上萬其他水鳥一起從德州往北遷徙時，就會在草原壺穴地帶的湖泊處補充能量。

人類正在重新改造這類由冰川刻鑿而成的湖泊。狹長的查普林湖底蘊藏著大量的磷酸鈉沈積物，人們將其開採之後用以製造清潔劑、牲畜飼料、澱粉、地毯除臭劑、紡織品以及紙類。薩斯卡其萬礦業公司（Saskatchewan Mining and Minerals）會控制查普林湖的水位以便產生鹵水從而提取磷酸鈉，同時也會協助維護水鳥棲地。野鴨基金會則是會調節奎爾湖的

水位，以改善雁鴨和水鳥的棲地；在一九九〇年代初期，該湖泊曾吸引過高達九千隻紅腹濱鷸，但沒有人知道牠們在那裡是吃什麼東西來恢復體力。北美大陸的三趾濱鷸有三分之一會在加拿大的查普林湖、老妻湖跟蘆葦湖畔吃雙翅目昆蟲和豐年蝦來補充能量，半蹼鷸和塍鷸則是會在奎爾湖吃蚊蠓和水草，有時也會吃蚱蜢。紅腹濱鷸也許就是跟牠們一起吃那些東西，也許不是。

當雨水和融雪淹沒湖泊和附近的牧草地時，濱線就會消失，這時紅腹濱鷸可能會被迫鋌而走險到鄰近的公路上棲息。根據報導，二〇一一年某個霧茫茫的夜晚，蘆葦湖附近就有十隻紅腹濱鷸因此而死亡。當湖水嚴重氾濫時，有些鳥會飛過湖泊，繼續前往哈得遜灣的納爾遜河（Nelson River）河口，這是一個過去未曾被注意過的中繼站。

eBird 是全球最大的線上鳥類紀錄資料庫，美國的賞鳥團體會去追蹤 eBird 並查證稀有鳥類紀錄，調查紅腹濱鷸仍在利用的這條內陸遷飛路線是否還有其他中繼停棲點。鳥友們跟我說，他們還是能夠看到紅腹濱鷸，但通常只有一兩隻，地點不僅在奧克拉荷馬州的烏勒加水庫沿岸，還包括：為提供奧克拉荷馬市水源而築壩蓄水的赫夫納湖（Lake Hefner）；堪薩斯州基維拉國家野生動物保護區（Quivira National Wildlife Refuge）內罕見的內陸鹹水草澤，就在靠近阿肯色河的大彎道地區；南達科他州一個草原壺穴史東湖（Stone Lake）的淺灘處（有隻落單的紅腹濱鷸在那兒被人看到）；北達科他州的草原壺穴以及該州第三大城大福克

斯（Grand Forks）的汙水處理池；同樣是北達科他州境內的歐阿希湖（Lake Oahe），那是在密蘇里河築壩所形成的水庫，一九七七年時，有人在那裡看到一群四十隻的紅腹濱鷸。

野鴨基金會跟其他保育團體以及美國魚類和野生動物管理局合作，正在努力保存、維護這條舊路線上一些尚未消逝的東西。數以百萬的雁鴨在遷徙時會經過北美大平原的草原壺穴地區，有些則是在這裡繁殖，這片「雁鴨生產基地」不但是世界上極為重要的雁鴨繁殖地，在北美也是最為嚴重受脅的地區之一，因為大片大片的草地和溼地都被轉成種植玉米跟大豆的田地。根據野鴨基金會估計，百分之五十到九十的草原壺穴地形已經劣化。科學家計算後發現，剩下的那些完好區域在野生動物保育、水土保持以及碳封存方面的價值要比作為農業用地還要更高——其價值高出四十億美元。野鴨基金會的首要任務是籌募資金來維護八十一萬公頃的草地，以及保護並復原四百個淺水湖泊。

若此，則水鳥便有機會從中受益。北達科他州大多數的紅腹濱鷸紀錄都是來自於草原壺穴地區。對於鳥友看到特定物種的機會有多高，有些賞鳥導遊在心中自有一套判準。美國林務局的丹・史文根（Dan Svingen）和地質調查局北方草原野生動物研究中心（Northern Prairie Wildlife Research Center）的勞倫斯・伊勾（Lawrence Igl）從北達科他州寄給我一份紅腹濱鷸的排名——「走運了你」。在這個地區，紅腹濱鷸並不常被觀察到：這兒一隻，那兒一隻，偶爾可能出現一群，每一次看到都暗示著也許發生過，現在仍可能存在的事物。

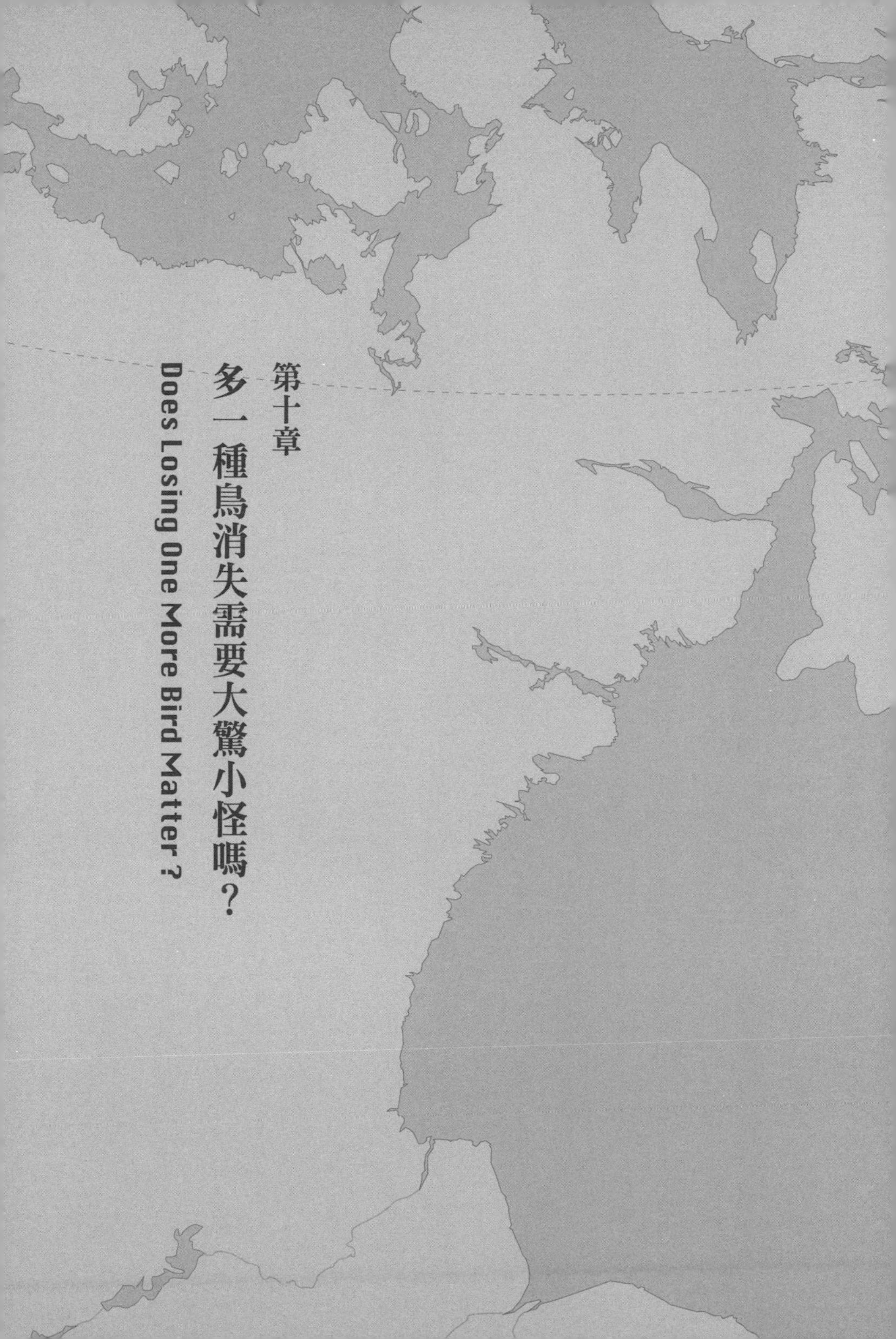

第十章 多一種鳥消失需要大驚小怪嗎？

Does Losing One More Bird Matter？

從德州穿越大平原北上，這條遷徙路徑的紅腹濱鷸曾經絡繹不絕，現在卻罕見蹤跡，人們也逐漸淡忘過去的盛況，這情況著實令人擔憂。紅腹濱鷸的數量已經大幅下降，如果牠們再從海濱消失，這又將代表什麼呢？

每年春天，當大地依然寸草不生、枯黃一片之際，我家後院總會出現鷸鴴類的求偶聲。一條小溪沿著草地流過，這裡只有淡水，沒有沙灘，而且是遠離感潮帶的上游地段。當暮色降臨，幾顆亮星漸次出現，其他鳥類停止歌唱時，我們會聽到美洲山鷸的叫聲——牠們跟濱鷸類同屬鷸科家族，但在演化過程中遠離了開闊的海岸，成為生活在內陸的「水鳥」。我很少在地面看到這些善於躲藏的避世鳥兒，通常都是因為牠們發出了「嗶、嗶、嗶」的低沉鼻音才知道牠們的位置。叫了一兩分鐘後，一隻公鳥拔地而起，有次甚至就離我站立的地方沒幾公尺，然後直直朝我飛來，我想，對我們彼此來說都是個意外吧。那公鳥隨後沖天而去，盤旋越過林梢，消失在視線之外。接著，一陣由氣流刷過尾羽所發出的顫響，代表牠飛回來了：伴隨著悠揚悅耳的囀鳴，那隻公鳥在空中急速滾轉、迴旋，繼而陡然直墜漆黑的地面，隱身於遍地枯葉之中。嗶、嗶、嗶！牠安全著陸了。隨著白晝漸長，牠開始進行這套展示飛行的時間也會一天晚過一天。

這種明顯不在水濱出現的水鳥也遇到麻煩了嗎？近年來，後院愈來愈難聽到牠們此起彼落的鳴聲，到後來，只剩一隻公山鷸疾速翻飛於天際，為一隻我希望仍在黑暗中等待的母鳥而表演。人們不費吹灰之力就能驅離這些鳥兒：只消蓋兩棟新房子，放養幾條狗在田野裡奔跑吠叫，就能打斷牠們的求偶展示。如今，在初夏的夜裡，我要麼是一邊聽著孤獨的山鷸鳴唱，一邊沿著飛行展示聲依舊強烈的路徑行走；要麼就是駕車穿過城鎮前往一片乾燥的沙質土短草地，白天曾有漁民在那兒晒網補網，夜裡仍有山鷸依舊鳴唱。牠們從草地上消失這件事雖然讓人感到遺憾，但對美洲山鷸的整體福祉而言，並非什麼特別要緊的事件：受到生存壓力時，或許牠們有更好的選擇。在一九七〇及八〇年代的美國境內，由於幼齡林的消失導致美洲山鷸族群量下降，但在過去十五年中，其數量一直保持穩定。

不過，對於牠們那些喜愛沙灘的表親來說，情況可就不同了。紅腹濱鷸各個亞種的數量都在下降。自一九七四年以來，北美東岸的翻石鷸少了百分七十五。在北美和南美洲的東海岸，半蹼濱鷸的數量跟過去相比都減少了：德拉瓦灣剩一些；在安大略省南部和芬迪灣（Bay of Fundy）廣大的潮灘地剩一些，牠們南遷之前會在這些地方大量覓食泥地裡的端足類以便讓體重翻倍；在圭亞那地區的度冬地也剩一些，那裡的數量自一九八〇年代以來遽減百分之七十九；位於哈得遜灣畔，曼尼托巴省的邱吉爾鎮，現在已經沒有半蹼濱鷸的繁殖紀錄了，但在一九四〇年代，牠們是那裡繁殖數量最多的濱鷸。

其他北美洲的水鳥也愈來愈少，比如雙領鴴、小黃腳鷸和中杓鷸。每年，優雅的中杓鷸從加拿大麥肯齊河（MacKenzie River）三角洲的繁殖地飛往南美洲度冬地的途中，會在維吉

尼亞州的離岸沙洲島停留，而在一九九四年至二〇〇九年之間，在那兒過境的中杓鷸數量減少了一半。我曾相信，每年在海灘上看到的那些鳥兒都能恆常出現在海景之中——羽衣如同燕尾服的俊俏灰斑鴴、戴著「黑項圈」的半蹼鴴、在空中劃出一道弧線的三趾濱鷸等等。然而，事與願違。每年春天，全世界有五千萬隻水鳥往北飛到北極地區繁殖，而在有調查數據可估算趨勢的地方，幾乎有一半的族群都在減少當中。在加拿大北極地區，水鳥的數量下降了百分之六十，牠們減少的速度比其他鳥類快得多。在美國的海岸地帶，半數依賴海灘、鹹水草澤、河口和潮灘地的水鳥正在減少。有一千兩百萬隻水鳥會在歐洲極為重要的候鳥過境要道瓦登海繁殖、換羽、補充能量或度冬，但在那裡的各種水鳥中，族群正在減少的（百分之四十一）是正在增加的（百分之二十二）兩倍。環顧全球，水鳥們全都面臨棲地喪失的處境。

奧爾多．李奧帕德（Aldo Leopold）在《沙郡年紀》（*A Sand County Almanac*）提及美洲山鷸時寫道：「山鷸正是活生生的例子，可以用來駁斥這種觀點，即獵禽僅能充當狩獵的靶子，或是在一片吐司上頭擺出優雅的姿勢。沒有人比我更想在十月去獵捕山鷸，但自從了解天空之舞後，我發現自己打一兩隻鳥就夠了。我必須確保到了來年四月，夕日之下的天空定不會缺乏舞者的身影。」山鷸夜復一夜沖向天際；春天的傍晚時分，成千上萬啁啾的水鳥突然掠過天空；跟一隻年幼的中杓鷸共享秋季的草澤地，牠在沒有父母帶領的情況下卻能找到未曾行經的返家之路，並且像紅腹濱鷸一般，每年飛翔數千公里；有隻斑尾鷸，也許是斑尾鷸界的長途飛行冠軍，從阿拉斯加育空河（Yukon River）三角洲原始的離岸沙灘直接飛到度冬地紐西蘭，破紀錄地連續飛行一萬一千六百公里——如果上述鳥兒都消失了，我原本多采多姿的世界也將變得平淡無奇，一想到就令人悲從中來。但這重要嗎？

布料被撕破，人們才會注意到單股絲線的價值；食物網的底層遭受毀損，人們才會赫然發現它們的存在。鱟在十九世紀被拿來做成肥料，到二十世紀又被當作魚餌，數量遽減所造成的損失至今仍然影響著海岸上及海面下的生態。水鳥便能感受到這種損失，除了牠們的海濱棲地環境惡化，再來就是因為鱟卵這種富含能量的食物來源減少了。捕撈貝類的漁民也能感受到這種損失。在麻州，過去由於鱟會捕食具有商業價值的蚌蛤而被視為「害蟲」，每年都有多達一百萬隻鱟被捕殺，有人會付賞金給上繳鱟尾的漁民，甚至有八個城鎮直到二〇〇〇年都還要求漁民只要發現鱟便一律將之格殺。目前，用機具在沙灘翻找牡蠣跟蚌蛤的情況已經大為減少，而會導致蛤苗無法著床生長的一種多毛類（俗稱「竹蟲」）大量聚集的現象也不再常見，因此捕撈貝類的漁民開始要求主管機關禁止韋爾弗利特灣（Wellfleet Bay）的鱟餌產業繼續發展，好讓美洲鱟得以重返該地區。

能夠感受到這種損失的，還有赤蠵龜。在佛羅里達海灘上孵化的赤蠵龜，年幼時會乘著墨西哥灣流漂洋過海，在亞速爾群島（Azores）附近茁壯，成年後再重返家鄉，回到出生地

的沙灘上產卵。在旅途中，牠們會沿著美東的海濱地帶覓食。在一九九〇年代，隨著捕鱟作餌的漁民開始從維吉尼亞州和馬里蘭州的沿海水域抓走數十萬隻鱟，赤蠵龜便失去了牠們最喜愛的獵物，只好轉而獵食藍蟹。

隨著藍蟹數量下降，飢餓的赤蠵龜由於選擇有限，只好開始吃小型油鯡以及一種分布於淺海、會發出咕嚕聲的石首魚。不過這些小魚相當靈活，一百多公斤的海龜在水中不容易抓到牠們，於是赤蠵龜開始吃漁網裡的活魚或漁民剛丟棄的雜魚。在切薩皮克灣的下游地區，海龜的數量自一九八〇年代以來已經減少了百分之七十五，而遠洋延繩釣漁船及捕蝦船至今仍持續誤捕赤蠵龜，如今這些海龜也可能缺乏維生所需的食物。

海龜對海洋的健康至關重要。哥倫布航行至美洲時，在加勒比海穿梭的綠蠵龜多達九千一百萬隻；根據一份一七七四年的牙買加歷史資料記載，曾有「船隻在霧濛濛的天氣中無法確認緯度」，但由於海龜數量非常多，使得那些船隻得以「完全跟著海龜游泳時所發出的聲音而抵達開曼群島（Cayman Isles）」。現在的大海可是安靜多了。對某些人來說，海龜也許是不該存在於當代的怪奇生物，是遙遠過去的歷史遺跡，但牠們數量的減少，已經在目前覆蓋著藻類的珊瑚礁和曾經庇護幼魚的垂死海草上留下了印記。海龜，尤其是革龜，每天都要吃掉上百公斤的水母。但革龜消失，加上曾經被大肆捕撈的漁業資源也枯竭之後，留下一整片幾乎沒有天敵捕食的水母海。赤蠵龜上岸繁殖有助於穩定繁殖區的沙丘，因為無法孵化的龜卵在灘地上腐爛分解後能夠提供營養鹽，滋養愈來愈容易受到侵蝕的沙丘植被。

鳥類呢？牠們適合生存的棲所在哪兒呢？在肯亞北部的灌叢地帶，採集蜂蜜的人會用他們的手掌、蝸牛殼或空椰棗殼吹出哨音來呼喚一種鳥，即「黑喉響蜜鴷」。這種喉部黑色、胸腹白色的小鳥聽到後，便會回應：先發出鳴叫，再短距離飛行，然後停棲，引導人類前往位於樹木、岩縫或白蟻丘裡的蜂窩。蜂蜜採集者找到蜂窩後，以煙燻之，降低蜜蜂的活動力，之後便能收集蜂蜜，而在一旁的響蜜鴷就會吃掉留在蜂窩裡的幼蟲和蜂巢片。人類和響蜜鴷彼此都需要對方：如果有響蜜鴷帶領，跟隨的採蜜人只需原來三分之一的時間便能找到蜂窩；如果沒有人類或其他大型動物打開蜂窩，響蜜鴷對於百分之九十六的蜂窩都束手無策。這是個明確而顯見的例子，可以看出人類和鳥類之間的重要連結，而雙方正是透過這種連結來增進彼此的生活福祉。今天，科學家們開始利用經濟學和生態學等其他方式來闡釋這件事：我們的生活品質因鳥類的存在而提升，也因鳥類的消失而下降。

一開始的時候，人類是出於經濟目的而保護鳥類。美國農業部在一八八五年成立經濟鳥類學組（Division of Economic Ornithology），後來改稱生物調查所（Biological Survey），前文提及的查爾斯．斯佩里就是在該調查所分析水鳥的胃內容物。由於水鳥的存在對於農民大有裨益，因此這個單位的科學家非常努力地阻止獵人將水鳥獵殺殆盡。美國每年有百分之十到二十的水果、棉花跟穀類作物會被昆蟲吃掉，但水鳥會吃昆蟲。一九一一年，生物調查

處的瓦多・麥卡堤（Waldo L. McAtee）在一份機構內部的通訊報告中寫道，「並非只能靠美學或情感的理由才能保護水鳥，從經濟的角度觀之，水鳥比其他類群的鳥類還要值得徹底保護。事實上，牠們具有極高的經濟價值，把牠們放在可狩獵清單上供獵人射擊，這對農業來說是相當嚴重的損失。」他又寫道，「水鳥的食物正是許多對農業危害最深的蟲子。」

他發現雙領鴴和斑腹磯鷸會吃一種夜蛾的幼蟲，那種夜蛾在一〇一二年時曾造成紐約州西部紫花苜蓿和玉米田的重大農損。而關於大蚊及其幼蟲在麥田中覓食的問題，麥卡堤寫道，「有許多鳥類是牠們的天敵，其中又以水鳥對其最具威脅性」，他也指出像是瓣足鷸、美洲山鷸、斑胸濱鷸、黑腰濱鷸和雙領鴴等都會吃大蚊。替生物調查所進行研究的科學家解剖了好幾千隻鳥，分析牠們吃了什麼、吃了多少，麥卡堤發現，蚱蜢是紅腹濱鷸、半蹼鷸、數種鴴和杓鷸等十七種水鳥的主食。水鳥還會吃多種夜蛾的幼蟲、番茄天蛾幼蟲、象鼻蟲和其他甲蟲。紅腹濱鷸跟其他水鳥一樣，都會吃螯蝦（美國南方稻田和玉米田的害蟲）和沙蟲（以小牡蠣為食）。

夏天時，我和鄰居會在一個大菜園裡一起種菜，連續幾年的夏季都是蔬果大豐收，自己吃不完的韭蔥還有豌豆等豆類可以分送親朋好友，番茄則是做成罐頭存放。直到某年夏天，我們的收成幾乎歸零——儘管多年來我們一直認真執行混種、輪作、堆肥、施用有機肥等農法，但還是抵擋不了害蟲，牠們把黃瓜、抱子甘藍、綠花椰菜、南瓜和西瓜都吃個精光，只有辣椒倖免於難。我們先將蠹蟲、甲蟲和蒼蠅都給抓掉，再把亟欲寄生到害蟲身上的線蟲放到菜園裡，然後重新種一輪，結果卻只是差強人意。一百多年前，來自麻州福爾里弗（Fall River）的提卡姆（H. W. Tinkham）看到斑腹磯鷸整個夏天都在他園子裡捕食夜蛾幼蟲、粉蝶幼蟲跟南瓜椿象。在我讀到提卡姆的紀錄之前，我根本不知道原來還有這回事。

如今，生態學家們再度（且更為精確地）將鳥類對農業的貢獻加以量化。小鳥能將蘋果蠹蛾的繭清除掉百分之九十，避免蘋果長滿蛀蟲。荷蘭將人工巢箱架設在蘋果園後，鱗翅目幼蟲的危害便大為減少，蘋果產量進而提高了百分之六十六。將鴨子放養在稻田裡，能夠減少百分之八十的福壽螺啃食水稻。在牙買加藍山地區的咖啡種植園裡，鳥類會以咖啡果小蠹為食，那是危害咖啡豆甚深的一種小型害蟲，會讓咖啡收成減少百分之七十五；而在哥斯大黎加，鳥類能讓咖啡果小蠹的危害程度減少一半，每個咖啡種植園因此所增加的產值相當於該國人均年收入。若採用林蔭栽種法種植咖啡，由於鳥類可以就近棲息於附近的森林，因此咖啡園內的鳥類數量會更多，蠹蟲的危害就更少了。在加拿大的北方針葉林裡，每年鳥類控制蟲害的經濟價值高達五十四億美元。當年任職於美國生物調查所的科學家們就堅信，水鳥有助於減少農田害蟲。由於水鳥的數量下降很多，因此很難計算要是牠們的數量能夠恢復以往的話，現在能夠產生多少貢獻。

農藥也能防治病蟲害，所以這些化學殺蟲劑問世之後，生物調查所（後來重組為美國魚

類及野生動物管理局）的經濟鳥類學研究調查工作也隨之結束。無論鳥類對農業的經濟效益如何，人們都認為農藥的效益更好：投資一百億美元的農藥，能使穀物的產量增加四百億美元。根據農業生態學者大衛・皮門特爾（David Pimentel）的計算，農藥影響人類健康的代價差不多是每年一百二十億美元——癌症，呼吸、神經及認知系統障礙，食物農藥殘留，家禽家畜中毒，自然界中有益的捕食者消失，農藥抗藥性，蜜蜂等授粉者消失，農作物的農藥汙染，地下水及地表水的農藥汙染，鳥獸及其他野生動物中毒與死亡——這是由公眾和野生動物所付出的代價，而且被低估的程度可能高達百分之百。以此觀之，純粹從經濟的角度來衡量大自然，得到的結果並沒有辦法反映真實的情況。

瑞秋・卡森撰寫《寂靜的春天》的五十多年後，美國每年起碼仍有六千七百萬至九千萬隻鳥死於農藥。美國鳥類保育協會（American Bird Conservancy）對於現今最熱銷、使用最廣泛的類尼古丁新菸鹼類農藥相當憂心，蜜蜂跟鳥類都是受害者，因此該團體已要求美國環保署，在這類農藥對野生動物的影響尚未做過完整檢測之前，應宣布禁用新菸鹼類農藥以及經由這類農藥所處理過的種子。美國鳥類保育協會於二〇一三年請科學家撰寫的一篇回顧研究指出，經過新菸鹼類農藥處理過的玉米，只要一粒就能殺死一隻鳴禽，而即便接觸的濃度遠低於此，仍然能夠嚴重影響鳥兒的繁殖。在荷蘭，如果農田裡的水所含的新菸鹼濃度超過百萬分之〇點〇〇〇〇二（約莫是一滴水滴入奧運標準泳池的濃度），鳴禽的數量每年就會減少百分之三點五。美國地質調查局的科學家在美國中西部地區發現，農作種植期間若有降雨，溪流中的新菸鹼類農藥濃度是上述濃度的兩倍多。如今科學家們發現，有毒農藥導致草原性鳥類減少的相關性要比棲地喪失高出四倍之多。我們已經經歷了一次寂靜的春天，令人難以置信的是，我們可能會再次對寂靜的春天發出邀約。

一九六三年十一月的某一天，冰島南部海岸的漁民們目睹海水逐漸轉成褐色，隨後水面冒出濃煙，猛烈噴發的岩漿讓他們的船隻不住搖晃。就在滿天火山灰和遍地熔岩流中，敘爾特塞（Surtsey），這座以北歐神話黑色火神之名來命名的嶄新島嶼就這麼冒出海面。這場火山噴發持續了三年多，期間科學家們一直無法登上灼熱的海岸。直到熔岩冷卻之後，原本寸草不生的岩石開始變綠，海藻沿著岸邊生長，火山口的邊緣也冒出苔蘚。芝麻菜和石竹的種子跟著洋流漂來，柳樹的種子還有地衣、蕨類跟苔蘚的孢子則是隨風而至，鳥類也幫著散播岩高蘭、毛莨、酸模、早熟禾等植物的種子。敘爾特塞誕生後的五十年間，在這座新生島嶼落地生根的開花植物就有七十種，其中有百分之七十五是隨著鳥類而來。視線拉回美國，一九八〇年聖海倫斯火山（Mount St. Helens）大爆發後，周遭地景幾乎全毀，多虧鳥兒將越橘、黑莓、接骨木、草莓和花楸的種子帶來，該地區的植被才得以逐漸回復。「或許，那些傳播種子的鳥類最被人們所輕忽的貢獻，」生物學家恰甘．塞科西奧格魯（Çağan Şekercioğlu）寫道，「便是讓植物得以在荒蕪貧瘠、森林毀壞、偏遠、轉瞬即逝、冰河期或

火山爆發之後等種種邊緣性棲地上開疆拓土、興盛演替。」

一百五十多年前，達爾文向世人提出了鳥類會在世界各地傳播植物的概念。他從鳥糞中挑出種子，種在自家花園裡，看著它們發芽。想到狂風可以將鳥類——及其嗉囊、肌胃或腳上所攜帶的種子——吹到大洋彼岸，他在《物種源始》中寫道：「活鳥很難不成為運輸種子的高效媒介。」達爾文的想法至今仍然成立。

如今，科學家估計有百分之三十三的鳥種會傳播種子。曾經，在熱帶森林中漫遊的大型哺乳動物也會散播種子，但隨著許多大型哺乳類消失，鳥類所扮演的角色益發關鍵。在巴拿馬的雨林中，肉荳蔻種子要是直接掉到地上然後在母樹下方發芽，總是會面臨象鼻蟲的病蟲害威脅。但要是整顆肉荳蔻被羽色鮮豔的鵎鵼（巨嘴鳥）吃下，牠們飛走之後再吐出種子，肉荳蔻樹便能因此開枝散葉。同樣地，要不是鳥兒把槲寄生帶到它能附著生長的活樹枝上，這種寄生植物也就難以存續下去了。

前面提到的百分之三十三，這個數值並沒有納入鴨子、水鳥和其他在水域生活的鳥類。比方說，黃腿鷗會吃一種非洲小型灌木的半透明果實，因此能將其種子散播到整個加那利群島。安迪．古林（Andy Green）和同事們仔細調查分析後發現，我們過去太過低估水鳥長途搬運種子的能力及作用了。多尼亞納（Doñana）國家公園位於西班牙西南部的瓜達幾維河（Guadalquivir River）三角洲，他們在園區的鹹水水塘和草澤地捕捉野鳥進行研究時，發現在該地度冬的赤足鷸羽毛夾帶著鹹水草澤植物的種子。此外，他們也在附近的奧迪埃爾（Odiel）草澤和鹽田中像達爾文一樣收集鳥糞並挑出種子，而且還把從赤足鷸和塍鷸糞便中找到的番杏、苦苣菜和鹽角草種子拿來種，其發芽率介於百分之四十五到百分之七十六之間。這些水鳥在各個中繼站之間的飛行距離可達數百公里遠，更能從奧迪埃爾直飛歐洲北部，中途不必落地休息。

牠們並不是唯一吃種子的水鳥。在西班牙喀地斯灣（Cádiz Bay）鹹水草澤度冬的長腳鷸和杓鷸，其糞便也含有草澤植物的種子。法國卡馬格（La Camargue）的塍鷸，德州乾鹽湖（Playa Lakes）地帶的北美反嘴鷸、塍鷸、姬濱鷸和西濱鷸，還有非洲迦納沿海潟湖中的紅腹濱鷸和彎嘴濱鷸等等，都會吃種子。每年有一百五十萬隻水鳥沿著非洲和北極之間的東大西洋遷飛路線遷徙，其中包括大約七十萬隻赤足鷸和塍鷸，牠們也許能夠沿著整個大陸的邊緣散播植物。

上一個冰河時期結束後，鳥類在初露的廣闊泥地和岩石間播下種子，將這些地區變成了鬱鬱蔥蔥的鹹水草澤。時至今日，隨著氣候暖化和海水面上升，有些草澤恐將無法跟上變動的步伐，但攜帶種子而來的水鳥或許能夠拯救部分區域：只要一隻杓鷸、濱鷸或長腳鷸，掉下一粒、或兩三粒種子，或在稍稍內陸之處落下更多種子，便有機會給予草地一個新的開始。

狐狸、郊狼、漁貂、鹿和火雞，常常都會經過我們的草地。某日，當一隻母火雞和四隻

小火雞蜿蜒穿過田野時，有隻郊狼從茂密的草叢中一躍而出，逮住了一隻火雞。那捕食者和口中的獵物轉瞬之間就不見了，現場僅剩抓狂的火雞媽媽以及四散的小火雞們。這場獵食所留下的種種跡象很快就消失了。另一天，換成一隻鹿在草地上被獵殺，不出幾分鐘，幾隻紅頭美洲鷲立刻飛來，然後在幾個小時內，烏鴉和美洲鷲就把骨頭清得一乾二淨。

在印度的傳統祆教葬禮中，帕西人（Parsis）會把死者安放在石造的「寂靜之塔」塔頂，在那裡，兀鷲會將死者裸露的屍身迅速吃光。就帕西人的角度來看，兀鷲「在保持環境清潔這方面對人類貢獻良多」。而在西藏的天葬儀式中，靈魂一旦離開身體，那副屍身也會被帶到山頂餵食兀鷲。兀鷲也是以同樣的方式對待其他動物，但一直要到牠們被大量殺害，人們才真正認清牠們的重要性。

在印度，人們常使用雙氯芬酸這種抗發炎藥物來治療牛隻的跛腳疾病，但該藥物對兀鷲而言是種劇毒，因此嚴重威脅到兀鷲的生存。從一九九二年到二〇〇七年，在雙氯芬酸被禁用之前，印度有兩種兀鷲的族群量已經因二次中毒而分別遽減百分之九十六點六以及百分之九十九點九。如此迅速、廣泛和致命的兀鷲中毒事件不僅是場悲劇，而且帶來的後果更是出乎眾人意料，代價高昂。由於沒有兀鷲清除動物的死屍，野狗的數量因而爆增——在拉賈斯坦邦（Rajasthan）一個專門用來丟棄牲畜死屍的垃圾場裡，野狗多了百分之九十五。在印度，人類感染狂犬病的比率是世界之冠；有百分之九十六的人會因為被狗咬傷而死亡。兀鷲不僅能夠保護人們免於狂犬病的危害，其高度酸性的胃分泌液還能殺死腐屍所攜帶的炭疽桿菌、布氏桿菌以及結核菌。把兀鷲搞到瀕臨滅絕，人類也為此付出高昂代價：健康發生狀況、製革工人及獸骨撿拾者的收入來源出問題、社區得額外花錢處理愈堆愈多的屍體等等，每年相關成本差不多要二十五億美元。西班牙無視印度因雙氯芬酸中毒而發生數千萬隻兀鷲大量死亡的事實，還在二〇一三年春季批准銷售該種藥物來治療豬和牛，進而迫使該國的兀鷲和鵰類陷於險境。

印度並不是唯一一個因為某種鳥的消失而付出慘痛代價的國家，美國也可能還因為鳥種滅絕所遺留下來的問題而傷腦筋。我家房子後面的草地和樹林是孩子們玩耍的好地方，那裡有穿過茂密林下的祕密通道，小溪的上游從隱蔽的林地水塘流出，藍莓灌叢沿著一條古老的石板牛道兩旁生長，寧靜的隱匿處長滿柔軟的苔蘚。在這一切之中，卻有帶著疾病的硬蜱，這些硬蜱的體型有的比罌粟籽還小。我們的小孩在成長過程中並沒有感染過萊姆病，但在這裡生活的三十年來，鄰居們對於跟萊姆病相關的遊走性紅斑斑疹、發燒和寒顫等症狀都已經相當熟悉了。絕大多數的患者經過短期抗生素治療後，很快都能痊癒，但有些人會因為關節和肌肉發炎而住院甚至失能。

硬蜱的幼蟲在春季孵化，剛開始牠們並未帶原，但當牠們爬到白足鼠或花栗鼠等宿主的身上吸到第一次血之後，體內便可能帶有萊姆病疏螺旋體。較大的帶原若蟲之後會繼續找尋

大型動物（人或鹿）吸血為食，疾病便會傳播出去。從小型哺乳類經由微小硬蜱傳給人或鹿之類的大型哺乳動物，這種情況每隔二到五年就會大量發生，原因在於橡樹跟櫸木每二到五年就會大量結果，充沛的食物使得白足鼠跟花栗鼠的數量暴增，連帶讓吸血寄生於這些齧齒類的蜱蟲也變多了。根據美國疾病管制中心的估計，美國每年有三十萬人被診斷出感染萊姆病，付出的成本多達二十五億美元，包括：看診、驗血、住院、療程、藥物以及收入損失等等。

過去幾十年萊姆病例的激增，或可歸因於人口增長以及人類活動範圍向林地和草地的擴張這兩方面。此外，白足鼠和花栗鼠等硬蜱的寄主，以往不一定總是會出現如此戲劇性的族群爆炸。旅鴿曾經多達三十億到五十億隻，這數量或許占美國鳥類總數的四分之一，這種鳥在當年可能有助於制衡那些齧齒類的數量。美國國家科學與環境委員會（National Council for Science and the Environment）的資深科學家大衛．布洛克斯坦（David Blockstein）認為，嗜吃橡實的旅鴿會跟鼠類競爭堅果這類食物（被旅鴿所吃掉的橡實多到連野豬都要餓肚子），因而有助於減緩鼠類激增，進而抑制蜱蟲並防止萊姆病的傳播。當人類消滅旅鴿、射殺整個鳥群並清光牠們的森林棲地時，是否曾預料過萊姆病的爆發？如果我們失去水鳥，我們的子孫也許會以我們無法想像或預測的方式付出代價。

一九九九年，西尼羅病毒首次出現在紐約市，起因可能是來自入境航班上某隻受感染的蚊子。西尼羅病毒如今已蔓延整個北美，在十年內就感染了一百八十萬人，造成一千人死亡，引發一萬三千例腦炎或腦膜炎，並導致數百萬隻鳥類死亡。在美國受影響最嚴重的部分地區，北美鴉的數量最多掉了百分之四十五。隨著夏季接近尾聲，死去的烏鴉和藍鴉意味著病毒又捲土重來了。我在院子以及散步的樹林和田野間所發現的鳥屍，警告我在入夜之前得趕緊離開。西尼羅病毒正在美國到處傳播，但各地狀況並不一致，某些鳥類不像其他鳥類那樣容易傳播這種疾病：在鳥類多樣性較高的地方，人類的發病率較低。

禽流感病毒會讓人類和數十億隻工業化養殖的家禽暴露於染病風險之中。有些禽流感病毒株並不會對野生的雁鴨、海鷗或水鳥造成傷害，然而一旦傳播到擁擠的雞舍，病毒基因便可能會迅速重組進而對家禽產生高致病性，結果若非數百萬隻雞生病死亡，就是要進行預防性撲殺。科學家們認為，二〇〇七年加拿大薩斯卡其萬省一處家禽養殖場之所以爆發疫情，就是因為該養殖場從附近的池塘取用未經處理的池水（通常應該要使用自來水），導致野鴨身上的低病原性禽流感病毒傳染給禽場裡的雞，而這種病毒株的基因在雞的體內會重新組合成為致命病毒。

德拉瓦灣是禽流感的「熱點」，海灘上，上萬隻水鳥和好幾千對在該地區繁殖的銀鷗和笑鷗全都混雜在一起。研究人員從那裡的水鳥和海鷗身上採樣檢測，發現樣本分離出禽流感病毒的機率是世界上所有其他監測點總和的十七倍，其盛行率又以春天集中在里茲灘

或附近的鳥類為最高。喬治亞大學獸醫學院東南野生動物疾病合作研究中心（Southeastern Cooperative Wildlife Disease Study）的大衛·史達克聶希特（David Stallknecht）如此寫道：「德拉瓦灣相當獨特——我們在世界上其他地點都看不到如此多樣且高盛行率的禽流感發生在水鳥身上，而且每年都會爆發。」

德拉瓦灣的紅腹濱鷸很少被感染，但翻石鷸卻是水鳥之中感染率最高的，達百分之十一，其他水鳥的感染率則為百分之〇點五。我們尚不清楚為何會如此，只知當牠們抵達德拉瓦灣區時，禽流感的「盛行率幾乎為零」。無論牠們是在抵達時被灣區的鴨子或鷗類所傳染，抑或是透過其他方式感染，這種流行性疾病每年都會來一輪，而且好像也不會造成什麼嚴重後果。在德拉瓦灣，研究人員有個獨特的機會來深入了解禽流感病毒的傳播和週期循環，並協助利用這些知識來保護美國人民以及商業養殖場中的家禽。二〇〇六年時，科學家從德拉瓦灣的水鳥和海鷗身上找到一種非致病性禽流感病毒株，據史達克聶希特所言，這件事宛如替當地家禽業者「敲響警鐘」，因為該病毒株曾在二〇〇四年於加拿大的養雞場造成許多雞隻死亡。

他們還從採自鷗和水鳥的禽流感病毒株中分離並分析出基因序列，以便追蹤研究另一種病毒株 H5N1，它曾在亞洲的家禽養殖場大規模爆發，甚至還能傳染給人類。該分析研究顯示，候鳥極不可能將該種病毒株帶入北美，這讓我們鬆了一口氣。當流行病學家試圖研究禽流感如何從一個國家傳播到另一個國家、如何從一個大陸傳播到另一個大陸，並據此評估相關風險時，德拉瓦灣就好像提供一個重要的實驗室一般，讓學者得以來此尋找答案。正在德拉瓦灣進行的水鳥和鷗類監測計畫還讓我們得知：禽流感盛行率在過境德拉瓦灣的翻石鷸群體中正逐年增加（然而其族群量卻一直在下降），而且預期該盛行率會隨著地球暖化升高，以及當牠們每年抵達灣區的時間跟當地留棲性野鴨的禽流感高峰期重疊時，亦會進一步升高。

有鑒於德拉瓦灣的水鳥禽流感盛行率如此之高，科學家們便以該地區為例，指出「在日益減少的中途過境點上，動物高密度聚集的現象可能會為病原體在野生動物物種之間的傳播創造出生態熱點來」。鱟的族群量減少，加上能夠產卵的海灘不斷被侵蝕，代表鳥兒只能聚集在少數鱟卵依舊充沛的海灘上。德拉瓦灣的野鴨、海鷗和水鳥所攜帶之非致病性病毒株尚未入侵德拉瓦州一帶的養雞場，該州的蘇塞克斯郡是全美名列前茅的養雞重鎮，每年賣出的肉雞多達上百萬隻。如果在海濱的水鳥棲地不斷被破壞，牠們的食物愈來愈少，遷徙的時程發生變化，便會增加禽流感的盛行率以及傳播到家禽場的機率，其後果將會是一個難以預料的悲劇。在德拉瓦灣，鱟、水鳥和海灘，都需要空間。

洪堡洋流的水溫涼爽，富含營養鹽，盛產微小的海洋浮游植物，那是無數鯷魚賴以為生的食物。在過去，數百萬噸的鯷魚可以餵養六千萬隻海鳥，包括鸕鶿、鵜鶘和鰹鳥，牠們

在祕魯海域的欽查群島（Chincha Islands）上繁殖，那兒氣候乾旱，數百年來，海鳥糞便在島上堆積成四十五公尺高的小山。鳥糞中含有大量可溶性硝酸鹽和磷酸鹽，能夠製成上等肥料，如此天然資源卻被前往南美洲尋找金銀的西班牙征服者所忽視。一八五八年，在祕魯海鳥糞時代的鼎盛時期，超過三十萬噸的海鳥糞被出口到英國，開採者是來自中國的囚犯和契約工。德拉瓦灣的美國農民是拿鱟來施肥，但英國的農民在使用海鳥糞之前，是用不溶於水的骨頭來當肥料，因此效果極差。

祕魯原本是藉由外銷海鳥糞來清償債務，後來祕魯跟盟國玻利維亞為了鳥糞而跟智利發生戰爭，這場南美洲的太平洋戰爭也被稱為「海鳥糞之戰」。時至今日，祕魯海鳥糞的故事並未隨著海鳥糞戰爭的結束或化學肥料的發明而畫下句點。有機肥料的市場不斷增長，需求一再上升，但現在祕魯的海鳥糞已經所剩無幾，四百萬隻海鳥一年約可產出一萬兩千噸海鳥糞，當鯷魚被人過度捕撈，海鳥的數量就會銳減。一個因過度捕撈而匱乏的海洋，只能支持少量的海鳥，無法產出多少海鳥糞。

失去一種鳥，整個食物網都可能產生影響，至於食物網中的生物會受到什麼樣的衝擊，我們才剛剛開始衡量而已。生物學家道格拉斯．麥考利（Douglas McCauley）在偏遠的帕邁拉環礁（Palmyra Atoll）進行研究，其結果正好可以告訴我們，食物網中的某一層遭到破壞後，對整個食物網會產生何種連鎖效應。帕邁拉環礁是位於太平洋中央的一連串珊瑚島礁，是一百一十七萬平方公里海域中唯一的海鳥營巢地，也是全球第二大的紅腳鰹鳥繁殖群落——超過六千對在該處繁殖。目前，帕邁拉環礁上原本由無刺藤和白水木所形成的原生樹林已遭商業農作者破壞，改種椰子樹以生產椰子油。紅腳鰹鳥並不喜歡椰子樹林，反而會選擇原生樹種棲息，在原生林的鰹鳥數量是椰子樹林的五倍。總之，結果就是椰子樹林的面積愈來愈大，周遭林地則是愈來愈少。

在外海吃了魷魚和飛魚的紅腳鰹鳥飛到環礁棲息時，排泄物可以幫島上土壤施肥，這些土壤的含氮量是椰子樹周圍土壤的五倍；從原生樹林流入大海的水，其含氮量是從椰子樹林流出的二十六倍。含氮豐富的水隨著退潮或下雨往沿海輸送，沿岸水域的生產力因而提高，產生更多微小的浮游植物，接著又反過來餵養更多、更大的浮游動物，吸引大量的蝠鱝前來覓食。這種由在帕邁拉原生樹林繁殖的紅腳鰹鳥所觸發的生態層階效應，是人們迄今所知在自然界中層遞較長的案例之一，牠們將海洋中的能量和營養鹽重新分配到島嶼的貧瘠土壤中，然後又回到海裡，從最小的被捕食者層層傳遞給大型捕食者。至於人類引入椰子樹這個舉動，則是削弱並損害了整個循環。覓食時會俯衝入海的紅腳鰹鳥，大部分時間都是在海上度過，當牠們在帕邁拉環礁繁殖時，一張宏偉的食物網就是由牠們身上開展，連接著草食動物跟肉食動物、生根的樹木和漂浮的植物、會飛以及會游泳的動物——就這麼單一種鳥類，便將生活在陸地的生物與生活在海中的生物結合成一個富有生命力的整體。

道格拉斯．麥考利和他的同事描述了一種海鳥如何豐富一張食物網，以及當牠們數量稀少與繁盛時所造成的差異。古林跟他同事則是才剛剛開始描述水鳥如何將生命力搬運長遠的距離，進而使得海濱的生命變得多采多姿。誰知道這個沿著整片大陸的海岸所展開的故事，又會帶來怎樣的意外和驚喜呢？

多一種鳥消失，需要如此大驚小怪嗎？但這不再是只失去一種鳥，甚或失去幾種鳥的問題。在地球的歷史進程中，動物來來去去，一個物種存在於世的平均時間大約是一百萬年。按照這樣的速度，加上目前地球上共有略超過一萬種的鳥類，算起來大約每一百年就會有一種鳥消失，照說一個人終其一生應該不會遇到什麼鳥類滅絕才是。然而，鳥類消失的速度正在加快，拿我自己來說，我出生至今起碼就有十九種鳥類滅絕了。全球現有八分之一的鳥種瀕臨滅絕：一千三百七十三種鳥。世界自然保育聯盟還將其他九百六十種歸入「近危」類別，這使得我們需要擔心的鳥種數量達到全部的五分之一。

當年站在巴塔哥尼亞高原古代化石群中的達爾文，看到它們與現生動物的相似之處，讓我們知道所有物種的生命都是交織在一起的，所有居住在地球上的生物都是親戚。演化讓我們得到如此的理解，即便其中某些聯繫只有當我們回首過去才能看見。舉例而言，魚類似乎跟人類沒有什麼共同之處，但在三億多年前，當有條魚走上岸時，便已設定了一條最終導致我們演化至此的路線。喪失五分之一的鳥種絕對是要緊事，即使我們無法預料或說不清楚是如何失去牠們的。

地球先前的五次大滅絕中，二億五千萬年前的二疊紀滅絕是最嚴重的一次。遍地熔岩如同河流一般淹沒了西伯利亞，地底下遼闊的煤炭層因而燃起熊熊烈火，大氣和海洋充滿二氧化碳。這場浩劫持續了六萬多年，造成百分之九十六的海洋物種滅絕。如果我們當時在場，能否意識到眼前景象所代表的含義呢？我們能注意到溫室氣體充斥的大氣層和具有高濃度二氧化碳的海洋會對生命造成傷害嗎？情況是如此危急，但當我們感受著時光的流逝——日復一日、月復一月、年復一年——我們可能看不到損失逐漸積累，我們和孩子們進入這個美麗依舊但卻大幅崩毀的世界時，也沒有緊迫感，我們對其他的世界一無所知，既沒有意識到也沒有詢問那個世界是什麼情況，或可能是什麼樣貌。安東尼．巴諾斯基（Anthony Barnosky）和他在加州大學的同事預測，如果照目前的滅絕速度持續下去，我們將在短短幾個世紀內引發地球的第六次大滅絕。生物學家司徒爾特．皮姆（Stuart Pimm）說得更直截了當：「由於人類的影響，我打個比方，物種的壽命已經從一小時縮短到一分鐘了，而且可能很快就會變成只剩幾秒鐘。」

紅腹濱鷸要是消失，這並不只是失去一種鳥的問題而已；牠們的棲地被破壞之後，我們遲早會失去其他生活在海邊的鳥類。紅腹濱鷸的生存如果遭受危害，成千上萬隻水鳥的生存也會遭受危害。即使我們感覺不到這是如何發生的，但失去如此大量的鳥兒（就算才剛剛開

始），後果絕不容小覷。目前我們所居住的地球已經不像過去有那麼多鯨魚住在海中，而事實上，鯨魚能把碳循環帶到海洋底部，如果現在還有那麼多鯨魚，牠們就能協助人類進一步減碳。在我居住的格拉司特，老百姓的生活苦哈哈，因為曾經靠海吃海的社區過去捕撈了太多魚，近來只得拋售漁船，另謀生路。鱈魚並未滅絕，但海洋生態的週期波動和結構都已改變並弱化，這也許是種無可回復的情況，因為鱈魚的數量曾經多到拿桶子放進水裡就能撈上一堆，現在卻少得可憐。珊瑚礁也沒有消失，但早在最後一隻海龜被捕獲或最後一隻鯊魚被鏢刺之前，牠們就已顯得奄奄一息。原本量多且充滿活力的野生動物族群，還沒等到滅絕卻老早就已不再興盛茁壯。

鳥類也是，早在滅絕的危機臨身之前，其數量便已大幅下降，降幅可能高達百分之二十五——數百萬隻野鳥已然消失，還有數百萬隻尾隨在後。迫使一種鳥離開家園，就能對帕邁拉環礁造成極為嚴重的生態後果。在熱帶地區，科學家已經開始明白告訴人們，身處一個大型動物正在消失的世界會面臨到什麼樣的生態及演化後果。他們正在研究的課題包括：要是失去那些原本能夠傳播種子、為植物授粉或清除死魚的鳥類，將會如何降低食物網和生態系的復原能力。對於海鳥和水鳥，我們還有許多工作可以進行。

當我們將生態系的價值加以量化時——不一定是針對特定鳥類或動物，而是其棲地環境——每次得到的數字都會往上漲。當羅勃・科斯坦扎（Robert Costanza）首次對地球生態系統的財務價值加以評估時，發現地球每年提供四十九兆美元（以現今幣值計算）的生態價值服務，例如碳的循環再利用以及水的淨化等。他最新的一份評估報告認為，此價值為每年一百四十三兆美元。珊瑚礁現在的價值是原本估算的四十二倍，這並不是因為河口和珊瑚礁比以前發揮了更大的作用，而是因為我們更進一步了解牠們的價值所在。史丹佛大學的科學家做了類似的分析之後發現，海灘和鹹水草澤在暴潮來襲時對沿岸的保護作用價值數百萬美元，因此呼籲保護僅存的該類生態地景。這些研究都對保護水鳥的海濱棲地提供強而有力的論證，也有助於保護鳥類本身。

難道每隻鳥都必須證明自己的經濟價值？每隻鳥都必須替我們服務嗎？絨鴨或許禁得起這樣的成本效益分析，因為光是在冰島，牠們的羽絨就值四千萬美金，但我們卻沒能料到把旅鴿殺光竟會留下萊姆病這個後遺症。鱟血具有特殊的凝血蛋白，如果我們在知道這件事之前就得給牠們標上價碼，那牠們早就被人類捕殺殆盡了。要是在DDT把白頭海鵰搞到瀕臨絕種之前就去分析牠們的經濟效益，我們美國人的國鳥又將會面臨何種處境呢？我們或許永遠都不會將紅腹濱鷸和其他水鳥給商品化。紅腹濱鷸在每次長途飛行時都會調整肌肉、心臟、肺和肌胃的大小，一次又一次地將牠們小巧的身軀從強大的長途飛行者轉變成動物王國中極為快速、高效的能量消耗者。也許有一天，科學家能夠將紅腹濱鷸生理系統的靈活性和多功能性應用於人類迫切面臨的醫療問題上，但話又說回來，他們也可能不會這麼做。我們

或許永遠都無法完全理解水鳥是如何增進沿岸食物網的聯繫，也無法理解牠們如何讓海濱的生命變得多采多姿。

我喜歡在海灘上散步，尋訪夏日的喜悅：看著笛鴴雛鳥在一旁親鳥的注視之下，首次衝過沙灘；看著燕鷗盤旋於上，或是俯衝入水替幼雛捕魚。我喜歡在春秋兩季的海灘上散步，在候鳥定期歸來之際獲取慰藉，一季又一季，一年復一年，看著半蹼鷸、塍鷸、紅腹濱鷸及黑腹濱鷸各自往返於遙遠的海岸之間。我喜歡在冬天的海邊散步，觀察蹲伏在沙灘上的三趾濱鷸，或是在防波堤背風處避風的紫濱鷸。這些能夠滋養人類心靈的事物，要如何計算其經濟價值呢？當我們基於經濟計算的方便而決定哪些物種得以存續、哪些物種難逃一死時，我們的道德良心又將處於何種不安的境地？

麥考利寫道，在得以盈利的情況下拯救大自然，這確實有助於促進保育事業，但將經濟利益作為是否保護溼地、草原或海灘的唯一依據，卻是目光如豆，更是「出賣大自然」。科斯坦扎兩次估計的根本性差異在於我們對相關知識的不斷增加，但這也告訴我們經濟學開始掌握到人們心中已經知道的事情——大自然的全部「價值」可能永遠無法確定，無論多麼複雜的一張資產負債表，可能永遠無法完全涵蓋或衡量賦予我們生命的地球之價值。

如果第六次滅絕真的發生，我們後代子孫的生活也許會變得難以承受，甚至近乎難以生存。雖然這次大規模滅絕的帷幕正待升起，但它還沒有發生。生物學家發現，要是我們繼續以現在的方式生活下去，只需幾百年的時間就會讓大滅絕成真，他們還寫道：「近年物種消失的狀況相當嚴重，稱得上是戲劇性的變化，但還不致於達到大規模滅絕的程度。」他們說，很多事情還是能夠加以挽救，但挑戰性極其艱鉅。紅腹濱鷸向我們訴說著遙遠的國度，將我們團結在沿著大陸邊緣延伸的一條線上。牠們的長途飛行，從地球一端到另一端，穿過無邊無際的天空，體現了我們自己的渴望和夢想。不管是洛馬斯灣那群飛入夜空的紅腹濱鷸，還是穿越颶風的那隻孤獨中杓鷸，我從這些水鳥所表現出來的韌性中獲得了希望和信念：我們定能面對最為艱困的挑戰，而一個擁有諸多物種的健康地球依然有機會存在。

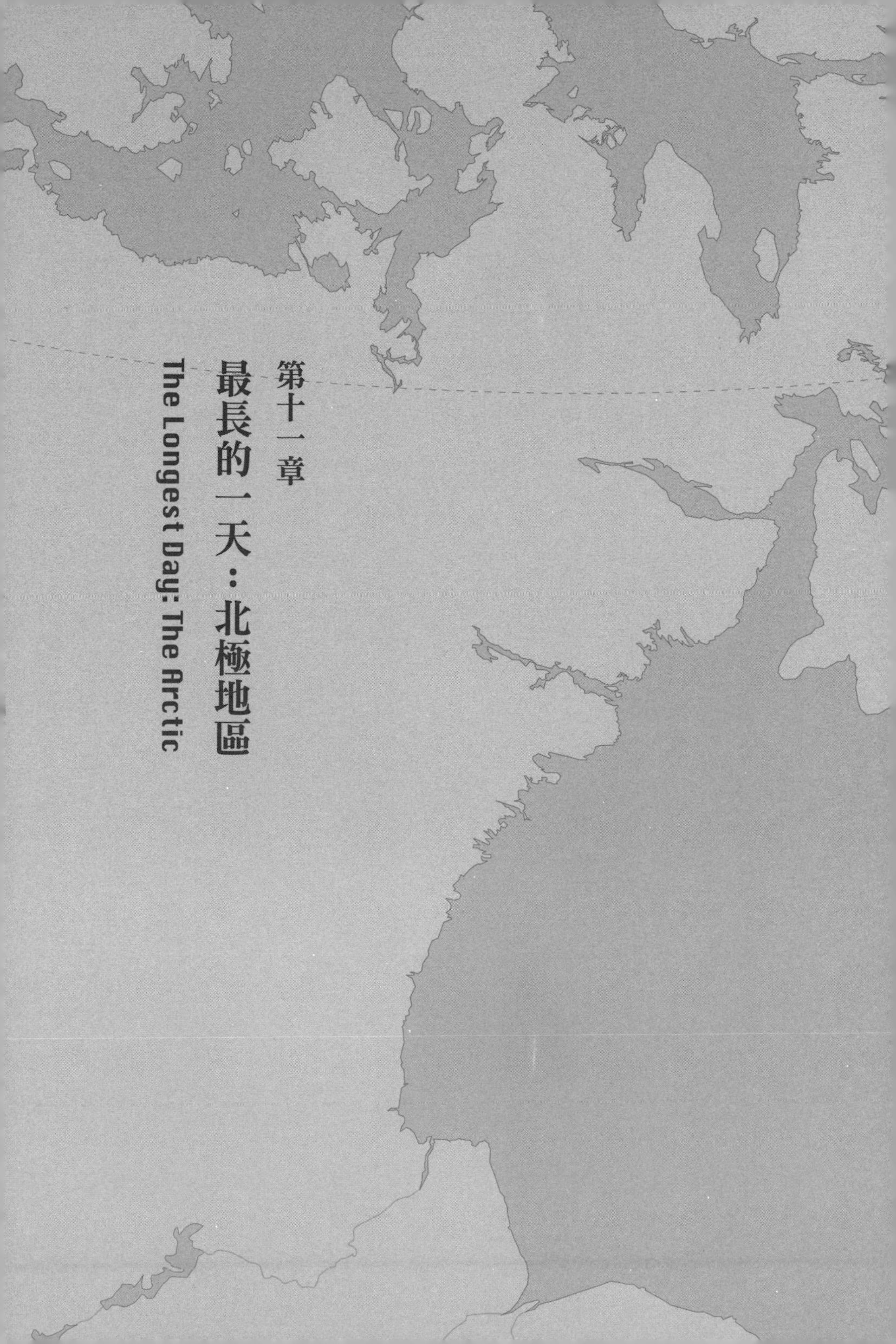

第十一章

最長的一天：北極地區

The Longest Day: The Arctic

最終，我踏上了前往北極的旅程，那裡是紅腹濱鷸產卵的地方，也是下一代紅腹濱鷸進行遷徙的起點。我的第一站是渥太華，加拿大環境部要求我在射擊場待上一天，學習使用12號口徑的散彈槍。剛開始我的練習狀況很不順，槍的後座力相當大。有人跟我說我還需要繼續練習，才能在不利的條件下順利用槍，所謂不利的條件是指：狂風大作時，手指凍僵時，沒有戴著護目鏡跟隔音耳罩時。

從巴芬島（Baffin Island）的伊夸路易特（Iqaluit）出發，經過三個小時飛行，向西橫越福克斯海峽（Foxe Channel）之後，我們終於接近了目的地：位於哈得遜灣開口處的南安普敦島東灣（East Bay）。飛機降落的跑道是一條鋪滿礫石的山脊，不遠處便是依舊蓋著厚厚海冰的大海。叢林飛行員先盤繞一次，低空評估降落條件，然後再次盤繞。我沒看過這麼短的跑道，更別提在這麼短的跑道模擬降落是什麼情況。第三次，我們總算著陸了。這架「雙水獺」（Twin Otter）輕型多用途運輸機的凍原專用胎承受著降落時的衝擊力道，在名曰跑道其實不過是一堆礫石之中急速煞停。從空中俯視，營地看起來很小——兩間小木屋和兩頂帳篷，坐落在一片荒涼、白雪皚皚的地方。

南安普敦島是努納武特（Nunavut）的一部分，在當地原住民的語言中，努納武特的意思是「我們的土地」（ᓄᓇᕗᑦ）。努納武特是加拿大面積最大、位置最北的行政區，也是人口最少的地區，境內三十二個小社區星羅棋布於哈得遜灣和加拿大所屬的北極群島上，彼此之間並無道路相連。至於南安普敦島則是由岩石、河流、溼地和池塘所組成，面積大約五萬四千平方公里。人類在北極地區已經生活了好幾千年，但在南安普敦島上的具體居住時間我們還不甚清楚。早年來自歐洲的探險家曾在此看過上升的煙霧、腳印或聽到喊叫聲，這些跡象顯示可能有人在此居住。為了獵捕露脊鯨而到過哈得遜灣十次的喬治・康莫（George Comer）船長，曾經跟島上的居民照過面。

一八九六年，他沿著這座島的南岸航行時，看到男人和小孩在岸上跟著他。當時鯨魚的數量已經枯竭，捕鯨業的前景益發黯淡，他「特別渴望就此問題向當地居民諮詢探聽」，因此便登陸上岸。生活在更北邊的因紐特人（Inuit）一般是住在雪屋和皮帳，但康莫在南安普敦島上所遇見的薩德里爾米烏特人（Sadlermiut）卻是住在用石灰岩和草皮所搭建的小屋裡，屋頂和窗戶分別是由鯨魚顎骨和半透明的海豹腸衣所製成。那些石灰岩來自數百萬年前，當時南安普敦島的位置是在赤道上。康莫將島上唯一的聚落命名為珊瑚港（Coral Harbor），以此紀念他在測量水深時所發現的珊瑚化石。

一八九九年，蘇格蘭人在南安普敦島建立了捕鯨站。一九〇二年，一艘蘇格蘭捕鯨船將船員和日用品送上岸，水手們除了從船上卸下鯨油、象牙和毛皮，還帶來嚴重的痢疾，最終除了一名婦女和她的孩子逃離該島而得以存活外，其他薩德里爾米烏特人全數染疫身亡。如今，有九百五十名因紐特人居住在那個村落，夏天時的紅腹濱鷸數量可能都比這人數還多。

加拿大環境部有位專門研究北極海鳥的學者，名叫格蘭特・吉爾克里斯特（Grant Gilchrist），他大方邀我加入東灣這處偏遠的野外調查營地，好幾位科學家都在那裡研究監測水鳥的繁殖習性。這裡目前是加拿大北極地區還在運作的野外水鳥調查營地中歷史最悠久的一個，最早便是由吉爾克里斯特在二十多年前所展開。野外研究團隊的梅根・麥克拉絲基（Meagan McCloskey）和娜歐蜜・曼・因特韋爾德（Naomi Man in't Veld）前一天就先飛來架設營地迎接其他成員——卡拉・安・沃德（Kara Anne Ward）、阿拉娜・卡塔盧克—普立姆（Alannah Kataluk-Primeau）、團隊負責人吉爾克里斯特，還有我。在六公里外的一座海灣小島上有另一個營地，那裡也是由吉爾克里斯特負責管理，科學家們正在那研究絨鴨、鷗類和雪鵐。直到幾天前，南安普敦都還籠罩著強烈風暴所帶來的霧、雨和雪，飛往島上營地的航班因而延誤了兩週。這條小跑道沒有照明，也沒有控制塔臺，當雲層低到跟雪分不清時，飛行員就會停飛。

島上的工作團隊在幾天前就預判過周遭海冰的狀況，他們知道冰層大約有一公尺厚，足以支撐一架 DC-3 型螺旋槳飛機。該架飛機配有可在冰雪地起落的滑行板，機上載著兩個營地所需的用品：八個星期的食物；好幾罐可供暖器、火爐、雪地摩托車和全地形車使用的丙烷、煤油和汽油；野外調查專用的電腦跟收音機；槍枝和彈藥；高填充量的羽絨睡袋；一頂新帳篷；工具箱；緊急求生包；調查設備。飛機抓住陽光短暫露臉的空檔，總算抵達營地。

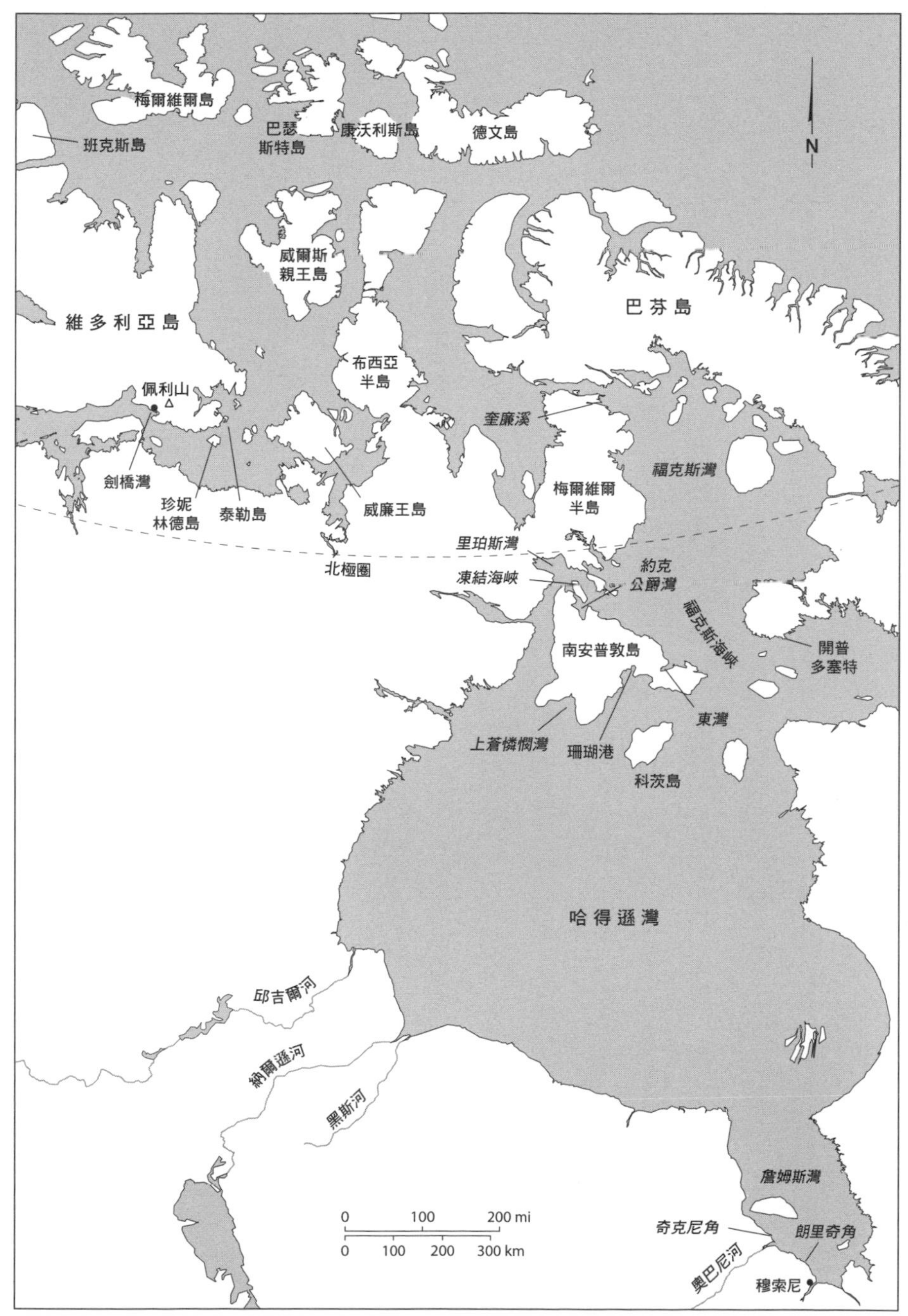

加拿大北極地區內紅腹濱鷸可能營巢的地點

比爾・內爾森繪製

喬賽亞．納庫拉克（Josiah Nakoolak）從珊瑚港趕來與團隊會合，如果是紅腹濱鷸的話，得要飛上七十二公里才到得了，騎乘雪地摩托車穿越苔原則須花費三個小時。納庫拉克是團隊裡不可或缺的一員，他對這裡的冰雪、天氣、北極熊和槍枝等各方面都很熟悉，所以營地的安全維護跟順暢運作都少不了他。他從一九九六年就開始跟吉爾克里斯特的團隊合作，協助設計並建造小屋，想出在苔原上誘捕鳥類的方法，還有帶領團隊安全穿越冰雪地形。在梅根．麥克拉絲基和娜歐蜜．曼．因特韋爾德的幫助下，納庫拉克乘著他的「ᑲᒧᑎᒃ」，也就是俗稱的愛斯基摩雪橇，將裝備運送到本島的營地去。以前因紐特人曾把鯨骨裝在雪橇底部作為滑行板，然後拿溼熊皮來擦鯨骨使其表面結上一層冰，以確保雪橇在崎嶇的地形上也能夠平穩滑行。卸下補給品跟裝備之後，吉爾克里斯特會用鐵氟龍替這架雪橇保養一番，以維持基本的光滑度。納庫拉克曾是南安普敦最後一批用雪橇犬拉雪橇的因紐特人之一，但現在他也改用雪地摩托車了。

我和沃德、卡塔盧克—普立姆、吉爾克里斯特等人到達前，納庫拉克、麥克拉絲基和曼．因特韋爾德已經看到兩隻北極熊了。第一隻是他們穿過冰原時出現的，那隻熊還跟著他們的雪橇跑了一段距離，第二隻則是他們到達山脊時發現的死亡個體。沃德回憶道，那隻熊的毛很漂亮，宛如「碎裂的玻璃片」，但身軀卻「骨瘦如柴」；納庫拉克認為牠是餓死的。北極其中一個最大的北極熊族群分布於福克斯灣，數量為兩千六百隻。這些北極熊以環斑海豹為食，熊會先耐心等在海冰的洞口旁，當海豹浮到洞口呼吸時，再抓住牠們。福克斯灣的北極熊覓食高峰期是在春天，牠們會不斷前來東灣捕食環斑海豹寶寶。海冰融化時，北極熊就會上岸，其中有許多會去南安普敦島。

這支研究團隊的成員不但性格堅韌而且能力強大。麥克拉絲基曾在海軍預備役服役，頭腦冷靜、思維敏捷、聰明又務實——而且是個神槍手，若是遭遇緊急情況，她肯定是大家依靠的對象，比我自己還要可靠。等到這一期的研究工作結束後，她會去騎單車穿越美國西部，里程將近兩千六百公里。麥克拉絲基之前在東灣工作過，沃德也是，她擁有生物學碩士學位，這個秋天就會去醫學院念書。東灣研究相關計畫的複雜細節她全都牢記在心，不知道是如何辦到的。沃德也很會學鳥叫，尤其模仿水鳥的求偶鳴唱更是活靈活現。曼・因特韋爾德以前是一位自然科老師，再過不久就會拿到社工碩士學位，她曾去過巴哈馬群島研究蜥蜴，也在麥肯齊三角洲研究過野鴨。她經常笑容滿面，而且擁有一種不可思議的能力，對於這種艱困環境所帶來的壓力總能迅速做出判斷並加以化解。每個人能夠帶到營地的行李數量其實有管制規定，但她多帶了很多「用品」過來，讓我們感激不已。

卡塔盧克—普立姆和我一樣，以前未曾待在野外營地工作過，但她學得很快。她來自巴芬島北部的龐德灣（Pond Inlet），對這片地景的微妙之處瞭如指掌，這是我們其他人難以望其項背的。等到秋天時，她將前往伊夸路易特的努納武特北極學院（Nunavut Arctic

College）就讀，她已經報名了該校的環境技術學程。吉爾克里斯特將這群人組成一支卓越的團隊，每個成員都能做出獨特且嚴謹的貢獻，而且大家都相當慷慨大方，殊為難得。他很用心培養這支團隊，事事以身作則，當他離開本島前往小島工作時，本島營地的運作一切如常，就跟他在現場指揮沒有兩樣。

在東灣，短短的野外調查季節裡壓縮了春、夏、秋三季，這兒雖地處較為低緯的苔原地帶，但卻具備高緯荒原地帶的氣候特徵。在最初的幾天裡，我們完成了營地的準備工作：搭建廚房帳篷，掛上爐子；用雪裝滿藍色桶子，融雪是我們的水源；埋下一個裝滿冷凍肉的金屬箱子；整理一箱一箱的甘藍菜、洋蔥、蘋果和胡蘿蔔，以及一包包的醬料、麵條、鬆餅粉和什錦穀麥；並在暴風雨中堆放大石頭來固定帳篷。我們拿散彈槍練習上膛以及卸下子彈，還朝著放在雪地裡的罐頭發射橡膠子彈和鉛彈。我們長途步行調查過好幾次，第一次是沿著山脊行走，然後走到海邊，計算冰雪融化時到達此地的鳥兒數量。

之前還在家的時候，我會在地形起伏的社區裡跑個五、六公里，並沿著海灘在水深及膝處行走超過三公里，希望藉此幫助自己為野外的長距離穿越線調查做好準備。儘管如此，我還是沒有完全預料到會面臨這樣的挑戰：穿著厚重的衣服長途跋涉，同時還要攜帶操作GPS、收音機、雙筒望遠鏡、水瓶、野外筆記本和槍枝，而且還不能讓這些東西掉在雪地裡。除此之外，我還沒學會要如何一邊觀察天空中的鳥兒，一邊在滑溜不平的地面踩穩腳步。

營地所在的山脊和大海之間，差不多一公里半以外的地方，苔原上點綴著諸多池塘，其中最大最深的池子就被隨興命名為「不便湖」（Inconvenience Lake）。在這個季節稍晚的時候，冰雪融化時會使其湖面擴大，那時我們就得跟湖面保持距離，但現在我們可以直接穿越過去。踩在溼雪中，雪深到大腿，我們只得匍匐前行。融化中的雪地雖然難以穿越，卻承載著春天的希望。數以百計的雁從頭頂飛過，曼．因特韋爾德數了數，輕而易舉地把細嘴雁跟體型稍大的雪雁區分開來：雪雁的喙比較大、頭比較沒那麼圓、脖子較長，我是後來才注意到這些差別。

水鳥來了。一隻白腰濱鷸降落在一片裸露的苔原上，邊跑邊往上直伸一邊翅膀，或許在宣示領域，也或許是開始求偶展示；當我們接近岸邊時，翻石鷸也已經在岩石間來回穿梭。接下來的日子裡，荒涼的苔原上充滿鳥兒求偶的鳴聲。在晴朗寧靜的夜晚，我們會聽到鳥叫聲傳遍在牠們到來之前看似廣闊而空曠的那一大片空間：黑腹濱鷸的叫聲聽起來有點像從遠處落下的炸彈，灰斑鴴的「pee-oo-wee」聲，白腰濱鷸顫動宛如蟲叫的聲音，以及紅腹濱鷸輕柔和緩的叫聲。頭幾天，我們聽到或看到的紅腹濱鷸共有十二隻。

其中有隻紅腹濱鷸的腳上有足旗。卡塔盧克—普立姆和我曾陪著納庫拉克待在泥濘的冰面上，他要從鋪著苔蘚的鳥巢中收集雁的蛋，還要去查看冰面上一隻待在自己呼吸洞口旁的海豹。我回去時，得知沃德在幾個小小的融冰池畔發現六、七隻紅腹濱鷸在雪地上互相追

逐，其中一隻帶有綠色足旗，編號為4KL。4KL腳上的綠色足旗代表這隻鳥曾在德拉瓦灣被繫放，所以我立刻撥了一通衛星電話給紐澤西州的拉瑞·奈爾斯，他告訴我，4KL最後一次被看到是五月十九日，地點在德拉瓦州。這隻鳥可能是我們抵達伊夸路易特時來到東灣的，牠帶來的「行李」可是比我們少多了。

過幾天後，我們就會聽到融雪變成溪流時的潺潺水聲，但現在仍有百分之九十五的苔原面積被雪覆蓋。這裡如此安靜，我甚至能夠聽到紅腹濱鷸經過時所發出的嘎吱聲，也許牠們正在覓食，尋找尚未孵化的大蚊或石蛾。在這幾個明亮的夜晚，在繁殖季真正開始之前，這些原已變成飛行機器的紅腹濱鷸正在經歷另一次轉變。這個寒冷、遲來的春季導致紅腹濱鷸的食物量不足，讓牠們得依靠顫抖來取暖，並將其肌胃、心臟和肝臟調整到更適於成功繁殖的大小，因此牠們正在消耗多餘的脂肪和超大的飛行肌肉。

黃昏的餘暉會一直延續到清晨，我在餘暉之中看到了王絨鴨，一種我之前只曾遠遠看過的鳥類，牠們翩翩來到較大的池子，頭部豔麗的橙黃部位以及紅色的嘴喙一覽無遺。山脊上的虎耳草開出粉紅和紫色的花朵，低伏在礫石之間保持溫暖。紅腹濱鷸放聲鳴唱著。

在十九世紀，當英國海軍派遣船隻橫渡大西洋尋找傳說中的西北航道時，遇過一些阻礙北極探險的狀況，但這些狀況卻促進了鳥類學的研究進展。當時船隻曾困在海冰之中，一次長達九個月，另一次則是十個月，這使得船上的博物學家有時間追蹤春天抵達的鳥類。威廉·

帕里爵士（Sir William Parry）終生未能找到可以完全穿越北極的暢通航道，但在第一次探險（一八一九至一八二〇年間）時，他的天文學家和鳥類學家愛德華・薩賓（Edward Sabine）報告道，紅腹濱鷸「在北喬治亞群島（North Georgian Islands）大量繁殖」。「北喬治亞群島」現今被稱為帕里群島（Parry Islands），包括巴瑟斯特島（Bathurst）、康沃利斯島（Cornwallis）和梅爾維爾島（Melville Island），當年英國遠征隊便是在那裡過冬，用帕里爵士自己種的芥末和獨行菜來避免感染壞血病。

約翰・理查森爵士（Sir John Richardson）在帕里的第二次探險（一八二一至一八二三年間）中報告道，在南安普敦島北部的「約克公爵灣（Duke of York Bay）獵殺了」一隻紅腹濱鷸。（帕里是在公爵生日那天登陸該地，因此便以公爵之名來命名。）那一帶環境的殘酷無情從附近水域的名稱可知一二，比如凍結海峽（Frozen Strait）、驅逐灣（Repulse Bay）、上蒼憐憫灣（Bay of God's Mercy）等等，帕里曾在驅逐灣看過紅腹濱鷸；他第二次探險時所搭乘的船艦是赫克拉號（*HMS Hecla*），船長喬治・法蘭西斯・里昂（George Francis Lyon）則是在跨越凍結海峽時，於梅爾維爾半島（Melville Peninsula）的奎廉溪（Quilliam Creek）附近發現一個紅腹濱鷸的巢。「牠們並沒有費盡心力築巢，只是在一叢枯草上生了四顆蛋罷了。」

而後，一場尋找紅腹濱鷸蛋的競賽隨之展開，由此可見人們對紅腹濱鷸趨之若鶩的程

度。一八七五至一八七六年間，奈爾斯（Nares）探險隊的兩名英國博物學家差點就找到了——被冰雪困在埃爾斯米爾島上十一個月後，亨利．威米斯．費爾登（Henry Wemyss Feilden）發現了一隻紅腹濱鷸和三隻雛鳥，而在附近度過冬天的亨利．契赤斯特．哈特（Henry Chichester Hart）則是找到了鳥巢，但裡頭沒有蛋。美國陸軍中尉阿道弗斯．格里利（Adolphus Greely）曾於一八八一至一八八四年遠征北極，這場行動最後是以災難告終——被困在埃爾斯米爾島三年後，他的部下有多人因飢寒交迫而喪命，倖存者則被指控吃人肉維生。在這場慘案發生之前，他確實找到過一顆紅腹濱鷸蛋。他深信有二十對紅腹濱鷸在附近繁殖，但「我們從沒找到鳥巢。我不僅花了幾個小時觀察一隻正在繁殖的濱鷸，而且分派類似的任務給手下幾個最有耐心的獵人，但都沒有成功」。一八八三年六月九日，他的部下射殺了一隻紅腹濱鷸，那隻鳥被剖開後，發現子彈劃過「一顆已經被蛋殼包覆成形、即將要被生出的蛋」。有份期刊宣稱格里利的發現是史上首次——「總算找到紅腹濱鷸（*Tringa canutus*）的蛋了！」——另一份刊物則是委婉加以更正，提醒讀者里昂船長在六十年前的觀察發現。

理查．沃恩（Richard Vaughan）在他那本引人入勝且旁徵博引的《尋找北極鳥類》（*In Search of Arctic Birds*）一書中寫道，「在北極繁殖的水鳥中，有些鳥所產的蛋深受收藏家追捧，其中又以紅腹濱鷸最受重視，」這使得美國人後來一直不斷聲稱最先找到蛋的是他們，沃恩認為這種行為「難以解釋」，因為俄國在一九〇〇至〇三年的一次北極遠征行動中，至少就打下十四隻成鳥，帶回七窩蛋和二十六隻幼雛。這一發現於一九〇四年以英文發表，但短短幾年後，即一九〇九年六月，美國海軍上將皮里（Admiral Peary）的船員前往尋找北極點的回程途中發現了紅腹濱鷸的蛋，皮里的助理唐納・巴克斯特・麥美倫（Donald Baxter MacMillan）寫道：「以前從來沒有人找到這些蛋。」他們是在丘陵地發現了兩窩，位置分別在距離海岸約一公里半跟三公里遠的內陸。

一九一六年，麥美倫率領了另一次探險遠征，打算尋找一座島嶼（後來證實那其實是海市蜃樓所造成的山景），隊上的船員也聲稱自己是第一批找到紅腹濱鷸蛋的人。船隊的外科醫師哈里森・杭特（Harrison Hunt）寫道，紅腹濱鷸的蛋「從未被發現過，儘管鳥類學家已在亞洲和美洲北部各地搜索多年」。植物學家艾默・艾克博洛（W. Elmer Ekblaw）滿懷激情（即便沒那麼精確）地寫道：「對於全世界的鳥類學家和鳥類愛好者而言，近日柯羅克島探險（Crocker Land Expedition）所獲得的最重要成果，無疑是發現了紅腹濱鷸的巢跟蛋……沒有幾種鳥蛋會如此被人熱切追尋……然而，在美國最近的這次遠征之前，紅腹濱鷸都讓所有的探險家鎩羽而歸。」

里昂船長的紅腹濱鷸蛋是採自難以到達的北極中部，那裡的水域以往（到現在也是）少有人涉足，因此過了幾十年才又再次出現目擊紀錄。一八五三年七月，奮進號（*HMS Endeavor*）上的外科醫師羅伯特・安德森（Robert Anderson）在維多利亞島（Victoria

Island）的劍橋灣（Cambridge Bay）附近射到一隻紅腹濱鷸。一九一九年，約瑟夫・伯納德船長（Captain Joseph Bernard）被困在維多利亞島附近的泰勒島（Taylor Island）上時，採集了雄鳥、雛鳥、幼鳥和鳥蛋。鳥類學家大衛・帕米利（David Parmelee）於一九六〇年和一九六二年造訪維多利亞島及鄰近島嶼時，聽到了紅腹濱鷸求偶時的鳴叫聲，他將其描述為「poor-me、poor-me」（我好慘啊，我好慘啊）。那叫聲來自佩利山（Mount Pelly）上一座一百八十公尺高的蛇形丘，地點靠近劍橋灣，距離海邊將近十四公里半。他寫道，佩利山「是極為嚴峻之處，山頂終年颳著極地狂風」。

紅腹濱鷸似乎喜歡氣候嚴酷、狂風大作之處，比如佩利山或附近的珍妮林德島（Jenny Lind Island），帕米利不但在島上看過十幾對，而且親眼目睹過雄鳥的求偶展示行為：牠們在滿布岩石的坡地上方四十幾到九十幾公尺處，一邊鳴唱，一邊快速振翅懸停。更往內陸走，在一處有池塘和莎草的低窪沙地上，看到一隻紅腹濱鷸鼓起羽毛、假裝受傷。「毫無疑問，這隻鳥絕對是在附近下蛋，但我們沒能找到。」四年後，他回到珍妮林德島，聽到更多紅腹濱鷸，並且發現了兩窩幼雛。八月時，當鳥群聚集南遷，他在海灘上發現五十隻幼鳥——以北極地區來說，這確實稱得上是大群了。

科學家們仍在尋找紅腹濱鷸的巢位，但隨著族群數量減少，找巢的難度還是沒有改變。拉瑞・奈爾斯和阿曼達・戴伊於一九九九年開始在北極地區尋找紅腹濱鷸的巢，其團隊成員包括加拿大環境部的研究學者保羅・史密斯（Paul Smith），羅格斯大學遙測及空間分析中心（Center for Remote Sensing and Spatial Analysis）的瑞克・拉斯羅普（Rick Lathrop），還有加拿大皇家安大略博物館的馬克・派克（Mark Peck）。多年來，該團隊已經替兩百五十隻以上的紅腹濱鷸安裝無線電發報器，飛行搜尋無線電訊號的里程也有上千公里——適合讓紅腹濱鷸營巢繁殖的乾燥山脊棲地面積廣達二十萬平方公里。這些年來，他們運氣不錯，追蹤到其中四十五隻鳥。透過無線電訊號、衛星影像、地面調查，甚至eBird紀錄加以分析之後，他們便能進一步了解在這片廣袤大地上，紅腹濱鷸可能營巢繁殖的地方。

自二〇〇二年以來，加拿大環境部的生物學家珍妮・勞施（Jennie Rausch）為了尋找水鳥的繁殖蹤跡，已經前往北極中部以及北極圈以內的島嶼多達七次，去過的島嶼包括維多利亞島、珍妮林德島、威廉王島、威爾斯親王島、巴瑟斯特島、德文島、康沃利斯島和班克斯島。她在這期間內只看過十隻紅腹濱鷸，完全沒找到巢位，她因而將之描述為一段「紅腹濱鷸令人沮喪的故事」。資料記錄器或許有機會發現一些紅腹濱鷸依然存在的訊息。為了藉由地理定位追蹤器加以計算鳥所在的緯度，工程師朗・波特需要知道黎明和黃昏的時間，但地理定位器在北極夏季無盡的白晝中無法記錄這些數據。幸好現在有一種更為靈敏的新型資料記錄器，甚至在遙遠的北方也能記錄微弱的光線。從二〇一二年起，研究人員開始將這種新型資料記錄器裝在紅腹濱鷸身上，結果發現有一隻在劍橋灣以西的維多利亞島上繁殖，也許

牠的營巢地點是在佩利山，就在五十多年前帕米利聽到紅腹濱鷸求偶聲的那個地區。

衛星追蹤器可將搜索巢位的工作量大為簡化，因為鳥裝上衛星追蹤器後，毋須再次抓到那隻鳥，追蹤器就會不斷即時傳輸鳥兒的位置訊號。然而，追蹤器的重量必須夠輕，而且裝在體重波動劇烈的小型水鳥身上時，既要安全牢固，又不能讓鳥兒感到不舒服。等到二〇一五年，可能就會有重量不到一美分（約三公克）的追蹤器問世，也許最終，這類裝置能夠帶領人類，跟隨紅腹濱鷸抵達北極難以跨越而令人驚奇之一隅。

到目前為止，奈爾斯已經重新捕獲六十隻帶有地理定位追蹤器的紅腹濱鷸，其中至少有一隻曾在南安普敦島繁殖。無線電訊號最為集中的地方，就是在南安普敦島和威廉王島。奈爾斯和戴伊曾在南安普敦島進行過八次長途調查，從上蒼憐憫灣一路往內陸偏遠的苔原地帶仔細搜查紅腹濱鷸的行蹤。同樣勤於找尋巢位的史密斯說，就沿著南北美東岸遷徙的紅腹濱鷸族群而言，奈爾斯、戴伊及其同事們所發現的巢位數量冠絕群倫，無人能及。二〇〇〇年是他們收穫最豐的一年，總共發現了十三個巢，但在接下來的幾年裡，隨著紅腹濱鷸族群銳減，他們找到的巢愈來愈少。

南安普敦島在二十世紀初期意外受到鳥類學家的關注，在那之前，關於島上鳥況的文字記載很少，通常僅限於捕鯨者和探險家所寫的航海日誌。一八九八年，喬治・米克許・薩頓出生於內布拉斯加州的貝瑟尼（Bethany），雙親是鋼琴家和牧師，他十歲時就開始畫鳥。

薩頓只要有空就會不斷四處跟著鳥兒跑，有一次他還慢慢鑽進一截年代悠久的朽木之中，結果和一隻對著他狂吐的紅頭美洲鷲（譯註：嘔吐是牠們面對騷擾的防衛機制）、牠的蛋和一隻雛鳥一起被困在裡面。薩頓後來成了一位傑出的野外鳥類學家和藝術家，他在遊歷拉布拉多和哈得遜灣時，愛上了「北極乾淨俐落的美景」。遺憾的是，海冰使他只能在仲夏時節造訪北極，那時已經來不及看到鳥類求偶或築巢，因此他迫切希望能在冬天時被冰雪困住，這樣他就可以待著迎接春天到來。

幾年後，在一艘返回蒙特婁的輪船上，他遇到同船的乘客山姆·福特（Sam G. Ford），哈得遜灣公司（Hudson's Bay Company）在南安普敦島的新貿易站負責人。福特邀請薩頓到珊瑚港任職，於是在一九二九年八月，即股市崩盤讓美國陷入大蕭條的兩個月前，薩頓乘坐哈得遜灣公司的補給船納斯科皮號（*Nascopie*）抵達南安普敦島。他寫道：

許多探險家曾經航行至極地海域，他們或者渴望替人類所謂知識的總和添磚加瓦，或者夢想名利雙收。許多科學家也曾奮力穿越苔原和冰原，希望征服結凍的海洋、冰封的荒地和極光籠罩的天空，進而破解其中奧祕。我們對某些常見候鳥的營巢習性知之甚少，許多愛鳥人士為此頗感羞愧，因而前往不宜人居的加拿大苔原之地或是偏遠的北極島嶼，滿懷自信地希望在這些鳥類的夏日家園有所斬獲，而牠們

的領域正是那片廣袤的世界。這些探險家、科學家和鳥類愛好者全都承認極北地區的魅力，但無人能夠準確解釋何以如此。在北極，一個人會發現自己不禁要思索這些問題：為何離開舒適的家鄉，來到這麼一個寒冷荒蕪的地方？不管是哪種生物，無論牠們多麼頑強，到底是如何能夠一直待在這兒呢？而當一個人離開北極時，會想知道，自己是否能夠重新融入那個過度循規蹈矩的文明世界所呈現的喧囂繁雜，而那是人們終究得要回歸之處。從北方的海域返回安適的家中，一旦想到冬天的漫長孤寂、凍僵的臉頰和雙手，以及食物的匱乏，就會感到些許退縮；但儘管如此，人們還是夢想有朝一日能夠重返苔原，回到那宏偉壯闊、不問世事、天地不仁的友善之中。

他在那裡住了整整一年，隔年夏天才和納斯科皮號一同離開。當他在貿易站的冷房工作時，冰晶會塞住他的畫筆筆尖。在漆黑漫長的冬季期間，每隔一個星期六的晚上，完成當日的排定工作後，要是無線電還能正常收訊，他就會調到個人頻道，收聽來自朋友、家人及同事的訊息（包括歌曲），以及匹茲堡 KDKA 廣播電臺的節目。他以鳥蛋、馴鹿肉、海豹和鯨脂（生熟都有）等高膽固醇飲食餬口度日，乘坐狗拉雪橇穿越整座島嶼，有次還跟一位叫阿茂里克・奧德拉那（Amaulik Audlanat）的因紐特人一起去東灣旅行。他說奧德拉那是個「專業技師、船夫、獵人、雪橇狗隊駕駛，和雪屋建造者」。薩頓將其遠征的成功歸功於奧德拉那，就像吉爾克里斯特感謝納庫拉克的幫助一樣。

薩頓將他在南安普敦島所觀察到的許多鳥類習性寫成兩百五十多頁的報告，這篇專著後來成為他的博士論文。他所發現的紅腹濱鷸寥寥無幾，不但從未在春天見過牠們到來，也未曾找到外殼淺綠帶點斑的蛋或幼雛，儘管他懷疑牠們可能是在約克公爵灣附近繁殖。秋天時，有幾群紅腹濱鷸聚集在海岸邊，牠們「相較於在海灘上四處慌亂翻找的翻石鷸，顯得格外安靜、舉止端莊」。

其他生物學家也跟隨薩頓的腳步來到南安普敦島，證實了紅腹濱鷸繁殖於該地的看法。生物學家肯．亞伯拉罕（Ken Abraham）和戴夫．安克尼（Dave Ankney）於一九七九年和一九八〇年的夏季在東灣露營期間，記錄了四十一種鳥類，其中包括造訪一座小島時，發現了加拿大北極地區規模最大的普通絨鴨集體營巢地，巢的數量介於三千八百到五千九百之間。他們確定紅腹濱鷸繁殖於東灣沿岸，並在紀錄中提及牠們「在四個不同的地點做出求偶飛行、追逐、鳴叫等行為」，還在離岸五公里半的地方看到一隻待產的紅腹濱鷸母鳥，以及「一隻成鳥帶一隻還不會飛的雛鳥」出現在營地所在的山脊。史密斯曾在沿岸看過準備集結南遷的紅腹濱鷸，數量多達三、四十隻。以一個適合在夏季觀察水鳥（甚至也包括紅腹濱鷸）的地方來說，東灣看起來大有可為。

跟薩頓一起工作的因紐特人把六月稱作「下蛋月」（ᓕᑫ）。我們都非常渴望找到鳥蛋，但傾盆大雨和暴風雪阻礙了尋找的進度。雨跟雪被風從側面吹來，風勢強勁到要是我想要往後躺，身體就會被風給托住。屋外廁所的頂部也快要被風給掀走，我們被迫待在室內清理槍枝，找出卡在槍管的礫石。我們擠在炊事帳篷裡，穿著長袖內衣、毛衣、刷毛衣和夾克，一邊向卡塔盧克—普立姆學因紐特語，一邊分享納庫拉克的班諾克麵包（一種大型的因紐特圓麵包）以及曼．因特韋爾德的法式濾壓咖啡和特調薑汁熱巧克力。

我們為自己的烹飪創意感到自豪：咖哩熱炒、用罐頭煙燻牡蠣和蟹肉做的海鮮燉菜，偶爾還會有卡塔盧克—普立姆和納庫拉克打來的雁可以加菜。他們把一隻雁放在高湯裡跟餃子一起煮，還給我們另一隻雁，是吉爾克里斯特參考一九七四年版《烹飪之樂》（*Joy of Cooking*）的食譜所烤製。卡塔盧克—普立姆把生「雁胗」切成薄片，讓我們配著兩棲蓼一起吃。南安普敦居民每年能夠獵殺的馴鹿和北極熊有配額限制，但雪雁在島上的數量泛濫，所以因紐特人可以自由捕獵。

在我們的小屋裡，每根椽子上都掛滿了溼透的衣服。我的涉水褲有股煤油味。團隊成員差不多替他們認識的每個人都編織了手套、毛帽和圍巾。我們爬進睡袋（這是唯一溫暖的地方），研究鳥類書籍，觀看曼．因特韋爾德帶來的電影，並在絕望中大聲朗讀《格雷的五十道陰影》（*Fifty Shades of Grey*）。夜晚，如果風勢稍停，我們就會聽到紅喉潛鳥的淒涼叫聲。

我們不知道外頭到底有多冷、溼度有多高，因為氣象站在冬季時被熊和狐狸給弄得亂七八糟。

我們得隨身攜帶槍枝，即便到外頭上廁所也不例外。納庫拉克對熊有種直覺，我常發現他會盯著一個略帶黃色的白點，過了好一會兒，那個白點才變成一頭快速移動的大熊。營地小屋有一道強化的窄門，可確保熊若試圖闖入時，我們有時間醒來應對，但我希望不要遇到那種情況。如果有熊從小島上朝我們而來，絨鴨營地會從無線電發出警告。我們每天都會跟那裡的團隊聯繫，檢視工作進度和天氣狀況，安排分配各類工具或物資用品。有一天，他們送來自製的法式長棍麵包，還熱騰騰的。我們的生活其實挺舒適的。當我在這裡時，有人給我一個睡袋，上面和下面都有很多層羽絨，無論天氣多冷、多溼，風有多麼刺骨，夜裡我總是感到相當溫暖。

在本島追蹤水鳥跟在小島上監測絨鴨，這兩件事可是完全不同的經驗。當年，由於因紐特人對絨鴨數量下降感到憂心，吉爾克里斯特便展開相關研究，開始進行調查。一九九五年，他和納庫拉克長途跋涉前往東灣的小島，就像二十多年前亞伯拉罕和安克尼曾經做過的那樣。搭好帆布帳篷、雙口露營爐和特高頻無線電後，他們坐在不起眼的低平岩石上等待。絨鴨飛進來，在小島上盤旋了一圈後就離開了。牠們也在等待。

最後總算來了六隻，跟著十隻，接著十二隻，再來數百隻，然後是成千上萬的絨鴨。牠

們胖到無法降落在堅硬的地面上，只能滑入春天融冰時新形成的冰池裡。吉爾克里斯特及其團隊透過監測及繫放，認定在將近一千六百公里外格陵蘭西部度冬的絨鴨被過度獵殺，於是格陵蘭當局開始對絨鴨狩獵活動加以管理並縮短獵季，後來東灣的繁殖族群量很快就多了兩倍。

絨鴨即將飛過我們的頭頂，人們對其肉、蛋和絨羽的評價甚高，因紐特婦女會利用牠們的絨羽來製作保暖的連帽大衣、帽子和手套。薩頓認識的因紐特人至少用五種不同的名字稱呼普通絨鴨，相較之下，紅腹濱鷸就沒那麼受到重視了。薩頓說，因紐特人並沒有給紅腹濱鷸一個獨有的稱呼，只把牠們跟半蹼濱鷸還有白腰濱鷸通通都稱作水鳥。在伊夸路易特，我遇到了從北極各地飛來的因紐特人，他們齊聚為火災後重建的聖裘德大教堂（St. Jude's Cathedral）祝聖，同時慶祝期待已久的《舊約聖經》因紐特語版翻譯完成。午餐時，他們跟我說，他們知道紅腹濱鷸，還說紅腹濱鷸和牠們的蛋都太小了，所以根本懶得去打。他們和納庫拉克一樣，都管紅腹濱鷸在內的小型濱鷸叫「ᓯᔅᑎᐃᖅ」，意思是「海灘上的小鳥」。

放晴後，我們開始尋找巢位。我們會把前一天晚餐吃剩的花生醬或鮪魚包在玉米餅皮裡帶出去當午餐，要是吃完了，就吃一種稱作「壓縮餅乾」的口糧，這種口糧長期以來都是北極地區的主食。在伊夸路易特的小學老照片裡，教室每張課桌上都放著回收來裝文具的壓縮餅乾盒。由鹽、水和麵粉製成的壓縮餅乾質地堅硬、緻密，不管我們的器材如何擠壓，或是我在苔原上失足跌倒，它都不會碎掉。剛開始吃會覺得很乾，也沒什麼滋味，但它絕不會走味，也幾乎不會壞掉。

普通絨鴨繁殖時會密集成群：在吉爾克里斯特開始研究時，每個樣區差不多有五十個巢位，隨著族群量恢復，這個數字增加到兩百五十。相較於絨鴨，水鳥偏愛離群索居。小島上的研究調查範圍有二十四公頃，本島則是一千兩百多公頃，但在本島，每個研究樣區裡的紅腹濱鷸巢可能不到十個。我們每天都要搜索七、八個小時，爬過浮冰、涉過池塘、踏入漆黑的池子，我不知道自己是會在冰上滑倒，還是會陷進爛泥裡。走過愈來愈深的池水時，能夠感覺到涉水褲承受的壓力也跟著增加，實在很感謝褲上的縫線沒有因而爆開。如果天氣允許，每天會走上十三、十四公里遠；中午時分，我們有時會稍作休息，脫下外套坐在溫暖的陽光下。但更常遇到的情況是，天氣嚴寒刺骨。在被冰和風暴刷洗過的苔原上，偶爾出現的巨礫可以暫時幫我們擋一下從冰面上吹襲而來的涼溼陣風。就算天色灰濛，我們還是會塗滿防晒乳，但我的手依然被晒到起水泡。

縱然天候如此寒冷，我還是喜愛東灣的平和，喜愛它的廣袤開闊，還有那滿布乾燥礫石山脊的寧靜、荒涼之美。隨著季節更迭，冰雪漸融，我喜愛流水淙淙、鳥兒囀鳴，喜愛幾乎在一夜之間出現於各個岩石縫的小花叢和無數翠綠——都是在艱困地帶不屈不撓的生命力。

有一天，我們陪同納庫拉克行走在冰面上，途中在遠遠一處山脊停了下來，唯一有人類在此

待過的跡象是一個被太陽晒到發白的海象頭骨，它被擱在一個四面沒有開口、夾板製成的小箱子上，某個因紐特獵人曾在那兒過夜。

我住在一個運作良好、設施齊全的營地，但我不幻想自己有能力在這裡生活，甚至在沒有實質支持的情況下訪問這個嚴酷的地方。某天晚上，吉爾克里斯特和我收聽「加拿大極地大陸棚計畫」（Canada's Polar Continental Shelf Program）的廣播，那是一個為北極研究人員提供後勤補給的機構。無線電訊號發自我們北方一千一百多公里的雷索盧特灣（Resolute Bay），從埃爾斯米爾島的阿勒特（Alert）到麥肯齊三角洲的伊奴維克（Inuvik），方圓兩千四百多公里內的極區野外調查營地都能收到訊號。在這個看似空無一物的地帶，我們一點也不孤單。

營地山脊和海岸之間的苔原上到處都是鳥。在池塘中間的裸岩上，銀鷗用乾掉的昆布和從潮汐線上找來的樹枝築巢，樹枝在這裡可是難得一見。北極燕鷗正在淺坑中產卵，卵與礫石極為相似，幾乎無法區分。這些燕鷗是優雅輕盈的飛行家，我們靠近時會飛過來然後對著我們俯衝，但這反而可以讓我們知道巢位所在。牠們是世上飛行距離最長的動物之一，每年在地球最冰冷的南北極區之間來回飛行八萬多公里。頭部深灰的叉尾鷗在靠近海岸的地方營巢，如果我們靠近就會不斷喧鬧。牠們的英文俗名叫做「Sabine's Gull」，這是以愛德華・薩賓的姓氏所命名，他跟著帕里前去尋找西北航道時，首次發現了這種鳥。

翻石鷸、半蹼鴴和白腰濱鷸等水鳥將巢位巧妙隱藏在顯而易見的地方——一些地衣鋪在石頭之間的避風處便是了。我在喬治亞州時，可以在沙灘上沿著厚嘴鴴的足跡找到牠們的巢，但在這裡，水鳥並不會留下足跡。我們如果不是在偶然間意外發現鳥巢，就是要等被驚飛的鳥回來後才能得知並接近巢位，如果某隻鳥真的驚飛而去，碎石中幾乎沒有什麼指示物能夠引導我們抵達巢位。要是我們先跪著然後站起來，或者先站著然後只走個幾步路，眼前的視角和深度感就會大為不同，原本看似相鄰的岩石不再如此靠近，原先從上千塊石頭跟淺凹之間所找好的固定標記，我也不知如何區分了——比如這裡應該要有兩塊覆蓋著地衣的岩石，那裡應該要有一個淺凹之類的。但其他人卻能神奇地保持他們的視線，解讀這片難以看透的地景。

被風暴耽擱數日之後，史密斯總算到達營地，加入我們的搜尋行列。這個人的精力真是用之不盡啊，他在傾盆大雨中穿越苔原時，會把槍管扛在肩上，高舉槍托，以此抵禦海鷗和燕鷗的怒攻，同時還能輕易找出跟環境融為一體的鳥蛋。沒有一隻翻石鷸能夠逃過他的法眼，我們甚至在一個小池塘的岩石間發現紅腹濱鷸悠悠哉哉地划水而過，我對這種景象並不熟悉，但鳥類學家卻是一點也不陌生，他們早就知道紅腹濱鷸「能夠毫不費力地游泳」。在這裡，牠們確實游得很輕鬆，看起來悠閒而平靜，跟我在密斯皮里恩港所看到的瘋狂覓食行為形成鮮明對比。

史密斯在白天找尋巢位，入夜之後搖身一變成為電工。野外工作了一整天後，他在營地小屋的屋頂上安裝了太陽能板，把電線接上發電機，這樣就能替GPS、收音機、衛星電話和電腦的電池充電，從而減少汽油消耗。他還安裝了兩顆燈泡，這在北極的夏季看似奢侈，但在未來若遇上陰暗、風暴肆虐的日子，用處可就大了。他最終並未找到他希望看到的翻石鷸巢，牠們繁殖的季節似乎延後了，這是一個令人擔憂的問題，因為在本地繁殖並沿著大西洋岸遷徙的翻石鷸數量正持續大幅下降。

走在靠近海岸的樣區時，我正凝視著前方，尋找在遠處飛翔的水鳥，這時史密斯指著一隻蹲在我腳邊的瓣足鷸。這些美麗鳥兒具有紅灰相間的羽色，牠們在苔原的池塘中覓食時會快速轉圈，形成能夠將獵物（小型水生昆蟲的幼蟲和蟲卵）吸到水面的真空。牠們的生命力相當頑強，每年長達九或十個月的時間是在海上度過，上岸只是為了繁殖；當其他鳥兒蹲伏著躲避風暴時，牠們依然勇敢地冒著暴風雨覓食。因紐特獵人會將牠們當成護身符，裝在獨木舟的船頭上。瓣足鷸也在減少，史密斯這一次沒有找到他預期的數量，他認為也許牠們正在浮冰邊緣，等待著暴風雨過去。

我們從營地往內陸徒步前行，來到潮溼的草地，黑腹濱鷸就在以草築成、形狀宛如精美杯子的巢裡下蛋。沃德發現了一隻高蹺濱鷸，這可能是南安普敦的第一筆紀錄。我們沿著高高的山脊行走，灰斑鴴跟金斑鴴紛紛被我們驚飛到一兩百公尺外。一旦某隻鴴從巢裡飛出去，我們就會等牠歸來，然後緩慢匍匐靠近。牠的另一半會衝下苔原，佯裝斷了一根翅膀，這招通常能把天敵耍得團團轉，而我們哪怕只是分心看了一眼，就會搞丟之前觀察的巢位所在。卡塔盧克－普立姆花了兩個小時耐心觀察一隻灰斑鴴，最終總算追蹤到牠的巢位。

沃德似乎能在同一時間眼觀四面，對於那些可能有蛋藏在裡頭的小石堆，她自有一套找尋的訣竅。她會蹲下或躺下，當我們凍到身體僵硬、快撐不住時，鳥兒（通常是白腰濱鷸）就會走到牠的巢位。但有時候，那也是障眼法。我們就曾看過半蹼鴴坐著，尾羽豎起，就像在坐巢孵蛋一樣，但其實牠的配偶已經趁機偷溜到別處，回到真正的巢裡。我們看不到牠們迴避其他捕食者的方法。濱鷸平常會利用尾脂腺所分泌的蠟來疏理羽毛，一旦成鳥開始孵蛋，分泌出來的蠟就會變成一種更加黏稠、更不易揮發的油脂，這麼一來，狐狸就不太容易聞到牠們的氣味。

紅腹濱鷸的巢位相當難以捉摸，牠們跟鴴類不同，基本上不會輕易離開巢位，除非面臨立即被踩踏的危險，否則牠們會坐著不動。沃德在二〇〇九年監測東灣的一個紅腹濱鷸巢，那是她的同事達里爾·愛德華茲（Darryl Edwards）發現的，愛德華茲是一名演化生態學家，曾在東灣花三年的時間觀察紅腹濱鷸繁殖。「我們經常在東灣看到紅腹濱鷸，但很少找到巢位，」愛德華茲在給我的信中如此寫道。二〇〇七年七月中旬，在離岸快兩公里的地方，愛德華茲看到「一隻防禦性很強的親鳥……從這隻鳥的行為判斷，牠的蛋可能已經孵化了」。

他認為這隻紅腹濱鷸原本是在內陸築巢，遇到牠時牠正要前往海岸。二〇〇八年，該團隊在七月七號找到一個巢，卻在兩天後被一隻賊鷗掠奪一空。二〇〇九年，他們發現兩個巢，其中一個是在六月二十五日發現的，裡頭有四顆蛋，不過該巢卻在十天後因不明原因而繁殖失敗。（可能是被賊鷗叼走了蛋，但沒有留下任何證據。）他們在七月三日找到另一個巢，七月十二日發現四隻雛鳥。二〇一〇年，他們發現「一隻紅腹濱鷸成鳥跟三隻雛鳥」。至於我們，還在持續尋找，但到目前為止尚未成功。

我們在這裡的任務雖然艱困，但項目倒是不多：確保眾人安全、互相照顧、進行調查。我在自家習以為常的大量訊息——來自電子郵件、臉書、時事通訊、報紙等等——在這裡通通沒有了。一片敞開的靜謐之中，我似乎能夠感覺到地球的呼吸。體型嬌小的鳥兒年復一年飛翔成千上萬公里，到這裡築巢、孵蛋，在這片地球極北的嚴酷荒涼之地，在另一個「世界的盡頭」，迎來牠們新生的一代，這一切看起來就像一種近乎難以想像的耐力壯舉。夏天，如果真的到來，也是相當短暫。蛋一被生下來，就可能被天敵吃掉。對此極北地帶的水鳥而言，漫長而明亮的白晝、豐富的昆蟲、相對較少的寄生蟲和天敵，抵消了到達這裡所需的大量代謝和能量消耗成本。只要緯度往北增加超過二十九度，差不多是從詹姆斯灣到埃爾斯米爾島北部的距離，巢捕食率（譯註：用來評估巢內蛋或幼雛遭天敵捕食機率或風險的指標。例如特定區域內有十個巢，其中三個遭捕食而導致繁殖失敗，此時巢捕食率為百分之三十）

就能減少百分之六十五。儘管如此，統計數據顯示鳥兒的處境仍然相當嚴峻。史密斯告訴我，在狀況好的年份，能夠順利孵化的蛋只有不到六成，在某些年份可能只有一成，而且非常多的雛鳥在會飛之前就被吃掉了。如果在這個短暫的北極夏季繁殖失敗，親鳥通常沒有時間再試一次。

被天敵捕食的現象比比皆是。我們看到毛色比雪還要白的北極狐小跑步穿過苔原，嘴裡叼著雪雁跟絨鴨的蛋，牠們會把蛋先藏起來以備日後取用；銀鷗騷擾潛鳥，迫使牠們潛入水中，伺機掠奪牠們的巢；短尾賊鷗會像猛禽一般，低空滑過山脊，再往親鳥俯衝而去。薩頓曾在短尾賊鷗的胃裡發現一整隻被吞下的瓣足鷸。紅腹濱鷸的親鳥會輪流孵蛋，這種行為使其巢位較不容易被發現。史密斯曾在東灣的水鳥繁殖地附近架設隱藏式攝影機，他發現在其他條件相同的情況下，相較於只有單一親鳥負責孵蛋，當親鳥雙方都參與孵化時，能夠順利孵出幼雛的鳥巢數是前者的四倍。

如果狐狸和賊鷗的菜單中包括毛茸茸的小旅鼠，或許水鳥的生存情況會好一些。由於不明原因，旅鼠的數量經常會在某些年份激增，然後再急劇下降。如果今年是旅鼠大出的一年，我們一定會發現這些嚙齒動物無處不在——牠們會在苔原漫遊，夜裡在營地出沒，還會在我們的靴子裡亂竄。但我們沒看到半隻旅鼠，這是另一個跡象，連同天氣狀態來看，這個夏季對鳥兒來說可能相當不好過。拜洛特島（Bylot Island）上的雪雁、西伯利亞的黑雁和紅腹濱

紅腹濱鷸巢位一景。麥可・迪吉歐笈甌繪製。

鷸，以及東灣的翻石鷸，牠們的繁殖成功率都跟旅鼠的豐度有關：旅鼠多時成功率就增加，反之則減少。科學家將旅鼠豐度的趨勢跟十九世紀的狩獵紀錄進行比較，想知道要是旅鼠不夠多是否會導致紅腹濱鷸數量減少。其他人則是懷疑，旅鼠的族群量遽減可能跟北極暖化有關。

調查期間，有幾天陽光普照，高僅三、五公分的矮小柳樹開出花來。我們找到的巢現在有四顆蛋。紅腹濱鷸就在附近，但我們還沒有看到牠們的巢。暮光並未完全消失，山脊和池塘沐浴在柔和的玫瑰色調之中。晴朗的天氣不會持續太久。現在是七月，所謂的「蚊子月」（ᓯᓚᐃ），但是蚊子和其他大量可以餵養雛鳥的昆蟲在這種寒冷的天氣中並沒有孵化。我們被傾盆大雨所驚醒。卡塔盧克—普立姆教我們一句古老的因紐特諺語，翻成白話文就是「這也是沒有辦法的事」。我們常常重複這句話。

雨差不多停了，我們在裡面也待到不耐煩了。等到風勢減弱，我們便外出，希望雲層能夠消散。結果，天不從人願，麥克拉絲基和我在一個遙遠的樣區被濃霧籠罩，苔原、草地和池塘環繞四周。能見度極低，這可是會發生危險，於是我們慢慢後撤，沿著GPS記錄的迂迴軌跡原路折返。就在幾公尺外，霧靄中出現一個模糊的身影——一頭馴鹿。紅腹濱鷸輕聲鳴唱。麥克拉絲基在大霧之中認出一個銀鷗巢的外型，她先以此定出自身所在，然後再藉由苔原上的因紐特石堆（ᐃᓄᒃᓱᒃ）來辨認方位，那種石堆是因紐特人為了導航、識別獵場或

獵物儲藏所而堆置的。果然，我們在她預期的地方看到了營地山脊。本島的野外調查季節過了差不多一半，夏天即將過去。

紅腹濱鷸的蛋（如果有的話）很快就會孵化。在一九〇〇至〇三年的俄羅斯北極探險行程中，赫爾曼・瓦特（Hermann Walter）觀察到「公鳥總是極為小心地照護著雛鳥，而母鳥（要是在附近時），反倒表現得像是個冷漠的旁觀者一般」。母鳥不會在那一帶逗留太久。雛鳥一旦破殼而出，母鳥就完成了牠們的工作，隨即啟程展開漫長的南遷之旅。紅腹濱鷸雛鳥在孵化後幾個小時內就會離巢，而且能夠自己進食。公鳥帶著不會飛的雛鳥長途跋涉，最多超過三公里遠，一路陪牠們從乾燥的山脊下到溼地，希望那裡有大量的蚊子可供飽餐。雄成鳥也會比自己的雛鳥還早離開，幼雛們會自行找到前往度冬地的遷徙路線。在水鳥和鴨子離開後，白鯨會游過東灣，穿過哈得遜海峽前往度冬地，度過一個愈來愈暖和的冬天。

我們到達東灣之後過沒多久，原本能夠承載 DC－3 型螺旋槳飛機的結實冰層開始化成雪泥冰，雪地摩托車的輪子和愛斯基摩雪橇的滑行板先是因此而減速，最後則是幾乎整個都陷了進去。由於遠離營地，納庫拉克、卡塔盧克—普立姆和我忐忑不安地花了一個小時才把我們的交通工具給弄出來。溫室氣體的大量排放，使得北極暖化的速度是地球其他地區的三到四倍：跟其他各個世紀相比，目前加拿大北極地區的夏季氣溫是過去四萬四千年來最高的。自一九七九年以來，科學家開始用衛星監測北極海冰的消長，他們發現二〇〇七至二〇一三年間夏季海冰消失的程度前所未見。那些更厚、更久、更穩定，持續存在四年以上的冰層正在消融。這類在冬末融掉後很容易又回來的海冰曾占了所有北極海冰的四分之一，但是到二○一三年時，已經減少到只有百分之七。

融冰所引發的效應不但會影響北極地區的食物網，還會波及當地繁殖鳥類的生活。每年夏天，大約有三萬對厚嘴海鴉在南安普敦以南的科茨島（Coats Island）峭壁上繁殖，這種羽色上黑下白的海鴉看起來很像小企鵝，牠們通常每窩只下一顆蛋。夏季剛開始的時候，牠們從懸崖峭壁看出去，舉目所及盡是海冰。科學家們蜷縮在木製隱蔽小屋中觀察厚嘴海鴉餵食雛鳥，一次餵一條魚。北鱈是一種生活在寒冷水域浮冰之間的魚類，牠們身上能夠產生抗凍劑以避免凍僵，在一九八○年時，這種魚是厚嘴海鴉雛鳥的主要食物來源。如今，冰層比當年提早三週消失，北鱈也跟著提早離開，因此海鴉親鳥只能改抓毛鱗魚、玉筋魚和鮒魚來餵養雛鳥，但以攝取到的能量來說，瘦小的毛鱗魚得要兩條半才能抵得過一條北鱈。雛鳥的營養不夠，體重增加就不足，當牠們離巢從懸崖跳到海上生活時，體重比起應有的離巢重量輕了百分之十。如此一來，原先一度上升的族群量可能會漸趨持平。

另一個新的轉變是，海鴉被愈來愈多的蚊子包圍，負責監督科茨島研究調查工作的生物學家安東尼．加斯頓（Anthony Gaston）說，「蚊子多到」讓這些鳥看起來「像是穿著毛靴一樣」。這狀況在二○一一年的夏天尤為嚴重。當研究團隊到達時，坐巢的厚嘴海鴉正因熱

衰竭和蚊蟲襲擊而紛紛死去，北極熊更是讓整個情況雪上加霜。以往只發生過單隻北極熊短暫闖入海鴉的集體營巢地，但這回每天竟有多達四隻北極熊潛入，牠們手腳敏捷地攀上陡峭的懸崖，把身軀擠在只有四十公分寬的壁架上，將蛋和雛鳥給弄掉或殺死。牠們每十分鐘就能殺掉一隻成鳥，在那一帶繁殖的成鳥驚慌失措逃離後，暴露於嚴寒之中的鳥蛋便逐漸喪失生機。高達百分之三十的鳥巢會遭北極熊給清空，像這樣的持續損失可能會對集體營巢地造成嚴重威脅。

三十多年來，加斯頓一直在科茨島觀察在該地繁殖的厚嘴海鴉，由於雛鳥現在較常被餵毛鱗魚跟玉筋魚，較少吃北鱈，因此他會測量雛鳥體重減輕的情況，並監測營巢地範圍內持續增長的北極熊和蚊子數量。他相信北極熊的入侵是短暫現象，隨著北極暖化，熊的數量將會減少。厚嘴海鴉在科茨島繁殖已有兩千年，但隨著北極暖化，牠們也將消失，然後被分布逐漸北擴的刀嘴海雀跟大西洋海鸚給取代。刀嘴海雀其實已經出現了。海鳥還是會繼續在哈得遜灣北部繁殖，但他說，「北極再也不會是原本的北極了。」

春末夏初，在冰層破裂之前，北極熊向來是以環斑海豹為食，環斑海豹那些肥嫩剛斷奶的寶寶身上，將近有百分之五十都是脂肪，北極熊全年所需的能量裡頭，最多高達三分之二都是從海豹來的。在這季節剛開始的時候，環斑海豹經常從海中爬到東灣絨鴨繁殖地附近的浮冰上。相較於三十五年前，由於科茨島海鴉繁殖地一帶以及東灣沿岸的夏季海冰逐漸消失，迫使北極熊提早上陸，害牠們每年能夠獵捕海豹的時間少了兩個月。

在東灣，北極熊入侵絨鴨營巢地的次數是一九八〇年代的七倍，造成的後果極其嚴重。絨鴨的營巢地先是爆發禽霍亂，接著又遭到北極熊蹂躪。現在，絨鴨的繁殖率已經低到無法維持族群量了。團隊成員為了嚇跑北極熊，不讓牠們靠近島上的五千個絨鴨巢，會對牠們大聲尖叫並發射專門用來驅趕鳥獸、爆炸聲極為響亮的空包彈。即便如此，還是有大約七隻熊會跑到營巢地，包括一隻母熊及其幼熊，牠們三番兩次回來吃絨鴨蛋自助餐，有時吃飽了還會待著睡覺。當調查季結束，沮喪和疲憊的團隊提前一週半離開時，剩下的數百個巢只有七八個仍然完好無損。隔年的情況更加糟糕，只要暴風雨將所有的浮冰都推開，營巢地就會出現兩隻有時甚至是三隻熊。這些陰魂不散的北極熊是個日益嚴重的危險因子，因此在往後幾年，該團隊會在冰層破裂之前就離開，只留下攝影機來記錄絨鴨和熊的行為。

東灣所面臨的狀況絕非特例。在二〇一〇至二〇一二年冰層覆蓋率創新低的那幾年，北極熊也襲擊了巴芬島南部和魁北克北部七十座島嶼上的絨鴨營巢地，而大多數的狀況都會導致繁殖近乎完全失敗。從東灣橫過福克斯灣，在巴芬島多塞特角（Cape Dorset）附近的一個小島上，當北極熊把三百三十四個有下蛋育雛的巢給巡過一遍後，只剩下二十四個還完好，倖免於難的比例不到十分之一。在小島上集體繁殖，這個由於北極狐的威脅所演化出來的適應行為原本相當成功，但現在卻逐漸成為一種累贅。吉爾克里斯特現在擔心，已經從過度捕

獵中恢復過來的絨鴨族群會再次面臨危機。「如果北極熊繼續提前上岸，」他說道，「這些鴨子就無力招架了。」他觀察到某些東灣的絨鴨已經開始做出改變，以適應眼前的生存挑戰。「鴨子離開本島原本是為了躲避狐狸，但現在有一些回來了，而且在靠近城鎮的地方築巢，以前人類是牠們的天敵，現在反倒可以提供安全感。」隨著地球暖化和海冰消退，吉爾克里斯特和他的同事正在親眼目睹北極的變化。

飢餓的北極熊似乎對於散布在苔原上的水鳥巢位不感興趣。對水鳥來說，更直接的威脅竟是源自北美大平原的農耕地。肥料使用量大增的結果，使玉米產量翻了一番，稻米產量也多了兩倍，因而留下大量溢出的穀物來餵養過境和度冬的雁群。儘管相關單位為了抑制其族群量而放寬狩獵規定，但由於營養充足之故，到了二〇〇九年，飛越密西西比河河谷及北美大平原的細嘴雁跟小雪雁數量還是暴增到至少一千六百萬隻。

現在還有九十四萬隻雁在南安普敦島繁殖，飢腸轆轆的北極熊正在尋找牠們的蛋。二〇〇四年，在上蒼憐憫灣，一頭獨身的北極熊在兩週的時間內就把四百個雁巢吃個精光。二〇〇六年，科茨島的野外調查團隊觀察到北極熊有系統地洗劫雁群，牠們眼中只有雁巢，把所有的蛋全部吃得一乾二淨。二〇一〇年，加拿大環境部的詹姆斯・李夫羅爾（James Leafloor）對南安普敦島和科茨島的繁殖雁群進行空中調查時，調查到「大約二十九頭北極熊，牠們很多都在靠近內陸、遠離海岸的雪雁營巢地出沒。」事實證明，夏季以北極紅點鮭和漿果為主的食物來源無法取代環斑海豹。北極熊一週大概要獵殺一到三隻環斑海豹。而無論小小顆的雁蛋數量有多豐富，或多麼富含蛋白質和脂肪，都很難想像它們能夠完全替代四十五公斤重的環斑海豹及其肥胖多脂的幼獸，遑論彌補每年減少兩個月的海豹捕獲量，我們也難以想像這些鳥蛋能在海冰退縮的情況下，長期替北極熊這類瀕臨滅絕的動物解決食物短缺的燃眉之急。美國地質調查局的卡琳．羅德（Karyn Rode）和同事利用先前在北極各地的調查結果加以分析後發現，若根據哈得遜灣西部的資料，鳥蛋最多只能等同北極熊下海獵食一到兩天所能獲取的能量。

雁在北極地區會啃食青草跟莎草，接著開始「翻掘」，可能會翻到連草根都不剩，進而把營巢地的植被弄得貧瘠不堪，將淡水溼草原轉為整片翠綠的苔蘚，或是讓沿海草澤變成了無生機的鹽鹼泥灘。在東灣的雁群繁殖地，地衣和石楠群落日益稀疏，莎草正在消失，溼草原也逐漸乾枯。

在東灣某些沿海的樣區內，很難避免踩到雁的排遺。沿著山脊行走，我看到四十、五十、一百乃至兩百隻在一起的雁群站在遠方泥濘、光禿禿的草甸上。史密斯想知道雁是否逐漸入侵半蹼濱鷸的營巢地，因為半蹼濱鷸東部族群的狀況，就他所述，「正在遽減」。以東灣來看，他說，如果是在雁很少出沒的內陸草澤，水鳥數量就依然「密集」，然而在雁多的地方，已經看不到半蹼濱鷸了。其團隊成員只發現兩個半蹼濱鷸的巢。目前，紅腹濱鷸似乎由於營

巢地點荒涼偏僻，因而得以不受威脅。

話雖如此，牠們的生活可能很快就會受到北極暖化所影響。對於南安普敦島上的紅腹濱鷸來說，那個世界的徵兆——面對來自南方的競爭者、捕食者和寄生蟲，或者雛鳥孵化和蚊蟲大發生的時間不同步——尚未浮現，但融化的海冰預示著即將發生的轉變。等到二〇八〇年，隨著氣溫預計升高攝氏二點五到六點一度，屆時苔原範圍收縮，莎草和青草將讓位給常綠灌木和樹木，森林開始在南安普敦擴張。也許紅腹濱鷸可以往北移動，進入殘存的避難所，這種情況牠們以前也曾遇過。曾經，由於冰川推進導致牠們在苔原上的多數繁殖地大半成為漠地，但牠們在此瓶頸中倖存下來；而後因為地球暖化以及林木線北移，牠們又經歷了另一次生存瓶頸，不過這次牠們的數量卻是銳減。隨著苔原再次消退，未來幾年將會發生什麼狀況，這個問題的答案正逐漸揭曉。

吉爾克里斯特、史密斯、絨鴨調查營地的大部分成員，還有我，都要離開了。當雙水獺輕型運輸機到達時，我走到山脊的邊緣，往下望去，看到一個巨大的掌爪印——冰層正在破裂。待飛機起飛，迅速爬升時，我從窗口凝視營地，在過去三個半星期，那就是我的全世界，如今在眼前漸漸縮小，漸漸消逝不見。我會想念那些慷慨、善良、才華橫溢的科學家，想念他們的陪伴，他們歡迎我進入他們的夏日小屋，他們藉由年復一年地蒐集資料，見證並記錄人類在千里之遙的活動是如何影響這裡的地景跟海景，如何重新設計這片土地，如何重構它所支持的生命網絡，如何讓某些動物在此消失（也許是永久消失），並在這被冰雪覆蓋的大地抖落一身寒冷之際，吸引其他動物（以微妙而令人驚訝的方式）前來。

以水鳥調查而言，我們這個夏天可說是以失敗作收，吉爾克里斯特甚至將之列為計畫執行以來最糟糕的夏天。調查季節結束時，在某個令人沮喪的日子，團隊打了通電話給我。除了幾天出太陽之外，暴風雪、酷寒和狂風大作的天候並沒有真的減少。到了季末，他們一共找到了五十六個巢，比去年減少百分之二十五，比前年少了百分之五十。五十六個巢之中，只有八個巢的蛋順利孵化，結果令人沮喪。鳥兒開始南遷，曼・因特韋爾德對我說道，整個苔原變得出奇安靜。

在團隊調查工作的最後一天，卡塔盧克—普立姆、曼・因特韋爾德、麥克拉絲基和沃德分頭前往各個樣區，再檢查一次剩下的鳥巢。沃德寫信給我說，最早發現紅腹濱鷸的是卡塔盧克—普立姆，地點就在營地往內陸方向的另一條山脊附近。那隻鳥飛向她，降落，然後「做出斷翅的擬傷行為」！不過她找不到鳥巢，而那隻鳥「不斷消失又重新出現」。後來曼・因特韋爾德到那邊，「又遇到同一隻紅腹濱鷸。這次牠拚命叫，還把兩邊翅膀都高舉過背。」但她也找不到巢位所在。沃德自己也試著去找過，「在離營地一百八十幾公尺的地方，有隻鳥突然飛出，也做出擬傷展示行為。」她沒有理會那隻鳥，而是慢慢靠近鳥巢，一到巢邊，「幾乎立刻就看到一窩滿是毛茸茸雛鳥的鳥巢。我以為我找到紅腹濱鷸巢了！」結果她一抬

頭，失望地看到母鳥——一隻白腰濱鷸。

她的正前方就是那隻紅腹濱鷸。「我先是在無意之中發現了一個白腰濱鷸巢。我很快就在鳥巢上做了個標記，然後試著把注意力集中在那隻紅腹濱鷸身上。牠叫了幾聲，把雙翼舉到背上，隨後迅速向南邊跑去。我很驚訝地發現，要跟緊這隻鳥並沒那麼容易，牠的羽色完美融入地面的石塊，我追到山脊上就追丟了。我在那坐了一會兒，看能不能再找到牠，可惜沒有。」團隊成員都決定趕緊吃完飯，收拾好東西，再回去看一眼。可是他們的飛機趁著整天濃霧的短暫晴朗空檔意外抵達，他們只得離開。在伊夸路易特，團隊打電話給史密斯，史密斯認為，那隻紅腹濱鷸的行為顯示雛鳥就在附近。

繁殖季節過後，許多離開北極的紅腹濱鷸會聚集在哈得遜灣另一端的詹姆斯灣覓食，然後南遷。也許，我能在那兒看到這些鳥。

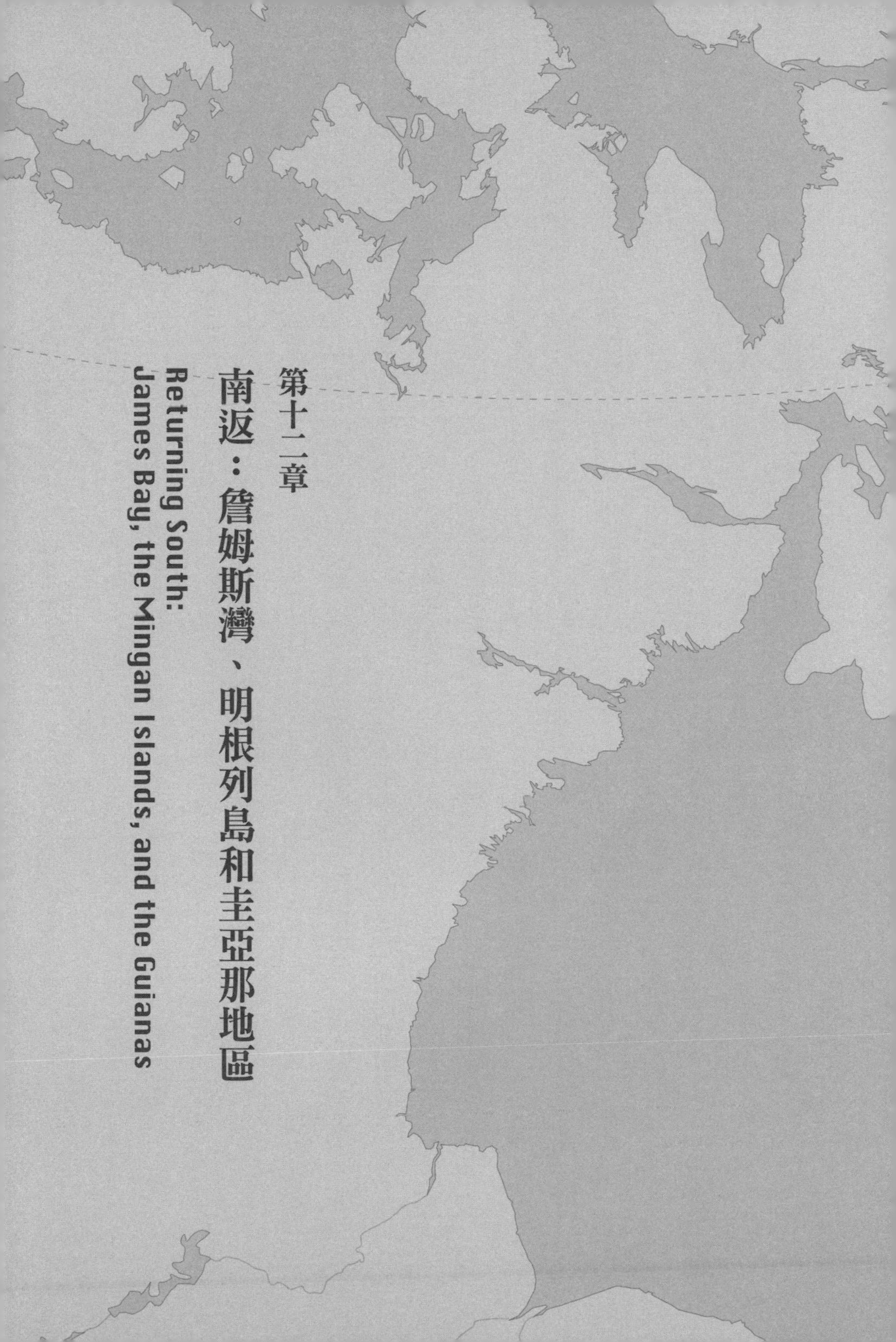

第十二章

南返：詹姆斯灣、明根列島和圭亞那地區

Returning South: James Bay, the Mingan Islands, and the Guianas

在詹姆斯灣西邊一處長滿林木的坡地上，有個小型、簡陋的克里族（Cree）狩獵營地隱藏其間。那一帶有許多類似的營地散布於海岸，周圍環繞著草澤、礫石山脊，以及一百八十幾公分高的潮水退去之後所露出的寬闊泥灘地。繁殖季已經結束，現在起碼有一百萬隻水鳥會飛到詹姆斯灣覓食，包括至少百分之三十的紅腹濱鷸會沿著大西洋遷飛路線往南遷徙。我希望能在朗里奇角（Longridge Point）的某處營地看到牠們：也許是一批成鳥，也有可能是幼鳥，這得取決於牠們繁殖的狀況。這趟偏遠海角之旅的起點是多倫多，我跟金·艾恩（Jean Iron）從市區不遠千里開車而來，她是一位退休的小學校長，跟此行其他團隊成員一樣，都是安大略省的賞鳥高手。她那臺載滿裝備的白色豐田小車常被她開出門賞鳥，也因此免不了跟鹿發生碰撞，有次他朋友還將車身一個撞出來的小凹痕用馬桶吸把給「吸平」。我們往北行駛，翻過一座海拔約三百公尺小山丘後，進入北極集水區，這個集水區內的河川溪流都會向北流入詹姆斯灣和哈得遜灣，最後進到拉布拉多海（Labrador Sea）。隨著地景開始回應來自北極的遙遠呼喚，我幾乎感覺不到車輛越過山丘時的爬升以及下降。

我們沿著沒有鋪面的道路繞行，途經某處，一陣常綠植物的氣味撲鼻，艾恩一下車便舉起她的望遠鏡對準樹林。眼前北美喬松的粗枝低垂，沉重毬果懸在枝上，白雲杉和黑雲杉同樣滿是毬果，白樺和顫楊乾掉的柔荑花序則是掛滿枝頭。艾恩的夥伴榮恩·皮塔威（Ron Pittaway）會根據這些情報做出他的年度冬季雀類預報，安大略省的賞鳥者便可從預報得知，哪裡較有機會找到紅交嘴雀、白翅交嘴雀、黃昏錫嘴雀、松雀、松金翅雀、朱頂雀和紫朱雀。另一輛廂型車的駕駛克里斯詮·弗里斯（Christian Friis）來自加拿大野生動物管理局，他也正要前往詹姆斯灣。弗里斯在當地統籌管理夏季水鳥監測調查，那是加拿大野生動物管理局、安大略省自然資源部、皇家安大略博物館和加拿大鳥類研究協會（Bird Studies Canada）共同參與的合作計畫。儘管其他人可能會對這種要在蚊蟲肆虐的草澤地跋涉數週的工作退避三舍，但弗里斯卻很享受這類偏遠地區的野外調查，也難怪他女兒薩濱牙牙學語時，說出來的第一個字便是「鳥」！

弗里斯把廂型車停在波瓦桑（Powassan），這是個約有一千人的小鎮。他們繞道前往該鎮的汙水處理池，那裡由於水位受到人為調控，植被的含氮量豐富，因此成為遷徙雁鴨跟水鳥的重要過境休息站。團隊裡的兄弟檔成員肯（Ken）跟邁克·伯瑞爾（Mike Burrell）從小就開始賞鳥，據他們所言，從處理池一旁高起的堤岸看過去，可以看到很棒的景色。安大略的鳥友如果想要找尋這類處理池，可以參閱一份特別繪製的地圖，上頭標出了九十個這種地點。在安大略省，邁克·伯瑞爾說，「每個認真的賞鳥者都會前往許多汙水處理池好幾次。」他們希望在波瓦桑看到紅領瓣足鷸，但事與願違。

經過十小時的車程，我們抵達科克藍（Cochrane），這是個法裔跟英裔人口各占一半的小鎮，職業冰上曲棍球多倫多楓葉隊（Toronto Maple Leafs）前明星球員提姆·霍頓（Tim

Horton）就是在這兒出生的，他也是一家我們經常光顧的大型連鎖咖啡及甜甜圈專賣店的創辦人。主要道路在此跟著加拿大橫貫公路（Trans-Canada Highway）轉向西邊，我們則是繼續往北，沿著安大略北地鐵路（Ontario Northland Railroad）穿過森林，林子裡長著樹型如金字塔的白雲杉、削瘦但頂部一簇一簇的黑雲杉，以及細長針葉會在秋天掉落的落葉松。我們沿著阿比蒂比河（Abitibi）、馬塔加米河（Mattagami）和穆斯河（Moose）等大河，經過兩座水電站大壩，團隊成員一路都在尋找電線上的尖尾榛雞、猛鴞、鷹和鵟。

五個小時後，我們到達這條路線的終點，穆索尼（Moosonee）。詹姆斯灣是亨利・哈得遜（Henry Hudson）當年航行的終點，他在一六一〇年駕船駛入哈得遜灣，相信如此遼闊的水域可以帶領他的探索號（*Discovery*）穿越西北航道。但天不從人願，他最終進入了詹姆斯灣，這是個死胡同，後來憤怒的船員發動叛變，把他和他兒子扔在一條小船上漂流，從此再無音訊。五十年後，英格蘭國王授予哈得遜灣公司七百八十萬平方公里的哈得遜灣集水區特許狀，該公司的毛皮商因而得以沿著海灣設立貿易站。安德魯・格雷姆（Andrew Graham）和托馬斯・哈欽斯（Thomas Hutchins）曾於約克費托里（York Factory）的公司前哨站工作，該處位於海伊斯河和納爾遜河河口，他們在任職期間撰寫大量日誌，其中在一七七〇年所提到的紅腹濱鷸，可能是北美地區最早的紀錄。如今，約有一萬四千名克里人居住在穆索尼跟穆斯費托里（Moose Factory），以及其他沿海村莊。

我們先前往一片廣闊、未開發的溼地中央，團隊去穆索尼的汙水處理池找鳥——我們還有一些時間。他們看到了十五隻環嘴潛鴨、十隻小潛鴨和七十五隻鵲鴨，之後在一叢顫楊前面停下腳步，嘴裡發出噓噓聲，林子裡要是有混群的森鶯，就能把牠們吸引過來。邁克·伯瑞爾的手機這時響起，他給每個朋友和家人都設了不同的鳥叫聲當作來電鈴聲。直升機到達後，我們兵分三路，前往三個不同的克里族狩獵營地，這些營地都是為了執行這項計畫而向地主承租的。

朗里奇角位於穆索尼以北五十六公里處，坐落在一片低矮的雲杉和落葉松樹林之間，附近有一條礫石山脊，沿著海岸長長延伸而去。在接下來的兩週，我們每天都會徒步外出，時時查看潮汐時刻，然後調查水鳥數量。來自安大略的芭芭拉·查爾頓（Barbara Charlton）長久以來都是一位狂熱賞鳥者，其生涯鳥種紀錄在該省也是名列前茅，她做鳥調的資歷已有三十多年。艾恩、她和我步行前往其中一個地點進行首次調查：白鯨角（Beluga Point），又稱帕斯克瓦奇角（Paskwachi）。美洲白鵜鶘漂浮水面，裏海燕鷗站在礁岩，翻石鷸、棕塍鷸跟紅腹濱鷸在快被潮水蓋過的泥灘地上覓食。我們之後會經常在這裡看到棕塍鷸，而且很多都是兩百隻起跳的群體。能見到牠們，我很開心，因為這些鳥會從詹姆斯灣直飛南美洲，在美國僅是偶爾停留。查爾頓和艾恩共調查到五十八隻紅腹濱鷸，其中兩隻有足旗。開始下毛毛雨，然後傾盆大雨。紅腹濱鷸起飛，向南而去。第二天，整個白鯨角到處都是鷸——

二十五隻姬濱鷸、一千一百一十隻白腰濱鷸、一百七十九隻大黃腳鷸，很多都是幼鳥，牠們剛長好沒多久的羽衣仍然充滿光澤。我們可以靠得很近，蹲伏在岩石後方觀察這些還不怕人的幼鳥。

差不多在白鯨角最末端的地方，有七十隻被浪花濺溼的紅腹濱鷸，聚在岩石邊緣吃海藻。相較於東灣，這個地點可說是擠滿了鳥。五百多隻從頭頂飛過，往南而去。長期以來，朗里奇角一直都是候鳥相當喜愛的地點。一九四二年七月底，皇家安大略博物館的克利福德・恩斯特・霍普（Clifford Ernst Hope）和特倫斯・邁克爾・肖特（Terence Michael Shortt）向南划了一百六十公里的獨木舟，從奧巴尼堡（Fort Albany）到達穆索尼。十多天的航程期間，他們目睹了南遷的水鳥（都是成鳥），包括某天傍晚時看到「非常大的一群……像一團濃密而拉長的雲一樣，起碼延伸了一英里（約一點六公里）遠」。一九七六年，莫里森和哈靈頓飛越詹姆斯灣，在朗里奇角看到了他們歷來所見最為集中的紅腹濱鷸群——五千隻！在往後的幾年裡，詹姆斯灣的紅腹濱鷸最多可達一萬五千隻，證明它是一個極為重要的中途停留點。在詹姆斯灣，莫里森的調查工作得從空中和泥地裡分別展開。地質學家彼得・馬蒂尼（Peter Martini）和莫里森沿著將近一千三百公里的詹姆斯灣海岸線採集泥芯樣本，過程中還發現能夠替長途南遷的水鳥補充能量的食物——密密麻麻的小蚌蛤和小貽貝，每〇點八平方公尺約有兩千到九千個。

我們在此做調查的日子相當寧靜，這邊沒什麼人出沒，偶爾划過的獨木舟也只看過一兩次。一條由冰雪建成的冬季道路供沿海的小社區使用，當冰雪融化時，日用品就得靠海運或空運送過來。西邊是三十七萬四千多平方公里的酸性泥炭沼澤地，也就是哈得遜灣低地，北美面積最大、世界排行第三的溼地。這片溼地襯著不透水的黏土層，過去哈得遜灣比現在更加遼闊的時候，這裡就是哈得遜灣的底部。這處平坦的積水平原就這麼自然而然地連到海岸邊，水幾乎都排不出去。光是在安大略的低地範圍內，就有兩萬一千個酸沼、內陸湖泊和池塘。垂死的植物堆疊在厚度介於一點五到四點三公尺的溼軟泥炭層中；池塘散布在泥炭沼澤地；酸沼被泥炭蘚所覆蓋；發育不良的黑雲杉和顫楊扎根在略高於溪流、土壤水分較不飽和的堤岸上。

當查爾頓、艾恩和我在朗里奇角數鳥時，弗里斯、伯瑞爾兄弟和甄妮特．高萊特（Jeanette Goulet）則是待在將近一百公里以北的奇克尼角（Chickney Point）。奇克尼角在奧爾巴尼河（Albany River）北邊，那裡的泥濘又多又深，肯．伯瑞爾必須不斷把自己還有靴子從爛泥裡拔出來，到後來他實在受不了，乾脆放棄穿鞋，打著赤腳行進。到了晚上，為了犒賞白天的辛勞，他們會一起享用伯瑞爾兄弟帶來的美味臘腸，然後把超大罐水果罐頭裡的糖水用一瓶「哈瓦那俱樂部」（Havana Club）蘭姆酒替換之後再吃掉。在奇克尼角，他們無法像我們那樣靠近水鳥——光是要到達海灣就得艱苦跋涉一整天——但他們每天都能看到鳥群飛

掠而過。他們在滿潮前兩個小時開始調查計數，結果出乎意料：兩週內調查到的總數接近一百萬隻，單日最高超過十萬隻，單一鳥種的每日最大量可達成千上萬：兩萬八千五百七十隻白腰濱鷸（單日最少也有一萬零八百隻），八萬八千一百三十隻半蹼濱鷸，以及一萬九千四百二十隻黑腹濱鷸。但紅腹濱鷸就不是那麼一回事了，總共才調查到三百九十一隻，單日最大量是一百二十五隻，其中包括一隻幼鳥。

相較於奇克尼，我們在朗里奇這邊輕鬆步行即可到達海邊，途中會穿過一大片長滿野花的莎草沼澤，而在溫暖和煦、平靜無風的日子裡，蚊子數量可高達每英畝（約四千平方公尺）五百萬隻。即使是我們之中體格最魁梧的人，也會戴上手套、穿上特殊編織的輕量防蚊外套和網帽，以抵禦這些成群結隊的嗜血昆蟲。穿過草澤地時，有時會看到我原本以為是枯樹幹的東西——但那樣的樹幹在這裡看起來格格不入，小屋附近的雲杉和落葉松都比它細多了，而且它每次出現的位置都略有不同。原來，那是一隻用後腿站立的黑熊媽媽，盯著我們看，野花上方正好可以看到小熊的耳朵露出來，牠們正在吃草莓。

詹姆斯灣的海岸線一年比一年寬，從營地到山脊的距離也在增加，這是由於哈得遜灣周邊的土地曾經被壓在厚度超過三公里的冰川下，冰川退去後土地就逐漸回彈了。上一次冰河期在七千五百到八千年前結束後，海水開始湧入冰川所留下的低窪地帶，淹沒了努納武特的部分地區，包括南安普敦島以及原本在提若海（Tyrrell Sea）之下的安大略和曼尼托巴。沒有冰層重重壓著的陸地宛如壓力釋放一般反彈上升，提若海及其遺留的部分——亦即哈得遜灣和詹姆斯灣——日益縮小（詹姆斯灣現在只有四十六公尺深），過去被海水覆蓋的地方也逐漸成為海岸。不過才三十年前，位於朗里奇以南、舍格高溪（Shegogau Creek）畔的一個調查營地原本就剛好在高潮線旁，如今它距離海岸已經有兩到三個美式足球場的長度了。在這裡，海平面上升已經不只是個迫在眉睫的威脅而已。

隨著哈得遜灣周邊的陸地逐漸從海中浮現，這些地區的地質史也開始為人知曉。通往白鯨點的路徑蜿蜒穿過滿布岩石和巨礫的泥灘，熊和駝鹿這些當代居民的足跡，就這麼穿過泥地，穿過古代珊瑚礁的碎片——大約四億四千五百萬年前的蜂巢珊瑚和角狀珊瑚碎片，這個地區當年都還覆蓋在溫暖的熱帶海水下方。團隊成員之一的安德魯·基維尼（Andrew Keaveney），之後會在這裡找到一塊三葉蟲化石。三葉蟲是一種擁有好幾對節肢、觸角和堅硬背甲的動物，曾經遍布在大海中游泳、挖洞、爬行。鱟曾經跟這些古老的動物共享這片海洋，只是鱟至今猶存，但曾經多達一萬五千種的三葉蟲，連同現在我們腳下這些生長於古代海洋的珊瑚礁，卻都已經滅絕了。皇家安大略博物館的大衛·魯德金告訴我，三葉蟲化石可能來自南安普敦島，隨著冰川經過一段漫長而緩慢的旅程抵達此地，約莫跟紅腹濱鷸飛行一天的距離差不多。

基維尼、伊恩·史德迪（Ian Sturdee）和喬許·凡德穆倫（Josh Vandermeulen）從小皮

思科瓦米許角（Little Piskwamish Point）出發，沿著泥濘的海岸一路往南行走二十三公里，才總算抵達水鳥監測點，他們曾在那兒單日調查到九百一十隻紅腹濱鷸。朗里奇這邊有六個人，所以我們現在每天都能把整個海岸看過一遍。史德迪來自多倫多，是一位退休店長，對他來說，在詹姆斯灣待上兩週，是個學習辨識水鳥細節的大好機會。他的技能可不止於認鳥，有次松鼠把屋頂的防水布給弄破了，就是由他發揮創意維修小屋。基維尼和凡德穆倫都是經驗豐富的博物學家，也都正在玩「安大略大年」，也就是互相較量，看誰一年之內能在安大略省看到最多種鳥類。他們都想要看到北極燕鷗。

有一天，查爾頓、凡德穆倫和我走了八公里，穿過山脊後面一道寬闊的淺水灣，去看被潮水趕進來的水鳥。我常被夜裡飛過小屋的沙丘鶴用刺耳的叫聲給吵醒，牠們白天也經常站在山脊往內陸那一側的平地上，帶著鏽褐色的羽毛在陽光下熠熠生輝。在海灣遠遠的那頭，查爾頓先是舉著她的雙筒望遠鏡掃視，接著調整單筒望遠鏡，瞄準棲息在遠處岩石上的一個黑點——一隻黑海鴿，這隻海鳥身上仍然是繁殖羽色，翅膀上有明顯的白色斑塊，我們有點意外，沒料到會發現這種鳥，二十二歲的凡德穆倫也因此替他的觀鳥大年新增了一種鳥。看到外型就可以把鳥的種類給認出來，這是查爾頓的第二天性。「如果你在夜裡光線不良時看著十六個人的剪影，」她對我說道，「你還是馬上能夠從中認出你女兒來，這是一樣的道理。」幾隻紅腹濱鷸從頭頂飛過。

另一天，艾恩和我沿著海灣行走時，我們看到黑腹濱鷸聚在一起，又看到斑胸濱鷸在草地漫步，斑胸濱鷸的喉囊在求偶時會膨脹鼓起。我們在途中停下腳步，聞一聞野鼠尾草的芬芳。對艾恩來說，賞鳥這件事並不只是替自己增加沒看過的新鳥種，那甚至不是最重要的事情，而是關於美學和「鳥兒精細複雜之美」：庫氏鷗（冰島鷗的一個亞種）飛羽的曲線；站在開闊寬廣的草澤中，看著成千上萬濱鷸飛過頭頂；或是沿著長長的山脊行走，接近那些飛行「距離不可思議」的鳥兒。她領著我去觀察斑胸濱鷸，這種鳥在北極繁殖，是長途飛行的佼佼者，牠們之後還要繼續往南飛到南美洲的彭巴草原區，每年在南北美之間往返飛行三萬零六百公里。

對查爾頓和艾恩來說，調查鳥類數量和記錄牠們南來北往的迫切需求也是賞鳥活動的一部分，她們從中獲得了極大的樂趣，因此自願貢獻好幾個月的時間投身於此。「我們需要把鳥類穿越這片荒野的路徑給記錄下來，」艾恩說道，「這樣才曉得如何保護牠們，以免為時已晚。」艾恩利用香料罐的蓋子把相機接在她的單筒望遠鏡上，將拍到的鳥類特寫照片放在個人網站上，藉由網站把詹姆斯灣介紹給全世界。她還跟安大略野外鳥類學家協會（Ontario Field Ornithologists）分享她的經歷，該協會的會員大約有一千人，他們致力於研究安大略省的鳥類生態，而艾恩擔任該組織的主席已長達九年。她有個夢想，希望自己和其他人耗費大量時間所蒐集的資料，能夠為詹姆斯灣這個令人驚嘆但鮮為人知的鳥類保護區贏得它所需

要和應得的國際認可，也許能夠成為西半球水鳥保護區網絡的一部分。

早晨和夜晚，我們坐在外頭吃早餐或晚餐時，常會看到白翅交嘴雀停棲在雲杉上，用特殊的嘴喙撬開松果取食松子。撬開松果的鳥兒數量非常多，我們都能聽到果皮和果鱗掉落地面的聲音。如果注意聽，還能聽到秧雞的滴答鳴叫聲。大部分的日子裡，當我走在山脊時，總會驚訝地看到大群歐洲椋鳥，差不多有四百五十隻在樹木上方盤旋。這種鳥在一八九〇和一八九一年被引入美國，然後從紐約中央公園放生了大約一百隻，如今整個北美的族群量約莫有兩億隻，「堪稱是這塊大陸歷來最為成功的鳥類引入案例，」牠們還從人口密集的都市地區擴散出去，甚至在這人跡罕至的地帶也能看到牠們在此遊蕩。我看到很多鳥，也看到很多大型野生動物，但紅腹濱鷸就是沒幾隻。

某日清晨，當我和凡德穆倫前往溼草原時，我們看到一條灰狼悠閒地跑到山脊上。我們走的路徑和那條狼一樣，在未來的日子裡，我們還會不斷看到牠的蹤跡。在這處海角的末端，我們看到正在換羽而無法飛行的秋沙鴨、為數眾多的普通鵲鴨，還有黑海番鴨。眨眼間，又有兩隻雲斑塍鷸幼鳥落在岩石上，隨即迅速飛離。我們可以在這裡悠哉度過好幾個小時，但回程時間可要事先安排好，才不會被洶湧而來的潮水給困住。

另一個清晨，上午六點左右，我和查爾頓走到距離營地不到一公里半的小溪口看波氏鷸，牠們在這裡的築巢地點位於略靠內陸、能夠俯瞰酸沼地的雲杉上——這是北美唯一一種常在樹上築巢繁殖的鷗。查爾頓看到一隻燕鷗站在岩石上，紅色的腳短到幾乎看不見，而且明顯比附近的普通燕鷗還要短。不得了，我們趕緊用無線電呼叫營地裡的隊員，凡德穆倫馬上飛奔過來，結果那隻北極燕鷗在他到達前就飛了。幸好他在隔天傍晚得到另一次「補考」的機會，那隻北極燕鷗就在小溪的溪口上方盤旋。團隊成員還看到世界上體型最小的海鷗——小鷗，牠們在北美的主要繁殖區可能是詹姆斯灣西岸的泥炭沼澤地和莎草溼地。艾恩曾在朗里奇看過小鷗的幼雛向父母乞食，顯示牠們的營巢地就在附近。

在未來的幾年內，這片廣袤而未經干擾的哈得遜灣低地也許會面臨翻天覆地的巨變，因為加拿大當局決定開始開採境內的豐富礦藏。一億到二億年前，一股滾燙的熔岩由地函深處升起，從火山噴發，將鑽石帶到地表。戴比爾斯鑽石公司（De Beers）目前就在詹姆斯灣以西約一百公里處開採鑽石。而在海灣以西約三百二十公里處的岩石已形成超過二十五億年，其歷史可追溯到地球上第一批大陸誕生的時期，那些岩層含有豐富的鉻鐵礦、金礦、鎳礦和銅礦脈，也有人把這些礦脈稱作詹姆斯灣的火環帶，並認為它們創造財富的潛力堪比亞伯達省的油砂。泥炭地（如同哈得遜灣低地的泥炭地）的面積僅占地球陸地面積的百分之五，卻儲存了百分之二十五的碳。若要在這火環帶上採礦，就得修建相應的道路和基礎設施，然後把這片世上現存數一數二大的溼地給狠狠割裂，如此一來，留下的傷痕可能等到礦脈枯竭關閉多年之後仍然無法復原。

十二條大河從哈得遜灣低地流入哈得遜灣和詹姆斯灣，海灣的鹽度因而被稀釋到一般海水的三分之一。春季積雪融化時，河川的流量自然會大增，等到夏季和秋季時便減少，但現在，河川流量的季節律動受到人為管控，以配合安大略省和魁北克省甚至是新英格蘭的電力需求。在晴朗的日子裡，我們就可以看到輸電線。光是在穆斯河（Moose River）及其支流，就有二十九座水力發電站。很久很久以前，早在大壩建成之前，紅腹濱鷸就會在哈得遜灣西海岸的草澤島、沙灘和潮間帶泥灘地上成群集結。一九七四年春天，有人在邱吉爾鎮看到三千五百隻紅腹濱鷸，而後邱吉爾河改道工程於一九七七年完成。海灣內海水鹽度及環流的改變，以及奧巴尼河和邱吉爾河的改道，將會如何影響數百萬隻候鳥及繁殖鳥的生命呢？對於牠們的食物，又將產生什麼正面或負面的影響呢？這些問題的答案我們尚不得而知。邱吉爾河的流量有百分之四十已被分送到納爾遜河沿岸的水壩，而奧巴尼河上游的河水也被改道引入納爾遜河和聖羅倫斯河，完全脫離了哈得遜灣集水區。

有些紅腹濱鷸是在德州和麻州被繫放並裝設地理定位追蹤器，研究人員將那些追蹤器的資料下載後發現，牠們在春秋兩季仍會到納爾遜河及海伊斯河沿岸覓食補充能量。加拿大環境部的野生動物學家安・麥凱勒（Ann McKellar）正在用新的方法來記錄紅腹濱鷸經過此地的過程，而這些新方法之所以成為可能，乃是得益於科技的進步以及無線電遙測技術價格的下降。在阿卡迪亞大學（Acadia University）菲爾・泰勒（Phil Taylor）的帶領以及加拿大鳥類研究協會的支持下，大學和政府部門的科學家共同展開了一項大規模合作，該計畫最終將會在加拿大乃至美國東部沿海部署數百個無線電天線和接收器：從多倫多沿著五大湖到濱海省份，包括芬迪灣和明根列島；北極地區的南安普敦島和科茨島；納爾遜河附近的哈得遜灣沿岸；北角以及詹姆斯灣的朗里奇角和皮思科瓦米許角；還有緬因灣沿岸一路往南直到鱈魚角。

如果有綁上發報器的鳥兒從無線電塔方圓十公里內飛過，採用太陽能電池供電的全自動接收器就會將發報器的訊號記錄下來，這些接收器都配備僅有信用卡大小的低功率開源硬體電腦，電腦會將數據資料透過電話傳送到伺服器，研究人員再把數據下載到自己的電腦上。二〇一四年春天，在這套新系統的第一次測試中，麥凱勒就接收到十隻紅腹濱鷸的訊號，那些紅腹濱鷸都是一個月前在德拉瓦灣繫放的個體。她也會搭乘直升機尋找水鳥。在海伊斯河附近的某個地區，也許就是安德魯．格雷姆和托馬斯．哈欽斯在一七七〇年看到紅腹濱鷸的地方，她在仍被冰雪覆蓋的潮灘地後面發現正在鹹水草澤覓食的紅腹濱鷸。她所看到的紅腹濱鷸比其他種類的水鳥都還要來得多（僅次於半蹼濱鷸），單次最大量高達一千九百隻。隨著該研究繼續進行，誰知道我們還會發現紅腹濱鷸遷徙路徑上的哪幾處關鍵地點呢？

在返回多倫多的漫長旅程中，同行的賞鳥達人們仍然持續計算鳥兒的數量，他們已經養成隨時做紀錄的習慣了。除了記錄生涯鳥種清單和安大略年度鳥種清單外，他們也會記錄

自家後院的小鳥，甚至連電視上出現什麼鳥、車牌上看到什麼鳥名的縮寫也都不放過（比如AMAV就是指American Avocet，北美反嘴鷸）。這趟回程時，他們每隔將近十公里就做一份紀錄，最後總共記錄到三十種鳥，共兩千七百八十八隻，包括鵟、鷹、鷂、隼、戴菊、黃腹太平鳥和沙丘鶴。等到歲末年終，凡德穆倫的安大略大年以破紀錄的三百四十四種鳥作收，其中五種他只在詹姆斯灣記錄到：紅腹濱鷸、納氏沙鵐、黑海鴿、北極燕鷗和黃胸鷸。他在人工水庫看到一百一十八種，在汙水處理池找到一百五十一種，包括二十六種鴨子和二十二種鷸鴴，還有一些在安大略相當罕見的鳥種，是在野鳥餵食器上看到的：灰頭嶺雀和斑尾鴿。

凡德穆倫記錄到的三百四十四種鳥當中，有三百零七種是在獨自旅行途中所發現，其他三十七種鳥的訊息來源包括「安大略鳥訊快報、簡訊、電子郵件、電話通知，以及eBird資料庫」。有次他收到安大略鳥訊快報的電郵，說是有人在皮利角國家公園（Point Pelee National Park）看到罕見的貝氏鶯雀（安大略省之前只記錄過十二次），他一接到消息就立刻衝去看。至於他年度清單上的最後一種鳥，太平洋潛鳥，則是拜他朋友的一封電郵所賜，他才知道該去哪裡找。

康乃爾鳥類學研究室（Cornell Laboratory of Ornithology）和奧杜邦學會於二〇〇二年推出了eBird，這個網站的造訪者自成立以來每年成長百分之四十，成千上萬賞鳥者提供了數百萬筆觀察資料，到本書付梓為止，這些觀察紀錄所涵蓋的鳥種已達全球一萬零三百二十四種鳥的百分之九十六。伯瑞爾兄弟也把他們的觀察報告提交給 eBird；也許有一天，他們所提供的某份歷史清單就能用來幫助瀕危鳥類。與此同時，在汙水處理池、草原壺穴或潮溝流入大海處賞鳥並提交紀錄的鳥友們，或許能夠提醒世上其他人注意到那些不為人知但卻庇護著紅腹濱鷸的地方。

在詹姆斯灣這趟旅程的剩餘時間裡，我們只看到非常零星的紅腹濱鷸往南遷徙。我們所調查到的最大量差不多只有往年的一半，詹姆斯灣其他營地的調查結果也是如此。這個夏天對鳥兒們來說似乎很難熬，不僅在東灣，在北極其他的紅腹濱鷸繁殖地也一樣。當遷飛路線上的許多地點都可能出狀況時，就很難確認是什麼原因導致這裡調查到的數量那麼低，各種原因所各自造成的影響又有多少。是因為紅腹濱鷸在德拉瓦灣找不到足夠的鱟卵？南安普敦的天氣不穩定？旅鼠太少導致餓肚子的狐狸跑去翻鳥巢？還是因為其他地方的干擾？如果遷徙之梯的每一段踏階都能更加堅固，我想紅腹濱鷸的數量應該可以多到撐過難熬的年份吧。

許多（但不是全部）正要離開北極的紅腹濱鷸會在詹姆斯灣儲備好所需的能量。在詹姆斯灣海濱划獨木舟的鳥類學家們，早在六十年前就已經認識到這片海灣對水鳥的重要性，但科學家們現在又指出了另一個過境中繼站，即位於聖羅倫斯灣（Gulf of St. Lawrence）這片世界最大河口處的一列群島。我曾去過魁北克的明根列島，那是在科學家開始到該地調查紅

腹濱鷸的十年之前，我去那兒找尋地球上最大的動物，藍鯨。這種遷徙距離很長的鯨魚，在夏季時偶爾會在聖羅倫斯灣游個幾天。在追尋鯨魚（通常是小鬚鯨）的漫長日子裡，我們有時會到島上短暫逗留。我們在努埃島（Île Nue，意思是「毫無遮蔽的島嶼」）吃午餐，四周散落著破碎的赤陶瓦和燒焦的木桶碎片，那是一處源自十六世紀的巴斯克（Basque）鯨油提煉廠的遺跡。當時的巴斯克捕鯨者利用採自海域的黏土造爐，熬煮鯨脂以提取珍貴的鯨油。我沿著海岸徒步尋找羽色鮮豔的海鸚時，從一堆水鳥旁邊走過，當時對牠們視而不見。我一心只想尋覓大型、深具魅力的長途旅行者，錯失了我眼前的小傢伙，而這些小鳥的旅程卻是一點也不遜色。

加拿大野生動物管理局的生物學家伊福．奧布里（Yves Aubry）閱讀了歷史報告並梳理五百萬份魁北克鳥類觀察紀錄，這些紀錄可追溯到一九五〇年代。他聘僱克里斯多夫．布依鼎（Christophe Buidin）和彥．羅切波特（Yann Rochepault）這兩位博物學家到聖羅倫斯灣岸尋找紅腹濱鷸，他們對這個地區以及水鳥都相當了解。二〇〇六年，他們在加拿大明根列島國家公園保留區（Mingan Archipelago National Park Reserve）發現五百隻正在石灰岩岸邊覓食的紅腹濱鷸。整個國家公園範圍內有四十座小島和一千個島礁，紅腹濱鷸偏愛其中這幾個：努埃島、格蘭德島（Grand Île）和夸利島（Île Quarry），這些島上有許多岩石；另外還有尼亞皮斯考島（Île Niapiskau），這個島名是由曾經住在此處的因紐人所命名，意思是「等待鴨子」。

夏季進行野外調查期間，奧布里在明根鎮租了一間可以俯瞰河流的房子作為營舍。他跟調查團隊每天都會搭乘加拿大國家公園局（Parks Canada）的船隻前往這些島嶼，這些老船都曾有過一段輝煌的歲月。掌舵者是一向開朗樂天的皮耶洛．瓦恩闊特（Pierrot Vaillancourt），船上那顆被操到時常過熱的引擎也是由他來照料。除了操作和維修機械，瓦恩闊特船長還具備在濃霧中找路航行的技能，每每等他把船滑到岸邊時，我們才能看清下船地點是什麼模樣。團隊成員會各自分開作業，不同人到不同的島嶼去調查。溫暖的空氣碰到冰冷的海面就會產生濃霧，如果沒有風的話，濃霧可以持續數週之久，但沒有人因此而面露難色。我和奧布里穿過一片散發樹脂香氣的林地，聽著遠處的浪濤，隨著水鳥的鳴唱聲前行。最後，總算是被他找到了，淺礁邊緣有一大片黑壓壓的剪影。我們小心翼翼地慢慢靠近鳥兒。為了盡可能降低我們的存在感，我們不但穿著色彩單調的衣服，行進時也把單筒望遠鏡的鏡口朝下，我甚至就緊跟在奧布里的後面。海水偶爾會漫進我的涉水褲。這一帶的岩石相當滑，我始終保持全神貫注，手上由我負責保管的單筒望遠鏡可不能掉下去。

大約四億五千萬年前，河川將泥沙送進熱帶海洋，此外，當時許多海洋動物的殘骸或硬組織也慢慢堆積，比如海百合、海綿、珊瑚和軟體動物等，形成了一個三點二公里厚的高原。隨著大陸漂移和海洋開合，這片高原逐漸向北移動。七千萬年前，它從海中升起，然後被河

流切割侵蝕，留下了明根列島。冰川來回前進退縮，海平面反覆上升下降，如今則是由風、浪和冬季的冰霜侵蝕殘存的岩石，雕刻出龐大的弧形雕塑。這些高聳矗立在我們眼前的「花盆」，有朝一日也會因侵蝕作用而被沖入大海，我們就爬過一個已經倒塌的。在陽光穿透霧氣的短暫空檔，或許有機會看到大西洋海鸚滑入水中。自從人類不再入侵干擾牠們的築巢區之後，其數量逐步穩定增加，從一九八五年的一百六十三對增加到二〇〇五年的九百六十對，再到二〇一二年的一千多對。

我們找到紅腹濱鷸了，那裡，隆起的礫石荒地緩緩往海面傾斜而去，水底下是古老的石灰岩層。鳥群相當神經質，風向稍有改變，牠們就會飛走。我們慢慢尾隨，而後在一片霧茫茫的寂靜之中，奧布里再次找到牠們，我們又一次等待著。突然，不知道被什麼東西嚇了一跳，牠們四散而去。時間緩緩流逝，奧布里依舊耐心十足的等候著。在魁北克的自家地下室裡，他悉心養著五千株蘭花。身為美國蘭藝協會（American Orchid Society）評委的他曾在古巴發現一種蘭花，該種蘭花後來以他的名字命名為*Lepanthus aubryi*。傍晚時分，當我們回到營舍，便會聽到優美的長笛聲從他的房裡傳出。他過去曾為了成為一名能在音樂會上表演的長笛手而受訓多年，但他發現自己不喜歡在大批聽眾面前完美演出所帶來的壓力，所以決定把音樂當作業餘嗜好，如此他可以更加放鬆地私下享受音樂所帶來的樂趣。「有時候，我喜歡隱身起來，」奧布里如此說道。或許這就是霧的魅力吧。跟我曾相伴同行的其他科學家不同，他不喜歡靠腎上腺素、杏仁和能量棒過活，我們休息時吃的是黑森林火腿三明治、紅肉臍橙和美味的黑巧克力。

午飯過後，我們繼續在霧中搜索，奧布里輕聲呼喚著鳥兒。陽光頃刻之間變亮了起來，他找到了——紅腹濱鷸以及翻石鷸。翻石鷸正在翻動海藻，紅腹濱鷸則是吃著端足類、玉黍螺和微小的貽貝。成鳥的繁殖羽正在換，所以現在看起來有點邋遢。另一個霧濛濛的雨天，奧布里找到了兩百五十隻

紅腹濱鷸成鳥和幼鳥。麥可・迪吉歐笈甌繪。

紅腹濱鷸，其中四十隻是幼鳥，牠們剛長滿的羽衣仍然光鮮。奧布里上一次在這裡看到大量紅腹濱鷸成鳥是在二〇〇九年，當時有許多超過千隻的大群，其中一群更多達四千隻。二〇一一年，他和團隊成員調查到六百隻幼鳥，在那之後的二〇一二和二〇一三年，數量就少了。回營舍途中，在路邊的一處酸沼裡，我們看到一隻紅喉潛鳥背著兩隻雛鳥游過。

奧布里在明根很受歡迎。晚上，調查團隊和他的朋友齊聚享用美饌，並用法語熱烈交談，這些美味佳餚有好幾道都是阿米莉・侯比亞（Amélie Robillard）和伊力亞・科瓦那（Ilya Klvana）準備的。伊力亞・科瓦那是《橫渡加拿大》（*Coureur des bois*）這本書的作者，內容講述他從卑詩省獨自划著單人小艇穿越加拿大，最終抵達紐芬蘭的維京聚落遺址蘭塞奧茲牧草地（L'anse aux Meadows）的故事。我們吃了普通絨鴨（法文名稱是 eider à duvet，意思等同於羽絨被）、灰海豹（因其長長的馬臉而被稱為 tête-de-cheval）和龍蝦蘑菇醬，甜點是鮮採的雲莓。瓦恩闊特船長的母親已經採了快六十五升的雲莓了。侯比亞和科瓦那的櫥櫃裡放滿罐裝海豹肉，冰箱則是塞滿毛鱗魚。隔天晚上的菜色是：蟶子和馬珂蛤、大菱鮃、蘑菇和雪鞋兔肉醬、煙燻毛鱗魚、白醬扇貝，甜點是自製藍莓越橘餡餅塔。這兩頓晚餐的食材幾乎都是由侯比亞和科瓦那採集或獵捕而來。

桌上的食物相當豐富，侯比亞和科瓦那的儲藏室也都滿了，但其中某些食材可能沒辦法總是那麼充足。人類製造的二氧化碳排放量有百分之二十五是被海洋吸收，大海也因此愈來愈酸，工業革命以來其酸度增加了百分之二十六，如果目前的化石燃料排放量繼續增加，預計海洋的酸度到本世紀末將增加百分之一百七十。相較於過去五千五百萬年，目前二氧化碳的排放速度比以往的任何時期都還要快上十倍，也許過去三億年間，地球也未曾有過如此大量的二氧化碳排放量。軟體動物對腐蝕性日益增強的海水高度敏感，當海水缺乏可讓牠們建造堅固外殼所需的礦物質時，牠們的生長便會受到阻礙。

奧勒岡州威士忌溪（Whiskey Creek）貝類種苗場裡的蚵苗，其生長狀況便因為太平洋沿岸的海流富含二氧化碳而受到抑制，當地的種苗產業也因此面臨崩潰危機，這件事讓我們得以管窺未來可能發生的局面。加拿大卑詩省有家貝類種苗場之所以關門大吉，人們相信就是因為偏酸的海水造成一千萬隻扇貝苗死亡而導致。蚌蛤和海灣扇貝的幼生也深受「海洋骨質疏鬆症」所苦：要是海水中的二氧化碳濃度只有前工業化時代的水準，牠們就能活得更久，生長速度加快一倍，外殼也會更厚更結實。

無論紅腹濱鷸的過境中繼點在遷飛路線上的何處——在智利、阿根廷、巴西、德州、佛羅里達州、喬治亞州、南卡羅萊納州、維吉尼亞州、紐澤西州、麻州、詹姆斯灣，以及明根列島——牠們都會捕食這些生存條件受到威脅的小型蚌蛤和貽貝。一項又一項的研究都指出，在預期的酸性海水中，貽貝幼生的生長狀況並不理想，不但體型更小，殼也更加薄弱。貽貝是靠著強韌的足絲附著在岩石上，這些足絲在腐蝕性愈來愈強的海水中也會變得脆弱。

此外，隨著海洋中二氧化碳濃度升高，在詹姆斯灣，紅腹濱鷸愛吃的蚌蛤能夠在海底生存下來的數量少了很多，減少的幅度從百分之三十六到百分之八十九不等。

科學家預期，在較寒冷的水域裡，酸化的速度會更快，例如火地島周遭以及聖羅倫斯灣和哈得遜灣。幾十年內，北極大部分的表層海水都會對貝類產生腐蝕性。酸度更高的海洋，對數百萬隻水鳥、數百萬隻以貝類為主食的絨鴨以及貝類養殖戶的生計都會造成威脅，而當地貝類養殖業的產值達數百萬美元。沒有水鳥的海濱，和沒有蚌蛤、貽貝、牡蠣和扇貝的海洋，那樣的窮困貧瘠實在不堪設想。目前，海洋酸化在明根列島的平靜海域還是個隱而未現的威脅。在明根列島短暫停留後，翻石鷸的身軀豐滿圓潤，「牠們的皮被撐得薄薄的，」奧布里說，「就像羊皮紙一樣，都能一眼看透皮下的脂肪，瘦巴巴的個體在當下這個調查季節的末期根本找不到。」

每年都有數億噸泥沙從亞馬遜河流入大西洋，形成法屬圭亞那、蓋亞那（Guyana）和蘇利南（三地合稱「圭亞那地區」）的泥岸灘地。洋流將泥沙往西邊帶，有時每年會帶動超過一公里半，就這樣一點一滴把海岸切割然後又堆積起來。積沙將紅樹林沼澤與海洋分隔，樹木會留在水鳥棲息覓食的淺潟湖中腐爛。這片奇特的景觀，替水鳥提供了豐富的食物。在一九八二年時，將近有兩百萬隻水鳥在圭亞那地區度冬。

從詹姆斯灣或明根列島向南飛來的紅腹濱鷸可能會在這裡停留長達一個月，然後飛到更遠的火地島海岸。二〇一一年，一名來自法屬圭亞那的獵人把一隻在海邊稻田中打死的紅腹濱鷸交給國家公園巡護員，但在那隻鳥被射殺之前，就曾有人看到牠過境德拉瓦灣和佛羅里達州。在法屬圭亞那，狩獵是合法的，但主管機關並沒有什麼管理作為。二〇一二年八月，奧布里、戴伊、奈爾斯跟志工史帝夫・蓋茲（Steve Gates）在一處海岸調查到一千七百隻紅腹濱鷸，那裡的泥灘被海流侵蝕，原本種水稻的圩田遭到破壞，土地也都回歸大海了。橫過水稻圩田的田埂長度約有一公里半，上頭到處散落著彈殼。

奧布里在明根調查紅腹濱鷸時，在當地會跟加拿大國家公園局合作以確保牠們的安全，但他就像放不下心的家長一樣，知道即便他能在加拿大保護好自己小孩，也不能保證他們到了世界各地都能安全無虞。在那些仍可繼續獵捕水鳥的地方，水鳥都很容易受到危害。在法屬圭亞那，他正在跟阿拉斯加大學（University of Alaska）和美國魚類及野生動物管理局合作，試圖釐清是什麼人以及什麼情況造成水鳥死亡，也跟當地保育團體「圭亞那鳥類研究保育小組」（Le Groupe d'Étude et Protection les Oiseaux en Guyane）合作劃設水鳥保護區，並與法國官方共同在法屬海外領地推動候鳥保護工作，地點不僅在法屬圭亞那，還包括加勒比海的瓜德羅普群島（Guadeloupe）。二〇一一年九月，兩隻中杓鷸過境瓜德羅普時被射殺——其中一隻叫做瑪奇（Machi），另一隻叫哥申（Goshen），前者從哈得遜灣南遷途中遇到熱帶風暴，所以繞路飛到瓜德羅普休息，後者也可能是停在同一片狩獵情況嚴重的沼澤地而遇

害。

蓋亞那跟蘇利南的沿海地帶同樣有人會獵殺水鳥。一九八三年，有位在蓋亞那研究燕鷗的研究人員看到四個男孩拉著一條電線橫過一塊田地，然後上下甩動，結果有五十五隻飛過的水鳥被打下來，男孩們請他一起吃午餐：「味道濃郁」的紅腹濱鷸、高蹺濱鷸、黃腳鷸，剁碎之後連骨頭一起炒，配麵條。

一九七八年九月，蓋伊．莫里森和荷蘭生物學家阿里．史潘斯（Arie Spaans）首次發現了紅腹濱鷸會從詹姆斯灣遷徙到南美洲的確切證據。他們在蘇利南的潟湖和沿岸泥灘地數鳥時，發現了二十三天前莫里森和布萊恩．哈靈頓曾見過的三隻紅腹濱鷸，之前的目擊地點就在五千六百多公里外的詹姆斯灣。雖說蘇利南的法規禁止獵殺水鳥，而且海岸地帶也有劃設保護區，但據說獵人每年打下的水鳥還是有好幾萬隻。史潘斯有次在蘇利南的電視節目上談到這件事，之後他就聽到更多消息：光是在蘇利南的一個區，一年就有三萬隻水鳥被獵捕，而在其中一片海灘上，每逢大潮就有好幾百隻度冬的半蹼濱鷸被射殺。

在紐澤西奧杜邦學會的後勤補給和贊助下，不屈不撓的莫里森和羅斯於二〇〇八至一一年的冬季再度飛上天空，沿著圭亞那地區進行調查。相較於第一次調查，他們這趟調查的結果顯示半蹼濱鷸的數量減少了百分之七十九。許多單位正展開國際通力合作，以保護蘇利南的水鳥，包括史潘斯、蘇利南林務局所屬自然保育部，以及紐澤西奧杜邦學會，他們每年都會對沿海地區的兩千名學童進行生態教育，教導他們有關水鳥及其面臨何種威脅的相關知識。他們會張貼海報，介紹不同鳥類及其棲地的特徵；在主要幹道沿途豎立看板，提醒民眾注意該國的狩獵禁令；重建狩獵監督員的巡邏營地，並提供他們適合航海的船舶、發動機和汽油。他們盼望，藉由讓大眾思考這些鳥兒遷徙的距離有多麼遙遠，進一步思考蘇利南對牠們的生存福祉有多麼重要，從而為這個小國豐富的鳥類多樣性感到自豪，最終，能夠替鳥兒們在漫長的歸途中提供一個安全的避風港。

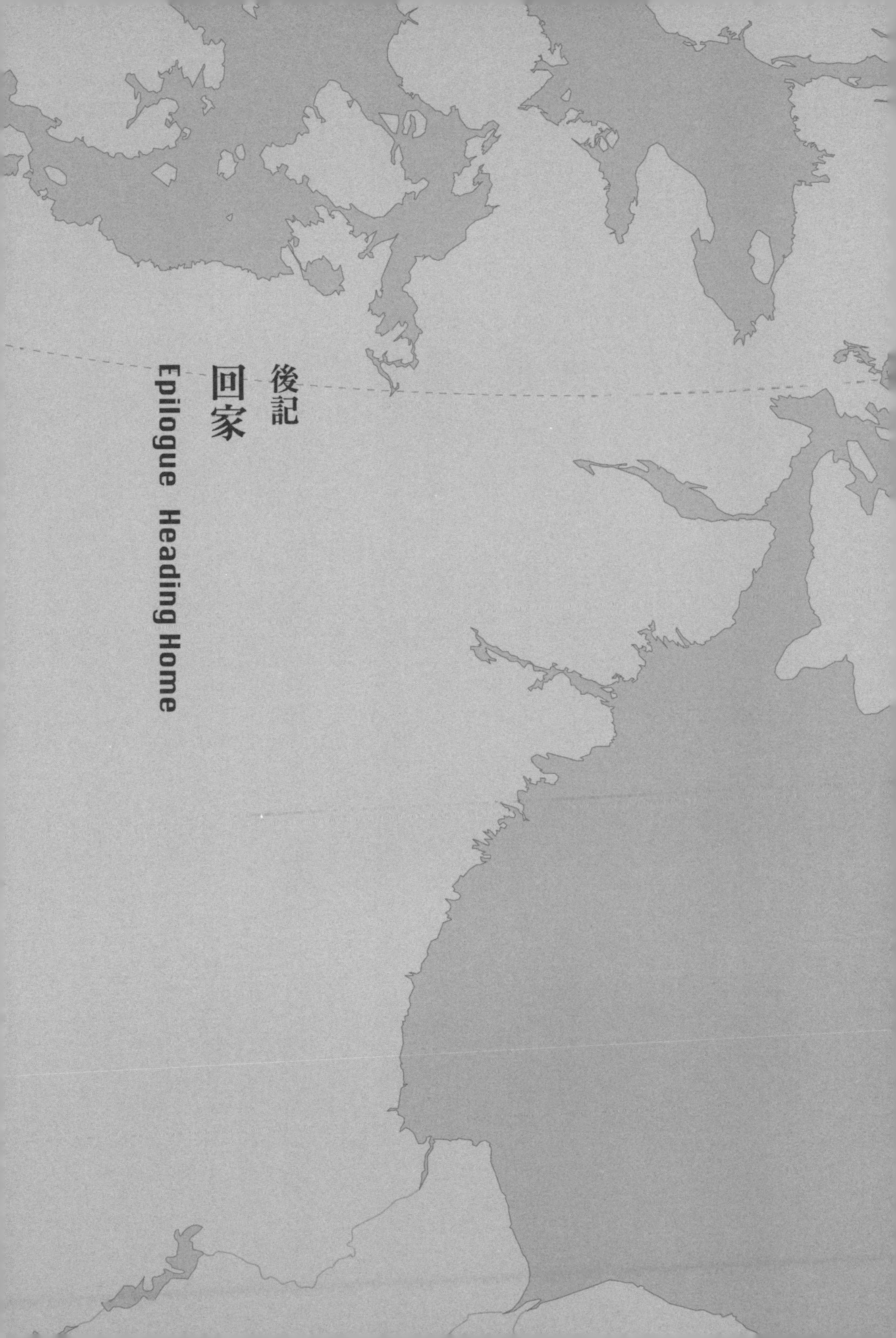

後記

回家

Epilogue Heading Home

白晝愈來愈短，夏天進入尾聲，紅腹濱鷸正在南遷。以往在入秋後，總會有數千隻過境麻州，但現在牠們的數量卻少了許多。有些從詹姆斯灣或明根列島飛來的紅腹濱鷸，會停在鱈魚角的莫諾莫伊國家野生動物保護區補充能量。某個溫暖的秋日，我跟著保護區的生物學家凱特．亞昆托（Kate Iaquinto）一起駕船穿過查塔姆港（Chatham Harbor），她在離海灘很遠的地方下錨停船，因為現在正在退潮，我們離開時海水就會退掉。灰海豹從海中爬上沙灘，享受著日光浴。早期的歐洲殖民者曾為了奪取海豹皮跟海豹油，在短短時間內就將大西洋沿岸的灰海豹趕盡殺絕。法利．莫瓦特（Farley Mowatt）根據地圖、海圖和相關書面記載，認為當年的灰海豹數量介於七十五萬到一百萬之間。

麻州在一九六二年停止了懸賞獵捕海豹的活動，而自一九七二年以來，牠們一直受到《海洋哺乳動物保護法》（Marine Mammal Protection Act）的保護；現在的麻州東南沿岸海域有一萬五千隻，全年在保護區內最多可以看到七千隻。如今，常有兩三百隻擠在保護區的低平沙洲上，還有一些會在岸邊的浪花之間載浮載沉。隨著海豹數量增加，被世界自然保育聯盟列為全球易危物種的大白鯊也紛紛聚集在莫諾莫伊（Monomoy）周遭海域，以那些肥美且富含能量的海豹為食。我們正涉水而過的這片海域，雖然對大白鯊來說似乎淺了點，但我們距離目前被稱作鯊魚灣（Shark Cove）的大白鯊密集出現地並不遠。科學家們一直在該地區標記鯊魚，希望更加了解這些神祕而難以捉摸的海洋流浪者之習性。牠們就像人類一樣處

於食物鏈的頂端，只不過是在海洋罷了，而且行動極為迅速。

一到海灘，我們便開始尋找紅腹濱鷸幼鳥。在這片將近十三公里的沙灘上，牠們到處都有可能出現，所以研究人員得帶著手機跟GPS分頭尋找。我們走過一堆灰海豹的骸骨，那些骨頭已經被陽光晒到死白了。喬治．馬凱（George H. Mackay）寫道，紅腹濱鷸曾以「極其龐大的數量」聚集在鱈魚角的草澤和海灘上，「那是在一八五〇年之前，當時鱈魚角鐵路只建到桑威赤（Sandwich）。搭乘公共馬車的人過了這個點之後，通常就能看到相當大量的紅腹濱鷸。」所謂的大量是多少呢？據莫爾登（Malden）的野地獵人霍爾．巴瑞特（S. Hall Barrett）估計，「過去，」他一年之內在鱈魚角所看到的紅腹濱鷸可多達二萬五千隻，可是從一八八五年到一八九三年，他總共才算到五百隻。他的觀察地點在比靈斯蓋特（Billingsgate），當時是威爾福里特（Wellfleet）附近的一座島嶼，後來那座島就被大海吞噬了。鱈魚角也曾有過相當多的鱟。亨利．大衛．梭羅（Henry David Thoreau）造訪鱈魚角時曾寫道，當地的豬隻大量以鱟為食，他把鱟稱為「平底鍋魚」。成群結隊的紅腹濱鷸曾經在海灘上急忙吃著鱟卵。海豹和鯊魚正逐漸重返莫諾莫伊水域，一個原已消失的世界正在重現。也許有一天，多如雲層的紅腹濱鷸也會回來——我們今天如果能一次看到兩百五十隻，就要偷笑了。

亞昆托和我走過一片柔軟積水的灘槽時，它突然不再像原本看起來那樣牢固，我想把雙

腳從沙裡拔出來，竟發出了可怕的吧唧吧唧聲。我們現正位於所謂的「連島沙洲」，這是一條新生成的淺灘，兩端各自連接一條長長的沙洲島。颶風和風暴將莫諾莫伊的離岸沙灘一次又一次地切割開來，其實莫諾莫伊這個名字是源自阿爾岡昆語（Algonquian），意為「一股洶湧澎湃的水流」。此處的沙子又回來了，而在附近，另一座小島，米尼莫伊島（Minimoy）正在形成，已經有人在那兒看過紅腹濱鷸了。在我們對面，保護區之外，好幾個夏季營地已經被海水淹沒，消失得無影無蹤。

我們在新生成的沙丘上發現了郊狼足跡，以及五十隻左右的紅腹濱鷸，牠們迎風而立，縮著頭，一隻腳收進身子裡。在秋季南遷過境莫諾莫伊的紅腹濱鷸可分成三群：一是短暫在此停留而後繼續前往阿根廷和火地島的成鳥；一是先在此停留至少兩個月，等到換成冬羽之後再繼續往南的成鳥；其他則是幼鳥。拉瑞．奈爾斯連同來自保護區的亞昆托和其他人，在莫諾莫伊一共替四十隻紅腹濱鷸裝設了地理定位追蹤器。到目前為止，該團隊已經找回了八個追蹤器，取得的資料顯示牠們曾在佛羅里達州、維吉尼亞州和哈特拉斯角的離岸沙洲島，以及南卡羅萊納州、喬治亞州和古巴度冬。

很多紅腹濱鷸幼鳥會直飛火地島，但並非全部如此。在紅腹濱鷸面臨生存威脅的當下，科學家們迫切希望找到幼鳥的度冬地。大衛．紐斯特德和同事發現了一個重要的度冬地——德州的馬德雷潟湖。亞昆托和我在海灘上徒步尋找幼鳥的隔天，我們加入了奈爾斯團隊，他

們剛找到了一整群。我們試著繫放以便裝設更多資料記錄器，但風很大，那些紅腹濱鷸不斷飛來飛去。為了讓這些鳥兒上網，我們想方設法等了一整個早上，最終牠們還是四處分散，奈爾斯只得取消繫放計畫。第二天，天氣好多了，總算成功抓到鳥，團隊總共在五十四隻幼鳥身上裝了地理定位追蹤器。當牠們再次踏上遷徙的旅程，科學家們不知道這些設備到時所記錄到的光照程度會告訴我們什麼事。牠們究竟是會沿著已知的路線飛行，或是推測的路徑呢？我們會因此發現新的過境點或度冬地嗎？

費利西雅·桑德絲和她在南卡羅萊納州的團隊重複捕抓到其中一隻紅腹濱鷸。雖然地理定位追蹤器的電池已經腐蝕了，但英國南極調查局還是有辦法從中取得資料。由朗·波特根據資料所繪製的結果可知，這隻年輕的紅腹濱鷸曾往南飛到古巴度冬，之後的旅程就出乎眾人意料了，牠竟是飛到羅曼角國家野生動物保護區度過夏天。如果有一隻會去那兒，八成會有其他個體比照辦理：事實上，在春季和夏季時，確實有紅腹濱鷸棲息在該保護區內，負責調查水鳥的瑪麗－凱瑟琳·馬汀（Mary-Catherine Martin）每個月都記錄到一千至一千五百隻。如果那些也是幼鳥，那麼這就是一個新發現的幼鳥度夏地。

我已經從頭到尾跟著紅腹濱鷸的遷飛路線走過一遍了，現在，我希望待在家裡，等著牠們過境時飛過自家附近。查爾斯·溫德爾·湯森（Charles Wendell Townsend）博士在一九〇五年出版的《埃塞克斯郡鳥類》（*Birds of Essex County*）中，提到了科芬斯（Coffins）、伊

普斯威治（Ipswich）和普拉姆島（Plum Island）等地的海灘，我曾在這些細細長長的離岸沙灘走過許多次，但從未見過紅腹濱鷸。在他那本書裡，成千上萬大西洋鱈和黑線鱈為了追捕鯡魚而衝上岸的情節讀起來就像小說——如此盛況我可能永遠都看不到了。當湯森寫作那本書時，許多鳥兒已經絕跡，他幾乎看不到大藍鷺或白鷺。秋日時分，我要是划著單人輕艇，或許有機會遇到六、七隻大藍鷺，以及多達六十隻的白鷺鷥。他很少在草澤地看到紅腹濱鷸，通常是在海灘看到，最大一群是十二隻，他說這些鳥兒很容易被射殺。

我在埃塞克斯郡所找到的第一隻紅腹濱鷸，是在帕克河野生動物保護區（Parker River Wildlife Refuge）內的普拉姆島，但地點並不是我原本預期的河口灘地（我後來又去散步時倒是在那兒看過一兩隻），而是一處人工蓄水池，那裡有專門控制水位的管理人員，他們會把水放掉吸引過境水鳥，讓水鳥得以在露出的泥地上棲息覓食，之後再重新蓄水，這時就可吸引過境的雁鴨前來。夕陽西下時，我們走到堤壩上，一位朋友指著紅腹濱鷸——大約三四十隻，站在平靜的淺水之中。

我從來不曾在我們家後面的海灣裡見過紅腹濱鷸，但在看到那麼多研究人員（智利的卡勒門・艾斯波茲、阿根廷的帕特莉西亞・翟薩雷茲、德州及南卡羅萊納州的大衛・紐斯特德和費利西雅・桑德絲、東灣的保羅・史密斯及其團隊、詹姆斯灣及明根列島的金・艾恩和伊福・奧布里）如此有耐心地花那麼多時間、走那麼長距離才找到牠們後，我開始思索，或許

我之前根本就不知道如何尋找，或是到何處尋找。我的鄰居愛波．普利塔．曼格尼洛（April Prita Manganiello）和德瑞克．布朗（Derek Brown）在我家後面海灣賞鳥數鳥已經十五年了，如果有紅腹濱鷸出沒，曼格尼洛和布朗就能找到牠們。他們倆知道潮來潮往時各個淺灘的位置。我常看到他們坐在獨木舟裡，有時橫過海灣進行灘地調查，有時划過冰冷的河水，有時則像鳥兒一般隨著潮水來去。

九月初的某個下午，時值漲潮，我和先生划船穿過草澤和小溪，多年前，我就是第一次看到鱟在這裡產卵。這一帶的鱟仍然不多，但我三不五時就會在沙洲或草澤倒下的青草上看到稚鱟剛蛻下來的半透明外殼。隨著時間流逝，我自己愈來愈失落，但我在牠們蒼白、完美的外殼中找到慰藉，這些外殼每個都是如此彎曲而乾淨，帶著一道幾乎無法察覺的縫，稚鱟便是由此離開舊殼，步入依舊肥沃豐饒的大海，證明一張曾經被撕裂的網子，仍然可以織補重生。

曼格尼洛和布朗已經將他們的獨木舟錨泊在沙地上，然後涉水越過一條淺溪。當我們趕上他們時，他們正在凝視枯萎的草澤。隨著水位上漲，鷸、鴴、燕鷗和半蹼鷸——我在南北美洲觀察了四個季節的那些鳥兒們——紛紛飛進來，站滿了整片棲地。曼格尼洛數到了八十隻俊俏的灰斑鴴以及三百隻半蹼鴴。

潮水不算特別高，只有二點七公尺，但是颶風外圍環流所帶來的風勢，直把海水往南

推送。海灣內滿是驚濤白浪，但浪濤強烈的衝擊力道全被草澤給吸收了，我們所在之處因而免受洶湧波濤拍打，顯得風平浪靜。我不知道我們在這裡待了多久——大概幾個小時吧——偶然微微抬頭，我先生瞥見三隻紅腹濱鷸幼鳥，牠們的羽毛乾淨俐落，在黃昏夕照下散發光澤。隨後，曼格尼洛和布朗又看到另外八隻。這十一隻紅腹濱鷸，都是出生於那個嚴酷北極繁殖季的倖存者。牠們是當我裹著一層層羽絨保暖時，從南安普敦島某個迎風的冰凍山脊上孵化出來的嗎？還是說，牠們的雙親是在更北的地方築巢繁殖？也許是在梅爾維爾半島的奎廉溪，里昂船長在那兒發現了第一個紅腹濱鷸巢；或是在更西邊，維多利亞島佩利山的嚴峻山巔，五十多年前科學家曾在那兒觀察過紅腹濱鷸求偶。

飛行了兩千九百公里後，牠們到達這裡，看起來毫髮無損。這些紅腹濱鷸要往哪去呢？牠們可能會沿著海岸短距離跳島南遷，在維吉尼亞州或南卡羅萊納州的基窪島停留或度冬，也可能待在普里查德島（Pritchard's Island），桑德絲、西格斯和我曾在十一月的某一天，在一片白霧中望著一千隻濱鷸，看上去似乎是紅腹濱鷸。也許這些幼鳥將會前往喬治亞州的阿爾塔馬哈河口，或者是佛羅里達州聖彼得堡的海灘，抑或是古巴。牠們可能還有很長一段路程，得再飛上四千八百多公里到法屬圭亞那，在稻田附近的泥灘地補充能量，然後完成最後七千兩百多公里的飛行，抵達火地島。

這些小鳥能夠一路順風嗎？牠們會等到颶風減弱再前進嗎？大西洋的颶風絕大多數（百

分之九十六）都發生在八月至十月之間。幾年前，同樣在九月的某天，一隻帶著資料記錄器，編號「1VL」的紅腹濱鷸從麻州出發，連續飛了六天之後直達巴西北部，飛行期間牠還往北繞行了九百六十幾公里以避開強風。這些紅腹濱鷸有辦法平安抵達目的地嗎？牠們能找到前往洛馬斯灣的路徑嗎？有些或許無法達成目標。至於那些能夠順利飛抵的鳥兒，也許在自家牧場放羊的玻里斯．茨維塔尼克會在那裡迎接牠們。

紅腹濱鷸的故事始於「失去」——失去大量鳥類、失去海灘和泥灘、失去鱟卵，從而漸漸墜入滅絕之境。當我開始了解這個故事時，一位至交好友罹患惡疾。每當我們碰面，她總會關心地問起紅腹濱鷸以及牠們的海濱棲地：德拉瓦州人潮擁擠的沙灘，南卡羅萊納州爬滿鱟群的牡蠣灘，拉司格路塔斯觀光客充斥的海灘。她看著這個故事漸次展開，隨即被飛行距離如此遙遠的小小鳥兒給深深吸引。我曾經從世界的一端打電話給她，當時成群紅腹濱鷸如同雲朵般盤旋於洛馬斯灣的上空；也曾從世界的另一端，從伊夸路易特打過電話，在那座我抵達之前都不知道到底該怎麼正確念出名稱的城市，當紅腹濱鷸正在飛行之時，我們則是被強烈風暴困在地面。在我動身前往北極之前，她想談談這個故事要如何結尾，以及這一切意味著什麼：她知道自己撐不到這本書出版的那天。她的臥室能夠俯瞰漲滿潮水的小溪，我們坐在房裡，默默凝視著對方，我已接受她將不久於人世的事實。「繼續飛行，」我最終說道，「你就會找到回家的路。」

我是對誰說這句話？又是在講什麼呢？對我的朋友嗎？她正踏上一條從未行經的艱難路徑，前往一個她不曾知曉的所在。對她的家人嗎？他們即將懷著喪失至親的心碎，重新調整自己的生活，乃至改變人生的軌跡。或者，對我自己？

紅腹濱鷸的故事，是一個從「失去」轉向修復和再生的故事，是一個關於鳥類在強大壓力下，年復一年長途跋涉，即便棲地正在縮小、食物日益短缺，卻依然展現出無比堅韌以及回復能力的故事。當我們迷失方向時，牠們的長途飛行壯舉就像指南針一般指引著我們。從一處家園飛到另一處家園的過程中，牠們會帶著每個地方的印記，亦即在某處家園的生活品質，會因牠們在另一處家園的生活狀況而提高或降低。在旅程的盡頭，牠們已經用身軀量測了一條跨越整個地球的海岸線。在火地島和北極之間的每一處棲地，牠們是否都能在安靜寬敞的海灘上尋得庇護？找到豐沛的食物？能夠安身立命的草澤？這些答案尚在未定之天。我們只能從海水的化學成分和酸鹼值、潮汐的範圍、海濱的回復能力等層面加以觀察推測。

紅腹濱鷸的故事同時也是許多人堅忍不拔的故事，他們年復一年在一個又一個海灘上為紅腹濱鷸提供安全的避風港，並確保鳥兒們能夠得到充足的食物。力挺紅腹濱鷸的這群人，同樣力挺所有棲地正在縮小的水鳥們；力挺紅腹濱鷸的這群人，同樣力挺鱟，力挺生活在海洋和海岸上的許多生物，牠們的生活和我們一樣，都仰賴這些古老的動物。藉由保護紅腹濱鷸，這些人讓海之濱的生命之網得以更新，進而修復我們這個被扯裂的世界。一次又一次，

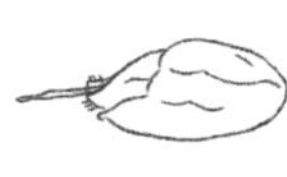

我看到他們秉持無所畏懼的勇氣，替不會說話的鳥兒和鱟發聲。現在，他們正需要我們。

我們可以像南卡羅萊納州那樣，停止捕鱟作為誘餌，我們可以要求使用新型的替代餌料。我們可以揭開生技醫療產業的神祕面紗，降低鱟在被捕及採血時所導致的死亡率或未能產卵的情況。我們可以堅持採用油耗表現較佳的車輛、燃煤量較低的發電廠，以及能源使用效率更高的建築物。我們可以再次呼籲對戶外休閒設備開徵消費稅，以保護非狩獵目標鳥種的家園，就像對槍枝彈藥課稅那樣，獵人便能參與保護狩獵目標鳥種。最後，我們可以替鱟和水鳥——基本上也是替我們自己——提供喘息的空間，讓牠們在海平面上升時，在更內陸的地方還有位置供牠們棲息。而後，一種生存處境在當下極其險峻的鳥類，或許在我有生之年，能夠再次獲得安全與自由，而古老的鱟，從動物開始現身地球後不久就存在至今，也可能再次繁盛興旺。

成千上萬鳥兒急速振翅直升夜空；紅腹濱鷸在寂靜的北極輕柔鳴唱；沐浴在月光下的寧靜海岸，出現了鱟的身影。在這些情景之中，美麗與憐憫並存著、呼喚著。來自阿根廷的學生瑪麗亞・貝蓮・佩雷斯（María Belén Pérez）告訴我：「握著一隻紅腹濱鷸，感受牠心臟的跳動，就像感受地球的心跳一般。」我們共享一個地球，牠們的家園也是我們的家園，我們所有人都站在一起，站在存亡絕續的邊緣，共同面對充滿挑戰、充滿希望的時代。

致謝

感謝加拿大野生動物管理局和加拿大環境部國家野生動物研究中心、柯提斯和伊迪絲蒙森基金會（Curtis and Edith Munson Foundation）、諾克羅斯野生動物基金會（Norcross Wildlife Foundation）、海洋基金會（Ocean Foundation）和威爾斯利學院埃爾維拉史蒂文斯旅行獎助金（Wellesley College Elvira Stevens Travelling Fellowship）的支持，讓我追蹤紅腹濱鷸的旅程以及這本書的出版得以成真。這些單位有許多人都很慷慨，毫不吝嗇地分享了你們的熱情、時間和智慧，這本書的寫作靈感以及架構全來自你們的想法、研究以及奉獻。我已盡力準確、持平地表達各位所執行的工作，但如果書中所述有任何錯誤，那全是我的責任。

感謝馬諾梅特保育科學中心的 Charles Duncan 介紹各地的紅腹濱鷸研究人員給我認識。《紅腹濱鷸的飛行》（*Flight of the Red Knot*）的作者 Brian Harrington，還有 Guy Morrison 和 Larry Niles 大方分享了他們在遷飛路線上的工作。我在紅腹濱鷸的度冬地得到許多人協助，非常感謝他們付出的時間和觀點，包括火地島：Carmen Espoz Larrain、Boris Cvitanic、在塞羅桑布雷羅跟波謝匈工作的智利國家石油公司人員、Ricardo Matus、Ricardo Olea、Diego Luna Quevedo、Roy Hann 以及 Edward Owens。阿根廷里歐加傑戈斯：Silvia Ferrari、Carlos Albrieu。阿根廷拉司格路塔斯和西聖安東尼奧：Patricia M. González、Mirta Carbajal、Liz

Assef、Silvana Sawicki、Anabel Chávez、Yanina Lillo、Gabriela Mansilla、Guadalupe Sarti、Luciana Ceccacci Sawicki、Gimena Mora、Amira Mandado、Anahí Valverde、Horacio García、伊那拉夫昆基金會以及「飛越南緯四十度」遊客中心。來自阿根廷羅卡將軍鎮（General Roca）「生態足跡」（Eco Huellas）的成員：Cande Lorente、Maria Belén Pérez和Emi Suarez。

德州：David Newstead、Tony Amos、Billy Sandifer、Anse Windham、Paul Zimba、Wes Tunnell、Kim Withers、Jim Blackburn、Ron Outen、Kelly Fuller、Shawn Smallwood、Donna Shaver和Ruth Kelley。中部遷飛路線和北美大草原區：Cheri Gratto-Trevor、Scott Wilson、Doug Backlund、Joe Gryzbowski、Lawrence Igl、Dan Svingen、Jeff Palmer和Max Thomson。佛羅里達州：Doris Leary、Pat Leary、Ron Smith、Lynne Knauf和Bob Greenbaum。喬治亞州：Tim Keyes、Brad Win、Wendy Paulson、Stacia Hendricks、Bonnie Hilton、Abby Sterling以及小聖西蒙斯島的團隊。南卡羅萊納州：Felicia Sanders、Al Segars、Sarah Dawsey、Nathan Dias、William Driggers、Aaron Given、Dean Harrigal、Jim Jordan、Craig LeSchack、Jamie Rader、Pete Richards、Michael Slattery、Ernie Wiggers、Ellen Solomon和Richard Wyndham。

關於鱟：Jim Cooper、John Dubczak、Barbara Edwards、Jerry Gault、Jill Schultz、Daniel Yokell、Jeanne Boylan、Larry Delancey、Brad Floyd、Mark Botton、Glenn Gauvry、John Tanacredi、Eric Hallerman、Allen Burgenson、Maribeth Janke、Jeak Ling Ding、Conor

P. McGowan、David Smith、William McCormick、Robert Mello、Radhakrishna Tirumalai、Karen Zinc McCullough 和 Tom Novitsky。維吉尼亞州：Fletcher Smith、Barry Truitt 和 Bryan Watts。德拉瓦州和紐澤西州：Kevin Kalasz、Richard Weber、Nigel Clark、Amanda Dey、David Mizrahi、Susan Kraham、David Wheeler、David Stallknecht、Angela Maxted、Scott Kraus、Pejman Rohani、William Sweet、Mike Haramis、Suzann Callinan、John Callinan、Barry Camp、Willets Corson Camp、Frances Camp Hansen、Pete Dunne、Betsy Haskin、Marjory Nelson、John Nicholas、Lorraine Nicholas、Pat Sutton、Clay Sutton、Sandra Axelsson、Jamie Hand、Carole Mattessich Raritz、Donna Soffee 和 Kristoffer Whitney。麻州：Kate Iaquinto、Stephanie Koch、Robin Lepore、Bud Oliveira、Bob Prescott、Mary-Jane James-Pirri、Colleen Coogan 和 Kathryn Heinze。

關於鱟跟紅腹濱鷸的歷史以及哈得遜灣的地質：Deborah Buehler、David Corrigan、Rob Fensome、Andy Fyon、David Rudkin、Graham Young 和 Peter van Roy。關於表觀遺傳學和演化適應：Theunis Piersma 和 Michael Skinner。關於我們為何需要鳥類：Andy Green 和 Doug McCauley。

北極地區：Grant Gilchrist、Paul Smith、加拿大環境部國家野生動物研究中心、Alannah Kataluk-Primeau、Naomi Man in't Veld、Megan McCloskey、Josiah Nakoolak、Kara Anne

Ward、Amie Black、Frankie Jean-Gagnon、Holly Hennin、Mike Jannssen、絨鴨營地團隊成員、Ken Abraham、Jim Leafloor、Tony Gaston、Kyle Elliot、Sam Iverson、Karyn Rode、Darryl Edwards、Siu-Ling Han 和 Jennie Rausch。

從詹姆斯灣回家的路上：Christian Friis、加拿大野生動物管理局、Mark Peck、Jennifer Goulet、Mike Burrell、Ken Burrell、Jean Iron、Barbara Charlton、Andrew Keaveney、Ian Sturdee 和 Josh Vandermeulen。明根列島：Yves Aubry、Steve Gates、Pierrot Vaillancourt、Amélie Robillard 和 Ilya Klvana。蘇利南：Arie Spaans。關於水鳥和紅腹濱鷸的族群變動趨勢，以及琵嘴鷸：Brad Andres。關於塍鷸：Robert Gill。關於資料記錄器、新型無線電發報器和衛星追蹤器：Ron Porter、Matthew Danihel、Phil Taylor、Ann McKellar 和 Paul Howey。

感謝 Don Kennedy 就更廣泛的議題給予深入的洞察和明確的見解；麻州理工學院以諸多方式持續支持我的工作，在那裡擔任訪問學者使我能夠進行寫作這類書籍時所需要的廣泛研究；哈佛大學比較動物學博物館恩斯特邁爾圖書館的 Mary Sears 和懷德納（Widener）圖書館的 Fred Burchsted 幫我找到許多別處找不到的文獻資料。Maria Silvia Rodrigo 在專案初期協助翻譯，而後接手的 Barbara Kelley 同樣夜以繼日地耗費比我們原本預期還要多更多的時間替我翻譯，包括信件、跨國 Skype 電話以及阿根廷境內，如果沒有她，我已經不知道迷路到哪去了。感謝 Sylvan LaChance 和 Wendy Quinones 寬厚友善地對我的文字加以編輯。

我還要感謝這些人對我的支持與熱情激勵：Wendy Strothman 和 Lauren McLeod 這兩位經紀人、Bill Nelson、Michael DiGiorgio、John Marzluff，以及耶魯大學出版社資深執行編輯 Jean Thomson Black 及其團隊成員，包括 Susan Laity、Nancy Ovedovitz 和 Robin DuBlanc，他們為了這本書的出版而煞費苦心，還要感謝 Liz Pelton 將這本書帶到世人眼前。

我對鱈魚角水鳥的知識是 Wayne Petersen 教的，而 Chris Leahy 總是能夠隨時解答我對鳥類的種種疑惑。Robert Buchsbaum 滿懷親切和無盡的耐心，花了好幾個週末教我如何在普拉姆島和格拉司特找鳥，Derek Brown 和 Prita M. Manganiello 也在海灣以同樣的態度指導我。許多年前，Diana Peck 給我第一艘船，帶我認識埃塞克斯灣（Essex Bay）。從那之後，不管什麼季節，Don Parsons 都會慷慨讓我使用他的碼頭。Wendy Williams 和 Margaret Quinn 你們兩位對我的支持帶給我極大的幫助。感謝 Susan Troyan、Elsie Levin 和 Hal Burstein。

感謝 Abby、Susannah 和 Dan，你們認真細心的閱讀能力以及敏銳的洞察力，在我搜索枯腸之際給我極大的助益，要不是你們，我跟這本書恐怕都回不了家了。Dan，你永遠是最好的搭檔，在你堅定不移的樂觀態度下，什麼事情都可能成真。

註釋

第一章 「地球的盡頭」：火地島

On the origin of the name "red knot," see Phillips, *The New World of Words*.

Records of knots wintering in South America include DeVillers and Terschuren, "Some Distributional Records"; Johnson, *Birds of Chile* ("among," 344); Meyer de Schauensee, *Species of Birds of South America*; Wetmore, *Our Migrant Shorebirds*.

On findings from the Harrington and Morrison road trip and the Morrison and Ross aerial surveys, see Harrington and Morrison, "Notes on the Wintering Areas of Red Knot"; Morrison and Ross, *Atlas of Nearctic Shorebirds*.

On Bahía Inutil, see King, *Voyages of the Adventure and* Beagle ("flattered ourselves," 124; "neither anchorage nor shelter" and "lost no time retreating," 125).

On geographic dispersal of knots, see Buehler and Baker, "Population Divergence Times"; and Buehler, Baker, and Piersma, "Reconstructing Palaeoflyways."

For animal extinction and settlement in South America, see Barnosky and Lindsey, "Megafaunal Extinction"; Cione, Tonni, and Soibelzon, "Did Humans Cause?"; Latorre et al., "Late Quaternary Environments"; and Salemme and Miotti, "Archeological Hunter-Gatherer."("It was a slow,"473).

On Magellan and other navigators, see Bergreen, *Over the Edge*; Morrison, *The European Discovery of America* ("23 charts" and "wine, vinegar and beans," 343–44); and Slocum, *Sailing* ("struck like a shot").

On birds flying through or around hurricanes, Niles et al., "First Results"; Fletcher Smith, Center for Conservation Biology, personal communication, July 26, 2014; and Watts et al., "Whimbrel Tracking."

第二章 結局始於何時？

For passenger pigeons, see Audubon and Macgillivray, *Ornithological Biography*, vol. 1; Forbush, *Game Birds* ("sunne never sees," 435); and Greenberg, *A Feathered River*.

On the great auk, see Newton, "Wolley's Researches" ("much time than it takes to tell," 391); Townsend, *Birds of Essex County*; and Tuck, *People of Port au Choix*.

For more information on the status and search for ivory-billed woodpeckers, see www. iucnredlist. org; and http://www.birds.cornell.edu/ivory.

On spoon-billed sandpipers, see BirdLife International, "*Eurynorhynchus Pygmeus*"; Vyn, "Spoon-Billed Sandpiper"; Wildfowl and Wetlands Trust, "Saving the Spoon-Billed Sandpiper"; and Zöckler et al., "Hunting in Myanmar."

For the Texas whooping crane decision, see Jack, "Opinion and Verdict of the Court"; and *The Aransas Project v Shaw*.

For knot population trends, see Andres et al., "Population Estimates"; Carmona et al., "Use of Saltworks"; Summers, Underhill, and Waltner,"Dispersion of Red Knots"; Wetlands International, "*Calidris Canutus*"; and Yang et al., "Impacts of Tidal Land Reclamation."

For proposed listing in the United States, see U.S. Fish and Wildlife Service, "Proposed Threatened Status."

For the Eskimo curlew, see Cornell Lab of Ornithology, "Eskimo Curlew"; Forbush, *Game Birds* (quotations 418–19); Gill, Canevari, and Iverson, "Eskimo Curlew ("numbered at least in the hundreds of thousands"); and U.S. Fish and Wildlife Service, *Eskimo Curlew*.

For the history of settlement and development along the Strait of Magellan, see Baldi et al.,"Guanaco Management"; Martinic, *Brief History*; Morris, Strait; and Morrison, *European Discovery of America*.

For the history of Cerro Sombrero, see Bastidas, *Cerro Sombrero* ("la realización," 31).

For oil spills and birds in the strait, see"Berge Nice"; Flores,"*Antecedentes sobre la avifauna*";Hann, *VLCC* Metula(Almost,"212); Hann, "Fate of Oil"; and Owens, "Time Series."

For impacts of oil spills on shorebirds, see Henkel, Sigel, and Taylor, "Large-Scale Impacts."

For more information about protecting shorebirds in Bahía Lomas, see https://www. facebook.com/pages/Centro-Bahia-Lomas/270509379698671.

For knots in Rio Grande, see Escudero et al., "Foraging Conditions."

第三章 城裡的鳥和度假勝地：里歐加傑戈斯和拉司格路塔斯

For Magellanic plover, see Ferrari, Imberti, and Albrieu, "Magellanic Plovers"; and Jehl, "*Pluvianellus Socialis*."

For the Brownsville dump, see Obmascik, *The Big Year*.

For Fresh Kills Landfill and Hurricane Sandy, see Kimmelman, "Former Landfill."

For more about shorebirds in Río Gallegos, see Río Gallegos Western Hemisphere Shorebird Reserve Network, http://www.whsrn.org/site-profile/rio-gallegos-estuary.

Numbers of knots in Río Gallegos: unpublished data from Silvia Ferrari and Carlos Albrieu.

For Ferrari and Albrieu's work in Río Gallegos, see Albrieu and Ferrari, "Participación de los municipios"; Albrieu, Ferrari, and Montero, "Investigación, educación e transferencia"; and Ferrari, Ercolano, and Albrieu, "Pérdida de hábitat."

For science and advocacy, see Runkle, *Advocacy in Science*.

To read more about challenges to scientists in the United States, see Mann, *The Hockey Stick*; Michaels, *Doubt Is Their Product*; and Oreskes and Conway, *Merchants of Doubt*.

For the hooded grebe, see BirdLife International, "*Podiceps Gallardoi*"; and Ambiente Sur at http://www.ambientesur.org.ar/.

For "hot legs," see Piersma and van Gils, *Flexible Phenotype*.

For feeding knots, see González, Piersma, and Verkuil, "Food, Feeding, and Refueling"; González, "Las aves migratorias"; and Piersma and van Gils, *Flexible Phenotype*.

For the soda factory, Di Giácomo, "Fabrica de soda solvay," unpublished report; Giaccardi and Reyes, *Plan de manejo*; Jenkins et al., *Brine Discharges*; and Diego Luzzatto, Consejo Nacional de Investigaciones Científicas y Técnicas (CONICET), unpublished data.

For more information on Inalafquen, see https://www.facebook.com/pages/Fundacion-Inalafquen/150422954977075.

For Darwin in Patagonia, see Darwin, *Voyage of H.M.S.* Beagle ("giant's bones" and "eighteen pence," 155; "wonderful relationship," 173; "cooked and eaten" and "Fortunately the head," 92–93; and "expand their wings," 90); and *Origin of Species* ("mystery of mysteries," 1; and "serve to show," 200).

For epigenetics, see Emerson, "Epigenetics"; Manikkam et al., "Epigenetic Transgenerational Inheritance"; Moczek et al., "Developmental Plasticity"; Nätt et al., "Inheritance of Acquired Behaviour"; Ng et al., "Chronic High-Fat Diet"; Nilsson et al., "Epigenetic Transgenerational

Inheritance"; Richards, "Inherited Epigenetic Variation"; Saey, "From Great Grandma to You"; Szyf, "Lamarck Revisited"; and West-Eberhard, "Developmental Plasticity."

For epigentics and flexibility in knots, see Piersma, "Flyway Evolution Is Too Fast"; Piersma and van Gils, *Flexible Phenotype*; and van Gils et al., "Gizzard Sizes."

For Darwin and extinction, see Darwin, *Voyage of H.M.S.* Beagle, 174.

Information about L6U from González, Niles, Watts, Kalasz, and Dey, and www.band- edbirds.org, where stops of other flagged shorebirds can be found as well.

For more information on the work of Rare, see http://www.rare.org/.

For godwits, see Gill et al., "Hemispheric-Scale Wind."

Information about H3H arriving in Florida from Patricia González and Doris and Patrick Leary.

See Saint-Exupéry, *Night Flight* ("snugly ensconced," 8; "vast anchorage," 3; "deeply meditative," 10; "worms in a fruit," 5; and "fatal lure," 146).

第四章 豐饒之灣：德拉瓦灣

For discovery of Delaware Bay as an avian Serengeti, see Dunne et al., "Aerial Surveys"; Dunne, *Bayshore Summer* ("awash in birds," 18; and "than were estimated," 19);Dunne, *Tales* ("no stranger to numbers of birds" and "like storm clouds," 12); Myers, "Sex and Gluttony" ("sex and gluttony," 68; and "no other spot," 74).

For Y0Y and 1VL, see Niles et al., "First Results."

I used these field guides often: Kaufman, *Lives of North American Birds*; O'Brien, Crossley, and Karlson, *Shorebird Guide*; Sibley, Field Guide; and Stokes and Stokes, *Beginner's Guide*.

For nineteenth-century Delaware Bay, see Audubon and Macgillivray, *Ornithological Biography*, vol. 3 ("laden with fish and fowls," 606); Audubon and Macgillivray, *Ornithological Biography*, vol. 4 ("immense number," 123); Beesley, "Sketch of the Early History" ("isolated as it was," 129); Cantwell, *Alexander Wilson*; "From Cape May"; Wilson, *Wilson's American Ornithology* ("great multitudes" and "the remains," 656; "bushels," "lying in hollows," 481; "almost wholly on the eggs," 480); and Wilson, *Life and Letters*.

For preferred food in Delaware Bay, see Botton and Harrington, "Synchronies."

For twentieth-century shorebird sightings in New Jersey, see Potter, "The Season" ("thousands of shore-birds," 242); Shuster, "Natural History and Ecology of the Horseshoe Crab"; Stone, *Bird Studies at Old Cape May* ("quotes an old," 400); and Urner and Storer, "The Distribution and Abundance of Shorebirds."

On the history of horseshoe crabs and knots in Cape May County, Carole Mattessich Raritz and J.P.Hand helped located sources; "From Cape May"("Old Salt," "utility of king crabs," and "feed seabirds,"2).

For horseshoe crabs in Delaware Bay versus the Jersey ocean shore, see Fowler, "The King Crab Fisheries in Delaware Bay"; and Rathbun, "Crustaceans, Worms, Radiates, and Sponges."

For nineteenth-century abundance of horseshoe crabs, see New Jersey Geological Survey, *Geology* ("so thick," and "shoveled up and collected," 106); and Wilson, *Wilson's American Ornithology* ("their dead bodies," 481).

For the historical abundance of sturgeon in Delaware Bay, see Cobb, "The Sturgeon Fishery of Delaware River and Bay"; and Saffron, *Caviar*.

For historical abundance of shark, see New Jersey Geological Survey, *Geology*.

For shad, see McDonald, "Fisheries of the Delaware River" ("finny race" and "planking,"656); and

McPhee, *The Founding Fish*.

For the oyster industry in Delaware Bay, see Hall, "Notes on the Oyster Industry of New Jersey"; and Stainsby, *The Oyster Industry of New Jersey*.

See Wilson, *Wilson's American Ornithology* ("driven down every spring," 481; and "egg- nogg," "perfectly fresh," and "smelt abominably," 337).

For the horseshoe crab fertilizer industry, see New Jersey Geological Survey, *Geology*; Rathbun, "Crustaceans, Worms, Radiates, and Sponges" ("a few more years," 830); Smith, "Notes on the King-Crab Fishery of Delaware Bay" ("diminution in abundance," 366); and "The Great King Crab Invasion" ("to the probable value" . . . "passed through a mill").

For shorebirds eating horseshoe crabs outside Delaware Bay, see Hapgood and Roosevelt, *Shorebirds*("have a penchant" and "poking out," 6); Forbush, *Game Birds* ("are fond of the spawn," 267); Michael Haramis, unpublished records from the food habits archive, USGS Patuxent Wildlife Research Center, Laurel, Md.; and Sperry, *Food Habits of a Group of Shorebirds*.

For the absence of shorebird hunting on Delaware Bay, see Dunne, "Knot Then, Knot Now, Knot Later"; and Sutton, "An Ecological Tragedy on Delaware Bay" ("simply were not there," 32).

For naturalists hunting shorebirds, see Darwin, *Autobiography* ("in the latter part of my school life," 44); Pettingill, "In Memoriam" ("with every feather," 151); Sutton, "Birds of Southampton Island"; and "Parasitic Jaeger, Polar Bird of Prey, Seen Near Cape May" ("but as they had no arms," 13).

For names of knots, see Forbush, *Game Birds*; Hapgood and Roosevelt, *Shorebirds*; and Mackay, "Observations on the Knot."

For hunting shorebirds, see Fleckenstein, *Shorebird Decoys* ("countless numbers," "artistically," "nothing more," "flock after flock," 11–12); Forbush, *Game Birds* ("every- body shot," 264); Hapgood and Roosevelt, *Shorebirds* ("There are few more exciting experiences," 31); and Mackay, "Observations on the Knot."

For eating shorebirds, see Ball, *A History of the Study of Mathematics* ("plover; knottys" and "fesant in brase," 150); Mackay, "Observations on the Knot" ("only fair eating," 27); Thomas, *Delmonico's*; "Table Supplies and Economics"; and Fleckenstein, *Shorebird Decoys* ("hauled from the meadows," 13).

For loss of shorebirds and horseshoe crabs and partial recovery, see Bent, *Life Histories of North American Shore Birds* ("Excessive shooting," 132); Mackay, "Observations on the Knot" ("in a great measure have been killed off" and "are in great danger," 30); Shuster, "King Crab Fertilizer"; and Urner and Storer, "The Distribution and Abundance of Shorebirds" ("The increase in numbers," 193).

For former abundance of green sea turtles, see King, "Historical Review of the Decline of the Green Turtle"; and McClenachan, Jackson, and Newman, "Conservation Implications of Historic Sea Turtle Nesting Beach Loss."

For a 10 percent world, see MacKinnon, *Once and Future World*.

第五章 頑強堅毅

For rates that animals become fossils, see Prothero, *Evolution*.

For evolution of knot into its own species, see Baker, Pereira, and Paton, "Phylogenetic Relationships"; Gibson and Baker, "Multiple Gene Sequences"; and Jetz et al., "Global

Diversity of Birds."

For the evolution of knots into today's lineages, see Baker, Piersma, and Rosenmeier, "Unraveling the Intraspecific Phylogeography"; and Buehler, Baker, and Piersma, "Reconstructing Palaeoflyways."

For the oldest horseshoe crabs, see Rudkin,"The Life and Times of the Earliest Horseshoe Crabs"; Rudkin, Young, and Nowlan, "The Oldest Horseshoe Crab"; Van Roy et al., "Ordovician Faunas of Burgess Shale Type"; and Young et al., "Exceptionally Preserved Late Ordovician Biotas."

For *Archaeopteryx* and horseshoe crabs in Solnhofen quarry, see Lomax and Racay, "A Long Mortichnial Trackway"; Wellnhofer, *Archaeopteryx* ("perfectly agrees with a bird's feather," 46); and "Palaeontology."

For knot survival rates, see Schwarzer et al., "Annual Survival of Red Knots."

For more about the Western Hemisphere Shorebird Reserve Network and Manomet, see Myers et al., "Conservation Strategy for Migratory Species"; and http://www. whsrn.org/.

For a discussion of knot populations in Delaware Bay and elsewhere, and their decline, see Myers, "Sex and Gluttony" ("extraordinary concentrations," "sex and gluttony," 73); and U.S. Fish and Wildlife Service, "Rufa Red Knot Ecology and Abundance."

For human disturbance, see Burger and Niles, "Closure versus Voluntary Avoidance."

For stranding crabs, see Botton and Loveland, "Reproductive Risk."

For more about "just flip 'em" and the work of the nonprofit Ecological Research and Development Group, see http://horseshoecrab.org/.

For knots in Virginia, see Barnes, Truitt, and Warner, *Seashore Chronicles* ("ten thou- sand," 113–14); Cohen et al., "Day and Night Foraging"; Duerr, Watts, and Smith, *Population Dynamics of Red Knots*; Jones, Lima, and Wethey,"Rising Environmental Temperatures"; Smith et al., *An Investigation of Stopover Ecology*; Barry Truitt, personal communication, April 14 2013 ("two flags from Delaware Bay"); and U.S. Fish and Wildlife Service, "Rufa Red Knot Ecology and Abundance."

For eating habits of knots in Delaware Bay, see Atkinson et al., "Rates of Mass Gain and Energy Deposition"; Cohen et al., "Day and Night Foraging"; Haramis et al., "Value of Horseshoe Crab Eggs"; Mizrahi and Peters, "Relationships between Sandpipers and Horseshoe Crab"; Piersma and Gils, *Flexible Phenotype* ("shorebirds as a group have unrivalled capacities to process food and refuel fast," 74); Tsipoura and Burger, "Shorebird Diet"; and U.S. Fish and Wildlife Service, "Rufa Red Knot Ecology and Abundance."

For horseshoe crab egg trends in Delaware Bay and knot weight gains, see Baker et al., "Rapid Population Decline in Red Knots"; Botton, "The Ecological Importance of Horseshoe Crabs"; Botton and Harrington, "Synchronies"; Botton, Loveland, and Jacobsen, "Site Selection by Migratory Shorebirds"; Dey, Kalasz, and Hernandez,"Delaware Bay Egg Survey, 2005–2010"; Mizrahi, Peters, and Hodgetts, "Energetic Condition of Semipalmated and Least Sandpipers"; Mizrahi and Peters, "Relationships between Sandpipers and Horseshoe Crab"; Smith, Millard, and Carmichael, "Comparative Status and Assessment of *Limulus*"; and U.S. Fish and Wildlife Service Shorebird Technical Committee, *Delaware Bay Shorebird– Horseshoe Crab Assessment Report*.

For declines in semipalmated sandpipers and ruddy turnstones, see Clark, Niles, and Burger,"Abundance and Distribution of Migrant Shorebirds"; Mizrahi, Peters, and Hodgetts,

"Energetic Condition"; David Mizrahi, personal communication, April 4, 2014; Paul Smith, Environment Canada, personal communication, May 16, 2014.

For the decline in horseshoe crabs, see ASMFC Horseshoe Crab Stock Assessment Subcommittee, 2013 *Horseshoe Crab Stock Assessment*; Davis, Berkson, and Kelly, "A Production Modeling Approach"("trash fish,"215); Mizrahi, Peters, and Hodgetts,"Energetic Condition"; and Mizrahi and Peters,"Relationships between Sandpipers and Horseshoe Crab."

For "whole stretches of beach," see Myers, "Sex and Gluttony," 74.

For early work to stem decline in horseshoe crabs, see Eagle, "Regulation of the Horseshoe Crab Fishery"; Loveland, "The Life History of Horseshoe Crabs"; Smith, Millard, and Carmichael, "Comparative Status and Assessment."

第六章 藍血

For more on bacteria in the human body, see Qin et al., "A Human Gut"; and Specter, "Germs Are Us."

For the history of IV therapy, see Howard-Jones, "Cholera Therapy" ("benevolent homi- cide," 373; "carefully strained," 391); and "The Cholera ("full of sound and fury, signifying nothing," 266).

For the work of Florence Seibert, see Rietschel and Westphal, "Endotoxin"; Rossiter, *Women Scientists in America*; Seibert, "Fever-Producing Substance"; and Seibert, *Pebbles on the Hill of a Scientist* ("seemed of moderate interest at the time" from Esmond Long in the foreword, vii).

For vision in horseshoe crabs, see Barlow and Powers, "Seeing at Night and Finding Mates" ("studying vision in a blind animal," 83; and "after many cold and lonely nights," 95).

For the history of the development of LAL, see Banerji and Spencer, "Febrile Response to Cerebrospinal Fluid Flow"; Cooper and Harbert, "Endotoxin as a Cause of Aseptic Meningitis"; Levin, "The History of the Development of the Limulus Amebocyte Lysate Test"; Levin, Hochstein, and Novitsky, "Clotting Cells and Limulus Amebocyte Lystate"; Rietschel and Westphal, "Endotoxin" ("little blue devil," 1); and Thomas, *The Lives of a Cell* ("the very worst… shambles," 78-79).

For stone crab, see Goode, *The Fisheries and Fishery Industries of the United States*, section 1 ("by the hand," 773).

For more on the production of LAL, see Levin, Hochstein, and Novitsky, "Clotting Cells and Limulus Amebocyte Lystate"; Levin, "The History of the Development of the Limulus Amebocyte Lysate Test"; Novitsky, "Biomedical Applications of Limulus Amebocyte Lysate"; and Swann, "A Unique Medical Product (LAL) from the Horseshoe Crab."

For the gentamicin recall, see Fanning, Wassel, and Piazza-Hepp, "Pyrogenic Reactions to Gentamicin Therapy"; and Friedman, "Aseptic Processing Contamination Case Studies."

第七章 調查計數

Recent knot population, egg density, and state of shorebirds from Amanda Dey, New Jersey Fish and Wildlife, and Larry Niles, LJ Niles Associates, personal communi- cation, June 22, 2014; Dey et al., "Delaware Bay Horseshoe Crab Egg Survey, 2005– 2012"; David Mizrahi, personal communication, June 16, 2014; and U.S. Fish and Wildlife Service, "Rufa Red Knot Ecology and Abundance."

For knot fitness after northeast storm, see Dey et al., "Delaware Bay Horseshoe Crab Egg Survey, 2005–2012."

For reverberations along the flyway, see Escudero et al., "Foraging Conditions 'at the End of the World' "; González, Baker, and Echave, "Annual Survival of Red Knots Using the San Antonio Oeste Stopover."

For horseshoe crab population trends, see ASMFC Horseshoe Crab Stock Assessment Subcommittee, *2013 Horseshoe Crab Stock Assessment*; Delaware Bay Ecosystem Technical Committee Report, "ARM Recommendation"; Horseshoe Crab Plan Review Team, *2013 Review of the Fishery Management Plan for Horseshoe Crab*; Smith et al., "Evaluating a Multispecies Adaptive Management Framework"; and U.S. Fish and Wildlife Service, "Proposed Threatened Status" ("stagnated," 60063).

For eel fishery, see ASMFC, *American Eel Benchmark Stock Assessment*; ASMFC, *Draft Addendum III*; Lane, "Eels and Their Utilization"; MacKenzie, "History of the Fisheries of Raritan Bay" ("chopped in half or quarters," 16); and Smith, Millard, and Carmichael, "Comparative Status and Assessment of *Limulus*."

For whelk fishery, see ASMFC Horseshoe Crab Stock Assessment Subcommittee, *2013 Horseshoe Crab Stock Assessment*; Fisher and Fisher, *The Use of Bait Bags*; and Horseshoe Crab Plan Review Team, *2013 Review of the Fishery Management Plan for Horseshoe Crab*.

For shad, sturgeon, and river herring, see ASMFC, *ASMFC River Herring Benchmark Assessment*; ASMFC, *American Shad Stock Assessment Report*; and NMFS, *Atlantic Sturgeon New York Bight Distinct Population*.

For alternative bait, see Fisher and Fisher, *The Use of Bait Bags*; Shuster, Botton, and Loveland, "Horseshoe Crab Conservation"; and Wakefield, *Saving the Horseshoe Crab*.

For threat of toxins and parasites from Asian horseshoe crabs, see Aieta and Oliveira, "Distribution, Prevalence, and Intensity of the Swim Bladder Parasite *Anguillicola Crassus*"; ASMFC, *ASMFC Approves Resolution to Ban the Import and Use of Asian Horseshoe Crabs*; Botton and Ito, "The Effects of Water Quality on Horseshoe Crab Embryos and Larvae"; Kanchanapongkul, "Tetrodotoxin Poisoning Following Ingestion of the Toxic Eggs of the Horseshoe Crab"; Kanchanapongkul and Krittayapoositpot, "An Epidemic of Tetrodotoxin Poisoning"; Leibovitz and Lewbart, "Diseases and Symbionts"; Machut and Limburg, "*Anguillicola Crassus* Infection"; Moser et al., "Infection of American Eels"; Muston, "Cafe de Mort"; Ngy et al., "Toxicity Assessment for the Horseshoe Crab"; Shin and Botton, letter to the U.S. National Invasive Species Council; Székely, Palstra, and Molnar, "Impact of the Swim-Bladder Parasite" ("serious threat for the overall reproduc- tive success," 219); and U.S. Food and Drug Administration, *Bad Bug Book*.

For unaccounted horseshoe crab losses in the horseshoe crab fishery and losses in the biomedical industry, see ASMFC Horseshoe Crab Stock Assessment Subcommittee, *2013 Horseshoe Crab Stock Assessment Update* ("oversight" and "it may account," 12); ASMFC Delaware Bay Ecosystem Technical Committee, *Meeting Summary* ("an accurate portrayal," 3); ASMFC Horseshoe Crab Technical Committee, *Meeting Summary* ("will eclipse" and "essentially equal," 1); Delancey and Floyd, *Tagging of Horseshoe Crabs*; Hurton, Berkson, and Smith, "The Effect of Hemolymph Extraction"; Kurz and James-Pirri, "The Impact of Biomedical Bleeding"; Leschen and Correia, "Mortality in Female Horseshoe Crabs"; and New Jersey Audubon et al., "Public Comments."

For proportion of male and female horseshoe crabs spawning on beaches, see James-Pirri, *Assessment of Spawning Horseshoe Crabs* ("extreme," 26); James-Pirri et al., "Spawning Densities, Egg Densities, Size Structure"; Rathbun, "Crustaceans, Worms, Radiates, and Sponges" ("in pairs," 829; and "it is not an uncommon thing," 829–30); and Smith, "Notes on the King-Crab Fishery" ("sometimes,""two or more males," and "seek the sandy shore," 363, 364).

For injuries caused by taking horseshoe crabs for bleeding, see Anderson, Watson, and Chabot, "Sublethal Behavioral and Physiological Effects"; Hurton, Berkson, and Smith, "The Effect of Hemolymph Extraction"; Kurz and James-Pirri, "The Impact of Biomedical Bleeding"; Leibovitz and Lewbart, "Diseases and Symbionts" ("traumatic injuries" and "stab-like wounds," 248); Leschen and Correia, "Response to Associates of Cape Cod"; Leschen and Correia, "Mortality in Female Horseshoe Crabs"; and Levin, Hochstein, and Novitsky, "Clotting Cells and Limulus Amebocyte Lystate."

For the horseshoe crab reserve, see ASMFC, *Addendum I to the Fishery Management Plan* ("taking of horseshoe crabs for any purpose," 5); NOAA, "Atlantic Coastal Fisheries Cooperative Management Act"; and Smith, Millard, and Carmichael, "Comparative Status and Assessment of *Limulus*" ("older juvenile and newly mature females," 367).

For rising demand for horseshoe crabs and declining Asian supply, see Botton et al., "Emerging Issues in Horseshoe Crab Conservation"; Chen and Hsieh, "The Challenges and Opportunities for Horseshoe Crab Conservation in Taiwan"; Dubczak, "Proven Biomedical Horseshoe Crab Conservation Initiatives"; Gauvry and Janke, "Current Horseshoe Crab Harvesting Practices"("critical levels," PT-4); Hu et al., "Distribution, Abundance and Population Structure of Horseshoe Crabs"; and Seino, "A Reconsideration of Horseshoe Crab Conservation Methodology in Japan."

For the development of synthetic LAL, see Ding and Ho, "Endotoxin Detection"; Ding and Ho, "Strategy to Conserve Horseshoe Crabs"; Ding, Zhu, and Ho, "High-Performance Affinity Capture-Removal of Bacterial Pyrogen"; Levin, Hochstein, and Novitsky, "Clotting Cells and Limulus Amebocyte Lystate"; Loverock et al., "A Recombinant Factor C Procedure"; Sutton and Tirumalai, "Activities of the USP Microbiology and Sterility Assurance Expert Committee" ("important reason for revision," 10); and U.S. Food and Drug Administration, *Guidance for Industry*.

第八章 低地：南卡羅萊納州和其他感潮地帶

For sharks and loggerheads in Cape Romain, see Botton and Shuster, "Horseshoe Crabs in a Food Web"; Quattro, Driggers, and Grady, "*Sphyrna Gilberti* Sp. Nov., a New Hammerhead Shark"; and Ulrich et al., "Habitat Utilization."

Tiger sharks along the South Carolina coast and eating habits of sharks from Bell and Nichols, "Notes on the Food of Carolina Sharks"; Driggers et al., "Pupping Areas"; and William Driggers, National Oceanic and Atmosphere Administration, personal communication, July 23, 2014.

For long-billed curlew, see Andres et al., "Population Estimates"; and Audubon and Macgillivray, *Ornithological Biography*, vol. 3 ("The flocks enlarge," 242).

For history of knots in South Carolina, see Sprunt, "In Memoriam"; Sprunt and Chamberlain, *South Carolina Bird Life* ("an untrammeled wildness," 239); and Wayne, *Birds of South Carolina*.

For knots migrating through South Carolina more recently, see Given, "Leucistic Red Knot *Calidris*

Canutus"; Michael Haramis, unpublished records from the food habits archive, USGS Patuxent Wildlife Research Center, Laurel, Md.; Leyrer et al., "Small-Scale Demographic Structure"; Marsh and Wilkinson, "Significance of the Central Coast of South Carolina"; Niles, Sanders, and Porter, unpublished data; Thibault, *Assessing Status and Use*; Thibault and Levisen, *Red Knot Prey Availability*; and U.S. Fish and Wildlife Service, "Rufa Red Knot Ecology and Abundance" ("acted as if they had perfect," 1227).

For history of knots and shorebirds eating horseshoe crab eggs, see Cape Romain National Wildlife Refuge, *Comprehensive Conservation Plan*; Riepe, "An Ancient Wonder of New York"; Rudloe, *The Wilderness Coast*; and Sperry, *Food Habits* ("fed almost exclusively on spawn," 14).

For oystercatchers on Marsh Island, see Sanders, Spinks, and Magarian, "American Oystercatcher."

For 2014 South Carolina horseshoe crab permit, see South Carolina Department of Natural Resources, "Horseshoe Crab Hand Harvest Permit HH14."

For horseshoe crabs and shorebirds at the Monomoy National Wildlife Refuge, see Anderson, Watson, and Chabot, "Sublethal Behavioral and Physiological Effects"; Eastern Massachusetts National Wildlife Refuge Complex, *Compatibility Determination* ("inviolate sanctuary . . . for migratory birds"); James-Pirri, *Assessment of Spawning Horseshoe Crabs*; Monomoy National Wildlife Refuge, *Monomoy National Wildlife Refuge Draft*; Zobel, "Memorandum of Decision."

For community of life supported by horseshoe crabs, see Botton, "The Ecological Importance"; Botton and Shuster, "Horseshoe Crabs in a Food Web" ("the eels . . . made a strange sight," 144–45); Buckel and McKown, "Competition"; and Eastern Massachusetts National Wildlife Refuge Complex, *Compatibility Determination*.

For more of the history of Lowcountry plantations, see Coclanis, "Bitter Harvest"; Cuthbert and Hoffius, *Northern Money, Southern Land*; Matthiessen, "Happy Days"; Tufford, *State of Knowledge*; and Tuten, *Lowcountry*.

For protected lands and wetlands along the South Carolina coast, Michael Slattery of the South Carolina Sea Grant Consortium and Coastal Carolina University used GIS mapping data to determine that, of 3,255,000 acres within 20 miles of the coast— still within reach of the tide— 902,723 are protected.

For shorebirds in impoundments, see Marsh and Wilkinson,"Significance of the Central Coast of South Carolina as Critical Shorebird Habitat"; Tufford, *State of Knowledge* ("Managed impounded wetlands," 15); and Weber and Haig, "Shorebird Use of South Carolina Managed and Natural Coastal Wetlands."

For conservation funding and excise taxes, see Migratory Bird Conservation Commission, 2012 Annual Report; President's Task Force, Final Report ("Historically, about 90 percent," 7); and U.S. Fish and Wildlife Service, *Budget Justifications and Performance Information, Fiscal Year 2014*.

For erosion in Cape Romain, see Cape Romain National Wildlife Refuge, *Comprehensive Conservation Plan*; and U.S. Fish and Wildlife Service, "Proposed Threatened Status."

For migrating Virginia barrier islands, see Barnes, Truitt, and Warner, *Seashore Chronicles*; and Williams, Dodd, and Gohn, "Coasts in Crisis."

For erosion and sea level rise in Delaware Bay, see Beesley, "Sketch of the Early History"; Delaware Coastal Programs and Delaware Sea Level Rise Advisory Committee, *Preparing for Tomorrow's High Tide*; Dorwart, *Cape May County* ("Fresh Water Peril"); Kitchell, *Geology* "observations on the dying," 33); Miller et al., "A Geological Perspective"; Murray, "Delaware Gets Millions to Help Beaches"; Niles et al., *Restoration*; Pilkey and Young, *The Rising Sea*; Sweet et al., "Hurricane Sandy"; Tebaldi, Strauss, and Zervas,"Modelling Sea Level Rise"; U.S. Department of the Interior, "Secretary Jewell Announces $102 Million"; U.S. Fish and Wildlife Service, "Proposed Threatened Status"; and U.S. Fish and Wildlife Service, "U.S. Fish and Wildlife to Restore Bay Beaches."

For knots historically in Georgia, see Burleigh, *Georgia Birds*; and Harrington, *The Flight of the Red Knot* ("at least 12,000 knots," 64).

第九章 幽靈路徑：馬德雷潟湖和中部遷飛路線

For records of wintering knots in Texas, see Morrison and Harrington, "The Migration System."

For piping plover, see U.S. Fish and Wildlife Service, *Piping Plover*.

For sea turtles, see Doughty, "Sea Turtles in Texas"; Hildebrand, "Hallazgo del área"; Neck, "Occurrence of Marine Turtles"; and "Sea Turtle Recovery Project."

For knots in Florida, see Schwarzer et al., "Annual Survival."

For red tide, see Denton and Contreras, *The Red Tide*; Hetland and Campbell, "Convergent Blooms"; Lenes et al., "Saharan Dust"; Magaña, Contreras, and Villareal, "A Historical Assessment" ("foul odor" and "mountain of dead fish," 164); Powell, "Water, Water, Everywhere"; U.S. Fish and Wildlife Service,"Proposed Threatened Status"; and Walsh et al., "Imprudent Fishing" ("the times when the fruit comes to mature and when the fish die," 892).

For redhead ducks, see Woodin and Michot, "Redhead."

For changes in the number of birds and people on Mustang Island, see Foster, Amos, and Fuiman, "Trends in Abundance."

For more on the laguna, see Smith, "Colonial Waterbirds"; Smith, "Redheads"; Tunnell, "The Environment"; and Tunnell, "Geography, Climate, and Hydrography."

More than 2 million birds nesting, wintering, or migrating through the laguna from Bart M. Ballard, Caesar Kleberg Wildlife Research Institute, Texas A&M University.

For wind energy, see American Wind Energy Association,"State Wind Energy Statistics"; Burger et al., "Risk Evaluation"; Chediak, "Gulf Coast Beckons"; de Lucas et al., "Griffon Vulture Mortality"; Manville, "Framing the Issues"; McDonald, "Wind Farms and Deadly Skies"; Smallwood, "Comparing Bird and Bat Fatality-Rate Estimates"; Shawn Smallwood, personal communication, June 30, 2014; Subramanian, "An Ill Wind"; U.S. Department of Energy, *20% Wind Energy*; and Watts, *Wind and Waterbirds* ("buildout of the wind industry along the Atlantic Coast," 1).

For other sources of avian mortality, see Milius, "Cat-Induced Death Toll Revised"; Milius, "Windows Are Major Bird Killers"; and Subramanian, "An Ill Wind."

For wintering and juvenile knots in the Laguna Madre, see Newstead et al.,"Geolocation"; U.S. Fish and Wildlife Service, "Rufa Red Knot Ecology and Abundance."

For historical use of the ghost trail, see Cooke, "Distribution and Migration" ("almost endless succession" and "the great highway of spring migration," 5; and "tolerably common," 32); Forbush, *Game Birds* ("diminutive army" and "numbers," 263).

For knots at the prairie pothole lakes, see Alexander et al., "Conventional and Isotopic Determinations"; Alexander and Gratto-Trevor, *Shorebird Migration*; Beyersbergen and Duncan, *Shorebird Abundance*; Newstead et al., "Geolocation"; Niles et al., "Migration

Pathways"; Skagen et al., *Biogeographical Profiles*; Thompson, "Record of the Red Knot in Texas"; and WHSRN, "Chaplin Old Wives Reed Lakes."

For the value of the prairie potholes, see Gascoigne et al., "Valuing Ecosystem."

Additional sightings along the central flyway in the United States came from Doug Backland, South Dakota; Joe Grzybowski, for knots in Oklahoma; Lawrence Igl, USGS Northern Prairie Wildlife Research Center in North Dakota, and Dan Svingen, acting district ranger, U.S. Forest Service, North Dakota, who sent "How Lucky Can You Get" from Zimmer, *A Birder's Guide to North Dakota*; and Max Thompson, Kansas.

第十章 多一種鳥消失需要大驚小怪嗎？

For woodcock population trends, see Cooper and Rau, *American Woodcock*.

For shorebird declines, see Andres et al., "Population Estimates"; Hicklin and Chardine, "The Morphometrics"; Jehl, "Disappearance"; Morrison et al., "Dramatic Declines"; North American Bird Conservation Initiative Canada, *The State of Canada's Birds, 2012*; Watts and Truitt, "Decline of Whimbrels"; and Zöckler, Lanctot, and Syroechkovsky, "Waders (Shorebirds)."

For "The woodcock is a living refutation," see Leopold, *A Sand County Almanac*, 36.

For the record-breaking flight of the bar-tailed godwit, see Battley et al., "Contrasting Extreme."

For killing of horseshoe crabs in Massachusetts, see Germano, "Horseshoe Crabs."

For sea turtles, see McClenachan, Jackson, and Newman, "Conservation Implications of Historic Sea Turtle Nesting Beach Loss"; Hannan et al., "Dune Vegetation"; Houghton et al., "Jellyfish Aggregations"; King, "Historical Review" ("vessels, which have lost their latitude," 184); Lynam et al., "Jellyfish"; Purcell, Uye, and Lo, "Anthropogenic Causes"; and Wilson et al., *Why Healthy Oceans Need Sea Turtles*.

For honeyguides, see Isack and Reyer, "Honeyguides"; Wheye and Kennedy, *Humans, Nature, and Birds*.

For shorebirds' historical role in eating agricultural pests, see Evenden, "The Laborers of Nature"; and Hornaday, *Our Vanishing Wildlife* ("The protection of shorebirds need not be based," 229; "So great, indeed, is their economic value," 233; "feed upon many of the worst enemies of agriculture," 232; and "among their numerous bird enemies, shorebirds rank high," 229).

For birds as pest control today, see BirdLife International, "Birds Are Very Useful Indicators"; Green and Elmberg,"Ecosystem Services"; Karp et al., "Forest Bolsters Bird Abundance"; and Whelan, Wenny, and Marquis, "Ecosystem Services."

For costs of pesticides, see Hallmann et al., "Declines in Insectivorous Birds"; Hladik, Kolpin, and Kuivila, "Widespread Occurrence of Neonicotinoid Insecticides"; Mineau and Palmer, *The Impact*; Mineau and Whiteside, "Pesticide Acute Toxicity"; Pettis et al., "Crop Pollination"; and Pimentel, "Environmental and Economic Costs."

For birds dispersing seeds, Charlie Crisafulli, U.S. Forest Service, personal communica- tion, September 5, 2014; Dale, Swanson, and Crisafulli, *Ecological Responses to the 1980 Eruption of Mount St. Helens*; Darwin, *On the Origin of Species* ("living birds can hardly fail to be highly," 391); Friðriksson and Magnússon,"Colonization of the Land"; Green and Elmberg, "Ecosystem Services"; Green, Figuerola, and Sánchez, "Implications of Waterbird Ecology"; Kays et al., "The Effect of Feeding Time"; Borgþór Magnússon, personal communication, October 14, 2013; Magnússon, Magnússon, and Friðriksson,"Developments in Plant Colonization"; Nogales et al., "Ecological and Biogeographical Implications"; Sánchez, Green, and Castellanos,"Internal Transport of Seeds"; Şekercioğlu, "Increasing Awareness" ("Perhaps the least appreciated contribution," 465); Wenny et al., "The Need to Quantify"; and Whelan, Wenny, and Marquis, "Ecosystem Services."

For vultures, see Markandya et al., "Counting the Cost of Vulture Decline" ("great service to mankind in keeping clean the environments," 196); Pain et al., "Causes and Effects"; and Wheye and Kennedy, *Humans, Nature, and Birds*.

For Lyme disease, see Blockstein, "Lyme Disease"; Bucher, "The Causes of Extinction"; Ostfeld et al., "Climate, Deer, Rodents, and Acorns"; U.S. Centers for Disease Control and Prevention, "CDC Provides Estimate"; and Zhang et al., "Economic Impact."

For West Nile virus, see Allan et al., "Ecological Correlates"; Kilpatrick, "Globalization"; LaDeau, Kilpatrick, and Marra, "West Nile Virus"; and Swaddle and Calos, "Avian Diversity."

For avian flu, see Altizer, Bartel, and Han, "Animal Migration" ("dense aggregations of animals," 300); Berhane et al., "Highly Pathogenic Avian Influenza"; Brown et al.,"Dissecting a Wildlife Disease Hotspot"; Brown and Rohani, "The Consequences of Climate Change"; Krauss et al., "Influenza in Migratory Birds"; Krauss et al., "Coincident Ruddy Turnstone Migration"; Maxted et al., "Avian Influenza Virus" ("near-zero prevalence," 329); Maxted et al., "Annual Survival of Ruddy Turnstones"; and David Stallknecht, SCWDS, Unicersity of Georgia, personal communication, October 14, 2013 ("Delaware Bay is unique").

For guano, see Mathew, "Peru and the British Guano Market"; Olinger, "The Guano Age in Peru"; and Romero, "Peru Guards Its Guano."

For red-footed boobies, see Galetti and Dirzo, "Ecological and Evolutionary Consequences"; and McCauley et al., "From Wing to Wing."

For extinction rates, see Arkema et al., "Coastal Habitats"; Barnosky et al., "Earth's Sixth Mass Extinction" ("the recent loss," 56); Birdlife International, "One in Eight"; Birdlife International, "We Have Lost Over 150 Bird Species"; Burgess, Bowring, and Shen, "High-Precision Timeline"; Costanza et al., "Changes in the Global Value"; Daily et al., "Ecosystem Services"; Galetti and Dirzo, "Ecological and Evolutionary Consequences"; Green and Elmberg, "Ecosystem Services"; McCauley, "Selling Out on Nature"; Pimm, *The World According to Pimm* ("Humanity's impact," 214); Şekercioğlu, "Increasing Awareness"; Şekercioğlu, Daily, and Ehrlich, "Ecosystem Consequences"; and Zimmer, "The Price Tag."

第十一章 最長的一天：北極地區

For recorded historical observations of Southampton Island, see Comer,"A Geographical Description" ("particularly anxious to make certain inquiries," 87); Manning, "Some Notes"; and Ross, "Whaling."

For population of polar bears in the Foxe Basin, see Peacock et al., "Polar Bear Ecology"; and Stapleton et al., *Aerial Survey*.

For climate of Southampton and East Bay, see CAFF, *Arctic Biodiversity Trends, 2010*.

Additional information about 4KL's travels at www.bandedbirds.org.

For physiological changes in knots on the breeding grounds, see Morrison, Davidson, and Piersma, "Transformations"; and Vézina et al., "Phenotypic Compromises."

For the nineteenth-century history of the search for knots in the Arctic, see Borup, *A Tenderfoot with Peary*; Dresser,"On the Late Dr. Walter's Ornithological Researches"; Ekblaw, "Finding the Nest" ("to ornithologists and bird lovers the world over," 97); Feilden, "Breeding of the

Knot"; Feilden, "List of Birds Observed"; Greely, *Three Years of Arctic Service* ("We never obtained the nest" and "a completely- formed hard-shelled egg ready to be laid," 377); Harting, "Discovery of the Eggs"; Hunt and Thompson, *North to the Horizon* ("had never been found," 77); Levere, *Science and the Canadian Arctic*; MacMillan, *How Peary Reached the Pole* ("the eggs had never been found previously," 275); Merriam, "The Eggs of the Knot"; Parmelee, Stephens, and Schmidt, *The Birds of Southeastern Victoria Island* ("most severe, the summit having been swept almost continuously by the polar winds" and "No doubt this individual had," 100); Parry, *Appendix to Captain Parry's Journal* ("killed in the Duke of York's Bay," 355); Parry, *Journal of a Second Voyage* ("They lay four eggs on a tuft of withered grass, without being at the pains of forming any nest," 460–61; and "zoologist," 344–45); Parry, *Supplement to the Appendix* ("breeds in great abundance on the North Georgian Islands," cci); Pleske, *Birds of the Eurasian Tundra*; and Vaughan, *In Search of Arctic Birds* ("Of all the Arctic breeding waders whose eggs were sought and prized by collectors, the Knot took pride of place" and "hard to explain," 158).

Information on satellite trackers, new light-sensitive data loggers, and geolocators and nesting knots from Paul Howey, Microwave Telemetry, Inc., Columbia, Md.; Niles, "What We Still Don't Know"; Niles et al., "First Results"; and Ron Porter, personal communication, January 2, 2014.

For George Miksch Sutton and other biologists on knots in Southampton, see Abraham and Ankney, "Summer Birds" ("courtship flights, chases, and vocalizations in four separate locations," "broody" female, and "an adult with one flightless young," 184–85); Berger, "George Miksch Sutton"; Jackson, *George Miksch Sutton*; Sutton, "Birds of Southampton Island" ("clean-edged beauty of the Arctic," 1–3; "very quiet and dignified in behavior, especially when compared with the turn- stones which flashed and rattled along the beaches everywhere," 123); and Sutton, "The Exploration of Southampton Island" ("clean-edged beauty of the Arctic," 1; "Many an explorer," 1; and "expert mechanic, boatman, huntsman, dog-team driver, and igloo-builder," 5).

For the flight of Arctic terns, see Egevang et al., "Tracking of Arctic Terns."

For knots that "swim with great ease," see Baird, Brewer, and Ridgway, *The Water Birds of North America*, 215.

For preening waxes in sandpipers, see Reneerkens, Piersma, and Damsté, "Sandpipers (Scolopacidae) Switch from Monoester."

Knot nesting in East Bay from Darryl Edwards, Biology Department, Laurentian University, personal communication, February 14, 2014.

For advantages to high-latitude migration, see McKinnon et al., "Lower Predation Risk."

For nest survival when knot parents share the work, see Pirie, Johnston, and Smith,"Tier 2 Surveys."

For lemmings, see Bêty et al., "Shared Predators"; Fraser et al., "The Red Knot"; Nolet et al., "Faltering Lemming Cycles"; Perkins, Smith, and Gilchrist, "The Breeding Ecology of Ruddy Turnstones"; Schmidt et al., "Response of an Arctic Predator."

For breeding knots, see Dresser, "On the Late Dr. Walter's Ornithological Researches" ("the male was always most careful of the young, whereas the female, when in the vicinity, had the appearance of a disinterested spectator," 232); and Parmelee, Stephens, and Schmidt, *The Birds of Southeastern Victoria Island*.

For warming Arctic, see Miller et al., "Unprecedented Recent Summer Warmth"; and Perovich et al., "Sea Ice."

For murres, mosquitoes, and polar bears, see Elliott and Gaston, "Mass-Length Relationships"; Gaston and Elliott, "Effects of Climate-Induced Changes"; Gaston, Smith, and Provencher, "Discontinuous Change"; Tony Gaston, research scientist (retired), Environment Canada, personal communication, February 4, 2014 ("so thick," "they are wearing fur boots," and "It just won't be the Arctic anymore"); Mallory et al., "Effects of Climate Change"; Smith et al., "Has Early Ice Clearance Increased Predation?"; Zöckler, Lanctot, and Syroechkovsky, "Waders (Shorebirds)."

For melting ice and polar bears in Hudson Bay, see Castro de la Guardia et al., "Future Sea Ice Conditions"; Iverson et al., "Longer Ice-Free Season"; Molnár et al., "Predicting Climate Change Impacts"; Molnár et al., "Predicting Survival"; Karyn Rode, U.S. Geological Survey, personal communication, September 8, 2014; Rode et al., "Comments in Response"; Rode et al., "Variation in the Response"; and Stirling and Derocher, "Effects of Climate Warming."

For geese, see Abraham et al., "Northern Wetland Ecosystems"; Alisauskas, Leafloor, and Kellet, "Population Status"; AMAP, *Arctic Climate Issues, 2011*; Feng et al., "Evaluating Observed and Projected Future Climate Changes"; Johnson et al., "Assessment of Harvest"; Kerbes, Meeres, and Alisaukas, *Surveys of Nesting Lesser Snow Geese*; Jim Leafloor, Canadian Wildlife Service, personal communication, January 28, 2014 ("about 29 polar bears"); and Smith et al., "Has Early Ice Clearance Increased Predation?"

Almost finding a knot nest in East Bay from Kara Anne Ward, medical student, University of Ottawa, personal communication, August 22, 2012.

第十二章 南返：詹姆斯灣、明根列島和圭亞那地區

For numbers of shorebirds and knots going through James Bay, see Mark Peck, Royal Ontario Museum, personal communication, April 2, 2014; and Pollock, Abraham, and Nol, "Migrant Shorebird Use of Akimiski Island."

For possible first knots on James Bay, see Newman, *A Dictionary of British Birds*; Richardson, Swainson, and Kirby, *Fauna Boreali-Americana*; and Williams, *Andrew Graham's Observations*.

Sewage lagoon counts provided by Mike Burrell, Bird Studies Canada.

Bird counts at Longridge provided by Jean Iron, Ontario.

For more recent observations of knots passing through the bay and the food they eat, see Hope and Shortt, "Southward Migration of Adult Shorebirds" ("an enormous flock," 572); Martini and Morrison, "Regional Distribution"; Morrison and Harrington, "Critical Shorebird Resources"; and Morrison and Harrington, "The Migration System of the Red Knot."

For the Hudson Bay Lowland, see Abraham and Keddy, "The Hudson Bay Lowland"; Abraham et al., "Hudson Plains Ecozone+ Status and Trends Assessment"; Riley, *Wetlands of the Ontario Hudson Bay Lowland*; and Stewart and Lockhart, *An Overview of the Hudson Bay Marine Ecosystem*.

Chickney Point data from Christian Friis, Canadian Wildlife Service, and the team at Chickney Point.

For James Bay shrinking at Shegogau Creek, Ken Abraham, Ontario Ministry of Natural Resources, personal communication, February 27, 2014.

Possible origin of fossil from David Rudkin, Royal Ontario Museum, personal communication, October 3, 2012.

Jean Iron's website is http://www.jeaniron.ca/.

For starlings, see Cabe, "European Starling (*Sturnus Vulgaris*)" ("arguably the most successful avian introduction on this continent").

For the Bonaparte's gull, see Burger and Gochfeld, "Bonaparte's Gull."

For nesting little gulls, see Wilson and McRae, *Seasonal and Geographical Distribution of Birds*.

For 1994 knot sightings in Churchill, see IBA Canada, "Churchill and Vicinity."

For geolocators and Nelson River, see Niles et al., "Migration Pathways"; and Niles et al., "First Results."

Information on the new radio sensors from Phil Taylor, Bird Studies Canada Chair of Ornithology at Acadia University, Nova Scotia, personal communication, February 21, 2014.

Information for knots along the Hayes River from Ann McKellar, Canadian Wildlife Service, personal communication, June 26, 2014.

Bird sightings from the James Bay team on the way back to Toronto from Mike Burrell.

Big Year birds finding from Josh Vandermeulen, personal communication, February 11, 2014, account on http://joshvandermeulen.blogspot.com/.

Knot data on the Mingan Islands comes from Yves Aubry, Canadian Wildlife Service.

For ocean acidification, see Benoît et al., *State-of-the-Ocean Report*; Cooley and Doney,"Anticipating Ocean Acidification's Economic Consequences"; Gaylord et al., "Functional Impacts of Ocean Acidification"; Gobler et al., "Hypoxia and Acidification"; Hönisch et al., "The Geological Record of Ocean Acidification"; IGBP, IOC, and SCOR, *IGBP, IOC, SCOR: Ocean Acidification Summary for Policymakers*; Jansson, Norkko, and Norkko, "Effects of Reduced pH on *Macoma Balthica*"; O'Donnell, George, and Carrington, "Mussel Byssus Attachment"; Talmage and Gobler,"Effects of Past, Present, and Future Ocean Carbon Dioxide"; Van Colen et al., "The Early Life History of the Clam *Macoma Balthica*"; Waldbusser et al., "A Developmental and Energetic Basis"; Waldbusser and Salisbury, "Ocean Acidification in the Coastal Zone"; and Wang et al., "The Marine Inorganic Carbon System."

For shorebirds in the Guianas, see Morrison and Ross, *Atlas of Nearctic Shorebirds on the Coast of South America*, vol. 1; Morrison and Spaans, "National Geographic Mini-Expedition to Surinam, 1978"; Morrison et al., "Dramatic Declines"; Ottema and Spaans, "Challenges and Advances in Shorebird Conservation"; Trull, "Shorebirds and Noodles" ("strongly-tasting," 269); U.S. Fish and Wildlife Service, "Proposed Threatened Status"; U.S. Fish and Wildlife Service, "Rufa Red Knot Ecology and Abundance"; and Watts et al. "Whimbrel Tracking in the Americas."

後記 回家

For seals and sealing, see Lelli, Harris, and Aboueissa, "Seal Bounties in Maine and Massachusetts"; Mowat, *Sea of Slaughter*.

For history of knots and horseshoe crabs on Cape Cod, see Forbush, *Game Birds*; Hapgood and Roosevelt, *Shorebirds*; Mackay, "Observations on the Knot" ("exceedingly large numbers" and "This was previous," 29; and "in old times," 30); and Thoreau, *Cape Cod*.

For wintering knots molting in Massachusetts, see Burger et al., "Migration and Over- wintering of Red Knots"; Niles et al., "Migration Pathways."

For juvenile survival, see Leyrer et al., "Small-Scale Demographic Structure."

For knots historically near my home, see Townsend, *Birds of Essex County*.

For knots and hurricanes, see Niles et al., "Migration Pathways"; and Niles et al., "First Results."

參考資料

Abraham, K. F., and C. D. Ankney. "Summer Birds of East Bay, Southampton Island, Northwest Territories." *Canadian Field-Naturalist* 100, no. 2 (1986): 180–85.

Abraham, K. F., R. L. Jefferies, R. T. Alisaukas, and R. F. Rockwell. "Northern Wetland Ecosystems and Their Response to High Densities of Lesser Snow Geese and Ross's Geese." In *Evaluation of Special Management Measures for Midcontinent Lesser Snow Geese and Ross's Geese*, edited by J. O. Leafloor, T. J. Moser, and B.D. J. Batt, 9–45. Arctic Goose Joint Venture Special Publication. Washington, D.C., and Ottawa: U.S. Fish and Wildlife Service and Canadian Wildlife Service, 2012.

Abraham, K. F., and C. J. Keddy. "The Hudson Bay Lowland." In *The World's Largest Wetlands*, edited by Lauchlan H. Fraser and Paul A. Keddy, 118–48. Cambridge: Cambridge University Press, 2005.

Abraham, K. F., L. M. McKinnon, Z. Jumean, S. M. Tully, L. R. Walton, and H. M. Stewart. "Hudson Plains Ecozone+ Status and Trends Assessment." Ottawa: Canadian Council of Resource Ministers, 2011.

Aieta, Amy E., and Kenneth Oliveira. "Distribution, Prevalence, and Intensity of the Swim Bladder Parasite *Anguillicola Crassus* in New England and Eastern Canada." *Diseases of Aquatic Organisms* 84, no. 3 (2009): 229–35.

Albrieu, C., and S. Ferrari. "La participación de los municipios en la conservación de los humedales costeros." Presentation at the Taller Regional sobre Humedales Costeros Patagónicos. Organizado por la Secretaría de Ambiente y Desarrollo Sustentable de la Nación, Buenos Aires, July 2–3, 2007.

Albrieu, C., S. Ferrari, and G. Montero. "Investigación, educación e transferencia: Unha alianza para a conservación das aves de praia migratorias e os seus hábitats no estuario do Río Gallegos (Patagonia Austral, Argentina)."*AmbientaMENTE Sustentable* 1, nos. 9–10 (2010): 18–97.

Alexander, Stuart, and Cheri L. Gratto-Trevor. *Shorebird Migration and Staging at a Large Prairie Lake and Wetland Complex: The Quill Lakes, Saskatchewan*. Canadian Wildlife Service, 1997.

Alexander, S. A., K. A. Hobson, C. L. Gratto-Trevor, and A. W. Diamond."Conventional and Isotopic Determinations of Shorebird Diets at an Inland Stopover: The Importance of Inverterbrates and *Potamogeton Pectinatus* Tubers." *Canadian Journal of Zoology* 74, no. 6 (1996): 1057–68.

Alisauskas, R. T., J. O. Leafloor, and D. K. Kellet. "Population Status of Midcontinent Lesser Snow Geese and Ross's Geese Following Special Conservation Measures." In *Evaluation of Special Management Measures for Midcontinent Lesser Snow Geese and Ross's Geese.*, edited by J. O. Leafloor, T. J. Moser, and B. D. J. Batt, 132–77. Arctic Goose Joint Venture Special Publication. Washington, D.C., and Ottawa: U.S. Fish and Wildlife Service and Canadian Wildlife Service, 2012.

Allan, Brian F., R. Brian Langerhans, Wade A. Ryberg, William J. Landesman, Nicholas W. Griffin, Rachael S. Katz, Brad J. Oberle, et al. "Ecological Correlates of Risk and Incidence of West Nile Virus in the United States." *Oecologia* 158, no. 4 (2009): 699–708.

Altizer, Sonia, Rebecca Bartel, and Barbara. A. Han."Animal Migration and Infectious Disease Risk." *Science* 331, no. 6015 (2011): 296–302.

AMAP. *Arctic Climate Issues 2011: Changes in Arctic Snow, Water, Ice, and Permafrost.SWIPA 2011 Overview Report*. Oslo: AMAP, 2012.

American Wind Energy Association. "State Wind Energy Statistics: Texas," June 3, 2013. http://www.awea.org/Resources/state.aspx?ItemNumber=5183.

Anderson, Rebecca L., Winsor H. Watson, and Christopher C. Chabot. "Sublethal Behavioral and Physiological Effects of the Biomedical Bleeding Process on the American Horseshoe Crab, *Limulus Polyphemus*." *Biological Bulletin*, December 1, 2013, 137–51.

Andres, Brad A., Paul A. Smith, R. I. Guy Morrison, Cheri L. Gratto-Trevor, Stephen C. Brown, and Christian A. Friis. "Population Estimates of North American Shorebirds, 2012." *Wader Study Group Bulletin* 119 (2013): 178–94.

The Aransas Project v Shaw, et al. No. 13-40317, U.S. Court of Appeals, Fifth Circuit, 2014.

Arkema, Katie K., Greg Guannel, Gregory Verutes, Spencer A. Wood, Anne Guerry, Mary Ruckelshaus, Peter Kareiva, Martin Lacayo, and Jessica M. Silver. "Coastal Habitats Shield People and Property from Sea-Level Rise and Storms." *Nature Climate Change* 3, no. 10 (2013): 913–18.

Atkinson, Philip W., Allan J. Baker, Karen A. Bennett, Nigel A. Clark, Jacquie A. Clark, Kimberly B. Cole, Anne Dekinga, Amanda Dey, Simon Gillings, and Patricia M. González. "Rates of Mass Gain and Energy Deposition in Red Knot on Their Final Spring Staging Site Is Both Time- and Condition-Dependent." *Journal of Applied Ecology* 44, no. 4 (2007): 885–95.

Atlantic States Marine Fisheries Commission (ASMFC). *Addendum I to the Fishery Management Plan for Horseshoe Crab*." Arlington, Va.: ASMFC, April 2000.

———. *American Eel Benchmark Stock Assessment*. Stock Assessment Report no.12–01. Arlington, Va.: ASMFC, 2012.

———. *American Shad Stock Assessment*. Report no. 07–01 (supplement), vol. 51. Arlington, Va.: ASMFC, 2007.

———. *ASMFC Approves Resolution to Ban the Import and Use of Asian Horseshoe Crabs as Bait*. Arlington, Va.: ASMFC, February 21, 2013.

———. *ASMFC River Herring Benchmark Assessment Indicates Stock Is Depleted*. Arlington, Va.: ASMFC, May 4, 2012.

———. *Draft Addendum III to the Fishery Management Plan for American Eel for Public Comment*. Arlington, Va.: ASMFC, March 2013.

———. *Horseshoe Crab Technical Committee Meeting Summary*, September 25, 2013. Arlington, Va.: ASMFC, n.d.

Atlantic States Marine Fisheries Commission (ASMFC) Delaware Bay Ecosystem Technical Committee. *ARM Recommendation*. Arlington, Va.: ASMFC, September 5, 2012.

———. *Meeting Summary*, September 24, 2013. Arlington, Va.: ASMFC, n.d.

Atlantic States Marine Fisheries Commission (ASMFC) Horseshoe Crab Plan Review Team. *2013 Review of the Atlantic States Marine Fisheries Commission Fishery Management Plan for Horseshoe Crab (Limulus Polyphemus) 2012 Fishing Year.* Arlington, Va.: ASMFC, May 2013.

Atlantic States Marine Fisheries Commission (ASMFC) Horseshoe Crab Stock Assessment Subcommittee. *2013 Horseshoe Crab Stock Assessment Update*. Arlington, Va.: ASMFC, 2013.

Audubon, John James, and William Macgillivray. *Ornithological Biography*. Vol. 1. Pittsburgh: University of Pittsburgh, 2007. http://digital.library.pitt.edu/cgi- bin/t/text/text-idx?idno=31735056284882;view=toc;c=darltext.

———. *Ornithological Biography*. Vol. 3. Philadelphia: Judah Dobson, A. Black, 1839. http://digital.library.pitt.edu/cgi-bin/t/text/text-idx?c=darltext&cc=darltext&type=simple&q1=ornitho logical+biography&button1=Go.

———. *Ornithological Biography*. Vol. 4. Philadelphia: Judah Dobson, A. Black, 1839. http://digital.library.pitt.edu/cgi-bin/t/text/text-idx?c=darltext&cc=darltext&type=simple&q1=ornitho logical+biography&button1=Go.

Baird, Spencer Fullerton, T. M. Brewer, and Robert Ridgway. *The Water Birds of North America*. Boston: Little, Brown, 1884. http://archive.org/details/ waterbirdsofnort02bair.

Baker, Allan J., Patricia M. González, Theunis Piersma, Lawrence J. Niles, Ines de Lima Serrano do Nascimento, Philip W. Atkinson, Nigel A. Clark, Clive D. T. Minton, Mark K. Peck, and Geert Aarts. "Rapid Population Decline in Red Knots: Fitness Consequences of Decreased Refuelling Rates and Late Arrival in Delaware Bay." *Proceedings of the Royal Society of London, Series B: Biological Sciences* 271, no. 1541 (2004): 875–82.

Baker, Allan J., Sergio L. Pereira, and Tara A. Paton. "Phylogenetic Relationships and Divergence Times of Charadriiformes Genera: Multigene Evidence for the Cretaceous Origin of at Least 14 Clades of Shorebirds." *Biology Letters*, April 22, 2007, 205–9.

Baker, Allan J., Theunis Piersma, and Lene Rosenmeier. "Unraveling the Intraspecific Phylogeography of Knots *Calidris Canutus*: A Progress Report on the Search for Genetic Markers." *Journal für Ornithologie*, October 1, 1994, 599–608.

Baldi, Ricardo, Andrés Novaro, Martín Funes, Susan Walker, Pablo Ferrando, Mauricio Failla, and Pablo Carmanchahi. "Guanaco Management in Patagonian Rangelands: A Conservation Opportunity on the Brink of Collapse." *In Wild Rangelands: Conserving Wildlife While Maintaining Livestock in Semi-arid Ecosystems*, edited by Johan T. du Toit Head, Richard Kocknager, and James C. Deutsch, 266–90. Hoboken: John Wiley & Sons, 2010.

Ball, Walter William Rouse. *A History of the Study of Mathematics at Cambridge*. Cambridge: Cambridge University Press, 1883.

Bandedbirds.org. "Banding and Resightings." www.bandedbirds.org.

Banerji, Mary Ann, and Richard P. Spencer. "Febrile Response to Cerebrospinal Fluid Flow Studies." *Journal of Nuclear Medicine* 13, no. 8 (1972): 655.

Barlow, Robert B., and Maureen K. Powers. "Seeing at Night and Finding Mates: The Role of Vision." In *The American Horseshoe Crab,* edited by Carl N. Shuster Jr., Robert B. Barlow, and H. Jane Brockmann, 83–102. Cambridge, Mass.: Harvard University Press, 2003.

Barnes, Brooks, Barry R. Truitt, and William A. Warner. *Seashore Chronicles*. Charlottesville: University of Virginia, 1999.

Barnosky, Anthony D., and Emily L. Lindsey. "Timing of Quaternary Megafaunal Extinction in South America in Relation to Human Arrival and Climate Change." *Quaternary International*, April 15, 2010, 10–29.

Barnosky, Anthony D., Nicholas Matzke, Susumu Tomiya, Guinevere O. U. Wogan, Brian Swartz, Tiago B. Quental, Charles Marshall, et al. "Has the Earth's Sixth Mass Extinction Already Arrived?" *Nature* 471, no. 7336 (2011): 51–57.

Barsoum, Noha, and Charles Kleeman. "Now and Then, the History of Parenteral Fluid Administration." *American Journal of Nephrology* 22, nos. 2–3 (2002): 284–89.

Bastidas, Pamela Domínquez. *Cerro Sombrero: Arquitectura moderna en Tierra Del Fuego*. Santiago: CNCA, 2011.

Battley, Phil F., Nils Warnock, T. Lee Tibbitts, Robert E. Gill, Theunis Piersma, Chris J. Hassell, David C. Douglas, et al. "Contrasting Extreme Long-Distance Migration Patterns in Bar-Tailed Godwits *Limosa Lapponica*." *Journal of Avian Biology* 43, no. 1 (2012): 21–32.

Beesley, Maurice. "Sketch of the Early History of the County of Cape May." In *Geology of the County of Cape May, State of New Jersey*, 158–205. Trenton: New Jersey Geological Survey, 1857.

Bell, J. C., and J. T. Nichols. "Notes on the Food of Carolina Sharks." *Copeia*, March 15, 1921, 17–20.

Benoît, Hugues P., Jacques A. Gagné, Patrick Ouellet, and Marie-Noëlle Bourassa, eds. *State-of-the-Ocean Report for the Gulf of St. Lawrence Integrated Management (GOSLIM) Area*. Moncton, New Brunswick: Fisheries and Oceans Canada; Mont-Joli, Québec: Pêche et Océans, 2012.

Bent, Arthur Cleveland. *Life Histories of North American Shore Birds*. Vol. 1. New York: Dover, 1962.

"Berge Nice." *Ocean Orbit*, February 2005, 3.

Berger, Andrew J. "George Miksch Sutton." *Wilson Bulletin* 80, no. 1 (1968): 30–35.

Bergreen, Laurence. *Over the Edge of the World*. New York: William Morrow, 2003.

Berhane, Yohannes, Tamiko Hisanaga, Helen Kehler, James Neufeld, Lisa Manning, Connie Argue, Katherine Handel, Kathleen Hooper-McGrevy, Marilyn Jonas, and John Robinson. "Highly Pathogenic Avian Influenza Virus A (H7N3) in Domestic Poultry, Saskatchewan, Canada, 2007." *Emerging Infectious Diseases* 15, no. 9 (2009): 1492.

Bêty, Joël, Gilles Gauthier, Erkki Korpimäki, and Jean-François Giroux. "Shared Predators and Indirect Trophic Interactions: Lemming Cycles and Arctic- Nesting Geese." *Journal of Animal Ecology* 71, no. 1 (2002): 88–98.

Beyersbergen, Gerard W., and David C. Duncan. *Shorebird Abundance and Migration Chronology at Chaplin Lake, Old Wives Lake and Reed Lake, Saskatchewan: 1993 and 1994*. Technical Report Series no 484. Environment Canada, 2007.

Bird, Junius. *Travels and Archaeology in South Chile*. Edited by John Hyslop. Iowa City: University of Iowa Press, 1988.

BirdLife International. "Birds Are Very Useful Indicators for Other Kinds of Biodiversity." *Birdlife International: State of the World's Birds,* 2013. http:// www.birdlife.org/datazone/sowb/casestudy/79.

———. "*Eurynorhynchus Pygmeus*." *IUCN 2013: IUCN Red List of Threatened Species, Version 2013.2.*, 2013. www.iucnredlist.org.

———. "One in Eight of All Bird Species Is Threatened with Global Extinction." *Birdlife International: State of the World's Birds,* 2014. http://www.birdlife.org/ datazone/sowb/casestudy/106.

———. "*Podiceps Gallardoi*." *IUCN Red List of Threatened Species Version 2013.1, 2013*. http://www.iucnredlist.org.

———. "We Have Lost Over 150 Bird Species since 1500." *Birdlife International: State of the World's Birds,* 2011. http://www.birdlife.org/datazone/sowb/casestudy/ 102.

Bjorndal, Karen A., and Jeremy B. C. Jackson. "Roles of Sea Turtles in Marine Ecosystems: Reconstructing the Past." In *The Biology of Sea Turtles*, edited by Peter L. Lutz, John A. Musick, and Jeanette Wyneken, 2:259–74. Boca Raton: CRC, 2003.

Blockstein, David E. "Lyme Disease and the Passenger Pigeon?" *Science*, March 20, 1998, 1831.

Borup, George. *A Tenderfoot with Peary*. New York: F. A. Stokes, 1911.

Botton, Mark L. "The Ecological Importance of Horseshoe Crabs in Estuarine and Coastal Communities: A Review and Speculative Summary." In *Biology and Conservation of*

Horseshoe Crabs, edited by John T. Tanacredi, Mark L. Botton, and David R. Smith, 45–63. Dordrecht: Springer, 2009.

Botton, M. L., and B. A. Harrington. "Synchronies in Migration: Shorebirds, Horseshoe Crabs, and Delaware Bay." In *The American Horseshoe Crab*, edited by Carl N. Shuster Jr., Robert B. Barlow, and H. Jane Brockmann, 5–26. Cambridge, Mass.: Harvard University Press, 2003.

Botton, Mark L., and Tomio Ito. "The Effects of Water Quality on Horseshoe Crab Embryos and Larvae." In *Biology and Conservation of Horseshoe Crabs*, edited by John T. Tanacredi, Mark L. Botton, and David R. Smith, 439–52. Dordrecht: Springer, 2009.

Botton, M. L., and R. E. Loveland. "Reproductive Risk: High Mortality Associated with Spawning by Horseshoe Crabs (*Limulus Polyphemus*) in Delaware Bay, USA." *Marine Biology*, April 1, 1989, 143–51.

Botton, Mark L., Robert E. Loveland, and Timothy R. Jacobsen. "Site Selection by Migratory Shorebirds in Delaware Bay, and Its Relationship to Beach Characteristics and Abundance of Horseshoe Crab (*Limulus Polyphemus*) Eggs." *Auk* 111, no. 3 (1994): 605–16.

Botton, M., P. Shin, S. Cheung, G. Gauvry, G. Kreamer, D. Smith, J. Tanacredi, and K. Laurie. "Emerging Issues in Horseshoe Crab Conservation: A Perspective from the IUCN Species Specialist Group." In *Abstract Book*, 21. San Diego: CERF, 2013.

Botton, M. L., and Carl N. Shuster Jr. "Horseshoe Crabs in a Food Web: Who Eats Whom?" In *The American Horseshoe Crab*, edited by Carl N. Shuster Jr., Robert B. Barlow, and H. Jane Brockmann, 133–53. Cambridge, Mass.: Harvard University Press, 2003.

Brown, V. L., J. M. Drake, D. E. Stallknecht, J. D. Brown, K. Pedersen, and P. Rohani. "Dissecting a Wildlife Disease Hotspot: The Impact of Multiple Host Species, Environmental Transmission and Seasonality in Migration, Breeding and Mortality." *Journal of the Royal Society Interface* 10, no. 79 (2013): 20120804.

Brown, V. L., and Pejman Rohani. "The Consequences of Climate Change at an Avian Influenza 'Hotspot.' " *Biology Letters* 8, no. 6 (2012): 1036–39.

Bucher, Enrique H. "The Causes of Extinction of the Passenger Pigeon." *Current Ornithology* 9 (1992): 1–36.

Buckel, Jeffrey A., and Kim A. McKown. "Competition between Juvenile Striped Bass and Bluefish: Resource Partitioning and Growth Rate." *Marine Ecology Progress Series* 234 (2002): 191–204.

Buehler, Deborah M., and Allan J. Baker. "Population Divergence Times and Historical Demography in Red Knots and Dunlins." *Condor* 107, no. 3 (2005): 497–513.

Buehler, Deborah M., Allan J. Baker, and Theunis Piersma. "Reconstructing Palaeoflyways of the Late Pleistocene and Early Holocene Red Knot *Calidris Canutus*." *Ardea* 94, no. 3 (2006): 484–98.

Burger, Joanna, and Michael Gochfeld. "Bonaparte's Gull (*Larus Philadelphia*)." Edited by A. Poole and F. Gill. *The Birds of North America Online*, 2002.

Burger, Joanna, Caleb Gordon, J. Lawrence, James Newman, Greg Forcey, and Lucy Vlietstra. "Risk Evaluation for Federally Listed (Roseate Tern, Piping Plover) or Candidate (Red Knot) Bird Species in Offshore Waters: A First Step for Managing the Potential Impacts of Wind Facility Development on the Atlantic Outer Continental Shelf." *Renewable Energy* 36, no. 1 (2011): 338–51.

Burger, Joanna, and Lawrence J. Niles. "Closure versus Voluntary Avoidance as a Method of

Protecting Migrating Shorebirds on Beaches in New Jersey." *Wader Study Group Bulletin* 120, no. 1 (2013): 20–25.

Burger, Joanna, Lawrence J. Niles, Ronald R. Porter, Amanda D. Dey, Stephanie Koch, and Caleb Gorden. "Migration and Over-wintering of Red Knots (*Calidris Canutus Rufa*) along the Atlantic Coast of the United States." *Condor* 114, no. 2 (2012): 1–12.

Burgess, Seth D., Samuel Bowring, and Shu-zhong Shen. "High-Precision Timeline for Earth's Most Severe Extinction." *Proceedings of the National Academy of Sciences* 111, no. 9 (2014): 3316–21.

Burleigh, Thomas. *Georgia Birds*. Norman: University of Oklahoma Press, 1958.

Cabe, Paul R. "European Starling (*Sturnus Vulgaris*)." Edited by A. Poole and F. Gill. *The Birds of North America Online*, 1993.

CAFF. *Arctic Biodiversity Trends, 2010—Selected Indicators of Change*. Akureyri, Iceland: CAFF International Secretariat, May 2010.

Cantwell, Robert. *Alexander Wilson: Naturalist and Pioneer, a Biography*. Philadelphia: Lippincott, 1961.

Cape Romain National Wildlife Refuge. *Comprehensive Conservation Plan*. Atlanta: USFWS Southeast Region, 2010.

Carmona, Roberto, Victor Ayala-Pérez, Nallely Arce, and Lorena Morales-Gopar. "Use of Saltworks by Red Knots at Guerrero Negro, Mexico." *Wader Study Group Bulletin* 111 (2006): 46–49.

Carpenter, C. C. "The Erratic Evolution of Cholera Therapy: From Folklore to Science." *Clinical Therapeutics* 12, supplement A (1990): 22–28.

Castro de la Guardia, Laura, Andrew E. Derocher, Paul G. Myers, Arjen D. Terwisscha van Scheltinga, and Nick J. Lunn. "Future Sea Ice Conditions in Western Hudson Bay and Consequences for Polar Bears in the 21st Century." *Global Change Biology* 19, no. 9 (2013): 2675–87.

Chediak, Mark. "Gulf Coast Beckons Wind Farms When West Texas Gusts Fade." *Bloomberg Sustainability,* October 11, 2013. http://www.bloomberg.com/news/2013–10–10/gulf-coast-beckons-wind-farms-when-west-texas-gusts-fade.html.

Chen, Chang-Po, and Hwey-Lian Hsieh. "The Challenges and Opportunities for Horseshoe Crab Conservation in Taiwan." Presentation at the International Workshop on the Science and Conservation of Asian Horseshoe Crabs, Hong Kong, June 12–16, 2011. In *Abstracts of Plenary Talks and Oral Presentations*, PT-1. Hong Kong, 2011. http://www.cityu.edu.hk/bch/iwscahc2011/Download/ Plenary_Talks_&_Oral.pdf.

"The Cholera." *Lancet* 2 (1854): 266.

Cione, Alberto L., Eduardo P. Tonni, and Leopoldo Soibelzon. "Did Humans Cause the Late Pleistocene–Early Holocene Mammalian Extinctions in South America in a Context of Shrinking Open Areas?" In *American Megafaunal Extinctions at the End of the Pleistocene,* edited by Gary Haynes, 125–44. Dordrecht: Springer Netherlands, 2009.

Clark, Kathleen E., Lawrence J. Niles, and Joanna Burger."Abundance and Distribution of Migrant Shorebirds in Delaware Bay." *Condor* 95, no. 3 (1993): 694–705.

Cobb, J. N."The Sturgeon Fishery of Delaware River and Bay." In *U.S. Fish Commission Report for 1899,* 369–80. Washington, D.C.: U.S. Commission of Fish and Fisheries, 1900.

Coclanis, Peter A. "Bitter Harvest: The South Carolina Low Country in Historical Perspective." *Journal of Economic History* 45, no. 2 (1985): 251–59.

Cohen, Jonathan B., Brian D. Gerber, Sarah M. Karpanty, James D. Fraser, and Barry R. Truitt. "Day and Night Foraging of Red Knots (*Calidris Canutus*) during Spring Stopover in Virginia, USA." *Waterbirds* 34, no. 3 (2011): 352–56.

Comer, George. "A Geographical Description of Southampton Island and Notes upon the Eskimo." *Bulletin of the American Geographical Society* 42, no. 2 (1910): 84–90.

Cooke, Wells. "Distribution and Migration of North American Shorebirds." *Bulletin of the United States Bureau of Biological Survey* 35 (1912). http://www.biodiver- sitylibrary.org/bibliography/54050.

Cooley, Sarah R., and Scott C. Doney. "Anticipating Ocean Acidification's Economic Consequences for Commercial Fisheries." *Environmental Research Letters*, June 1, 2009, 024007.

Cooper, James F., and John C. Harbert. "Endotoxin as a Cause of Aseptic Meningitis After Radionuclide Cisternography." *Journal of Nuclear Medicine* 16, no. 9 (1975): 809–13.

Cooper, T. R., and R. D. Rau. *American Woodcock Population Status*, 2013. Laurel, Md.:U.S. Fish and Wildlife Service, 2013.

Cornell Lab of Ornithology. "Eskimo Curlew: Three Strikes in the Wink of an Eye." *All about Birds*, n.d. www.birds.cornell.edu/AllAbout Birds/conservation/ extinctions/eskimo-curlew.

Costanza, Robert, Rudolf de Groot, Paul Sutton, Sander van der Ploeg, Sharolyn J. Anderson, Ida Kubiszewski, Stephen Farber, and R. Kerry Turner. "Changes in the Global Value of Ecosystem Services." *Global Environmental Change* 26 (May 2014): 152–58.

Cuthbert, Robert B., and Stephen G. Hoffius, eds. *Northern Money, Southern Land*. Columbia: University of South Carolina Press, 2009.

Daily, Gretchen C., Stephen Polasky, Joshua Goldstein, Peter M. Kareiva, Harold A. Mooney, Liba Pejchar, Taylor H. Ricketts, James Salzman, and Robert Shallenberger. "Ecosystem Services in Decision Making: Time to Deliver." *Frontiers in Ecology and the Environment* 7, no. 1 (2009): 21–28.

Dale, Virginia H., Frederick J. Swanson, and Charles M. Crisafulli. *Ecological Responses to the 1980 Eruption of Mount St. Helens*. New York: Springer, 2005.

Darwin, Charles. *The Autobiography of Charles Darwin, 1809–1882. With the Original Omissions Restored. Edited and with Appendix and Notes by His Grand-daughter Nora Barlow*. London: Collins, 1958.

———. *Journal of Researches into the Natural History and Geology of the Countries Visited during the Voyage of H.M.S. Beagle round the World*. 2nd ed. London: John Murray, 1845. http://darwin-online.org.uk/content/frameset?itemID=F14 &viewtype=text&pageseq=1.

———. *On the Origin of Species by Means of Natural Selection; or, The Preservation of Favoured Races in the Struggle for Life*. 3rd ed. London: John Murray, 1861. http://darwin-online.org.uk/content/frameset?itemID=F381&viewtype=text& pageseq=1.

Davis, Michelle L., Jim Berkson, and Marcella Kelly. "A Production Modeling Approach to the Assessment of the Horseshoe Crab (*Limulus Polyphemus*) Population in Delaware Bay." *Fishery Bulletin* 104 (2006): 215–26.

Delancey, Larry, and Brad Floyd. *Tagging of Horseshoe Crabs*, Limulus Polyphemus, *in Conjunction with Commercial Harvesters and the Biomedical Industry in South Carolina*. Charleston: South Carolina Sea Grant Consortium, 2012.

Delaware Coastal Programs and Delaware Sea Level Rise Advisory Committee. *Preparing for Tomorrow's High Tide*. Dover: Delaware Coastal Programs, Department of Natural Resources and Environmental Control, July 2012.

De Lucas, Manuela, Miguel Ferrer, Marc J. Bechard, and Antonio R. Muñoz. “Griffon Vulture Mortality at Wind Farms in Southern Spain: Distribution of Fatalities and Active Mitigation Measures.” *Biological Conservation* 147, no. 1 (2012): 184–89.

Denton, Winston, and Cindy Contreras. *The Red Tide* (Karenia Brevis) *Bloom of 2000*. Austin: Resource Protection Division, Texas Parks and Wildlife Department, June 2004.

DeVillers, Pierre, and Jean A. Terschuren. “Some Distributional Records of Migrant North American Charadriiformes in Coastal South America.” *Le Gerfaut* 67 (1977): 107–25.

Dey, Amanda, Kevin Kalasz, and Dan Hernandez. “Delaware Bay Egg Survey, 2005–2010: Unpublished Report to the Atlantic States Marine Fisheries Commission,” 2011.

Dey, Amanda, Matthew Danihel, Kevin Kalasz, and Dan Hernandez. “Delaware Bay Horseshoe Crab Egg Survey, 2005–2012: Unpublished Report to the Atlantic States Marine Fisheries Commission,” 2013.

Ding, Jeak Ling, and Bow Ho. “Endotoxin Detection—From Limulus Amebocyte Lysate to Recombinant Factor C.” In *Endotoxins: Structure, Function and Recognition*, edited by Xiaoyuan Wang and Peter J. Quinn, 187–208. Subcellular Biochemistry 53. Springer 2010. http://link.springer.com/chapter/10.1007/978- 90–481–9078–2_9.

———. “Strategy to Conserve Horseshoe Crabs by Genetic Engineering of Limulus Factor C for Pyrogen Testing.” Presentation at the International Workshop on the Science and Conservation of Asian Horseshoe Crabs, Hong Kong, June 12–16, 2011. In *Abstracts of Plenary Talks and Oral Presentations*, O–11. Hong Kong, 2011.

Ding, Jeak Ling, Yong Zhu, and Bow Ho. “High-Performance Affinity Capture- Removal of Bacterial Pyrogen from Solutions.” *Journal of Chromatography B: Biomedical Sciences and Applications* 759, no. 2 (2001): 237–46.

Dorwart, Jeffery M. *Cape May County, New Jersey: The Making of an American Resort Community*. New Brunswick: Rutgers University Press, 1992.

Doughty, Robin W. “Sea Turtles in Texas: A Forgotten Commerce.” *Southwestern Historical Quarterly* 88, no. 1 (1984): 43–70.

Dresser, H. E. “On the Late Dr. Walter’s Ornithological Researches in the Taimyr Peninsula.” *Ibis* 46, no. 2 (1904): 228–35.

Driggers, William B., III, G. Walter Ingram Jr., Mark A. Grace, Christopher T. Gledhill, Terry A. Henwood, Carrie N. Horton, and Christian M. Jones. “Pupping Areas and Mortality Rates of Young Tiger Sharks *Galeocerdo Cuvier* in the Western North Atlantic Ocean.” *Aquatic Biology* 2, no. 2 (2008): 161–70.

Dubczak, J. “Proven Biomedical Horseshoe Crab Conservation Initiatives.” Presentation at the International Workshop on the Science and Conservation of Asian Horseshoe Crabs, Hong Kong, June 12–16, 2011. In *Abstracts of Plenary Talks and Oral Presentations*, O–8. Hong Kong, 2011.

Duerr, Adam E., Bryan D. Watts, and Fletcher M. Smith. *Population Dynamics of Red Knots Stopping over in Virginia during Spring Migration*. Center for Conservation Biology Technical Report Series, CCBTR–11–04. Williamsburg: College of William and Mary and Virginia Commonwealth University, 2011.

Dunne, Pete. *Bayshore Summer: Finding Eden in a Most Unlikely Place*. Boston: Houghton Mifflin Harcourt, 2010.

———. "Knot Then, Knot Now, Knot Later." *Peregrine Observer* 34 (Summer 2012): 5–9.

———. *Tales of a Low-Rent Birder*. Austin: University of Texas Press, 1995.

Dunne, P., D. Sibley, C. Sutton, and W. Wander. "Aerial Surveys in Delaware Bay: Confirming an Enormous Spring Staging Area for Shorebirds." *Wader Study Group Bulletin* 35 (1982): 32–33.

Eagle, Josh. "Issues and Approaches in the Regulation of the Horseshoe Crab Fishery." In *Limulus in the Limelight*, 85–92. New York: Kluwer, 2001.

Eastern Massachusetts National Wildlife Refuge Complex. *Compatibility Determination*. Sudbury, Mass.: Eastern Massachusetts National Wildlife Refuge Complex, May 22, 2002.

Egevang, Carsten, Iain J. Stenhouse, Richard A. Phillips, Aevar Petersen, James W. Fox, and Janet R. D. Silk. "Tracking of Arctic Terns Sterna Paradisaea Reveals Longest Animal Migration." *Proceedings of the National Academy of Sciences*, February 2, 2010, 2078–81.

Ekblaw, W. Elmer. "Finding the Nest of the Knot." *Wilson Bulletin*, December 1, 1918, 97–100.

Elliott, Kyle Hamish, and Anthony J. Gaston. "Mass-Length Relationships and Energy Content of Fishes and Invertebrates Delivered to Nestling Thick-Billed Murres *Uria Lomvia* in the Canadian Arctic, 1981–2007." *Marine Ornithology* 36 (n.d.): 25–33.

Emerson, Eva. "The Intrigue and Reach of Epigenetics Grows." *Science News* 183, no. 7 (2013): 2.

Escudero, Graciela, Juan G. Navedo, Theunis Piersma, Petra De Goeij, and Pim Edelaar. "Foraging Conditions 'at the End of the World' in the Context of Long-Distance Migration and Population Declines in Red Knots." *Austral Ecology*, May 1, 2012, 355–64.

Evenden, Matthew D. "The Laborers of Nature: Economic Ornithology and the Role of Birds as Agents of Biological Pest Control in North American Agriculture, ca. 1880–1930." *Forest and Conservation History*, October 1, 1995, 172–83.

Fanning, Mary M., Ron Wassel, and Toni Piazza-Hepp. "Pyrogenic Reactions to Gentamicin Therapy." *New England Journal of Medicine* 343, no. 22 (2000): 1658–59.

Feilden, H. W. "Breeding of the Knot in Grinnell Land." *British Birds* 13, no. 11 (1920):278–82.

———. "List of Birds Observed in Smith Sound and in the Polar Basin during the Arctic Expedition of 1875–76." *Ibis* 19, no. 4 (1877): 401–12.

Feng, Song, Chang-Hoi Ho, Qi Hu, Robert J. Oglesby, Su-Jong Jeong, and Baek-Min Kim. "Evaluating Observed and Projected Future Climate Changes for the Arctic Using the Köppen-Trewartha Climate Classification." *Climate Dynamics*, April 1, 2012, 1359–73.

Ferrari, S., B. Ercolano, and C. Albrieu. "Pérdida de hábitat por actividades antrópicas en las marismas y planicies de marea del estuario del Río Gallegos (Patagonia Austral, Argentina)." In *Gestión sostenible de humedales: 3*, edited by M. Castro Lucic and Reyes Fernández, 19–327. Santiago: CYTED y Programa Internacional de Interculturalidad, 2007.

Ferrari, Silvia, Santiago Imberti, and Carlos Albrieu. "Magellanic Plovers *Pluvianellus Socialis* in Southern Santa Cruz Province, Argentina." *Wader Study Group Bulletin*. 101–2 (2003): 1–6.

Fisher, Robert A., and Dylan Lee Fisher. *The Use of Bait Bags to Reduce the Need for Horseshoe Crab as Bait in the Virginia Whelk Fishery*. VIMS Marine Resource Report No. 2006–10. Gloucester Point, Va.: Virginia Sea Grant, October 2006.

Fleckenstein, Henry, A., Jr. *Shorebird Decoys*. Exton, Pa.: Schiffer, 1980.

Flores, Marcelo M. A. *Antecedentes sobre la avifauna y mastozoofauna marina de Isla Riesco y áreas adyacentes*. Oceana, 2011.

Forbush, Edward Howe. *A History of the Game Birds, Wild-fowl and Shore Birds of Massachusetts and Adjacent States*. Boston: Massachusetts State Board of Agriculture, 1912.

Foster, Charles R., Anthony F. Amos, and Lee A. Fuiman. “Trends in Abundance of Coastal Birds and Human Activity on a Texas Barrier Island over Three Decades.” *Estuaries and Coasts* 32, no. 6 (2009): 1079–89.

Fowler, Henry W. “The King Crab Fisheries in Delaware Bay.” In *Annual Report of the New Jersey State Museum: Including a List of the Specimens Received during the Year, 1907*, 111–19. Trenton: MacCrellish & Quigley, 1908.

Fraser, J. D., S. M. Karpanty, J. B. Cohen, and B. R. Truitt. “The Red Knot (*Calidris Canutus Rufa*) Decline in the Western Hemisphere: Is There a Lemming Connection?” *Canadian Journal of Zoology* 91, no. 1 (2013): 13–16.

“Fresh Water Peril Seen in Rising Sea.” *New York Times*, November 21, 1953, 15.

Friðriksson, Sturla, and Borgþór Magnússon. “Colonization of the Land.” *Surtsey—The Surtsey Research Society*, 2007. http://www.surtsey.is/pp_ens/biola_1.htm.

Friedman, Richard L. “Aseptic Processing Contamination Case Studies and the Pharmaceutical Quality System.” *PDA Journal of Pharmaceutical Science and Technology* 59 (April 2005): 118–26.

“From Cape May.” *Philadelphia Inquirer*, August 10, 1853, 2.

Galetti, Mauro, and Rodolfo Dirzo. “Ecological and Evolutionary Consequences of Living in a Defaunated World.” *Biological Conservation* 163 (2013): 1–6.

Gascoigne, William R., Dana Hoag, Lynne Koontz, Brian A. Tangen, Terry L. Shaffer, and Robert A. Gleason. “Valuing Ecosystem and Economic Services across Land-Use Scenarios in the Prairie Pothole Region of the Dakotas, USA.” *Ecological Economics*, August 15, 2011, 1715–25.

Gaston, Anthony J., and Kyle H. Elliott. “Effects of Climate-Induced Changes in Parasitism, Predation and Predator-Predator Interactions on Reproduction and Survival of an Arctic Marine Bird.” *Arctic*, August 3, 2013, 43–51.

Gaston, Anthony J., Paul A. Smith, and Jennifer F. Provencher. “Discontinuous Change in Ice Cover in Hudson Bay in the 1990s and Some Consequences for Marine Birds and Their Prey.” *ICES Journal of Marine Science: Journal du conseil*, September 1, 2012, 1218–25.

Gauvry, G., and M. D. Janke. “Current Horseshoe Crab Harvesting Practices Cannot Support Global Demand for TAL/LAL.” Presentation at the International Workshop on the Science and Conservation of Asian Horseshoe Crabs, Hong Kong, June 12–16, 2011. In *Abstracts of Plenary Talks and Oral Presentations*, PT-4. Hong Kong, 2011.

Gaylord, Brian, Tessa M. Hill, Eric Sanford, Elizabeth A. Lenz, Lisa A. Jacobs, Kirk N. Sato, Ann D. Russell, and Annaliese Hettinger. “Functional Impacts of Ocean Acidification in an Ecologically Critical Foundation Species.” *Journal of Experimental Biology* 214, no. 15 (n.d.): 2586–94.

Germano, Frank. “Horseshoe Crabs: Balanced Management Plan Yields Fishery and Biomedical Benefits.” *DMF News*, 2nd quarter (2003): 6–8.

Giaccardi, Maricel, and Laura M. Reyes, eds. *Plan de manejo del área natural protejida Bahía de San Antonio, Río Negro*. Gobierno de la Provincia de Río Negro, 2012.

Gibson, Rosemary, and Allan Baker. “Multiple Gene Sequences Resolve Phylogenetic Relationships in the Shorebird Suborder Scolopaci (Aves: Charadriiformes).” *Molecular Phylogenetics and Evolution* 64, no. 1 (2012): 66–72.

Gill, Robert E., Pablo Canevari, and Eve H. Iverson. “Eskimo Curlew (*Numenius Borealis*).” *Birds of North America Online*, 1998. http://bna.birds.cornell.edu/ bna/species/347.

Gill, Robert E., Jr., David C. Douglas, Colleen M. Handel, T. Lee Tibbitts, Gary Hufford, and

Theunis Piersma. "Hemispheric-Scale Wind Selection Facilitates Bar-Tailed Godwit Circum-Migration of the Pacific." *Animal Behaviour* 90 (2014): 117–30.

Given, Aaron M. "Leucistic Red Knot *Calidris Canutus* at Kiawah Island, South Carolina." *Wader Study Group Bulletin* 118, no. 1 (2011): 65.

Gobler, Christopher J., Elizabeth L. DePasquale, Andrew W. Griffith, and Hannes Baumann. "Hypoxia and Acidification Have Additive and Synergistic Negative Effects on the Growth, Survival, and Metamorphosis of Early Life Stage Bivalves." *PLoS ONE*, January 8, 2014, e83648.

González, Patricia M. "Las aves migratorias." In *Las mesetas patagónicas que caen al mar: La costa rionegrina*, edited by Ricardo Freddy Masera, Juana Lew, and Guillermo Serra Peirano, 321–48. Viedma: Gobierno de Río Negro, 2005.

González, Patricia M., Allan J. Baker, and María Eugenia Echave. "Annual Survival of Red Knots (*Calidris Canutus Rufa*) Using the San Antonio Oeste Stopover Site Is Reduced by Domino Effects Involving Late Arrival and Food Depletion in Delaware Bay." *Hornero* 21, no. 2 (2006): 109–17.

González, Patricia, Theunis Piersma, and Yvonne Verkuil. "Food, Feeding, and Refueling of Red Knots during Northward Migration at San Antonio Oeste, Rio Negro, Argentina." *Journal of Field Ornithology* 67, no. 4 (1996): 575–91.

Goode, George Brown. *The Fisheries and Fishery Industries of the United States*. Section 1, *Natural History of Useful Aquatic Animals*. Washington, D.C.: U.S. Commission of Fish and Fisheries, 1884.

"The Great King Crab Invasion." *Chicago Tribune*, July 24, 1871.

Greely, Adolphus Washington. *Three Years of Arctic Service: An Account of the Lady Franklin Bay Expedition of 1881–84*. Vol. 2. London: Richard Bentley & Son, 1886.

Green, Andy J., and Johan Elmberg. "Ecosystem Services Provided by Waterbirds." *Biological Reviews* (2013).

Green, Andy J., Jordi Figuerola, and Marta I. Sánchez. "Implications of Waterbird Ecology for the Dispersal of Aquatic Organisms." *Acta Oecologica* 23, no. 3 (2002): 177–89.

Greenberg, Joel. *A Feathered River across the Sky*. New York: Bloomsbury, 2014.

Hall, Ansley. "Notes on the Oyster Industry of New Jersey." In *Part VIII: Report of the Commissioner for the Year Ending June 30, 1892*, edited by U.S. Commission of Fish and Fisheries, 463–528. Washington, D.C.: U.S. Commission of Fish and Fisheries, 1894.

Hallmann, Caspar A., Ruud P. B. Foppen, Chris A. M. van Turnhout, Hans de Kroon, and Eelke Jongejans. "Declines in Insectivorous Birds Are Associated with High Neonicotinoid Concentrations." *Nature* 511, no. 7509 (2014): 341–43.

Hann, Roy W. "Fate of Oil from the Supertanker *Metula*. *International Oil Spill Conference Proceedings* 1 (March 1977): 465–68.

———. *VLCC* Metula *Oil Spill*. Washington, D.C.: U.S. Coast Guard, 1974.

Hannan, Laura B., James D. Roth, Llewellyn M. Ehrhart, and John F. Weishampel. "Dune Vegetation Fertilization by Nesting Sea Turtles." *Ecology*, April 1, 2007, 1053–58.

Hapgood, Warren, and Robert B. Roosevelt. *Shorebirds*. New York: Forest & Stream,1881.

Haramis, G. Michael, A. Link, C. Osenton, David B. Carter, Richard G. Weber, Nigel A. Clark, Mark A. Teece, and David S. Mizrahi. "Stable Isotope and Pen Feeding Trial Studies Confirm the Value of Horseshoe Crab *Limulus Polyphemus* Eggs to Spring Migrant Shorebirds in

Delaware Bay." *Journal of Avian Biology* 38, no. 3 (2007): 367–76.

Harrington, Brian. *The Flight of the Red Knot*. New York: W. W. Norton, 1996.

Harrington, B. A., and R. I. G. Morrison. "Notes on the Wintering Areas of Red Knot *Calidris Canutus Rufa* in Argentina, South America." *Wader Study Group Bulletin* 28 (1980): 40–42.

Harting, J. E. "Discovery of the Eggs of the Knot." *Zoologist* 9, no. 105 (1885):344–45.

Henkel, Jessica R., Bryan J. Sigel, and Caz M. Taylor. "Large-Scale Impacts of the Deepwater Horizon Oil Spill: Can Local Disturbance Affect Distant Ecosystems through Migratory Shorebirds?" *BioScience* 62, no. 7 (2012): 676–85.

Hetland, Robert D., and Lisa Campbell. "Convergent Blooms of *Karenia Brevis* along the Texas Coast." *Geophysical Research Letters* 34, no. 19 (2007): L19604.

Hicklin, Peter W., and John W. Chardine. "The Morphometrics of Migrant Semipalmated Sandpipers in the Bay of Fundy: Evidence for Declines in the Eastern Breeding Population." *Waterbirds* 35, no. 1 (2012): 74–82.

Hildebrand, H. "Hallazgo del área de anidación de al tortouga 'Lora' *Lepidochelys Kempii* (Garman), en la costa occidental del Golfo de México (Reptila, Chelonia)." *Ciencia* (Mexico) 22 (1963): 105–112. Translated by Charles W. Caillouet Jr. and reproduced at http://www.seaturtle.org/mtn/archives.

Hladik, Michelle L., Dana W. Kolpin, and Kathryn M. Kuivila. "Widespread Occurrence of Neonicotinoid Insecticides in Streams in a High Corn and Soybean Producing Region, USA." *Environmental Pollution* 193 (October 2014): 189–96.

Hönisch, Bärbel, Andy Ridgwell, Daniela N. Schmidt, Ellen Thomas, Samantha J. Gibbs, Appy Sluijs, Richard Zeebe, et al. "The Geological Record of Ocean Acidification." *Science* 335, no. 6072 (2012): 1058–63.

Hope, C. E., and T. M. Shortt. "Southward Migration of Adult Shorebirds on the West Coast of James Bay, Ontario." *Auk* 61, no. 4 (1944): 572–76.

Hornaday, William Temple. *Our Vanishing Wildlife*. New York: New York Zoological Society, 1913.

Houghton, Jonathan D. R., Thomas K. Doyle, Mark W. Wilson, John Davenport, and Graeme C. Hays. "Jellyfish Aggregations and Leatherback Turtle Foraging Patterns in a Temperate Coastal Environment." *Ecology*, August 1, 2006, 1967–72.

Howard-Jones, Norman. "Cholera Therapy in the Nineteenth Century." *Journal of the History of Medicine and Allied Sciences* 27, no. 4 (1972): 373–95.

Hu, M. H., Y. J. Wang, S. G. Cheung, P. K. S. Shin, and Q. Z. Li. "Distribution, Abundance and Population Structure of Horseshoe Crabs along Three Intertidal Zones of Beibu Gulf, Southern China." Presentation at the International Workshop on the Science and Conservation of Asian Horseshoe Crabs, Hong Kong, June 12–16, 2011. In *Abstracts of Plenary Talks and Oral Presentations*, O–1. Hong Kong, 2011.

Hunt, Harrison J., and Ruth Hunt Thompson. *North to the Horizon: Searching for Peary's Crocker Land*. Camden, Me.: Down East Books, 1980.

Hurton, Lenka, Jim Berkson, and Stephen Smith. "The Effect of Hemolymph Extraction Volume and Handling Stress on Horseshoe Crab Mortality." In *Biology and Conservation of Horseshoe Crabs*, edited by John T. Tanacredi, Mark L. Botton, and David R. Smith, 331–46. Dordrecht: Springer, 2009.

IBA Canada. "Churchill and Vicinity." *IBA Canada*. http://www.ibacanada.ca/site. jsp?siteID—B003&lang=EN.

IGBP, IOC, and SCOR. *IGBP, IOC, SCOR: Ocean Acidification Summary for Policymakers—Third Symposium on the Ocean in a High-CO2 World*. Stockholm: International Geosphere-Biosphere Programme, 2013.

Isack, H. A., and H.-U. Reyer. "Honeyguides and Honey Gatherers: Interspecific Communication in a Symbiotic Relationship." *Science* 243, no. 4896 (1989): 1343–46.

Iverson, Samuel, H. Grant Gilchrist, Paul Smith, Anthony J. Gaston, and Mark Forbes. "Longer Ice-Free Seasons Increase the Risk of Nest Depredation by Polar Bears for Colonial Breeding Birds in the Canadian Arctic." *Proceedings of the Royal Society B* 281, no. 1779 (2014).

Jack, Janis Graham. "Memorandum Opinion and Verdict of the Court: *The Aransas Project vs. Bryan Shaw*." U.S. District Court, Southern District of Texas, Corpus Christi Division, 2013.

Jackson, Jerome A. *George Miksch Sutton: Artist, Scientist, and Teacher.* Norman: University of Oklahoma Press, 2007.

James-Pirri, Mary-Jane. *Assessment of Spawning Horseshoe Crabs* (Limulus Polyphemus) *at Cape Cod National Seashore, 2008–2009*. Natural Resource Technical Report NPS/CACO/NRTR–2012/573. Fort Collins, Colo.: National Park Service, April 2012.

James-Pirri, M. J., K. Tuxbury, S. Marino, and S. Koch. "Spawning Densities, Egg Densities, Size Structure, and Movement Patterns of Spawning Horseshoe Crabs, *Limulus Polyphemus*, within Four Coastal Embayments on Cape Cod, Massachusetts." *Estuaries* 28, no. 2 (2005): 296–313.

Jansson, Anna, Joanna Norkko, and Alf Norkko. "Effects of Reduced pH on *Macoma Balthica* Larvae from a System with Naturally Fluctuating pH-Dynamics." *PloS One* 8, no. 6 (2013): e68198.

Jehl, Joseph R., Jr. "Disappearance of Breeding Semipalmated Sandpipers from Churchill, Manitoba: More than a Local Phenomenon." *Condor* 109, no. 2 (2007): 351–60.

———. "*Pluvianellus Socialis*: Biology, Ecology and Relatinships of an Enigmatic Patagonian Shorebird." *Transactions of the San Diego Society of Natural History* 18 (1975): 25–74.

Jenkins, Scott, Jeffrey Paduan, Philip Roberts, Daniel Schlenk, and Judith Weiss. *Management of Brine Discharges to Coastal Waters: Recommendations of a Science Advisory Panel*. Costa Mesa: Southern California Coastal Water Research Project, 2013.

Jetz, W., G. H. Thomas, J. B. Joy, K. Hartmann, and A. O. Mooers. "The Global Diversity of Birds in Space and Time." *Nature*, November 15, 2012, 444–48.

Johnson, A. W. *The Birds of Chile and Adjacent Regions of Argentina, Bolivia, and Peru.*Vol. 1. Buenos Aires: Platt Establecimientos Gráficos, 1965.

Johnson, Michael A., Paul I. Padding, Michel H. Gendron, Eric T. Reed, and David A. Graber. "Assessment of Harvest from Conservation Actions for Reducing Midcontinent Light Geese and Recommendations for Future Monitoring." In *Evaluation of Special Management Measures for Midcontinent Lesser Snow Geese and Ross's Geese*, edited by J. O. Leafloor, T. J. Moser, and B. D. J. Batt, 46–94. Arctic Goose Joint Venture Special Publication. Washington, D.C., and Ottawa:U.S. Fish and Wildlife Service and Canadian Wildlife Service, 2012.

Jones, Sierra J., Fernando P. Lima, and David S. Wethey. "Rising Environmental Temperatures and Biogeography: Poleward Range Contraction of the Blue Mussel, *Mytilus Edulis* L., in the Western Atlantic." *Journal of Biogeography* 37, no. 12 (2010): 2243–59.

Kanchanapongkul, Jirasak. "Tetrodotoxin Poisoning Following Ingestion of the Toxic Eggs of the Horseshoe Crab *Carcinoscorpius Rotundicauda*: A Case Series from 1994 through 2006." *Southeast Asian Journal of Tropical Medicine and Public Health* 39, no. 2 (2008): 303–6.

Kanchanapongkul, J., and P. Krittayapoositpot. "An Epidemic of Tetrodotoxin Poisoning Following Ingestion of the Horseshoe Crab *Carcinoscorpius Rotundicauda*." *Southeast Asian Journal of Tropical Medicine and Public Health* 26, no. 2 (1995): 364–67.

Karp, Daniel S., Chase D. Mendenhall, Randi Figueroa Sandí, Nicolas Chaumont, Paul R. Ehrlich, Elizabeth A. Hadly, and Gretchen C. Daily. "Forest Bolsters Bird Abundance, Pest Control and Coffee Yield." *Ecology Letters* 16, no. 11 (2013): 1339–47.

Kaufman, Kenn. *Lives of North American Birds*. Boston: Houghton Mifflin, 1996.

Kays, Roland, Patrick A. Jansen, Elise M. H. Knecht, Reinhard Vohwinkel, and Martin Wikelski. "The Effect of Feeding Time on Dispersal of Virola Seeds by Toucans Determined from GPS Tracking and Accelerometers." *Acta Oecologica* 37, no. 6 (2011): 625–31.

Kerbes, R. H., K. M. Meeres, and R. T. Alisaukas. *Surveys of Nesting Lesser Snow Geese and Ross's Geese in Arctic Canada, 2002–2009*. Arctic Goose Joint Venture Special Publication. Washington, D.C., and Ottawa: U.S. Fish and Wildlife Service and Canadian Wildlife Service, 2014.

Kilpatrick, A. Marm. "Globalization, Land Use, and the Invasion of West Nile Virus." *Science*, October 21, 2011, 323–27.

Kimmelman, Michael. "Former Landfill, a Park to Be, Proves a Savior in the Hurricane." *New York Times*, December 17, 2012, C5.

King, F. Wayne. "Historical Review of the Decline of the Green Turtle and Hawksbill." In *Biology and Conservation of Sea Turtles: Proceedings of the World Conference on Sea Turtle Conservation. Washington, D.C., 26–30 November, 1979*, edited by Karen Bjorndal, 183–88. Washington, D.C.: Smithsonian Institution Press, 1995.

King, P. P. *Voyages of the* Adventure *and* Beagle. Vol. 1. London: Henry Colburn, 1839.

Krauss, Scott, Caroline A. Obert, John Franks, David Walker, Kelly Jones, Patrick Seiler, Larry Niles, S. Paul Pryor, John C. Obenauer, and Clayton W. Naeve. "Influenza in Migratory Birds and Evidence of Limited Intercontinental Virus Exchange." *PLoS Pathogens* 3, no. 11 (2007): e167.

Krauss, Scott, David E. Stallknecht, Nicholas J. Negovetich, Lawrence J. Niles, Richard J. Webby, and Robert G. Webster. "Coincident Ruddy Turnstone Migration and Horseshoe Crab Spawning Creates an Ecological 'Hot Spot' for Influenza Viruses." *Proceedings of the Royal Society B: Biological Sciences*, November 22, 2010, 3373–79.

Kurz, W., and M. J. James-Pirri. "The Impact of Biomedical Bleeding on Horseshoe Crab, *Limulus Polyphemus*, Movement Patterns on Cape Cod, Massachusetts." *Marine and Freshwater Behaviour and Physiology* 35, no. 4 (2002): 261–68.

LaDeau, Shannon L., A. Marm Kilpatrick, and Peter P. Marra. "West Nile Virus Emergence and Large-Scale Declines of North American Bird Populations." *Nature*, June 7, 2007, 710–13.

Lane, J. Perry. "Eels and Their Utilization." *Marine Fisheries Review,* April 1978, 1–20.

Latorre, Claudio, Patricio I. Moreno, Gabriel Vargas, Antonio Maldonado, Rodrigo Villa-Martínez, Juan J. Amresto, Carolina Villagrán, Mario Pino, Lauraro Núñez, and Martin Grosjean. "Late Quaternary Environments and Palaeoclimate." In *The Geology of Chile*, edited by Teresa Moreno and Wes Gibbons, 309–28. London: Geological Society of London, 2007.

Leibovitz, Louis, and Gregory Lewbart. "Diseases and Symbionts: Vulnerability Despite Tough Shells." In *The American Horseshoe Crab*, edited by Carl N. Shuster Jr., Robert B. Barlow, and H. Jane Brockmann, 245–75. Cambridge, Mass.: Harvard University Press, 2003.

Lelli, Barbara, David E. Harris, and AbouEl-Makarim Aboueissa. "Seal Bounties in Maine and Massachusetts, 1888 to 1962." *Northeastern Naturalist*, July 1, 2009,239–54.

Lenes, J. M., B. A. Darrow, J. J. Walsh, J. M. Prospero, R. He, R. H. Weisberg, G. A. Vargo, and C. A. Heil. "Saharan Dust and Phosphatic Fidelity: A Three- Dimensional Biogeochemical Model of *Trichodesmium* as a Nutrient Source for Red Tides on the West Florida Shelf." *Continental Shelf Research* 28, no. 9 (2008): 1091–1115.

Leopold, Aldo. *A Sand County Almanac: With Other Essays on Conservation from Round River*. New York: Random House, 1966.

Leschen, A. S., and S. J. Correia. "Mortality in Female Horseshoe Crabs (*Limulus Polyphemus*) from Biomedical Bleeding and Handling: Implications for Fisheries Management." *Marine and Freshwater Behaviour and Physiology* 43, no. 2 (2010): 135–47.

———. "Response to Associates of Cape Cod Comments on 'Mortality in Female Horseshoe Crabs (*Limulus Polyphemus*) from Biomedical Bleeding and Handling: Implications for Fisheries Management' by A. S. Leschen and S. J. Correia (2010)," November 2, 2010.

Levere, Trevor Harvey. *Science and the Canadian Arctic: A Century of Exploration,1818–1918*. Cambridge: Cambridge University Press, 1993.

Levin, Jack. "The History of the Development of the Limulus Amebocyte Lysate Test." In *Bacterial Endotoxins: Structure, Biomedical Significance, and Detection with the Limulus Amebocyte Lysate Test*, edited by Harry R. Büller, Augueste Sturk, Jack Levin, and Jan W. ten Cate, 3–28. New York: Alan R. Liss, 1985.

Levin, Jack, H. Donald Hochstein, and Thomas J. Novitsky. "Clotting Cells and Limulus Amebocyte Lystate: An Amazing Analytical Tool." In *The American Horseshoe Crab*, edited by Carl N. Shuster Jr., Robert B. Barlow, and H. Jane Brockmann, 310–40. Cambridge, Mass.: Harvard University Press, 2003.

Leyrer, Jutta, Tamar Lok, Maarten Brugge, Anne Dekinga, Bernard Spaans, Jan A. van Gils, Brett K. Sandercock, and Theunis Piersma. "Small-Scale Demographic Structure Suggests Preemptive Behavior in a Flocking Shorebird." *Behavioral Ecology* 23, no. 6 (2012): 1226–33.

Lomax, Dean R., and Christopher A. Racay. "A Long Mortichnial Trackway of *Mesolimulus walchi* from the Upper Jurassic Solnhofen Lithographic Limestone near Wintershof, Germany." *Ichnos* 19, no. 3 (2012): 175–83.

Loveland, Robert E. "The Life History of Horseshoe Crabs." In *Limulus in the Limelight*, edited by John T. Tanacredi, 93–101. New York: Kluwer, 2001.

Loverock, Bruce, Barry Simon, Allen Burgenson, and Alan Baines. "A Recombinant Factor C Procedure for the Detection of Gram-Negative Bacterial Endotoxina." *Pharmacopeial Forum* 36, no. 1 (2010): 321–29.

Lynam, Christopher P., Mark J. Gibbons, Bjørn E. Axelsen, Conrad A.J. Sparks, Janet Coetzee, Benjamin G. Heywood, and Andrew S. Brierley. "Jellyfish Overtake Fish in a Heavily Fished Ecosystem." *Current Biology* 16, no. 13 (2006): R492–93.

Machut, L. S., and K. E. Limburg. "*Anguillicola Crassus* Infection in *Anguilla Rostrata* from Small Tributaries of the Hudson River Watershed, New York, USA." *Diseases of Aquatic Organisms* 79, no. 1 (2007): 37–45.

Mackay, George H. "Observations on the Knot (*Tringa Canutus*)." *Auk* 10, no. 1 (1893):25–35.

MacKenzie, Clyde L. "History of the Fisheries of Raritan Bay, New York and . . ." *Marine Fisheries Review* 52, no. 4 (1990): 1–45.

MacKinnon, J. B. *The Once and Future World*. Boston: Houghton Mifflin, 2013.

MacMillan, Donald Baxter. *How Peary Reached the Pole: The Personal Story of His Assistant, Donald B. MacMillan* Boston: Houghton Mifflin, 1934.

Magaña, Hugo A., Cindy Contreras, and Tracy A. Villareal. "A Historical Assessment of *Karenia Brevis* in the Western Gulf of Mexico." *Harmful Algae* 2, no. 3 (2003): 163–71.

Magnússon, Borgthór, Sigurdur H. Magnússon, and Sturla Friðriksson. "Developments in Plant Colonization and Succession on Surtsey during 1999– 2008." *Surtsey Research* 12 (2009): 57–76.

Mallory, M. L., A. J. Gaston, H. G. Gilchrist, G. J. Robertson, and B. M. Braune."Effects of Climate Change, Altered Sea-Ice Distribution and Seasonal Phenology on Marine Birds." In *A Little Less Arctic*, edited by Steven H. Ferguson, Lisa L. Loseto, and Mark L. Mallory, 179–95. Dordrecht: Springer Netherlands, 2010.

Manikkam, Mohan, Rebecca Tracey, Carlos Bosagna-Guerrero, and Michael K. Skinner. "Plastics Derived Endocrine Disruptors (BPA, DEHP and DBP) Induce Epigenetic Transgenerational Inheritance of Obesity, Reproductive Disease and Sperm Epimutations." *PLoS ONE,* January 24, 2013.

Mann, Michael E. *The Hockey Stick and the Climate Wars*. New York: Columbia University Press, 2012.

Manning, T. H. "Some Notes on Southampton Island." *Geographical Journal* 88, no. 3 (1936): 232–242.

Manville, Alfred M. "Framing the Issues Dealing with Migratory Birds, Commercial Land-Based Wind Energy Development, USFWS, and the MBTA." Presentation at the conference on the Migratory Bird Treaty Act Lewis and Clark Law School, October 21, 2011.

Markandya, Anil, Tim Taylor, Alberto Longo, M. N. Murty, Sucheta Murty, and K. Dhavala. "Counting the Cost of Vulture Decline—An Appraisal of the Human Health and Other Benefits of Vultures in India." *Ecological Economics* 67, no. 2 (2008): 194–204.

Marsh, Christopher P., and Philip M. Wilkinson. "Significance of the Central Coast of South Carolina as Critical Shorebird Habitat." *Chat* 54 (Fall 1991): 69–92.

Martini, I. P., and R. I. G. Morrison. "Regional Distribution of *Macoma Balthica* and *Hydrobia Minuta* on the Subarctic Coasts of Hudson Bay and James Bay, Ontario, Canada." *Estuarine, Coastal and Shelf Science* 24, no. 1 (1987): 47–68.

Martinic, Mateo. *Brief History of the Land of Magellan*. Translated by Juan C. Judikis.Punta Arenas: Universidad de Magallanes, 2002.

Mathew, W. M. "Peru and the British Guano Market, 1840–1870." *Economic History Review* 23, no. 1 (1970): 112.

Matthiessen, Peter. "Happy Days." *Audubon*, November 1975, 64–95.

Maxted, Angela M., M. Page Luttrell, Virginia H. Goekjian, Justin D. Brown, Lawrence J. Niles, Amanda D. Dey, Kevin S. Kalasz, David E. Swayne, and David E. Stallknecht. "Avian Influenza Virus Infection Dynamics in Shorebird Hosts." *Journal of Wildlife Diseases* 48 (2012): 322–34.

Maxted, Angela M., Ronald R. Porter, M. Page Luttrell, Virginia H. Goekjian, Amanda D. Dey, Kevin S. Kalasz, Lawrence J. Niles, and David E. Stallknecht. "Annual Survival of Ruddy Turnstones Is Not Affected by Natural Infection with Low Pathogenicity Avian Influenza Viruses." *Avian Diseases* 56, no. 3 (2012): 567–73.

McCauley, Douglas J. "Selling Out on Nature." *Nature* 443 (2006): 27–28.

McCauley, Douglas J., Paul A. DeSalles, Hillary S. Young, Robert B. Dunbar, Rodolfo Dirzo, Matthew M. Mills, and Fiorenza Micheli. "From Wing to Wing: The Persistence of Long Ecological Interaction Chains in Less-Disturbed Ecosystems." *Nature Scientific Reports* 2, (2012): 1–5.

McClenachan, Loren, Jeremy B. C. Jackson, and Marah J. H. Newman. "Conservation Implications of Historic Sea Turtle Nesting Beach Loss." *Frontiers in Ecology and the Environment* 4, no. 6 (2006): 290–96.

McDonald, Colin. "Wind Farms and Deadly Skies." *San Antonio Express News*, February 26, 2011. http://www.mysanantonio.com/living_green_sa/article/ Wind-farmsand-deadly-skies–1032765.php.

McDonald, Marshall. "Fisheries of the Delaware River." In *The Fisheries and Fisheries Industries of the United States*, section 5, vol. 1, *Histories and Methods of the Fisheries*, edited by George Brown Goode, 654–57. Washington, D.C.: U.S. Commission of Fish and Fisheries, 1887.

McKinnon, L., P. A. Smith, E. Nol, J. L. Martin, F. I. Doyle, K. F. Abraham, H. G. Gilchrist, R. I. G. Morrison, and J. Bêty. "Lower Predation Risk for Migratory Birds at High Latitudes." *Science* 327, no. 5963 (2010): 326–27.

McPhee, John. *The Founding Fish*. New York: Farrar, Straus & Giroux, 2002.

Merriam, C. Hart. "The Eggs of the Knot (*Tringa Canutus*) Found at Last!" *Auk*, July 1, 1885, 312–13.

Meyer de Schauensee, Rodolphe. *The Species of Birds of South America and Their Distribution*. Philadelphia: Academy of Natural Sciences, 1966.

Michaels, David. *Doubt Is Their Product*. New York: Oxford University Press, 2008.

Migratory Bird Conservation Commission. *2012 Annual Report*. U.S. Fish and Wildlife Service, 2013.

Milius, Susan. "Cat-Induced Death Toll Revised." *Science News*, March 8, 2014, 30.

———. "Windows Are Major Bird Killers." *Science News*, March 22, 2014, 8–9.

Millam, Doris. "The History of Intravenous Therapy." *Journal of Infusion Nursing* 19, no. 1 (1996): 5–15.

Miller, Gifford H., Scott J. Lehman, Kurt A. Refsnider, John R. Southon, and Yafang Zhong. "Unprecedented Recent Summer Warmth in Arctic Canada." *Geophysical Research Letters* 40, no. 21 (2013): 5745–51.

Miller, Kenneth G., Robert E. Kopp, Benjamin P. Horton, James V. Browning, and Andrew C. Kemp. "A Geological Perspective on Sea-Level Rise and Its Impacts along the U.S. Mid-Atlantic Coast." *Earth's Future*, December 1, 2013, 3–18.

Mineau, Pierre, and Cynthia Palmer. *The Impact of the Nation's Most Widely Used Insecticides on Birds*. American Bird Conservancy, 2013.

Mineau, Pierre, and Melanie Whiteside. "Pesticide Acute Toxicity Is a Better Correlate of US Grassland Bird Declines than Agricultural Intensification." *PloS One* 8, no. 2 (2013): e57457.

Mizrahi, David S., and Kimberly A. Peters. "Relationships between Sandpipers and Horseshoe Crab in Delaware Bay: A Synthesis." In *Biology and Conservation of Horseshoe Crabs*, edited by John T. Tanacredi, Mark L. Botton, and David R. Smith, 65–87. New York: Springer, 2009.

Mizrahi, David S., Kimberly A. Peters, and Patricia A. Hodgetts. "Energetic Condition of Semipalmated and Least Sandpipers during Northbound Migration Staging Periods in Delaware

Bay." *Waterbirds* 35, no. 1 (2012): 135–45.

Moczek, Armin P., Sonia Sultan, Susan Foster, Cris Ledón-Rettig, Ian Dworkin, H. Fred Nijhout, Ehab Abouheif, and David W. Pfennig. "The Role of Developmental Plasticity in Evolutionary Innovation." *Proceedings: Biological Sciences / The Royal Society* 278, no. 1719 (2011): 2705–13.

Molnár, Péter K., Andrew E. Derocher, Tin Klanjscek, and Mark A. Lewis. "Predicting Climate Change Impacts on Polar Bear Litter Size." *Nature Communications*, February 8, 2011, 186.

Molnár, Péter K., Andrew E. Derocher, Gregory W. Thiemann, and Mark A. Lewis. "Predicting Survival, Reproduction and Abundance of Polar Bears under Climate Change." *Biological Conservation* 143, no. 7 (2010): 1612–22.

Monomoy National Wildlife Refuge. *Monomoy National Wildlife Refuge Draft Comprehensive Conservation Plan and Environmental Impact Statement*. Vols. 1–2. Sudbury, Mass.: U.S. Fish and Wildlife Service, April 2014.

Morris, Michael A. *The Strait of Magellan*. Dordrecht: Martinu Nijhoff, 1988.

Morrison, R. I. Guy, Nick C. Davidson, and Theunis Piersma. "Transformations at High Latitudes: Why Do Red Knots Bring Body Stores to the Breeding Grounds?" *Condor* 107, no. 2 (2005): 449–57.

Morrison, R. I. Guy, and Brain A. Harrington. "Critical Shorebird Resources in James Bay and Eastern North America." In *Transactions*, 498–506. Washington, D.C.: Wildlife Management Institute, 1979.

———. "The Migration System of the Red Knot *Calidris Canutus Rufa* in the New World." *Wader Study Group Bulletin* 64 (1992): 71–84.

Morrison, R.I. Guy, David S. Mizrahi, R. Kenyon Ross, Otte H. Ottema, Nyls de Pracontal, and Andy Narine. "Dramatic Declines of Semipalmated Sandpipers on Their Major Wintering Areas in the Guianas, Northern South America." *Waterbirds* 35, no. 1 (2012): 120–34.

Morrison, R. I. G., and R. K. Ross. *Atlas of Nearctic Shorebirds on the Coast of South America*. Vol. 1. Ottawa: Canadian Wildlife Service, 1989.

———. *Atlas of Nearctic Shorebirds on the Coast of South America*. Vol. 2. Ottawa: Canadian Wildlife Service, 1989.

Morrison, R. I. G., and Arie L. Spaans. "National Geographic Mini-Expedition to Surinam, 1978." *Wader Study Group Bulletin* 26 (1979): 37–41.

Morrison, Samuel Eliot. *The European Discovery of America: The Southern Voyages,A.D. 1492–1616*. New York: Oxford University Press, 1974.

Moser, Mary L., Wesley S. Patrick, John U. Crutchfield Jr., and W. L. Montgomery. "Infection of American Eels, *Anguilla Rostrata,* by an Introduced Nematode Parasite, *Anguillicola Crassus*, in North Carolina." *Copeia* 3 (2001): 848–53.

Mowat, Farley. *Sea of Slaughter*. Mechanicsburg, Pa.: Stackpole, 2004.

Murray, Molly. "Delaware Gets Millions to Help Beaches, Wetlands." Delawareonline. com, June 16, 2014.

Muston, Samuel. "Cafe de Mort: My Night Eating Dangerously." *Independent*, March 8, 2013. http://www.independent.ie/lifestyle/food-drink/cafe-de-mort-my-night-eating-dangerously–29117619.html.

Myers, J. P. "Sex and Gluttony on Delaware Bay." *Natural History* 95, no. 5 (1986):68–77.

Myers, J. P., R. I. G. Morrison, Paolo Z. Antas, Brain A. Harrington, Thomas E. Lovejoy, Michel

Sallaberry, Stanley E. Senner, and Arturo Tarak. "Conservation Strategy for Migratory Species." *American Scientist*, January 1, 1987, 18–26.

National Marine Fisheries Service (NMFS). *Atlantic Sturgeon New York Bight Distinct Population Segment: Endangered*. NMFS. http://www.nmfs.noaa.gov/pr/pdfs/ species/atlanticsturgeon_nybright_dps.pdf.

National Oceanographic and Atmospheric Administration (NOAA). "Atlantic Coastal Fisheries Cooperative Management Act Provisions; Horseshoe Crab Fishery; Closed Area." *Federal Register*, February 5, 2001, 8906–11.

Nätt, Daniel, Niclas Lindqvist, Henrik Stranneheim, Joakim Lundeberg, Peter A. Torjesen, and Per Jensen. "Inheritance of Acquired Behaviour Adaptations and Brain Gene Expression in Chickens." *PLoS ONE*, July 28, 2009, e6405.

Neck, Raymond W. "Occurrence of Marine Turtles in the Lower Rio Grande of South Texas (Reptilia, Testudines)." *Journal of Herpetology* 12, no. 3 (1978): 422–27.

New Jersey Audubon, American Littoral Society, Delaware Riverkeeper Network, and the Conserve Wildlife Foundation of New Jersey. "Public Comments to the U.S. Fish and Wildlife Service." Docket ID FWS-R5-ES–2013–0097–0697, June 16, 2014.

New Jersey Geological Survey. *Geology of the County of Cape May, State of New Jersey*. Trenton: Printed at the Office of the True American, 1857.

Newman, Edward, ed. *A Dictionary of British Birds: Being a Reprint of Montagu's Ornithological Dictionary, Together with the Additional Species Described by Selby; Yarrell, in All Three Editions; and in Natural-History Journals*. London:W. Swan Sonnenschein & Allen, 1881.

Newstead, David J., Lawrence J. Niles, Ronald R. Porter, Amanda D. Dey, Joanna Burger, and Owen N. Fitzsimmons. "Geolocation Reveals Mid-continent Migratory Routes and Texas Wintering Areas of Red Knots *Calidris Canutus Rufa*." *Wader Study Group Bulletin* 120, no. 1 (2013): 53–59.

Newton, Alfred. "Abstract of Mr. J. Wolley's Researches in Iceland Respecting the Gare-Fowl or Great Auk (*Alea Impennis*, Linn.)." *Ibis* 3, no. 4 (1861): 374–99.

Ng, Sheau-Fang, Ruby C. Y. Lin, D. Ross Laybutt, Romain Barres, Julie A. Owens, and Margaret J Morris. "Chronic High-Fat Diet in Fathers Programs B-Cell Dysfunction in Female Rat Offspring." *Nature* 467, no. 7318 (2010): 963–66.

Ngy, Laymithuna, Chun-Fai Yu, Tomohiro Takatani, and Osamu Arakawa. "Toxicity Assessment for the Horseshoe Crab *Carcinoscorpius Rotundicauda* Collected from Cambodia." *Toxicon* 49, no. 6 (2007): 843–47.

Niles, Lawrence J. "What We Still Don't Know." *Rube with a View*, May 27, 2011. http://arubewithaview.com/2011/05/.

Niles, Lawrence, Joanna Burger, Ronald Porter, Amanda Dey, Stephanie Koch, Brian Harrington, Kate Iaquinto, and Matthew Boarman. "Migration Pathways, Migration Speeds and Non-breeding Areas Used by Northern Hemisphere Wintering Red Knots (*Calidris Canutus*) of the Subspecies Rufa." *Wader Study Group Bulletin* 119, no. 3 (2013): 195–203.

Niles, Lawrence J., Joanna Burger, Ronald R. Porter, Amanda D. Dey, Clive D. T. Minton, Patricia M. González, Allan J. Baker, James W. Fox, and Caleb Gordon. "First Results Using Light Level Geolocators to Track Red Knots in the Western Hemisphere Show Rapid and Long Intercontinental Flights and New Details of Migration Pathways." *Wader Study Group Bulletin* 117, no. 2 (2010): 123–30.

Niles, L. J., A. M. Smith, D. F. Daly, T. Dillingham, W. Shadel, A. D. Dey, M. S. Danihel, S. Hafner, and D. Wheeler. *Restoration of Horseshoe Crab and Migratory Shorebird Habitat on Five Delaware Bay Beaches Damaged by Superstorm Sandy*. Report to New Jersey Natural Lands Trust, December 27, 2013.

Nilsson, Eric, Ginger Larsen, Mohan Manikkam, Carlos Bosagna-Guerrero, Marina I. Savenkova, and Michael K. Skinner. "Environmentally Induced Epigenetic Transgenerational Inheritance of Ovarian Disease." *PLoS One*, May 3, 2012.

Nogales, Manuel, Félix M. Medina, Vicente Quilis, and Mercedes González-Rodríguez. "Ecological and Biogeographical Implications of Yellow-Legged Gulls (*Larus Cachinnans Pallas*) as Seed Dispersers of *Rubia Fruticosa* Ait. (Rubiaceae) in the Canary Islands." *Journal of Biogeography* 28, no. 9 (2001): 1137–45.

Nolet, Bart A., Silke Bauer, Nicole Feige, Yakov I. Kokorev, Igor Yu Popov, and Barwolt S. Ebbinge. "Faltering Lemming Cycles Reduce Productivity and Population Size of a Migratory Arctic Goose Species." *Journal of Animal Ecology* 82, no. 4 (2013): 804–13.

North American Bird Conservation Initiative Canada. *The State of Canada's Birds,2012*. Ottawa: Environment Canada, 2012.

Novitsky, Thomas J. "Biomedical Applications of Limulus Amebocyte Lysate." In *Biology and Conservation of Horseshoe Crabs*, edited by John T. Tanacredi, Mark L. Botton, and David R. Smith, 315–29. Dordrecht: Springer, 2009.

Obmascik, Mark. *The Big Year: A Tale of Man, Nature, and Fowl Obsession*. New York: Free Press, 2004.

O'Brien, Michael, Richard Crossley, and Kevin Karlson. *The Shorebird Guide*. Boston: Houghton Mifflin, 2006.

O'Donnell, Michael J., Matthew N. George, and Emily Carrington. "Mussel Byssus Attachment Weakened by Ocean Acidification." *Nature Climate Change* 3, no. 6 (2013): 587–90.

Olinger, John Peter. "The Guano Age in Peru." *History Today* 30, no. 6 (1980): 13–18.

Oreskes, Naomi, and Erik M. Conway. *Merchants of Doubt*. New York: Bloomsbury,2011.

Ostfeld, Richard S., Charles D. Canham, Kelly Oggenfuss, Raymond J. Winchcombe, and Felicia Keesing. "Climate, Deer, Rodents, and Acorns as Determinants of Variation in Lyme-Disease Risk." *PLoS Biology* 4, no. 6 (2006): e145.

Ottema, Otte H., and Arie L. Spaans. "Challenges and Advances in Shorebird Conservation in the Guianas, with a Focus on Suriname." *Ornitologia Neotropical*, supplement, 19 (2008): 339–46.

Owens, E. H."Time Series Observations of Marsh Recovery and Pavement Persistence at Three Metula Spill Sites after 30 1/2 Years." *Proceedings of the 28th Arctic and Marine Oil Spill Programme (AMOP) Technical Seminar, Environment Canada* (2005): 463–72.

Pain, Deborah J., A. A. Cunningham, P. F. Donald, J. W. Duckworth, D. C. Houston, T. Katzner, J. Parry-Jones, C. Poole, V. Prakash, and P. Round. "Causes and Effects of Temporospatial Declines of Gyps Vultures in Asia." *Conservation Biology* 17, no. 3 (2003): 661–71.

"Palaeontology: Early Bird Was Black." *Nature*, February 9, 2012, 135.

"Parasitic Jaeger, Polar Bird of Prey, Seen Near Cape May." *New York Times*, July 25, 1922, 13.

Parmelee, David Freeland, H. A. Stephens, and Richard H. Schmidt. *The Birds of Southeastern Victoria Island and Adjacent Small Islands*. Bulletin 222. Ottawa: National Museum of Canada, 1967.

Parry, William Edward. *Appendix to Captain Parry's Journal of a Second Voyage for the Discovery of a North-west Passage from the Atlantic to the Pacific*. *London:* J. Murray, 1825. http://www.biodiversitylibrary.org/bibliography/48565.

———. *Journal of a Second Voyage for the Discovery of a North-west Passage from the Atlantic to the Pacific: Performed in the Years 1821–22–23*. London: J. Murray, 1824. http://archive.org/details/cihm_42230.

———. *Supplement to the Appendix of Captain Parry's Voyage for the Discovery of a North-west Passage in the Years 1819–20: Containing an Account of the Subjects of Natural History*. London: J. Murray, 1824. http://archive.org/details/cihm_ 39499.

Peacock, E., A. E. Derocher, N. J. Lunn, and M. E. Obbard. "Polar Bear Ecology and Management in Hudson Bay in the Face of Climate Change." In *A Little Less Arctic*, edited by Steven H. Ferguson, Lisa L. Loseto, and Mark L. Mallory, 93–116. Dordrecht: Springer Netherlands, 2010.

Perkins, Deborah E., Paul A. Smith, and H. Grant Gilchrist. "The Breeding Ecology of Ruddy Turnstones (*Arenaria Interpres*) in the Eastern Canadian Arctic." *Polar Record* 43, no. 02 (2007): 135–42.

Perovich, D., S. Gerland, S. Hendricks, W. Meier, M. Nicolaus, J. Richter-Menge, and M. Tschudi. "Sea Ice." *Arctic Report Card: Update for 2013*, November 21, 2013. http://www.arctic.noaa.gov/reportcard/exec_summary.html.

Pettingill, Olin Sewall, Jr. "In Memoriam: George Miskch Sutton." *Auk* 101 (January 1984): 146–52.

Pettis, Jeffery S., Elinor M. Lichtenberg, Michael Andree, Jennie Stitzinger, Robyn Rose, Dennis vanEngelsdorp, et al. "Crop Pollination Exposes Honey Bees to Pesticides Which Alters Their Susceptibility to the Gut Pathogen *Nosema Ceranae*." *PLoS ONE* 8, no. 7 (2013): e70182.

Phillips, Edward. *The New World of Words; or, Universal English Dictionary, Containing an Account of the Original or Proper Sense and Various Significations of All Hard Words Derived from Other Languages*. London: J. Phillips, 1720.

Piersma, Theunis. "Flyway Evolution Is Too Fast to Be Explained by the Modern Synthesis: Proposals for an 'Extended' Evolutionary Research Agenda." *Journal of Ornithology* 152, no. 1 (2011): 151–59.

Piersma, Theunis, and Jan A. van Gils. *The Flexible Phenotype*. Oxford: Oxford University Press, 2011.

Pilkey, Orrin, and Rob Young. *The Rising Sea*. Washington, D.C.: Island, 2009.

Pimentel, David."Environmental and Economic Costs of the Application of Pesticides Primarily in the United States." In *Integrated Pest Management: Innovation- Development Process*, edited by Rajinder Peshin and Ashok K. Dhawan, 1:89–111. New York: Springer Science + Business Media, 2009.

Pimm, Stuart L. *The World According to Pimm: A Scientist Audits the Earth*. New York: McGraw-Hill, 2001.

Pirie, Lisa, Victoria Johnston, and Paul A. Smith. "Tier 2 Surveys." In *Arctic Shorebirds in North America: A Decade of Monitoring,* edited by J. Bart and V. Johnston, 185–94. Studies in Avian Biology 44. Berkeley: University of California Press, 2012.

Pleske, F. D. *Birds of the Eurasian Tundra*. Memoirs of the Boston Society of Natural History, vol. 6, no 3. Boston: Boston Society of Natural History, 1928.

Pollock, Lisa A., Kenneth F. Abraham, and Erica Nol. "Migrant Shorebird Use of Akimiski Island, Nunavut: A Sub-Arctic Staging Site." *Polar Biology* 35 (2012): 1691–1701.

Potter, Julian K. "The Season." *Bird-lore* 36, no. 4 (1934): 242.

Powell, Cindie. "Water, Water, Everywhere." *Texas Shores* 40, no. 2 (2012): 11–29.

President's Task Force on Wildlife Diversity Funding. *Final Report*. Washington, D.C.:Association of Fish and Wildlife Agencies, September 1, 2011.

Prothero, Donald R. *Evolution: What the Fossils Say and Why It Matters*. New York: Columbia University Press, 2007.

Purcell, Jennifer E., Shin-ichi Uye, and Wen-Tseng Lo. "Anthropogenic Causes of Jellyfish Blooms and Their Direct Consequences for Humans: A Review." *Marine Ecology Progress Series* 350 (2007): 153.

Qin, Junjie, Ruiqiang Li, Jeroen Raes, Manimozhiyan Arumugam, Kristoffer Solvsten Burgdorf, Chaysavanh Manichanh, Trine Nielsen, et al. "A Human Gut Microbial Gene Catalogue Established by Metagenomic Sequencing." *Nature*, March 4, 2010, 59–65.

Quattro, Joseph M., William B. Driggers III, and James M. Grady. "*Sphyrna Gilberti* Sp. Nov., a New Hammerhead Shark (Carcharhiniformes, Sphyrnidae) from the Western Atlantic Ocean." *Zootaxa* 3702, no. 2 (2013): 159–78.

Rathbun, Richard. "Crustaceans, Worms, Radiates, and Sponges." In *The Fisheries and Fishery Industries of the United States*, section 1, *Natural History of Useful Aquatic Animals*, edited by George Brown Goode, 760–850. Washington, D.C.: Government Printing Office, 1884.

Reneerkens, Jeroen, Theunis Piersma, and Jaap S. Sinninghe Damsté. "Sandpipers (Scolopacidae) Switch from Monoester to Diester Preen Waxes during Courtship and Incubation, but Why?" *Proceedings of the Royal Society of London B* 269 (2002): 2135–39.

Richards, Eric J. "Inherited Epigenetic Variation—Revisiting Soft Inheritance." *Nature Reviews Genetics* 7, no. 5 (2006): 395–401.

Richardson, Sir John, William Swainson, and William Kirby. *Fauna Boreali- Americana; or, The Zoology of the Northern Parts of British America: The Birds*. London: J. Murray, 1831.

Riepe, Don. "An Ancient Wonder of New York and a Great Topic for Education." In *Limulus in the Limelight*, edited by John T. Tanacredi, 131–34. New York: Kluwer, 2001.

Rietschel, Ernst T., and Otto Westphal. "Endotoxin: Historical Perspective." In *Endotoxin in Health and Disease*, edited by Helmut Brade, Steven M. Opal, Stefanie N. Vogel, and David C. Morrison, 1–30. New York: Marcel Dekker, 1999.

Riley, John L. *Wetlands of the Ontario Hudson Bay Lowland*. Toronto: Nature Conservancy, 2011.

Rode, Karyn D., Eric V. Regehr, David C. Douglas, George Durner, Andrew E. Derocher, Gregory W. Thiemann, and Suzanne M. Budge. "Variation in the Response of an Arctic Top Predator Experiencing Habitat Loss: Feeding and Reproductive Ecology of Two Polar Bear Populations." *Global Change Biology*, January 1, 2014, 76–88.

Rode, Karyn D., James D. Reist, Elizabeth Peacock, and Ian Stirling. "Comments in Response to 'Estimating the Energetic Contribution of Polar Bear (*Ursus Maritimus*) Summer Diets to the Total Energy Budget' by Dyck and Kebreab (2009)." *Journal of Mammalogy* 91, no. 6 (2010): 1517–23.

Romero, Simon. "Peru Guards Its Guano as Demand Soars Again." NYTimes.com, May 30, 2008. http://www.nytimes.com/2008/05/30/world/americas/30peru. html?pagewanted=1&_r=0.

Ross, W. Gillies. "Whaling and the Decline of Native Populations." *Arctic Anthropology* 14, no. 2 (1977): 1–8.

Rossiter, Margaret W. *Women Scientists in America*. Baltimore: Johns Hopkins University Press, 1983.

Rudkin, David M. "The Life and Times of the Earliest Horseshoe Crabs." Presentation at the International Workshop on the Science and Conservation of Asian Horseshoe Crabs, Hong Kong, June 12, 2011.

Rudkin, David M., Graham A. Young, and Godfrey S. Nowlan. "The Oldest Horsehoe Crab: A New Xiphosurid from Late Ordovician Konservat-Lagerstatten Deposits, Manitoba, Canada." *Palaeontology* 51, no. 1 (2008): 1–9.

Rudloe, Jack. *The Wilderness Coast*. St. Petersburg, Fla.: Great Outdoors, 2004.

Runkle, Deborah. *Advocacy in Science: Summary of a Workshop Convened by the American Association for the Advancement of Science, Washington, DC, October 17–18, 2011*. Edited by Mark S. Frankel. American Association for the Advancement of Science, 2012.

Saey, Tina Hesman. "From Great Grandma to You: Epigenetic Changes Reach Down through the Generations." *Science News* 183 no. 7 (2013): 18–21.

Saffron, Inga. *Caviar*. New York: Broadway Books, 2002.

Saint-Exupéry, Antoine de. *Night Flight*. New York: Century, 1932.

Salemme, Mónica C., and Laura L. Miotti. "Archeological Hunter-Gatherer Landscapes since the Latest Pleistocene in Fuego-Patagonia." In *The Late Cenozoic of Patagonia and Tierra Del Fuego*, edited by J. Rabassa, 437–83. Amsterdam: Elsevier, 2008.

Sánchez, Marta I., Andy J. Green, and Eloy M. Castellanos. "Internal Transport of Seeds by Migratory Waders in the Odiel Marshes, South-west Spain: Consequences for Long-Distance Dispersal." *Journal of Avian Biology* 37, no. 3 (2006): 201–6.

Sanders, F., M. Spinks, and T. Magarian. "American Oystercatcher Winter Roosting and Foraging Ecology at Cape Romain, South Carolina." *Wader Study Group Bulletin* 120, no. 2 (2013): 128–33.

Schmidt, Niels M., Rolf A. Ims, Toke T. Høye, Olivier Gilg, Lars H. Hansen, Jannik Hansen, Magnus Lund, Eva Fuglei, Mads C. Forchhammer, and Benoit Sittler. "Response of an Arctic Predator Guild to Collapsing Lemming Cycles." *Proceedings of the Royal Society B: Biological Sciences*, November 7, 2012, 4417–22.

Schwarzer, Amy C., Jaime A. Collazo, Lawrence J. Niles, Janell M. Brush, Nancy J. Douglass, and H. Franklin Percival. "Annual Survival of Red Knots (*Calidris Canutus Rufa*) Wintering in Florida." *Auk*, October 1, 2012, 725–33.

"Sea Turtle Recovery Project." *Padre Island National Seashore*. http://www.nps.gov/pais/naturescience/strp.htm.

Seibert, Florence B. "Fever-Producing Substance Found in Some Distilled Waters."*American Journal of Physiology* 67, no. 1 (1923): 90–104.

———. *Pebbles on the Hill of a Scientist*. St. Petersburg, Fla.: [Florence B. Seibert],1968.

Seino, Satoquo. "A Reconsideration of Horseshoe Crab Conservation Methodology in Japan over the Last 100 Years and Prospects for a Marine Protected Area Network in Asian Seas." Presentation at the International Workshop on the Science and Conservation of Asian Horseshoe Crabs, Hong Kong, June 12–16, 2011. In *Abstracts of Plenary Talks and Oral Presentations*, PT-3. Hong Kong, 2011.

Şekercioğlu, Çağan H. "Increasing Awareness of Avian Ecological Function." Trends in Ecology and Evolution 21, no. 8 (2006): 464–71.

Şekercioğlu, Çağan H., Gretchen C. Daily, and Paul R. Ehrlich. "Ecosystem Consequences of Bird Declines." Proceedings of the National Academy of Sciences 101, no. 52 (2004): 18042–47.

Seney, Erin E., and John A. Musick. "Historical Diet Analysis of Loggerhead Sea Turtles (*Caretta Caretta*) in Virginia." Copeia 2007, no. 2 (2007): 478–89.

Shin, Paul K. S., and Mark L. Botton from the IUCN Horseshoe Crab Species Specialist Group. Letter to the U.S. National Invasive Species Council, February 5, 2013.

Shuster, Carl N., Jr. "King Crab Fertilizer: A Once-Thriving Delaware Bay Industry." In *The American Horseshoe Crab*, edited by Carl N. Shuster Jr., Robert B. Barlow, and H. Jane Brockmann, 341–57. Cambridge, Mass.: Harvard University Press, 2003.

———. "A Pictorial Review of the Natural History and Ecology of the Horseshoe Crab *Limulus Polyphemus*, with Reference to Other Limulidae." *Progress in Clinical and Biological Research* 81 (1982): 1–52.

Shuster, Carl N., Jr., Mark L. Botton, and Robert E. Loveland. "Horseshoe Crab Conservation: A Coast-wide Management Plan." In *The American Horseshoe Crab*, edited by Carl N. Shuster Jr., Robert B. Barlow, and H. Jane Brockmann, 358–77. Cambridge, Mass.: Harvard University Press, 2003.

Sibley, David Allen. The *Sibley Field Guide to Birds of Eastern North America*. New York: Knopf, 2003.

Skagen, S. K., P. B. Sharpe, R. G. Waltermire, and M. B. Dillon. *Biogeographical Profiles of Shorebird Migration in Midcontinental North America: U.S. Geological Survey Biological Science Report 2000–0003*. Fort Collins, Colo.: U.S. Geological Survey, 1999.

Slocum, Joshua. *Sailing Alone around the World*, 1899. http://www.gutenberg.org/ ebooks/6317.

Smallwood, K. Shawn. "Comparing Bird and Bat Fatality-Rate Estimates among North American Wind-Energy Projects." *Wildlife Society Bulletin* 37, no. 1 (2013): 19–33.

Smith, David R., Conor P. McGowan, Jonathan P. Daily, James D. Nichols, John A. Sweka, and James E. Lyons. "Evaluating a Multispecies Adaptive Management Framework: Must Uncertainty Impede Effective Decision-Making?" *Journal of Applied Ecology*, December 1, 2013, 1431–40.

Smith, David R., Michael J. Millard, and Ruth H. Carmichael. "Comparative Status and Assessment of *Limulus Polyphemus* with Emphasis on the New England and Delaware Bay Populations." In *Biology and Conservation of Horseshoe Crabs*, edited by John T. Tanacredi, Mark L. Botton, and David R. Smith, 361–86. Dordrecht: Springer, 2009.

Smith, Elizabeth H."Colonial Waterbirds and Rookery Islands." In *The Laguna Madre of Texas and Tamaulipas*, edited by John W. Tunnell Jr. and Frank W. Judd, 183–97. College Station: Texas A&M University Press, 2002.

———. "Redheads and Other Wintering Waterfowl." In *The Laguna Madre of Texas and Tamaulipas*, edited by John W. Tunnell Jr. and Frank W. Judd, 169–81. College Station: Texas A&M University Press, 2002.

Smith, Fletcher M., Adam E. Duerr, Barton J. Paxton, and Bryan D. Watts. *An Investigation of Stopover Ecology of the Red Knot on the Virginia Barrier Islands*. Center for Conservation Biology Technical Report Series, CCBTR–07–14. Williamsburg: College of William and Mary, 2008.

Smith, Hugh M. "Notes on the King-Crab Fishery of Delaware Bay." *Bulletin of the United States Fish Commission* (1989): 363–70.

Smith, Paul A., Kyle H. Elliott, Anthony J. Gaston, and H. Grant Gilchrist. "Has Early Ice Clearance Increased Predation on Breeding Birds by Polar Bears?" *Polar Biology*, August 1, 2010, 1149–53.

Specter, Michael. "Germs Are Us." *New Yorker*, October 22, 2012; 32–39.

Sperry, Charles. *Food Habits of a Group of Shorebirds: Woodcock, Snipe, Knot, and Dowitcher*. Wildlife Research Bulletin 1. Washington, D.C.: U.S. Department of the Interior, Bureau of Biological Survey, 1940. http://archive.org/details/ foodhabitsofgrou00sper.

Sprunt, Alexander, Jr. "In Memoriam: Arthur Trezevant Wayne." *Auk* 48, no. 1 (1931):1–16.

Sprunt, Alexander, Jr., and E. Burnham Chamberlain. *South Carolina Bird Life*. Columbia: University of South Carolina Press, 1949.

Stainsby, William. *The Oyster Industry of New Jersey*. Somerville: New Jersey Bureau of Industrial Statistics, 1902.

Stapleton, Seth, Elizabeth Peacock, David Garshelis, and Stephen Atkinson. *Aerial Survey Population Monitoring of Polar Bears in Foxe Basin*. Iqaluit: Nunavut Wildlife Research Management Board, 2012.

Stewart, D. B., and W. L. Lockhart. *An Overview of the Hudson Bay Marine Ecosystem*. Canadian Technical Report of Fisheries and Aquatic Sciences no 2586, 2005.

Stirling, Ian, and Andrew E. Derocher. "Effects of Climate Warming on Polar Bears: A Review of the Evidence." *Global Change Biology* 18 (2012): 2694–2706.

Stokes, Donald, and Lillian Stokes. *Beginner's Guide to Shorebirds*. New York: Little, Brown, 2001.

Stone, Witmer. *Bird Studies at Old Cape May: An Ornithology of Coastal New Jersey*.Vol. 2. New York: Dover, 1965.

South Carolina Department of Natural Resources. "Horseshoe Crab Hand Harvest Permit HH14."

Subramanian, Meera. "An Ill Wind." *Nature*, June 21, 2012, 310–11.

Summers, R. W., L. G. Underhill, and M. Waltner. "The Dispersion of Red Knots *Calidris Canutus* in Africa—Is Southern Africa a Buffer for West Africa?" *African Journal of Marine Science* 33, no. 2 (2011): 203–8.

Sutton, Clay. "An Ecological Tragedy on Delaware Bay." *Living Bird* 22, no. 3 (2003):31–37.

Sutton, George Miksch. "Birds of Southampton Island." *Memoirs of the Carnegie Museum* 12 (part 2, section 2) (1932): 1–275.

———. "The Exploration of Southampton Island, Hudson Bay." *Memoirs of the Carnegie Museum* 12 (part 1, section 1) (1932): 1.

Sutton, Scott V. W., and Radhakrishna Tirumalai. "Activities of the USP Microbiology and Sterility Assurance Expert Committee during the 2005–2010 Revision Cycle." *American Pharmaceutical Review* 14, no. 5 (2011): 12.

Swaddle, John P., and Stavros E. Calos. "Increased Avian Diversity Is Associated with Lower Incidence of Human West Nile Infection: Observation of the Dilution Effect." *PLoS ONE* 3, no. 6 (2008): e2488.

Swann, Benjie Lynn. "A Unique Medical Product (LAL) from the Horseshoe Crab and Monitoring the Delaware Bay Horseshoe Crab Population." In *Limulus in the Limelight*, edited by John T. Tanacredi, 53–62. New York: Kluwer, 2001.

Sweet, William, Chris Zervas, Stephen Gill, and Joseph Park. "Hurricane Sandy Inundation Probabilities Today and Tomorrow." *Bulletin of the American Meteorological Society* 94, no. 9 (n.d.): S17v–S20.

Székely, Csaba, Arjan Palstra, and Kalman Molnar. "Impact of the Swim-Bladder Parasite on the Health and Performance of European Eels." In *Spawning Migration of the European Eel*, edited by Guido van den Thillart, Sylvie Dufour, and J. Cliff Rankin, 201–26. New York: Springer

Science and Business Media, 2009.

Szyf, Moshe. "Lamarck Revisited: Epigenetic Inheritance of Ancestral Odor Fear Conditioning." *Nature Neuroscience* 17, no. 1 (2014): 2–4.

"Table Supplies and Economics: What to Buy, When to Buy, and How to Buy Wisely and Well." *Good Housekeeping*, June 11, 1887.

Talmage, Stephanie C., and Christopher J. Gobler. "Effects of Past, Present, and Future Ocean Carbon Dioxide Concentrations on the Growth and Survival of Larval Shellfish." *Proceedings of the National Academy of Sciences* 107, no. 40 (2010): 17246–51.

Tebaldi, Claudia, Benjamin H. Strauss, and Chris E. Zervas. "Modelling Sea Level Rise Impacts on Storm Surges along US Coasts." *Environmental Research Letters*, March 1, 2012, 014032.

Thibault, Janet. *Assessing Status and Use of Red Knots in South Carolina: Project Report, October 2011–October 2013*. Charleston: South Carolina Department of Natural Resources, 2013.

Thibault, Janet, and Martin Levisen. *Red Knot Prey Availability: Project Report, March 2012–March 2013*. Charleston: South Carolina Department of Natural Resources, 2013.

Thomas, Lately. *Delmonico's: A Century of Splendor*. Boston: Houghton Mifflin, 1967.

Thomas, Lewis. *The Lives of a Cell*. New York: Penguin, 1978.

Thompson, Max. "Record of the Red Knot in Texas." *Wilson Bulletin* 70, no. 2 (1958):197.

Thoreau, Henry David. *Cape Cod*. New York: Penguin, 1987.

Townsend, Charles Wendell. *Birds of Essex County*. Cambridge: Nuttall Ornithological Club, 1905.

Trull, Peter. "Shorebirds and Noodles." *American Birds*, June 1983.

Tsipoura, Nellie, and Joanna Burger. "Shorebird Diet during Spring Migration Stopover on Delaware Bay." *Condor* 101, no. 3 (1999): 635–44.

Tuck, James A. *Ancient People of Port au Choix: The Excavation of an Archaic Indian Cemetery in Newfoundland*. St. John's: Institute of Social and Economic Research, Memorial University of Newfoundland, 1976.

Tufford, Daniel L. *State of Knowledge: South Carolina Coastal Wetland Impoundments*. Charleston: South Carolina Sea Grant Consortium, 2005.

Tunnell, John W., Jr. "The Environment." In *The Laguna Madre of Texas and Tamaulipas*, edited by John W. Tunnell Jr. and Frank W. Judd, 73–84. College Station: Texas A&M University Press, 2002.

——— "Geography, Climate, and Hydrography." In *The Laguna Madre of Texas and Tamaulipas*, edited by John W. Tunnell Jr. and Frank W. Judd, 7–27. College Station: Texas A&M University Press, 2002.

Tuten, James H. *Lowcountry Time and Tide*. Columbia: University of South Carolina Press, 2010.

Ulrich, Glenn F., Christian M. Jones, W. B. Driggers, J. Marcus Drymon, D. Oakley, and C. Riley. "Habitat Utilization, Relative Abundance, and Seasonality of Sharks in the Estuarine and Nearshore Waters of South Carolina." *American Fisheries Society Symposium* 50, no. 125 (2007).

Urner, Charles A., and Robert W. Storer. "The Distribution and Abundance of Shorebirds on the North and Central New Jersey Coast, 1928–1938." *Auk* 66, no. 2 (1949): 177–94.

U.S. Centers for Disease Control and Prevention. "CDC Provides Estimate of Americans Diagnosed with Lyme Disease Each Year," August 19, 2013. http:// www.cdc.gov/media/releases/2013/p0819-lyme-disease.html.

U.S. Department of Energy. *20% Wind Energy by 2030: Increasing Wind Energy's Contribution to*

U.S. Electricity Supply, July 2008. http://www.nrel.gov/docs/ fy08osti/41869.pdf.

U.S. Department of the Interior. "Secretary Jewell Announces $102 Million in Coastal Resilience Grants to Help Atlantic Communities Protect Themselves from Future Storms." Press release, June 16, 2014.

U.S. Fish and Wildlife Service. *Budget Justifications and Performance Information: Fiscal Year 2014*. U.S. Fish and Wildlife Service, Department of the Interior.

———. *Eskimo Curlew* (Numenius Borealis). *5-Year Review: Summary and Evaluation*. Fairbanks: U.S. Fish and Wildlife Service, 2011.

———. *Piping Plover* (Charadrius Melodus) *5-Year Review: Summary and Evaluation*. U.S. Fish and Wildlife Service Migratory Bird Publication R9–03/02. Arlington, Va., 2009.

———. "Proposed Threatened Status for the Rufa Red Knot (*Calidris Canutus Rufa*)." *Federal Register*, September 30, 2013, 60024–98.

———. "Rufa Red Knot Ecology and Abundance: Supplement to Endangered and Threatened Wildlife and Plants; Proposed Threatened Status for the Rufa Red Knot (*Calidris Canutus Rufa*)." Docket no. FWS-R5-ES 2013-0097; RIN 1018-AY17. *Federal Register*, September 30, 2013, 60023–60098.

———. "U.S. Fish and Wildlife to Restore Bay Beaches." USFWS Northeast Region press release, April 4, 2014.

U.S. Fish and Wildlife Service Shorebird Technical Committee. *Delaware Bay Shorebird–Horseshoe Crab Assessment Report and Peer Review*. U.S. Fish and Wildlife Service Migratory Bird Publication R9–03/02. Arlington, Va., 2003.

U.S. Food and Drug Administration. *Bad Bug Book: Foodborne Pathogenic Microorganisms and Natural Toxins*. 2nd ed., 2012.

———. *Guidance for Industry: Pyrogen and Endotoxins Testing: Questions and Answers*, June 2012.

Van Colen, Carl, Elisabeth Debusschere, Ulrike Braeckman, Dirk Van Gansbeke, and Magda Vincx. "The Early Life History of the Clam *Macoma Balthica* in a High CO2 World." *PLoS ONE* 7, no. 9 (2012): e44655.

Van Gils, Jan A., Phil F. Battley, Theunis Piersma, and Rudi Drent. "Reinterpretation of Gizzard Sizes of Red Knots World-wide Emphasises Overriding Importance of Prey Quality at Migratory Stopover Sites." *Proceedings of the Royal Society B: Biological Sciences*, December 22, 2005, 2609–18.

Van Roy, Peter, Patrick J. Orr, Joseph P. Botting, Lucy A. Muir, Jakob Vinther, Bertrand Lefebvre, Khadija el Hariri, and Derek E. G. Briggs. "Ordovician Faunas of Burgess Shale Type." Nature 465, no. 7295 (2010): 215–18.

Vaughan, Richard. *In Search of Arctic Birds*. London: T & A. D. Poyser, 1992.

Vézina, François, Tony D. Williams, Theunis Piersma, and R. I. Guy Morrison. "Phenotypic Compromises in a Long-Distance Migrant during the Transition from Migration to Reproduction in the High Arctic." *Functional Ecology* 26, no. 2 (2012): 500–512.

Vyn, Gerrit. "Spoon-Billed Sandpiper: Multimedia Resources." Cornell Lab of Ornithology (2011). http://www.birds.cornell.edu/Page.aspx?pid=2528.

Wakefield, Kirsten. *Saving the Horseshoe Crab: Designing a More Sustainable Bait for Regional Eel and Conch Fisheries*. Newark: Delaware Sea Grant, 2013.

Waldbusser, George G., Elizabeth L. Brunner, Brian A. Haley, Burke Hales, Christopher J. Langdon, and Frederick G. Prahl. "A Developmental and Energetic Basis Linking Larval Oyster Shell Formation to Acidification Sensitivity." *Geophysical Research Letters* 40, no. 10 (2013): 2171–76.

Waldbusser, George G., and Joseph E. Salisbury. "Ocean Acidification in the Coastal Zone from an Organism's Perspective: Multiple System Parameters, Frequency Domains, and Habitats." *Annual Review of Marine Science* 6 (2014): 221–47.

Walsh, J. J., C. R. Tomas, K. A. Steidinger, J. M. Lenes, F. R. Chen, R. H. Weisberg, L. Zheng, J. H. Landsberg, G. A. Vargo, and C. A. Heil. "Imprudent Fishing Harvests and Consequent Trophic Cascades on the West Florida Shelf over the Last Half Century: A Harbinger of Increased Human Deaths from Paralytic Shellfish Poisoning along the Southeastern United States, in Response to Oligotrophication?" *Continental Shelf Research* 31, no. 9 (2011): 891–911.

Wang, Zhaohui Aleck, Rik Wanninkhof, Wei-Jun Cai, Robert H. Byrne, Hu Xinping, Tsung-Hung Peng, and Wei-Jen Huang."The Marine Inorganic Carbon System along the Gulf of Mexico and Atlantic Coasts of the United States: Insights from a Transregional Coastal Carbon Study." *Limnology and Oceanography* 58, no. 1 (2013): 325–42.

Watts, Bryan D. *Wind and Waterbirds: Establishing Sustainable Mortality Limits within the Atlantic Flyway*. Center for Conservation Biology Technical Report Series,CCBTR–05–10. Williamsburg: College of William and Mary / Virginia Commonwealth University, 2010.

Watts, B. D., F. M. Smith, T. Keyes, E. K. Mojica, J. Rausch, B. Truitt, and B. Winn. "Whimbrel Tracking in the Americas." wildlifetracking.org/whimbrels.

Watts, Bryan D., and Barry R. Truitt. "Decline of Whimbrels within a Mid-Atlantic Staging Area (1994–2009)." *Waterbirds* 34, no. 3 (2011): 347–51.

Wayne, Arthur Trezevant. *Birds of South Carolina*. Charleston: Charleston Museum,1910.

Weber, Louise M., and Susan M. Haig. "Shorebird Use of South Carolina Managed and Natural Coastal Wetlands." *Journal of Wildlife Management* 60, no. 1 (1996): 73.

Wellnhofer, Peter. *Archaeopteryx: The Icon of Evolution*. Translated by Frank Haase.Munich: F. Pfeil, 2009.

Wenny, Daniel G., Travis L. Devault, Matthew D. Johnson, Dave Kelly, Çag˘an H. S¸ ekerciog˘lu, Diana F. Tomback, and Christopher J. Whelan. "The Need to Quantify Ecosystem Services Provided by Birds." *Auk* 128, no. 1 (2011): 1–14.

West-Eberhard, Mary Jane. "Developmental Plasticity and the Origin of Species Differences." *Proceedings of the National Academy of Sciences of the United States of America* 102, supplement 1 (2005): 6543–49.

Wetlands International. "*Calidris Canutus*." *Waterbird Population Estimates*, 2013. wpe.wetlands.org.

Wetmore, Alexander. *Our Migrant Shorebirds in Southern South America*. U.S. Dept. of Agriculture Technical Bulletin 26. Washington, D.C.: U.S. Government Printing Office, 1927.

Whelan, Christopher J., Daniel G. Wenny, and Robert J. Marquis. "Ecosystem Services Provided by Birds." *Annals of the New York Academy of Sciences* 1134, no. 1 (2008): 25–60.

Wheye, Darryl, and Donald Kennedy. *Humans, Nature, and Birds*. New Haven: Yale University Press, 2008.

WHSRN. "Chaplin Old Wives Reed Lakes," 2009. http://www.whsrn.org/site-profile/chaplin-old-wives-reed-lakes.

Wildfowl and Wetlands Trust. "Saving the Spoon-Billed Sandpiper," 2014. http://www.savingspoon-billed-sandpiper.com/.

Williams, Glyndwr, ed. *Andrew Graham's Observations on Hudson's Bay, 1767–91*. London: Hudson's Bay Record Society, 1969.

Williams, S. Jeffress, Kurt Dodd, and Kathleen Gohn. "Coasts in Crisis." U.S. Geological Survey Circular, 1997. http://pubs.usgs.gov/circ/c1075/hog.html.

Wilson, Alexander. *The Life and Letters of Alexander Wilson*. Edited by Clark Hunter. Memoirs, vol. 154. Philadelphia: American Philosophical Society, 1983.

Wilson, Alexander. *Wilson's American Ornithology: With Notes by Jardine; to Which Is Added a Synopsis of American Birds, Including Those Described by Bonaparte, Audubon, Nuttall, and Richardson*. Edited by T. M. Brewer. Boston: Otis, Broaders, 1840.

Wilson, E. G., K. L. Miller, D. Allison, and M. Magliocca. *Why Healthy Oceans Need Sea Turtles*. Oceana, 2010.

Wilson, N. C., and D. McRae. *Seasonal and Geographical Distribution of Birds for Selected Sites in Ontario's Hudson Bay Lowland*. Toronto: Ontario Ministry of Natural Resources, 1993.

Woodin, Marc C., and Thomas C. Michot. "Redhead (*Aythya Americana*)." Edited by A. Poole and F. Gill. *The Birds of North America Online*, 2002.

Yang, Hong-Yan, Bing Chen, Mark Barter, Theunis Piersma, Chun-Fa Zhou, Feng- Shan Li, and Zheng-Wang Zhang. "Impacts of Tidal Land Reclamation in Bohai Bay, China: Ongoing Losses of Critical Yellow Sea Waterbird Staging and Wintering Sites." *Bird Conservation International* 21, no. 3 (2011): 241–59.

Young, Graham A., David M. Rudkin, Edward P. Dobrzanski, Sean P. Robson, and Godfrey S. Nowlan. "Exceptionally Preserved Late Ordovician Biotas from Manitoba, Canada." *Geology* 35, no. 10 (2007): 883–86.

Zhang, Xinzhi, Martin I. Meltzer, César A. Peña, Annette B. Hopkins, Lane Wroth, and Alan D. Fix. "Economic Impact of Lyme Disease." *Emerging Infectious Diseases* 12, no. 4 (2006): 653–60.

Zimmer, Carl. "The Price Tag on Nature's Defenses." *New York Times*, June 10, 2014, D3.

Zimmer, Kevin J. *A Birder's Guide to North Dakota*. Denver: L & P, 1979.

Zobel, R. D. "Memorandum of Decision: *Associates of Cape Cod, Inc. and Jay Harrington v. Bruce Babbitt*." U.S. District Court, District of Massachusetts, May 22, 2001.

Zöckler, Christoph, Tony Htin Hla, Nigel Clark, Evgeny Syroechkovskiy, Nicolay Yakushev, Suchart Daengphayon, and Rob Robinson. "Hunting in Myanmar Is Probably the Main Cause of the Decline of the Spoon-Billed Sandpiper *Calidris Pygmeus*." *Wader Study Group Bulletin* 117, no. 1 (2010): 1–8.

Zöckler, C., R. Lanctot, and E. Syroechkovsky. "Waders (Shorebirds)." *Arctic Report Card: Update for 2012*, February 2013. www.arctic. noaa.gov/reportcard/waders. html.

中英譯名對照表

灰斑鴴｜ Black-bellied Plover
灰頭草雁｜ Ashy-headed Goose
肉球近方蟹｜ Asian shore crab
西域兀鷲｜ Eurasian Griffon

七～九畫

赤足鷸｜ Common Redshank
赤蠵龜｜ loggerhead turtle
侏儒鱷｜ dwarf crocodile
夜盜蛾｜ armyworm
岩鴴｜ Mountain Plover
松雀｜ Pine Grosbeak
林鸛（黑頭鸛鸛）｜ Wood Stork
河魨｜ pufferfish
肯氏龜｜ Kemp's ridley sea turtle
金鵰｜ Golden Eagle
長嘴半蹼鷸｜ Long-billed Dowitcher
長嘴杓鷸｜ Long-billed Curlew
厚嘴海鴉｜ Thick-billed Murre
後弓獸｜ Macrauchenia
譯註：又稱滑距獸

扁蟲｜ flat worm
紅交嘴雀｜ Red Crossbill
紅尾鵟｜ Red-tailed Hawk
紅斑頂啄木｜ Red-cockaded Woodpecker
紅腳鰹鳥｜ Red-footed Booby
紅腹濱鷸｜ Red Knot
紅領瓣足鷸｜ Red-necked Phalarope
紅嘴樹鴨｜ Black-bellied Whistling Duck
紅燕鷗｜ Roseate Tern
美洲小燕鷗｜ Least Tern
美洲山鷸｜ American Woodcock
美洲白䴉｜ White Ibis
美洲剪嘴鷗｜ Black Skimmer
美洲鴕｜ rhea
譯註：有兩種，大美洲鴕（Greater Rhea）和小美洲鴕（Lesser Rhea），本書主要指後者

十～十一畫

峨螺｜ whelk
旅鼠｜ lemming
旅鴿｜ Passenger Pigeon
旅鶇｜ American Robin

二～四畫

刀嘴海雀｜ Razorbill
三趾濱鷸｜ Sanderling
大白鷺｜ Great Egret
大地獺｜ Megatherium
大海雀｜ Great Auk
大蚊｜ cranefly
大黃腳鷸｜ Greater Yellowlegs
大濱鷸｜ Great Knot
大藍鷺｜ Great Blue Heron
小雪雁｜ Lesser Snow Goose
譯註：目前一般認為這是雪雁（Snow Goose）的一個亞種

小黑背鷗｜ Lesser Black-backed Gull
小潛鴨｜ Lesser Scaup
譯註：又稱小斑背潛鴨

小鷗｜ Little Gull
丑鴨｜ Harlequin Duck
中杓鷸｜ Whimbrel
王絨鴨｜ King Eider

五～六畫

北極紅點鮭｜ arctic char
北極燕鷗｜ Arctic Tern
北鱈｜ arctic cod
半蹼濱鷸｜ Semipalmated Sandpiper
半蹼鷸｜ dowitcher
譯註：共三種，包括長嘴半蹼鷸、短嘴半蹼鷸和亞洲半蹼鷸（Asian Dowitcher）

白翅交嘴雀｜ White-winged Crossbill
白喉卡拉隼｜ White-throated Caracara
白腰濱鷸｜ White-rumped Sandpiper
白頭海鵰｜ Bald Eagle
白鯨｜ beluga
石首魚｜ croaker
石蛾｜ caddis fly
穴鴞｜ Burrowing Owl
尖尾榛雞｜ Sharp-tailed Grouse
朱頂雀｜ redpoll
譯註：共三種，
本書指的是普通朱頂雀（Common Redpoll）和極北朱頂雀（Hoary Redpoll）

灰真鯊｜ dusky shark

十三~十七畫

塍鷸｜godwit

譯註：「塍」音同「成」。包括棕塍鷸、雲斑塍鷸、黑尾鷸、斑尾鷸四種

極北杓鷸｜Eskimo Curlew
裏海燕鷗｜Caspian Tern
遊隼｜Peregrine Falcon
鉛灰真鯊｜sandbar shark
福壽螺｜golden apple snail
綠翅鴨｜Green-winged Teal
綠頭鴨｜Mallard
墨西哥鴉｜Tamaulipas Crow
歐洲椋鳥｜European Starling
箭齒獸｜Toxodon
蝠鱝｜manta ray
褐鵜鶘｜Brown Pelican
褐鱒｜brown trout
磨齒獸｜Mylodon
雕齒獸｜Glyptodont
駱馬｜llama
環嘴潛鴨｜Ring-necked Duck

譯註：又稱環頸潛鴨

螯蝦｜crayfish

十八~二十三畫

翻石鷸｜Ruddy Turnstone
藍蟹｜blue crab
豐年蝦｜brine shrimp
雙領鴴｜Killdeer
雙髻鯊｜hammerhead shark
藤壺｜barnacle
蟶子｜razor
鯖魚｜mackerel
鯧鯵｜pompano
鯰魚｜catfish
鯷魚｜anchovy
鐵爪鵐｜Lapland Longspur
露脊鯨｜right whale
鳚魚｜blenny
鱂魚｜killifish
鷗嘴燕鷗｜Gull-billed Terns
鱘魚｜sturgeon
砲彈水母｜cannonball jellyfish
笑鷗｜Laughing Gull
紋腹鷹｜Sharp-shinned Hawk
馬珂蛤｜surf clam
馬蠅｜horsefly
笛鴴｜Piping Plover
細嘴雁｜Ross's Goose
蛇頸龍｜Plesiosaur
雪鵐｜Snow Bunting
雪鷺｜Snowy Egret
魚鷹｜Osprey

十二畫

斑尾鴿｜Band-tailed Pigeon
斑尾鷸｜Bar-tailed Godwit
斑胸濱鷸（美洲尖尾鷸）｜Pectoral Sandpiper
斑腹磯鷸｜Spotted Sandpiper
普通絨鴨｜Common Eider
普通燕鷗｜Common Tern
普通鵲鴨｜Common Goldeneye
智利紅鸛｜Chilean Flamingo
棕塍鷸｜Hudsonian Godwit
棕頸鷺｜Reddish Egret
琵嘴鷸｜Spoon-billed Sandpiper
短尾賊鷗｜Parasitic Jaeger
短嘴半蹼鷸｜Short-billed Dowitcher
等齒真鯊（長孔真鯊）｜finetooth shark
紫貽貝（紫殼菜蛤）｜blue mussel
菱背響尾蛇｜diamond-backed rattlesnake
象牙嘴啄木｜Ivory-billed Woodpecker
象鼻蟲｜weevil
雲斑塍鷸｜Marbled Godwit
黃昏錫嘴雀｜Evening Grosbeak
黑尾鷸｜Black-tailed Godwit
黑背鷗｜Kelp Gull
黑浮鷗｜Black Tern
黑海番鴨｜Black Scoter
黑海鴿｜Black Guillemot
黑喉響蜜鴷｜Greater Honeyguide
黑雁｜Brant
黑腰濱鷸｜Baird's Sandpiper
黑腹濱鷸｜Dunlin
黑線鱈｜haddock
黑臉䴉｜Black-faced Ibis
黑邊鰭真鯊｜blacktip shark

人名對照提示參考

A. W. Johnson ｜ A. W. 強森｜《智利鳥類》作者
Alan Baker ｜艾倫・貝克｜和黛博拉・比勒一起進行紅腹濱鷸基因研究
Alexander Sprunt ｜亞歷山大・斯普倫特｜《南卡羅萊納鳥類生活》作者
Alexander Wetmore ｜亞歷山大・韋特莫爾｜美國史密森尼學會副會長
Alexander Wilson ｜亞歷山大・威爾遜｜美國知名鳥類學家，著有《美國鳥類學》(1808-1814)
Allen Burgenson ｜埃倫・玻根森｜生產鱟試劑的製藥商龍沙公司管理經理
Amanda Dey ｜阿曼達・戴伊｜紐澤西州非狩獵和瀕危物種計畫成員，在德拉瓦灣進行鳥類研究
Amira Mandado ｜阿密拉・蒙達兜｜聖安東尼奧海灘年輕巡護員，鞏薩雷茲的學生，攻讀生態
Andrew Graham ｜安德魯・格雷姆｜曾於 1770 年在哈德遜灣附近發現紅腹濱鷸，推測可能是北美地區最早的發現紀錄
Barry Camp ｜巴瑞・坎普｜鱟肥工廠老闆約瑟夫・坎普的曾孫
Barry Truitt ｜巴瑞・楚伊特｜美國自然保育協會研究員，專研紅腹濱鷸在維吉尼亞州離岸沙洲生活史
Boris Cvitanic ｜玻里斯・茨維塔尼克｜火地島洛馬斯灣牧場主人
Brad Winn ｜布瑞德・溫恩｜生物學家，在喬治亞州研究紅腹濱鷸
Bram Verheijen ｜布拉姆・弗海延｜荷蘭研究員，在德拉瓦灣研究鳥類
Brian Harrington ｜布萊恩・哈靈頓｜馬諾梅特保育科學中心工作者，在火地島與美國東岸進行紅腹濱鷸研究
Carlos Albrieu ｜卡羅斯・阿布里厄｜科爾多瓦大學科學家，阿根廷里歐加傑戈斯海岸研究，與希爾維亞・斐拉里是夫妻
Carmen Espoz ｜卡勒門・愛絲波茲｜聖地牙哥聖托馬斯大學理學院院長， 火地島鳥類研究
Charles C. Sperry ｜查爾斯・史貝瑞｜鳥類食性專家，任職於美國內政部，1940 年發表關於紅腹濱鷸食性的科學研究 (1911-1918)
Charles Wendell Townsend ｜查爾斯・溫德爾・湯森｜《埃塞克斯郡鳥類》（Birds of Essex County）作者
Clay Sutton ｜克雷・沙頓｜於德拉瓦灣進行調查，皮特・鄧恩夥伴，與太太佩特合著《開普梅賞鳥指南》
Dave Ankney ｜戴夫・安克尼｜生物學家，在北極南安普敦島研究候鳥
David Newstead ｜大衛・紐斯特德｜任職保育類非營利組織，在德州帕德雷海灘研究紅腹濱鷸
David Sibley ｜大衛・希伯利｜知名鳥類學家，於德拉瓦灣進行調查
Deborah Buehler ｜黛博拉・比勒｜鳥類學家，為紅腹濱鷸進行基因重建
E. Burnham Chamberlain ｜伯納姆・張伯倫｜《南卡羅萊納鳥類生活》作者
Edward Forbush ｜愛德華・福布希｜德州鳥類學家

FitzRoy ｜費茲羅伊｜小獵犬號艦長
Florence B. Seibert ｜弗羅倫絲・塞柏特｜生物化學家，以兔子進行細菌測試的開創性研究，解決靜脈注射安全性問題
Frances Camp ｜法蘭西斯・坎普｜鱟肥工廠老闆約瑟夫・坎普的孫女，威利茨的妹妹
Frank "Thumper" Eicherly IV ｜法蘭克・艾薛立四世｜德拉瓦州水手，將鱟放入網袋做成誘餌袋，取代殺害，發放給漁民使用
Franklin Camp ｜富蘭克林・坎普｜鱟肥工廠老闆約瑟夫・坎普的兒子
Frederick Bang ｜弗瑞德里克・班恩｜麻州伍茲霍爾海洋生物學研究室人員，首次發現鱟的藍色血液有凝血因子
George Miksch Sutton ｜喬治・米克許・薩頓｜繪鳥藝術家，後來成為傑出鳥類學家，在北極研究候鳥
Gimena Mora ｜吉美娜・摩拉｜聖安東尼奧海灘年輕巡護員，鞏薩雷茲的學生，攻讀生態
Glenn Gauvry ｜葛蘭・高弗理｜服務於生態研究發展集團，與法蘭克・艾薛立四世合作製作鱟的誘餌袋，以減少殺害。是全球鱟的研究與保育者
Graham Young ｜格雷厄姆・楊｜加拿大古生物學家，2006 年在曼尼托巴省發現古老鱟化石
Grant Gilchrist ｜格蘭特・吉爾克里斯特｜北極水鳥調查專家
Guy Morrison ｜蓋伊・莫里森｜加拿大野生動物管理局工作者，於火地島和紐澤西等多處進行鳥類研究
H. Keffer Hartline ｜凱弗・哈特賴｜生物學家，以鱟的視覺研究獲得諾貝爾獎
Harold N. Gibbs ｜哈羅德・吉布斯｜於 1948 年造訪德拉瓦灣的螺貝類專家與假鳥媒雕刻師
Harriet Lawrence Hemenway ｜哈莉特・勞倫斯・赫蒙威｜波士頓貴族世家的社交名媛，成立麻州奧杜邦學會，投入鳥類保育
Henry W. Fowler ｜亨利・弗勒｜費城自然科學院魚類館長
Hermann von Meyer ｜黑爾曼・馮・邁亞｜德國古生物學家，1861 年在索恩霍芬採石場挖出始祖鳥骨骸化石
Ilya Klvana ｜伊力亞・科瓦那｜《橫渡加拿大》（Coureur des bois）作者
J. P. Hand ｜翰德｜居住於開普梅郡，地方史學家和假鳥媒雕刻師
J. P. Myers ｜邁爾斯｜德拉瓦灣鳥類研究者，倡議諸多保育計畫，任職奧杜邦學會
James F. Cooper ｜詹姆斯・庫珀｜美國公共衛生處的研究員，為聯邦政府研究並製作鱟試劑
Jan A. van Gils ｜楊・凡吉爾斯｜涂尼斯・皮亞司馬的同事，研究紅腹濱鷸
Jean Iron ｜金・艾恩｜安大略省賞鳥高手，調查詹姆斯灣候鳥，擔任安大略野外鳥類學會協會主席長達九年
Jerry Gault ｜傑瑞・高爾特｜羅伯特・高爾特的兒子，繼承高爾特海產行，捕鱟提供查爾斯河實驗室使用
Jim Seibert ｜吉姆・塞伯特｜德拉瓦灣假鳥媒雕刻師
John Dubczak ｜約翰・督柏札克｜查爾斯河實驗室內毒素和微生物部門總經理，研究鱟試劑替代產品
John James Audubon ｜約翰・詹姆斯・奧杜邦｜鳥類學家
José Menéndez ｜荷西・梅南德茲｜智利最大牧場企業創建者

José Nogueira ｜荷西・諾蓋拉｜智利最大牧場企業創建者
Joseph Camp ｜約瑟夫・坎普｜鱟肥工廠老闆
Josiah Nakoolak ｜喬賽亞・納庫拉克｜北極水鳥營地調查團隊成員
Juan Fernández Ladrillero ｜胡安・費南德茲・拉德里耶羅｜ 1558 年西班牙探險家
Julian K. Potter ｜朱利安・波特｜銀行家和鳥類學家
Junius Bird ｜朱尼厄斯・伯德｜人類學家，任職於美國自然史博物館，火地島研究
Kara Anne Ward ｜卡拉・安・沃德｜北極水鳥營地調查團隊成員
Ken Abraham ｜肯・亞伯拉罕｜生物學家，在北極南安普敦島進行候鳥研究
Ken Ross ｜肯・羅斯｜加拿大野生動物管理局蓋伊・莫里森的同事
Kevin Kalosz ｜凱文・卡洛斯｜德拉瓦州水鳥調查計畫研究員
Larry Niles ｜拉瑞・奈爾斯｜紐澤西野生動物保育基金會生物學家，在德拉瓦灣進行鳥類繫放研究
Laura Miotti ｜勞拉・密歐蒂｜考古學家，火地島研究
Laura Tellez ｜勞拉・特列茲｜卡勒門・愛絲波茲和里卡多・馬圖斯的野外助理
Lucas Bridges ｜盧卡斯・布里奇斯｜ 1874年生，在火地島長大，著有回憶錄《地球的盡頭》
Mary Anning ｜瑪麗・安寧｜ 1823 年在多塞特郡挖出蛇頸龍化石的英格蘭女士
Maurice Beesley ｜摩理斯・比司利｜德拉瓦灣研究者，1857 年著有〈開普梅郡早期歷史速寫〉
Mauricio Braun ｜毛里西歐・布勞恩｜智利最大牧場企業創建者
Meagan McCloskey ｜梅根・麥克拉絲基｜北極水鳥調查
Michael Haramis ｜麥寇・哈拉米斯｜美國地質調查局帕圖森特野生動物研究中心生物學家，蒐集紅腹濱鷸紀錄
Minna B. Hall ｜敏娜・霍爾｜波士頓貴族名媛哈莉特・勞倫斯・赫蒙威的表妹，一起投入鳥類保育
Mirta Carbajal ｜蜜日塔・卡拉芭漢｜生物學家，致力於阿根廷西聖安東尼奧的保育工作。與鞏薩雷茲是好友。曾任阿根廷排球國家代表隊
Mohammed Ou Said Ben Moula ｜穆罕默德・班莫拉｜最早在非洲摩洛哥札哥拉發現古海洋化石，並與匹特・范侯伊合作挖掘
Mónica Salemme ｜莫妮卡・薩樂美｜考古學家，火地島研究
Nancy Targett ｜南希・塔吉特｜德拉瓦大學地球、海洋及環境學院院長，做出鱟氣味的替代品作為誘餌，以減少鱟的捕撈
Naomi Man in't Veld ｜娜歐蜜・曼・因特韋爾德｜北極水鳥調查
Nigel Clark ｜奈玖・克拉克｜德拉瓦灣長期研究，任職於英國鳥類學信託基金會
Oscar Oyarzún ｜奧斯卡・歐雅尊｜智利國家石油公司機械工程師兼區域主管，洛馬斯灣油汙安全處理
Patricia González ｜帕特莉西亞・鞏薩雷茲｜生物學家，致力於阿根廷西聖安東尼奧的保育工作。與蜜日塔・卡拉芭漢是好友
Pedro Sarmiento de Gamboa ｜佩德羅・薩米恩托・德・甘博亞｜ 1584 年西班牙探險家

Pete Dunne｜皮特．鄧恩｜任職開普梅鳥類觀測站，在德拉瓦灣長期研究鳥類，著有《海灣之夏》
Pete McLain｜皮特．莫克連｜任職紐澤西州漁獵及野生動物部，從事德拉瓦灣保育工作
Peter Van Roy｜匹特．范侯伊｜比利時古生物學家，在非洲摩洛哥的札哥拉挖到大量古海洋動物化石，包括地球上最古老的鱟化石
Pierre Devillers｜皮耶．戴維勒斯｜比利時鳥類學家
Ricardo Matus｜里卡多．馬圖斯｜博物學家，長期參與火地島洛馬斯灣紅腹濱鷸研究
Richard Crawshay｜理查．克勞謝｜替大英博物館採集標本的火地島船長
Richard du Feu｜李察．迪復｜德拉瓦灣研究，英格蘭蘭卡斯特大學工程師
Richard Rathbun｜理查．拉斯本｜任職美國魚類委員會，魚類博物學家
Richard Vaughan｜理查．沃恩｜《尋找北極鳥類》作者
Richard Weber｜理查．韋伯｜生物學家，在德拉瓦灣進行鱟的研究
Robert Gault｜羅伯特．高爾特｜南卡羅萊納州漁民，捕捉鱟給芝加哥百特公司進行實驗
Robert Oliver Cunningham｜羅伯特．奧利弗．康寧漢｜小獵犬號上的博物學家
Rodolphe Meyer de Schauensee｜盧道菲．麥亞．迪肖恩西｜《南美鳥類圖鑑》作者
Ron Porter｜朗．波特｜賓州工程師，設計製造地理定位追蹤器來追蹤鳥類
Roy Hann｜羅伊漢｜德州農工大學科學顧問，洛馬斯灣研究
Silvia Ferrari｜希爾維亞．斐拉里｜科爾多瓦大學科學家，阿根廷里歐加傑戈斯海岸研究與保育者，與卡羅斯．阿布里厄是夫妻
Theodora Nelson｜希奧朵拉．內爾森｜亨特學院教授，女性鳥類學家，瑟羅．內爾森的妹妹
Theunis Piersma｜涂尼斯．皮亞司馬｜荷蘭學者，鞏薩雷茲的老師，以水鳥研究獲得斯賓諾莎獎殊榮
Thomas Beesley｜托馬斯．比斯利｜德拉瓦灣蛋港鎮比斯利旅店老闆與州參議員，1855 年開立鱟肥料工廠
Thomas Cavendish｜托馬斯．卡文迪希｜ 1587 年西班牙探險家
Thomas Hutchins｜托馬斯．哈欽斯｜曾於 1770 年在哈德遜灣附近發現紅腹濱鷸，推測可能是北美地區最早的發現紀錄
Thurlow C. Nelson｜瑟羅．內爾森｜羅格斯大學的知名國際牡蠣研究專家，曾在德拉瓦灣工作。希奧朵拉．內爾森的哥哥
Wade Wander｜韋德．汪德爾｜數鳥高手，與皮特．鄧恩在德拉瓦灣工作
Walker Hand｜沃克．漢德｜在開普梅住了一輩子，郵局高階主管，狂熱的漁獵愛好者
Warren Hapgood｜沃倫．哈普古德｜水鳥射擊權威
Willets Corson Camp｜威利茨．科森．坎普｜鱟肥工廠老闆約瑟夫．坎普的孫子
William Brewster｜威廉．布魯斯特｜《海濱編年史》（Seashore Chronicles）作者
Witmer Stone｜魏特莫．史東｜《開普梅早期鳥類研究》作者
Yves Aubry｜家伊福．奧布里｜加拿大野生動物管理局生物學家，在明根列島進行鳥調

好評推薦

「這是一本讓人嘆息、也讓人讚嘆的書。內容非常豐富，以紅腹濱鷸為主軸，作者細緻地呈現了二〇一五年之前有關紅腹濱鷸的分布、利用和族群與棲地消長的狀況，加上作者對親身參與的各種調查研究的描述，以及美國政府在自然環境變遷與生物和環境管理政策方面的遠見或短視等多層面的報導，讀者可清楚看見諸多水鳥或其他物種在這段年歲裡與紅腹濱鷸雷同的命運。

書中很多細節都讓讀者可以反思臺灣在棲地管理和野生物保育方面的作為；而從紅腹濱鷸延伸到鱟的相關報導，包括了鱟在數百年來的命運以及對人類生存的貢獻，尤其是現代醫學上所扮演的不可或缺的角色，相信會刺激讀者重新檢視自己對野生生物價值的認知。」

——劉小如，曾任中研院生物多樣性研究中心研究員

「一看到此書名，讓人很好奇『紅腹濱鷸』與海洋中的『鱟』到底會有何種牽連？而在臺灣的何處，有機會可以同時看到這兩種生物一起存在呢？

臺灣位處全球候鳥遷徙路線中東亞澳路線的中間位置，也是紅腹濱鷸的一個亞種會經過的路線，目前可以發現數量較多的地區就是金門和雲嘉南的溼地。而臺灣沿海一帶的鱟，由於濫捕等危機，正逐漸從臺灣海域消失；唯獨金門海域，因當年臺海兩地對峙，海岸線布滿地雷，反而讓鱟有效繁殖生存下來。因此，在臺灣周遭若有機會上演紅腹濱鷸和鱟相遇的場景，就屬金門的機會較大了。

紅腹濱鷸在全球的數量雖有幾十萬隻，不過由於棲息地快速喪失，導致種群正大幅下降，近年來已被 IUCN 評為近危物種；鱟的族群數量亦持續減少。在美國，與美洲鱟命運相連的紅腹濱鷸 *rufa* 亞種，甚至在 2014 年就被聯邦政府列為瀕危物種。我們也不禁擔心金門的建設是否會對水鳥和鱟的棲地造成影響。

作者透過描述紅腹濱鷸的故事告訴我們，鳥類在年復一年、長途跋涉的遷徙壓力下，即便棲地正在縮小、食物日益短缺，卻依然展現出無比堅韌以及回復族群的能力。而有一群人正為了保護紅腹濱鷸與鱟，積極努力著。你、我是否也該站出來，與這些生物和平共存，為下一代保留更多青山綠水的環境。」

——張瑞麟，社團法人中華民國野鳥學會理事長

beNature 04

極境生機

小小濱鷸 & 古老的鱟，貫穿億萬年的生態史詩

|《寂靜的春天》繼承者 · 囊括多項環境寫作大獎 |

THE

NARROW

EDGE

A Tiny Bird,
an Ancient Crab,
and an Epic Journey

國家圖書館出版品預行編目 (CIP) 資料

極境生機：小小濱鷸 & 古老的鱟，貫穿億萬年的生態史詩 / 黛博拉．庫雷莫 (Deborah Cramer) 著；吳建龍譯．--
初版．-- 新北市：野人文化股份有限公司出版：遠足文化事業股份有限公司發行，2023.07
面；公分．-- (beNature ; 4)
譯自：The narrow edge : a tiny bird, an ancient crab, & an epic journey
ISBN 978-986-384-883-7(平裝)

1.CST: 動物遷徙 2.CST: 動物生態學 3.CST: 人類生態學

383.531　　112009038

作者：黛博拉．庫雷莫 Deborah Cramer
譯者：吳建龍

野人文化股份有限公司 第二編輯部
主編：王梵
封面設計：廖韡
內頁排版：吳貞儒
校對：林昌榮

出版：野人文化事業股份有限公司
發行：遠足文化事業股份有限公司
　　（讀書共和國出版集團）
地址：231 新北市新店區民權路 108-2 號 9 樓
電話：(02)2218-1417 傳真：(02)8667-1065
電子信箱：service@bookrep.com.tw
網址：www.bookrep.com.tw
郵撥帳號：19504465 遠足文化事業股份有限公司
客服專線：0800-221-029
法律顧問：華洋法律事務所 蘇文生律師
印製：成陽印刷股份有限公司
初版一刷：2023 年 7 月
定價：580 元
ISBN：978-986-384-883-7
EISBN(PDF)：978-986-384-884-4
EISBN(EPUB)：978-986-384-885-1
書號：3NGE0004

有著作權 侵害必究 All rights reserved.
特別聲明：有關本書中的言論內容，不代表本公司／出版集團之立場與意見，文責由作者自行承擔
歡迎團體訂購，另有優惠，
請洽業務部 (02)2218-1417 分機 1124

THE NARROW EDGE, THE: A Tiny Bird, an Ancient Crab, and an Epic Journey
by Deborah Cramer
Copyright©2015 by Deborah Cramer
Complex Chinese translation copyright©2023
By Yeren Publishing House
Published by arrangement with The Strothman Agency, LLC
through Bardon-Chinese Media Agency
ALL RIGHTS RESERVED

野人文化官網

野人文化第二編輯部